计 算 机 科 学 丛 书

需求分析与系统设计

(澳) **Leszek A. Maciaszek** 著　马素霞　王素琴　谢 萍 等译
Macquarie大学

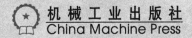

REQUIREMENTS
ANALYSIS AND
SYSTEM DESIGN

Leszek A. Maciaszek

Requirements Analysis and System Design
Third Edition

机械工业出版社
China Machine Press

本书论述软件分析与设计的原理、方法和技术，并特别关注设计阶段，对软件体系结构的内容进行了很大的扩充。本书强调对象技术及统一建模语言（UML）在企业信息系统开发中的应用，并讨论了使用Web技术和数据库技术进行开发的方法。

本书是大学本科生学习系统分析与设计、软件工程、软件项目管理、数据库和对象技术的理想教材和参考书；对于软件工程技术人员来说，本书也是很好的参考资料。

北京市版权局著作权合同登记　图字：01-2008-1739号。

图书在版编目（CIP）数据

需求分析与系统设计（原书第3版）/（澳）麦斯阿塞克（Maciaszek, L. A.）著；马素霞等译.—北京：机械工业出版社，2009.9（2022.9重印）

（计算机科学丛书）

书名原文：Requirements Analysis and System Design, Third Edition

ISBN 978-7-111-27280-9

Ⅰ.需…　Ⅱ.①麦…　②马…　Ⅲ.软件开发－系统分析　Ⅳ.TP311.52

中国版本图书馆CIP数据核字（2009）第082631号

机械工业出版社（北京市西城区百万庄大街22号　邮政编码　100037）

责任编辑：迟振春

北京捷迅佳彩印刷有限公司印刷

2022年9月第1版第18次印刷

184mm×260mm　·　26印张

标准书号：ISBN 978-7-111-27280-9

定价：79.00元

凡购本书，如有倒页、脱页、缺页，由本社发行部调换

本社购书热线：（010）68326294

译 者 序

随着计算机的日益普及和广泛应用，软件系统的规模和复杂程度与日俱增，软件开发技术面临新的挑战。大型复杂软件的开发是一项特殊的工程。它与传统工程的相同之处是需要按工程学的方法去组织和管理软件的开发。但与传统工程相比，软件工程还有其独特之处。软件开发本身就是一个迭代增量式的过程。在软件生命周期的前两个阶段，即分析和设计阶段更是如此，并且这两个阶段在软件的开发过程中占据至关重要的地位，在很大程度上直接影响了软件项目的成败。

本书论述了软件分析和设计的迭代增量式过程，讨论软件分析与设计的原理、方法和技术，并特别关注了设计阶段，对软件体系结构的内容进行了很大的扩充。本书强调对象技术及统一建模语言（UML）在企业信息系统开发中的应用，并讨论了使用Web技术和数据库技术进行开发的方法。

本书的最大特点是"实例教学"，以七个实例贯穿全书。由于软件分析和设计具有很强的实践性，所以实例对教学来说十分重要。本书对实例不断扩充的过程也体现了软件分析与设计的迭代增量式过程。对初学的学生和软件开发人员来说，这种教学方式是非常有效的。

参与本书翻译工作的主要是华北电力大学及河北经贸大学的教师，包括华北电力大学陈菲（第1章）、石敏（第2章）、马素霞（第3、6、10章、附录）、王素琴（第4、5章）和谢萍（第8、9章）及河北经贸大学林天华（第7章）。在翻译过程中，得到了华北电力大学计算机系张晶、万华的帮助，对他们的辛勤劳动表示感谢。最后，本人对译稿进行了审核与修改。限于水平，对内容的理解和中文表达难免有不当之处，在此敬请读者批评指正。

很高兴能将本书推荐给读者，希望读者能够从中受益。

马素霞
2009年5月于北京

前　言

本书概况

信息系统（information system，IS）的开发（从开始计划到部署给利益相关者）包括三个迭代增量式阶段：分析、设计和实现。本书论述了分析和设计阶段使用的方法和技术。实现方面的问题（包括代码实例）只在设计阶段需要考虑时才讲解，质量与变更管理在第9章单独讨论。

本书集中在面向对象软件开发上。统一建模语言（Unified Modeling Language, UML）用于捕捉建模的人工制品，主要论述用逐步细化的方式进行开发，并且在整个开发生命周期中都使用UML这种建模语言。系统分析师、设计师和程序员使用同一种语言和工具，但有时也会使用一些语言中的方言（配置文件）来满足各自的需要。

对象技术的早期应用主要针对图形用户界面（GUI），并关注开发新系统的速度和程序执行的速度。而在本书中，作者强调对象技术在企业信息系统（enterprise information system, EIS）开发中的应用。其中的挑战是数据量大，数据结构复杂，许多并发用户对信息进行共享式访问，事务处理，需求变更等。对象技术在EIS开发中的主要优势在于可以提高系统的适应性（可理解性、可维护性和可伸缩性）。

开发企业信息系统与进行大规模的分析和设计是同步的。如果不遵循严格的开发过程，不理解基本的软件体系结构，EIS项目就不可能成功。这种开发是大型的、面向对象的、迭代增量式的。

本书提出了用UML进行企业信息系统分析和设计的详细方法，确定了以下几方面的解决方法：

- 分析和建模业务过程。
- 控制大型系统模型的复杂性。
- 改进软件体系结构。
- 提高系统的适应性。
- 处理详细的设计问题。
- 理解图形用户界面。
- 了解数据库的重要性。
- 管理质量、管理变更等。

本书特点

本书的最大特点是"实例教学"。主要的讨论围绕七个实例研究和学习指导形式的复习巩固章节进行。这些例子是从七个应用领域抽取的，每个例子都有各自的特点和教学价值。涉及的领域有大学注册、音像商店、关系管理、电话销售、广告支出、时间记录和货币兑换。学习指导涉及在Internet上购买计算机的在线购物应用系统。

为了便于自学，本书用问题－答案及练习－解决方案的形式阐述了实例研究和学习指导。通过每章末给出的问题和练习，实践材料得到了进一步扩充和丰富。选择题（或练习）都提供了答案（或解决方案）。每章都包含带有答案的复习小测验和选择题，并且都给出了关键术语的定义。

本书讨论好的分析与设计的原理、方法和技术，并特别关注设计阶段，而设计并不作为分析的直接转换。本书充分考虑大规模系统开发的困难和复杂性，并在许多方面提出了新颖独特的见解，包括"大粒度设计"、大型系统的迭代增量式开发以及在大型软件生产中工具和方法的能力和局限性。

本书只有一章将理论与实践相结合，这既避免了不必要的过度复杂，同时又不失其严谨性。本书从经验的角度进行讲解，与工业无关的或者只具有研究价值的主题并不讨论。

本书采用前沿信息技术，使用可视化系统建模的标准——UML，讨论Web技术和数据库技术的开发方法。本书介绍了Internet驱动的转变，从"胖客户机"（即大型台式计算机）回到了基于服务器的计算。本书讨论的分析和设计原理也适用于传统的客户机/服务器解决方案以及现代的基于构件的分布式应用系统。

软件开发并没有"黑-白"、"真-假"、"0-1"式的解决方案。好的软件解决方案出自好的业务分析员和系统设计师，而不是源于盲目应用的算法。本书的策略是提示读者那些提倡的方法并不能完全解决潜在困难，目的是希望读者能够认真地应用所学的知识，而不应认为这些方法是很容易应用的（从而可能导致更大的失败）。

本书具有以下特点：
- 理论联系实际——按"在领域中"应用该方法所必须解决的实际问题和限制的形式。
- 给予设计阶段特别的关注。本书并不是将设计看成分析的直接转换，而是承认大型企业信息系统开发的困难和复杂性。
- 本书包含了大量实例以及问题、练习、复习小测验和选择题，且大多数附有答案和解决方案。

目标读者

随着与工业实践更加相关的大学课程需求的日益增长，本书的目标就是面向这样的一些学生和实践者。这曾是一个机遇与挑战并存的任务，现在这个任务已经成功地实现了。为了确保继续教育的优势，本书采用了一种不是特定供应商专用的术语来讨论软件开发实现方面的问题（虽然在实例和解决方案中使用了商用的CASE工具）。

本书针对计算机科学和信息系统方面的课程。由于本书既包含"高层"系统建模的内容，也包含"低层"用户界面和数据库设计的问题，所以可作为系统分析与系统设计、软件工程、数据库和对象技术课程的教材，也可用于要求学生按照开发生命周期（从需求确定到用户界面和数据库实现）来开发系统的软件项目课程。本书是为一个学期的课程而设计的，但也可以用于两个学期的课程：一个学期学习需求分析，而另一个学期学习系统设计。

对软件从业人员来说，书中所给出的理论都与实际应用相关，很多问题领域、例子和练习都来自作者的咨询实践工作。本书采取的策略是提醒读者所提出方法的潜在困难或限制。下面的一些从业人员均能从本书获益：业务和系统分析师、设计人员、程序员、系统架构师、软件项目管理者、评审人员、测试人员、技术资料编写人员以及行业培训人员。

本书的组织结构

本书较全面地论述了企业信息系统的面向对象分析和设计，内容的次序与现代开发过程一致。全书包括10章和一个关于对象技术基础内容的附录，在分析和设计两个方面的内容比重均衡。

具有不同背景知识的读者都适合阅读本书。本书最后一章专门对整书内容进行复习和巩固，可以满足很多大学课程的需要。毕竟，复习和巩固原则是任何继续教育的基础。

第2版的变化

虽然本书第1版广受欢迎，并翻译成多种语言，但还是有很多方面需要改进，特别是受技术影响的领域，如系统开发。第2版的主要变化（希望这些变化带来了改进）如下：

- 去掉了子标题"使用UML开发信息系统"。现代系统开发本身就隐含了使用UML建模，因此没有必要向读者声明本书使用UML。
- 在每章的最后增加了奇数编号问题的答案及可选练习的解决方案，这使得本书更适合自学。
- 将以前位于第2章和第6章的"学习指导"抽取成单独的一章，即第10章，并进行了改进和扩充，作为复习和巩固，标题为"复习巩固指南"。
- 第2章和第3章进行了调换，原因是需求分析（现在位于第2章）不需要对象和对象建模方面的预备知识（现在位于第3章）。
- 将第3章的标题改成了"对象和对象建模"，以反映从通过指导概括地解释对象到以例子和UML解释对象的这种转变。
- 丰富了第4章（"需求规格说明"）的内容，讲解了系统体系结构框架对于所开发系统的可支持性是最重要的。因此，本章介绍了体系结构框架，并在后面章节的讨论中得到了实施。
- 更新了第6章的内容，主要是本章的一些内容移到其他章中，而其他章的内容又移到了本章。学习指导已经移到了第10章，某些程序设计主题是从第9章移过来的。系统体系结构方面的讨论进行了很大的扩充。因此，本章的新标题为"系统体系结构与程序设计"。
- 第7章（"用户界面设计"）已经在多方面得到了修改和丰富。使用Java Swing库的优点是对某些UI设计原则进行了解释。以前基于UML活动图的窗口导航模型已经被新的UML配置文件——用户体验（UX）故事情节——所代替。
- 第8章（现在的标题是"持久性与数据库设计"）已经得到了扩充，讨论了持久对象的设计，包括在所采纳的体系结构框架中管理持久性的模式。以前关于对象和对象－关系数据库的讨论已经去掉了（由于关系数据库在企业信息系统中会继续占主导地位以及对象－关系数据库的困难性），节省的空间补充了来自以前的第9章的数据库主题，如事务管理。
- 以前第9章的内容移到了前一章，以前的第10章变成了新的第9章。本章内容也进行了扩充，特别是，增加了测试驱动开发的内容。

第3版的变化

第3版在篇幅上比第2版多了大约25%。每一章都引入了复习小测验（有答案）、选择题（也有答案）和关键术语的定义。每一章（除了第8章）的内容都有修改和增加，对某些章的内部结构进行了改进。第3版的主要变化如下：

- 对第1章进行了非常大的扩充——增加了一些新的内容：解决方案管理框架（ITIL和COBIT）、面向方面的开发和系统集成（需要强调的是，目前的企业系统很少是独立的应用系统开发，大多数开发项目如果不是占优势的项目，就是集成项目）。
- 对第2章也进行了扩充——在开头增加了新的内容：过程层次建模、业务过程建模和解决方案构想。
- 对第3章进行了修改——第2版的3.1节移到了附录，修改和扩充之后更好地反映了UML

标准的最新改进。

- 对第4章进行了扩充和修改，以利用UML的更新版本，并更好地解释体系结构的特性和框架。
- 第5章得到了修改和扩充，在末尾增加了高级交互建模。
- 第6章得到了扩充和修改，在逻辑体系结构一节（6.2节）加进了对系统体系结构复杂性和模式的探讨，并对协作建模一节（6.5节）进行了修改以反映UML标准的相关变化。
- 扩充了第7章，对Web GUI设计进行了探讨。
- 对第9章进行了重新组织和修改，考虑了很多细节。
- 对第10章进行了修改，以反映UML标准的相关变化。
- 如前面所提到的那样，现在增加了附录"对象技术基础"。

补充材料

在相应的网页上提供了内容广泛的补充材料，其中大多数的Web文档对读者都是免费的。本书的主页地址如下：

http://www.booksites.net/maciaszek

http://www.comp.mq.edu.au/books/rasd3ed

网页材料包括：

- Acrobat Reader格式的可打印幻灯片。
- 本书实例研究解决方案的模型文件、学习指导和所有其他建模例子的模型文件（文件格式为Rational Rose、Magic Draw、Enterprise Architect、PowerDesigner和Visio Professional）。

进一步信息

欢迎读者对本书的改进提出评价、更正和建议等，请直接以下面的方式进行联系：

Leszek A. Maciaszek

Department of Computing

Macquarie University

Sydney, NSW 2109

Australia

电子邮箱：leszek@ics.mq.edu.au

网站：www.comp.mq.edu.au/~leszek

电话：+61 2 98509519

传真：+61 2 98509551

地址：North Ryde, Herring Road, Bld. E6A, Room 319

目　　录

第1章 软件过程

目标

本章目标是从总体上描述软件开发过程中的若干策略问题，介绍支撑现代软件开发的过程和方法。通过阅读本章，你能够：

- 了解软件开发的本质、社会基础，以及业务系统的开发为何不能完全基于严格的工程和科学原则。
- 学习软件过程标准（CMM、ISO 9000、ITIL）及服从框架（COBIT）。
- 获得策略系统规划和方法（SWOT、VCM、BPR、ISA）的知识，以确保业务目标能够确定信息系统项目。
- 认识到信息系统之间具有很大的差异，这种差异取决于信息系统能够满足的管理水平及其所具有的竞争优势。
- 了解软件开发的结构化方法与面向对象方法的差异。
- 学习软件开发生命周期的各个阶段及跨越生命周期的活动。
- 了解现代及新兴的软件开发模型/方法（螺旋模型、IBM Rational统一过程、模型驱动的体系结构、敏捷软件开发及面向方面的软件开发）。
- 了解7个实例研究，这些实例用于作为贯穿全书的例子和练习。

1.1 软件开发的本质

在关于信息系统（information system, IS）管理的文献中，充满了项目失败、逾期和超预算、有缺陷的解决方案，以及不可维护的系统等例子。虽然大量引用Standish Chaos报告（声称有70%的软件项目失败）是有些夸张（Glass 2005），但毋庸置疑的是，许多"成功的"系统（换句话说，就是已经付款并交付给用户的系统）被可靠性、性能、安全性、可维护性及其他问题所困扰。

为了了解这些问题的原因，我们首先需要了解软件开发的本质。在一篇有代表性的论文中，Brooks（1987）阐述了软件工程的本质问题和意外事件。软件工程的本质问题体现在软件本身所固有的困难中，我们只能承认这些困难——没有获得突破性进展或"银弹"的方法。按照Brooks的说法，软件工程的本质问题是由软件固有的复杂性、一致性、可变性和不可见性所导致的。

软件的"本质困难"定义了软件开发的不变事实。不变事实声明软件是一种创造性开发行为的产品——由工匠而不是优秀艺术家所完成的行为意义上的一种工艺品或艺术品。在典型的情况下，软件并不是制造业重复性行为的结果。

一旦理解了软件开发的不变事实，人们就应该能够处理软件工程的意外事件——由于软件生产实践而带来的困难，可以由人为的干涉来解决。可以将各种"意外困难"分为3类：

- 利益相关者。
- 过程。
- 建模。

1.1.1 软件开发的不变事实

一些重要的软件特性不易受到人为因素的影响，这些特性在所有的软件项目中都保持不变，并需要在项目中得到承认。软件开发的任务是确保不变事实不会失去控制，并且不要对项目施加任何过多的负面影响。

软件本身就是复杂的。在现代软件系统中，复杂性不过是软件规模（如以代码行表示）的函数，以及组成软件产品的构件之间相互依存关系的函数。

软件的复杂性随着软件的应用领域的性质不同而不同。通常情况下，计算密集型应用领域的软件系统比数据密集型应用领域的软件系统的复杂性要低。数据密集型应用系统包括电子商务，它是本书的主题。这样的系统处理大量数据和业务规则，而这些数据和业务规则往往是不一致或不明确的。构建能够容纳所有业务数据、规则和特殊情况的软件一贯是困难的。

Brooks认为，另外3个重要特性（一致性、可变性及不可见性）加重了这种困难。应用软件必须与其所基于的特定硬件/软件平台相符合（一致），也必须与现有的信息系统相符合，并集成在一起。因为业务过程和需求是在不断变化的，所以在建立应用软件时必须能够容纳变化。尽管应用软件提供了可见的输出，但是负责输出的代码通常深深地隐藏在"不可见"的程序语句、二进制代码库，以及周边的系统软件中。

软件是开发出来的，而不是成批制造出来的（Pressman 2005）。当然，我们不能否认，虽然软件工程的发展为开发实践引入了更多的确定性，但是并不能保证软件项目的成功。这可以与传统的工程分支相对比，如土木工程或机械工程。在传统的工程中，产品（人工制品）是以数学般的精确来设计，然后利用机械和生产线来制造（通常为成批制造）的。

一旦将软件产品开发出来，就能够以最小的代价复制（成批制造），但是对于企业信息系统这种情况，从来都不需要复制软件。每个系统都是独特的，并且是为特定企业开发的。困难在于开发，而并不在于成批制造。因此，整个软件生产的成本都在于它的开发。

为了降低软件开发的工作量和成本，软件产业以可复用软件构件的形式提供了部分解决方案，在开发过程中可以利用这些构件。我们所面临的挑战是，将该解决方案的一个个小的部分组装成一个连贯的企业系统，以满足复杂业务过程的需要。

软件实践鼓励从可定制的软件框架或软件包——商用成品软件（commercial off-the-shelf, COTS）解决方案或企业资源规划（enterprise resource planning, ERP）系统——来进行系统开发。然而，软件框架只能提供常规的财务、制造或人力资源系统。这些常规的解决方案必须要适应企业所期望和需要执行的特定业务过程。必须要对这些业务过程进行定义，然后开发系统模型。虽然所强调的重点由"从零开始的开发"转变到了"通过定制的软件框架进行开发"，但是在这两种情况下，软件开发的真正本质仍然是相同的。

必须为每个系统的最终解决方案创建概念性构想（模型），以确保这些构想能够满足组织的特定需要。一旦创建了这些概念性构想，就可以对软件框架的功能性进行定制，以符合概念性构想。编程任务可能有所不同，但是需求分析和系统设计活动与那些从头开发的软件类似。毕竟，一个概念性构想（模型）在许多可能的表示（实现）下是相同的。

同样重要的是，一个组织不可能找到一个软件框架来自动实现它的核心业务活动。电话公司的核心业务活动是电话技术，而不是人力资源或财务。因此，支持核心业务活动的软件很少有机会依赖软件构件或框架。此外，支持其他业务活动（如财务）的软件必须包含有针对性的或独特的解决方案，来为组织提供竞争优势。就如Szyperski（1988:5）所评述的："标准软件包创建了一个公平的比赛场地，竞争只能来自其他领域。"

在各种情形下，开发过程都应该利用构件技术（Allen和Frost 1998；Szyperski 1998）。**构件**是软件的一个可执行单元，具有明确定义的功能（服务）及与其他构件之间的通信协议

（接口）。可以对构件进行配置来满足应用需求。最具影响力和最直接的竞争构件技术标准是Sun的J2EE/EJB和Microsoft的.NET。面向服务的体系结构（Service-Oriented Architecture，SOA）的相关技术提倡由*服务*——也就是运行的软件实例（而不是构件；必须在运行构件之前加载、安装、组合、部署和初始化）——来构建系统。

软件包、构件、服务以及类似的技术并没有改变软件生产的本质问题，尤其是需求分析与系统设计的原则和任务保持不变。能够把标准的和客户定制的构件组装成最终的软件产品，而这个"组装"过程仍然是一门艺术。正如Pressman（2005）所说：我们甚至没有软件"备件"来代替正在运行的系统中破损的构件。

1.1.2 软件开发的"意外事件"

软件开发的不变事实定义了软件生产的本质问题，并引发了软件生产中的最大挑战。极为重要的是，软件开发中的"意外事件"并不会增加软件产品的复杂性，也不会产生软件产品的可支持性的潜在缺乏。**可支持性**（适应性）由3个系统特征组成的集合来定义，包括软件的可理解性、可维护性和可伸缩性（可扩展性）。

软件开发的意外事件大部分可以归因于信息系统即社会系统这样的事实。它的成功或失败依赖于：人、他们对系统的接受或支持、用于开发的过程、管理措施、软件模型技术的利用等。

1.1.2.1 利益相关者

利益相关者是在软件项目中存在利害关系的人。任何受到系统影响或对系统开发产生影响的人，都是利益相关者。有两组主要的利益相关者：

- 客户（用户或系统所有者）。
- 开发者（分析员、设计员、程序员等）。

在一般的交流中，术语"用户"通常是指"客户"。我们不能否认这样的事实：术语"客户"能够更好地反映期望的含义。首先，客户是为开发付款并负责决策的人。其次，即使客户并不总是正确的，开发者也不能随意改变或拒绝客户的需求——对于任何冲突的、不可行的或非法的需求，都必须与客户再次协商。

信息系统是社会系统，它们是由人（开发者）为人（客户）开发的。软件项目的成功由社会因素所决定——技术则是次要的。技术低劣的系统在为客户工作并使客户获益，这样的例子有很多，反之则不然。对客户没有好处（被认为的或实际上的）的系统将会被抛弃，无论它具有多么辉煌的技术。

在典型的情况下，软件失败的主要原因可以追溯到利益相关者。在客户端，项目失败是因为（例如，见Pfleeger，1998）：

- 客户的需求被误解了，或者没有被完全捕获。
- 客户的需求改变得过于频繁。
- 客户没有准备为项目提供足够的资源。
- 客户不想与开发者合作。
- 客户怀有不切实际的期望。
- 系统不再对客户有利。

项目也会因为开发者的不胜任而失败。随着软件复杂性的增加，人们越来越认识到，开发者的技能和知识是至关重要的。良好的开发者能够交付一个可接受的解决方案；卓越的开发者能够更快、更廉价地交付一个更优越的解决方案。如同Fred Brooks（1987:13）的名言："伟大的设计来源于伟大的设计者。"

开发者的杰出和投入是最能够促进软件质量和生产力的因素。为了确保软件产品能够成功地交付给用户，而且更重要的是使用户从中获得生产效益，软件组织必须对开发者使用正确的管理措施（Brooks 1987；Yourdon 1994），即：

- 雇佣最好的开发者。
- 为现有的开发者提供持续的培训和教育。
- 鼓励开发者之间进行信息交流和互动，使他们互相促进。
- 通过排除阻力以及将他们的精力引导到生产性工作中，来激励开发人员。
- 提供一个令人振奋的工作环境（这往往比偶尔加薪更重要）。
- 将个人目标同组织策略和目标统一起来。
- 强调团队工作。

1.1.2.2 过程

软件过程定义在软件生产和维护中所使用的活动和组织程序。过程的目标是在开发中管理和改进协作并维持团队，使团队能够向客户交付符合质量要求的产品，并在以后对产品提供适当的支持。

一个过程模型：

- 声明了所执行活动的次序。
- 详细说明要交付哪些开发的人工制品，以及什么时候交付。
- 将活动和人工制品分配给开发者。
- 提供用来监控项目进展、评估结果和规划未来项目的标准。

不同于建模和编程语言，软件过程不易被标准化。每个组织必须开发属于它自己的过程模型，或者对通用的过程模板进行定制，例如著名的Rational统一过程®（Rational Unified Process®, RUP®）模板（Kruchten 2003）。软件过程是组织的整体业务过程的一个重要组成部分，它决定了组织在市场中的独特性和竞争能力。

组织所采用的过程必须符合其开发文化、社会动态、开发者的知识和技能、管理方法、客户的期望、项目规模，甚至是应用领域的种类。由于所有这些因素都是可变的，组织可能需要将它的过程模型多样化，并且为每个软件项目创建变体。例如，依据开发者对建模方法和工具的熟悉程度，可能需要在过程中加入专题培训课程。

项目规模有可能对过程产生最大的影响。在小项目中（10个人左右的开发者），也许根本不需要正式的过程。这样的小团队可能会不拘形式地进行沟通，并且对变化做出响应。然而在大项目中，一个非正式的通信网络是不够的，因此为了控制开发而明确定义的过程是必要的。

1.1.2.2.1 迭代和增量过程

现代软件开发过程总是迭代和增量的。系统模型通过分析、设计和实现阶段而逐步完善和改造。在连续的**迭代**中增加细节，必要时还引入了变更和改进，而软件模块的**增量**版本则保持了用户的满意度，并且为尚在开发中的模块提供重要的反馈。

可执行代码的**构造**是以程序块的形式交付给客户，每次的下一个构造都是在之前构造上的增量。作为由系统必须满足的一套功能性的用户需求所决定的增量，并不会扩大项目的范围。迭代是短期的——在数周中而非数月。用户反馈是频繁的，规划是持续的，变更管理是**生命周期**中至关重要的一个方面，度量标准和风险分析的定期收集设定了连续迭代的议程。

这个迭代和增量过程有各种各样的变体，具有特殊意义的变体包括（Maciaszek和Liong 2005）：

- 螺旋模型。
- Rational统一过程（the Rational Unified Process, RUP）。

- 模型驱动的体系结构（Model-Driven Architecture, MDA）。
- 敏捷开发过程。
- 面向方面的软件开发。

由Boehm（1988）定义的螺旋模型，作为较新模型的参考点，包含了上面列出的3个模型。RUP是一个相对灵活的过程，它提供了一个支持环境（称作RUP平台），用各种各样的文本模板、概念解释、开发思路等来指导开发者。MDA基于可执行规格说明的观点——由模型和构件生成软件。敏捷开发提出了一个框架，在这个框架中，人与团队的协作被认为比规划、文档及其他形式更加重要。面向方面的开发引入了有关横切关注点（方面）的正交思想，并主张为这些关注点生产单独的软件模块。每个方面（如软件的安全性、性能或并发性）被视为一个独立的开发问题，但是也必须谨慎地与系统其余的部分集成（编织）在一起。

迭代和增量过程的成功是以对系统体系结构模块的早期识别为基础的。这些模块应当有相似的规模、高度的内聚和极小的重叠（耦合）。实现模块的次序也很重要。如果模块依赖于其他尚在开发的模块中的信息或计算，那么它们可能无法发布。除非对迭代和增量开发进行规划和控制，否则过程会沦为不能控制项目实际进度的"特别黑客"。

1.1.2.2.2　能力成熟度模型

对每个组织来说，从事软件生产的一个主要挑战是改进其开发过程。当然，要引入过程改进，组织就必须了解在当前的过程中所存在的问题。能力成熟度模型（capability maturity model, CMM）是一种用来进行过程评估和改进的流行方法（CMM 1995）。

CMM已经由位于美国匹兹堡的卡内基－梅隆大学的软件工程学院（SEI）详细说明。它原先被美国国防部用于评估组织的IT能力，以竞标国防合同。目前在美国及其他地方广泛应用于IT行业。

从本质上说，CMM是一个由IT组织填写的问卷调查表。问卷随后进行核查和认证，并将组织分配到5个CMM级别中的一个。级别越高，组织的软件过程越成熟。图1-1定义了这些级别，给出了每个级别主要特征的简短描述，并且指明了组织为了达到更高级别，而需要进行过程改进的主要领域。

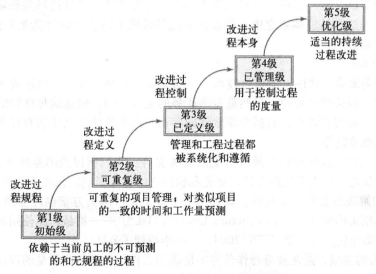

图1-1　CMM中的过程成熟度级别

Arthur（1992）将成熟度级别称为"通向软件卓越的楼梯"。楼梯上的5个台阶是：混乱、项目管理、方法和工具、度量以及持续的质量改进。经验表明，要上升一个成熟度级别需要数年的时间。大部分组织位于第1级，一些组织位于第2级；而位于第5级的组织寥寥无几。下面的几个问题显示了任务的艰巨。一个组织想要达到CMM的第2级，就必须对这些问题（以及更多问题）做出肯定的答复（Pfleeger 1998）：

- 软件质量保证功能是否有独立于软件开发项目管理的管理报告渠道？
- 是否为涉及软件开发的每个项目都提供了软件配置的控制功能？
- 在制定合同承诺前，是否有正式过程，用于每个软件开发的管理审查？
- 是否有制定软件开发进度表的正式程序？
- 是否有估算软件开发成本的正式程序？
- 是否对软件代码和收集的测试错误进行统计？
- 高层管理是否有对软件开发项目状况进行定期审查的机制？
- 是否有控制软件需求变更的机制？

1.1.2.2.3 ISO 9000系列质量标准

除了CMM，还有其他过程改进模型，特别受关注的是由国际标准化组织开发的ISO 9000质量标准系列。ISO标准应用于质量管理和过程，以生产优质产品。这些标准是通用的——它们应用于任何行业和所有业务类型，包括软件开发。

ISO 9000标准系列的主要前提是：如果过程是正确的，那么过程的结果（产品或服务）也将是正确的。"质量管理的目标是通过在产品中建立质量而不是测试质量来生产优质的产品"（Schmauch 1994:1）。

按照我们前面关于过程的讨论，ISO标准并不强制执行或具体指定过程。标准提供了必须完成什么的模型，而不是必须怎样执行活动的模型。一个组织请求ISO认证（也称为注册），就必须说明它是做什么的，做它所说明的事情，并且证明它已经做了（Schmauch 1994）。

对于由ISO认证的组织来说，一个试金石是即使它的全部劳动力被替换掉了，它也应该能够生产优质产品或提供优质服务。为了这个目标，组织必须文档化并记录它的所有正式活动，必须为每个活动定义书面程序，包括当出现错误时或客户抱怨时需要做什么。

同CMM一样，只有ISO注册员进行现场审核后，才能批准ISO认证。之后，每隔一段时间将定期重复这些审核。客户要求产品和服务的供应商通过认证，通过这种明确规定的竞争实力，组织被推动到这种认证体系之中。许多国家已经采用了ISO 9000作为他们的国家标准，这在欧洲尤为普遍。

1.1.2.2.4 ITIL框架

从业务的视角来看，软件（或信息技术——通常说IT）是一种正在快速成为商品的基础架构服务。IT对早期采纳者来说，仍然是竞争优势的主导来源，但是这种优势的时间跨度比以往缩短了很多。原因有很多，包括开源软件的存在、商业软件的免费教育许可、迭代和增量软件开发的周期缩短等。

越来越多的软件仅仅是对业务解决方案的服务支持。我们所讨论的是解决方案（服务）的交付，而不仅仅是软件或系统的交付，业务和软件之间相互影响的强度正是我们所需要的。需要对已交付的解决方案进一步管理。解决方案管理是指IT解决方案供应管理的所有方面，这个事实在IT基础架构库（IT Infrastructure Library, ITIL®）——被最广泛使用和接受的、用于IT服务管理的最佳实践的框架（ITIL 2004）——中得到了公认。

"对IT管理者的挑战，是在业务合作伙伴中协调和工作，来提供高质量的IT服务。这个目标必须要达到，同时降低整体总拥有成本（total cost of ownership, TCO），并且经常增加频率、复杂性和变化量……IT管理就是高效率地和有效地全面利用4P：人（people）、过程（process）、产品（product）（工具和技术）及合作伙伴（partner）（供应商、销售商和外包机构）。"（ITIL

2004:5）。

图1-2介绍了作为一项持续的服务改进方案（continuous service improvement programme, CSIP）、用来实现解决方案管理的ITIL方法。CSIP方案以实现高水平业务目标的决心为起点，接着检查是否已经达到了里程碑（可交付），并通过巩固已达到的改进和持续任务循环而保持发展势头。

在策略规划和业务模型的使用中确定高水平的业务目标，在当前组织状况的背景下分析目标，以此来评估需要填补的差距。这样的IT组织成熟度的评估应包括：内部审查、外部基准和针对行业标准（如ITIL、CMM或ISO 9000）的过程审查。

一旦完成了差距评估报告，就需要为CSIP制定业务实例。业务实例应当识别"速赢"（如果有的话），但是首先应当确定支持业务目标的具体短期目标，作为可度量目标。配备了这些初步信息后，一个过程改进规划就产生了。该规划确定了应遵循的范围、方法和过程，以及CSIP项目的职权范围。

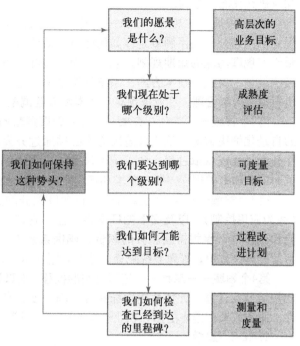

图1-2 进行解决方案（服务）管理的ITIL方法

CSIP的进展和性能评估依据一套可度量的里程碑、可交付性、关键性的成功因素（critical success factor, CSF），以及关键绩效指标（key performance indicator, KPI）。虽然包括直接关系到商业利益的测量和度量是重要的，但是我们必须记得，优质业务的改进取决于软件质量因素。

1.1.2.2.5 COBIT框架

ITIL致力于处理方案交付和管理的操作方面。COBIT®（Control OBjectives for Information and related Technology，控制目标信息和相关技术）是一个服从框架，并致力于处理解决方案管理的控制方面（COBIT 2000）。

ITIL，CMM和ISO 9000是过程标准，这些标准规定了组织在管理过程方面的要求，以提供优质的产品或服务。相比之下，COBIT则是一个产品标准，它侧重于一个组织需要做什么，而不是需要如何去做。

COBIT的目标对象并不是软件开发者，而是高级IT经理、高级业务经理和审计师。"由于它的级别高，覆盖面广，并且因为它基于许多现有的实践，常将COBIT称为'集成器'，将分散的实践组织到一起，而同样重要的是，它帮助将这些各种各样的IT实践连接到业务需求中去。"（COBIT 2005:10）。

COBIT框架是相当具有规定性的。它将相关的IT工作组织到4个领域：
- 规划与组织。
- 获取与实现。
- 交付与支持。
- 监控。

将控制目标分配到这些领域。有34个高级别的控制目标。同这些目标关联在一起的是一个审计指标，它依据COBIT推荐的318个详细控制目标来评估IT过程。这些目标是为保证管理和改进建议而服务的。

第1个领域——规划与组织——是系统规划活动（1.3节）。它把IT看作是组织策略和战术规划的一部分，关系到确定IT如何能够以最佳方式对业务愿景和目标的实现做出贡献，也着眼于实现IT功能的短期规划。它评估现有系统，进行可行性研究，分配资源，建立信息**体系结构**模型，着眼于技术方向、系统体系结构、迁移策略、IT功能的组织布置、数据和系统的所有权、人事管理、IT业务预算、成本和效益调整、风险评估、质量管理等。

第2个领域——获取与实现——关系到IT策略的实现。它指出了满足业务目标和客户需求的自动化解决方案，确定IT解决方案必须通过开发实现，还是可以通过获取得到。并提出软件开发过程或获取过程。此领域不仅关注应用软件，也关注技术基础架构，描述了开发、测试、安装和维护规程、服务要求和培训资料，并提出了变更管理措施。

第3个领域——交付与支持——包含IT服务的交付、由应用系统进行的**数据**的实际处理（称为应用控制），以及必要的IT支持过程。它定义服务级别协议，管理第三方服务，处理性能和工作量，承担持续服务的职责，确保系统安全，连接成本统计系统，教育和培训用户，帮助和建议客户，管理系统配置，处理问题和事件，管理数据、设备和操作。

第4个领域——监控——随着时间的推移，对IT过程的质量及是否符合控制需求进行评估。此领域监控过程，评估性能指标和客户满意度，考虑内部控制机制的充分性，获得关于安全性、服务效果、遵守法律和职业道德的独立保证等。

1.1.2.3 建模

利益相关者和过程是成功三要素中的两个，第3个要素是软件建模——即软件开发活动，这些活动被看作是软件人工制品的建模。**模型**是来自现实的抽象，是现实的抽象表示。被实现和运行的系统也是现实的模型。

对人工制品建模必须进行沟通（使用语言）和文档化（使用工具）。开发者需要一种语言来创建可视化模型和其他模型，并与客户和同事进行讨论。语言应允许在不同抽象层面上构建模型，在不同的细节层面上来表现所提出的解决方案。按照"一张图片胜过千言万语"的流行说法，语言应当具有强大的可视化构件，还应当具有强大的说明性语义——也就是说，它应当允许在"说明性的"语句中捕获"程序上的"含义。我们应该能够通过说明需要做"什么"，而不是需要"如何"去做，来进行沟通。

开发者还需要工具，或者更合适的说法是，为软件开发过程提供的先进的、基于计算机的环境。这样的工具和环境称为计算机辅助软件工程（Computer-Assisted Software Engineering, CASE）。CASE使得在中央存储库中实现模型的存储和检索成为可能，并在计算机屏幕上进行模型的图形和文字操作。在理想的情况下，存储库应当能够为共享的多个用户（多个开发者）提供对模型的访问。CASE存储库的典型功能有：

- 协调对模型的访问。
- 促进开发者之间的合作。
- 存储模型的多个版本。
- 识别版本间的区别。
- 允许在不同的模型中共享相同的概念。
- 检查模型的一致性和完整性。
- 生成项目报告和文档。
- 生成数据结构和程序代码（正向工程）。

• 从已有的实现中生成模型（逆向工程）。

要注意的是，CASE所生成的程序只是一个代码骨架——算法还需要由编程人员以通常的方式进行编码。

1.1.2.3.1　统一建模语言

"统一建模语言（Unified Modeling Language, UML）是一种通用的、可视化的建模语言，用于对软件系统的人工制品进行详细说明、可视化、构造和文档化。它捕获对必须构建的系统的决策和理解，用于理解、设计、浏览、配置、维护和控制该系统的相关信息。它准备为所有的开发方法、生命周期阶段、应用领域和媒体所使用。"（Rumbaugh等人 2005:3）。

现在已是IBM一部分的Rational软件公司开发了UML，它统一了早期方法和表示法中最佳的特征。1997年，对象管理组织（Object Management Group, OMG）批准UML作为一种标准的建模语言。从那时起，UML就被IT产业所接受和广泛接纳，并进一步开发。UML 2.0版本在2005年被OMG采纳。

尽管Rational提出了匹配过程，称为Rational统一过程（Rational Unified Process, RUP；Kruchten 2003），但UML独立于任何软件开发过程。采用UML的过程必须支持一种面向对象的方法来进行软件生产。UML并不适合老式的结构化方法，该方法导致系统由过程式编程语言来实现，例如COBOL。

UML也独立于实现技术（只要它们是面向对象的），这使得UML在支持开发生命周期的详细设计阶段方面有点不足。然而，同样的道理，它确实使UML对实现平台中的特异性和频繁变化富有弹性。

UML语言结构允许为系统的静态结构和动态行为建模。系统被建模为一套合作的**对象**（软件模块），这些对象响应外部事件来执行为客户（用户）带来利益的任务。特定的模型强调系统的某些方面，而忽略了在其他模型中被强调的那些方面。集成在一起的一套模型提供了对系统的完整描述。

UML模型可分为3组：

• 状态模型——描述静态数据结构。

• 行为模型——描述对象协作。

• 状态变化模型——描述随着时间的推移，系统所允许的状态。

UML也包含少量的体系结构构造，为了迭代和增量开发而对系统进行模块化。然而，UML并不主张任何特定的、系统能够或应当遵守的体系结构框架，这样的框架会定义系统构件的分层结构，并详细说明它们需要如何进行通信，因此，会与UML作为通用语言的目标相矛盾。

1.1.2.3.2　CASE和过程改进

过程改进远不只是引入新的方法和技术。事实上，在一个过程成熟度的低级别中，为组织引进新的方法和技术，更多的情况是弊大于利。

当CASE技术作为集成环境应用时，就是一个很好的例子，这个集成环境为了生产出新的设计产品而允许多个开发者合作，并共享设计信息。这样的CASE环境强行施加了某些过程，那么开发团队就必须服从利用该技术。然而，如果开发团队在以前没能改进其过程，那么它极不可能吸收由CASE工具所规定的过程。结果，由新技术所提供的潜在的生产力和质量增益将无法实现。

这项评论并非是说CASE技术是具有风险的业务，它只是用于驱动整个开发过程，并且在开发团队没有准备好接受该过程时，才是有风险的。然而，对于那些在自己的本地工作站上工作的个体开发者来说，在工具内部使用同样的CASE方法和技术总会带来个体生产率和质量的改进。在课堂上使用铅笔和纸对软件人工制品建模可能是有意义的，但是对于真正的项目来说，从来都没有意义。

1.1.3 开发还是集成

今天，只是使手工过程自动化来开发新的软件系统几乎是不存在的。大部分开发项目取代或扩展了现存的软件解决方案，或将它们集成为更大的、提供新的自动化水平的解决方案。因此，集成开发（相对于"从零开始"的应用开发的立场）所进行的是使用相同迭代生命周期方法和生产相同软件产品模型，差别就在于所强调的集成层次和使能技术。

我们将集成方法分为3大类型（Hophe和Woolf 2003；Linthicum 2004）：

- 面向信息和/或面向门户的集成。
- 面向接口的集成。
- 面向过程的集成。

面向信息的集成依赖于源应用系统和目标应用系统之间的**信息交换**。这是在数据库或应用程序接口（application programming interface, API）层次上的集成，这种集成使信息具体化，以供其他应用程序使用。

面向门户的集成可以看作是一种特殊的面向信息的集成，将来自多个软件系统的信息具体化到一个共同的用户界面，具有代表性的是Web浏览器的门户。区别是面向信息的集成关注信息的实时交换，而门户则需要对来自后台系统的具体化的信息进行人为干预。

面向接口的集成将应用接口（即通过接口抽象定义的服务）连接在一起。接口显示了一个应用系统向其他应用系统所提供的有益服务。面向接口的集成并不需要所参与的应用系统的详细业务过程可见。服务的供给可以是信息的（当提供数据时），或者是事务的（当提供一项功能时）。前者的确是一种基于信息集成的变种，而后者则需要修改源应用系统和目标应用系统，或者有可能导致一个新的应用系统（合成的应用系统）。

面向过程的集成是将应用系统连接在一起，方法是在现有应用系统的已有过程集和数据集的顶部定义一个新的过程层。可以论证，这是一个最终的集成方案，使新的过程逻辑从参与应用系统的应用逻辑中分离出来，并可能产生一种新的解决方案，将以前手工执行的任务自动化。面向过程的集成开始于建立新的过程模型，并假设被集成的应用系统的内部过程完全可见。面向过程的集成具有战略高度，旨在提升现有的业务过程，并带来竞争优势。

复习小测验1.1

RQ1   软件开发的"意外事件"是否定义了软件开发的不变事实？

RQ2   两组主要的利益相关者是什么？

RQ3   每个迭代中的增量版本是否向开发中的软件产品增加了新的功能？

RQ4   COBIT是一个产品标准还是一个过程标准？

RQ5   面向门户的集成是一种特殊的面向接口的集成吗？

1.2 系统规划

必须对信息系统项目进行规划，必须为初期的开发、改进或者排除而进行识别、分类、排序和选择。问题是，哪种IS技术和应用系统对业务的回报价值最大？在理想的情况下，所做的决定应当以定义良好的业务策略和仔细且有条不紊的规划为基础（Bennett等人 2002；Hoffer等人 2002；Maciaszek 1990）。

可以通过各种策略规划、业务建模、业务过程重组、策略调整、信息资源管理或诸如此类的过程来决定业务策略。所有这些方法承担了研究组织中基本业务过程的任务，目的是为业务确定长远的洞察力，然后优先考虑能够通过使用信息技术而得以解决的业务问题。

这就是说，有许多组织——特别是许多小型组织——并没有明确的业务策略。这样的组织有可能会通过简单地识别当前最迫切需要处理的业务问题来决定信息系统开发。当外部环境或内部业务情况发生变化时，将不得不对现有的信息系统进行修改，甚至替换。这样的运作模式允许小型组织快速地重新对当前情况集中精力，利用新的机会和抵制新的威胁。

大型组织经受不起业务方向的不断改变。事实上，它们往往因在同一业务线上的其他组织而决定方向。在某种程度上，它们能够为当前的需要塑造环境。然而，大型组织也必须仔细地考虑到未来，它们必须使用基于规划的方法来识别开发项目。在典型的情况下，大型项目需要长时间来完成。它们太过麻烦，以至于不易被改变或替换。它们需要容纳，甚至是瞄准未来的机会和威胁。

系统规划可以通过多种方式来制定。一种传统的方法称为SWOT——优势、劣势、机会、威胁（strength，weakness，opportunity，threat）。另一种流行的策略基于VCM——价值链模型（value chain model）。用于制定业务策略的更加现代的方法称为BPR——业务过程重组（business process re-engineering）。也可以通过使用为ISA——信息系统体系结构（information system architecture）而设计的蓝图来评估一个组织的信息需求，这样的蓝图可以通过对描述性框架进行类比而获得，这在IT以外的学科中已经得到证明，例如建筑业。

所有的系统规划方法都有一个重要的共同点：它们关心效果（做正确的事）而不是效率（做事正确）。"更有效率"意味着可以使用现有的或更少的资源，以更快的速度完成相同的工作。"更有效果"意味着使用可选择的资源和想法来做一个更好的工作，也可以意味着通过创新来实现竞争优势。

1.2.1 SWOT方法

SWOT（优势、劣势、机会、威胁）方法以调整组织的优势、劣势、机会和威胁的方式来进行IS开发项目的识别、分类、排序和选择。这是一个从确定组织使命开始的、自顶向下的方法。

使命陈述捕获了一个组织的独特性质，并详细说明它未来的愿景。在一个良好的使命陈述中，重点在于客户的需要，而不在于组织所交付的产品或服务。

使命陈述和根据它开发的业务策略考虑了公司在管理、生产、人力资源、财务、市场和研发等领域中的内部优势和劣势。这些优势和劣势必须被认可、同意并优先考虑。一个成功的组织对它当前的优势和劣势要有良好的理解，以指导其业务策略的发展。

优势的例子包括：

- 品牌和专利的拥有。
- 在客户和供应商中良好的口碑。
- 资源或技术的专有权。
- 由于生产量、私有的专门技能、专有权利或伙伴关系而带来的成本优势。

劣势通常是潜在优势的缺乏。劣势的例子包括：

- 不可靠的现金流。
- 员工的劣等技术基础和对一些关键员工的依赖。
- 欠佳的营业地点。

对内部的企业优势和劣势的识别是成功业务规划的一个必要条件，而不是充分条件。组织在真空中无法运作——它依赖于外部的经济、社会、政治和技术因素。组织必须了解可利用的外部机会和可避免的外部威胁，这些是组织无法控制的因素，但对它们的认识是决定组织目的和目标的基础。

机会的例子包括：

- 新的、更少限制的规章，撤除贸易壁垒。
- 策略联盟、合资或合并。
- 作为新市场的互联网。
- 竞争对手的溃败，以及因此而导致的市场开放。

任何对环境带有负面影响的改变都是威胁。威胁的例子包括：

- 与竞争对手的价格战的潜在性。
- 技术的变更超越了能够消化吸收的能力范围。
- 产品或服务上新的税收障碍。

组织在任何指定的时间都追求一个或几个极少量的长远目标。目标通常是长期的（3~5年），甚至是"永恒的"。典型目标的例子是：改进客户满意度、引进新的服务、解决竞争威胁，或增加对供应商的控制。每个策略目标必须与具体的目标联系在一起，该目标通常表现为年度目标。例如，"改进用户满意度"的目标可以由更快地（譬如说在两周内）履行客户订单的目标而得到支持。

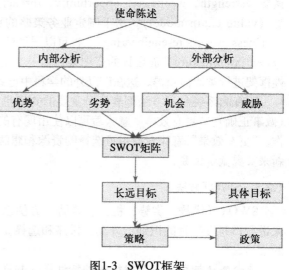

图1-3　SWOT框架

目的和目标需要管理策略和实现这些策略的具体政策。这种管理手段会调整组织结构、分配资源，并确定发展项目，包括信息系统。

图1-3显示了与SWOT分析有关的概念及其关联和派生规则。SWOT矩阵定义了一个组织在市场中的位置，并且将组织的能力与其运行所处的竞争环境相匹配。

1.2.2　VCM方法

VCM（价值链模型）通过分析组织中完整的活动链（从原材料到销售及运送给客户的最终产品）来评估竞争优势。在价值链方法中，产品或服务是将价值转交给客户的媒介。用"链"来比喻生动地说明了：其中一个链接弱，将导致整个链的崩溃。模型的目的是理解哪种价值链配置将产生最大竞争优势。IS开发项目可以针对哪些环节、操作、分配渠道、销售方式等给出最具竞争力的优势。

在最初的VCM方法（Porter 1985）中，组织的职能分为基本活动和支持活动。基本活动对最终产品创造或增加了价值，它们分为5个连续的阶段：

1) 内部物流——接受对产品或服务的投入。
2) 操作——使用投入来创造产品或服务。
3) 外部物流——将产品或服务分销给买家。
4) 销售和市场——引导买家购买产品或服务。
5) 服务——维护或提高产品或服务的价值。

这5个阶段利用相关的信息技术，并且得到有关的各类信息系统的协助，例如：

1) 为内部物流服务的仓储系统。

2) 为操作服务的计算机制造系统。

3) 为外部物流服务的运送和调度系统。

4) 为销售和市场服务的订购和发票系统。

5) 为服务而服务的设备维护系统。

支持活动并不增加价值，至少不直接增加价值。它们仍然是基础的，却不丰富产品。支持活动包括：行政管理和基础架构、人力资源管理、研发，以及大家很熟悉的IS开发。

VCM是对策略规划和确定IS开发项目有利的工具，反之亦然。无所不在的计算机化促进了业务改变，并且依次创造了效率、成本的降低和竞争优势。换句话说，IT能够转换一个组织的价值链，在IT和VCM之间可以建立自我加强的循环。

Porter和Millar（1985）指出了一个组织可以利用IT机会的5个步骤：

1) 评估产品和过程的信息强度。

2) 评估IT在产业结构中的角色。

3) 识别那些能够使IT创造竞争优势的方式，并对其排序。

4) 考虑IT如何能够创建新业务。

5) 制定一份利用IT的规划。

1.2.3 BPR方法

要使用系统规划的BPR（业务过程重组）方法一般基于这样一个前提：当今的组织必须彻底地改造自己，并丢弃那些现在正在使用的功能分解、分层结构和操作原则。

这个概念由Hammer（1990）、Davenport和Short（1990）引入，它立即引起了人们的兴趣和争议。BPR的扩展性描述在原创人（Davenport 1993；Hammer和Champy 1993a）的书中可以找到。

大多数现代组织被编入关注功能、产品或区域的纵向单元。这些结构和工作风格可以追溯到18世纪和Adam Smith的劳动力分工原则，以及随之而产生的工作分裂。业务过程被定义为"采取一种或多种输入、并创造对客户有价值的输出的活动集合"（Hammer和Champy 1993a），没有任何一个雇员或部门会对这样的业务过程负责。

BPR挑战了Smith的劳动力分工的产业原则、分层控制和规模经济。在当今世界，组织必须能够迅速地适应市场变化、新技术、竞争因素和客户的要求等。

业务过程必须跨越许多部门僵化的组织结构的观点已经过时。组织必须关注业务过程，而不是个别的任务、工作、人员或部门功能。这些过程横向跨越了业务，并且在与客户的交互点上结束。"过程企业和传统组织之间最明显的区别是过程所有者的存在"（Hammer和Stanton 1999）。

BPR的主要目的是在组织中从根本上重新设计业务过程（因此，有时将BPR称为过程再设计）。必须对业务过程进行识别、流程化和改进。在工作流图中对过程文档化，并经历了工作流分析。工作流捕获了业务过程中的事件、文档和信息流，并且可以用来计算这些活动所花费的时间、资源和成本。

Davenport和Short（1990）给BPR推荐了一种方法，此方法具有5个步骤：

1) 确定业务愿景与过程目标（业务愿景来自使命陈述；目标专注于成本和时间的减少、质量改进、员工激励和知识获取等）。

2) 确定要再造的过程。

3) 了解并度量现有过程（为了避免过去的错误，并为过程再设计及过程改进建立基线）。

4) 识别信息技术（IT）杠杆，以及它们如何能够影响过程再设计和改进。

5) 为新过程设计并建造原型（原型是一个工作流系统，是迭代和增量开发的主题）。

在组织中实现BPR的主要障碍在于需要向传统的纵向管理结构中嵌入一个横向过程。一个严肃的BPR首先需要改变组织，目的是使作为基础组织单元的开发团队成为中心，这些团队负责一个或多个端到端的业务过程。

有时候，一个彻底的改变是不能被接受的，传统结构不能在一朝一夕之间就被改变。彻底的推进会遭到反抗，从而有损于BPR的潜在好处。在这种情况下，组织仍然能够受益于对其业务过程的建模，以及试图只是改进而不是再造它们。*业务过程改进*（business process improvement, BPI）一词用于描述一个改进的开端（Allen和Frost 1998）。

一旦定义了业务过程，过程所有者就需要IT支持，来进一步改进这些过程的效率，从而引发了IS开发项目将精力集中于实现已被识别的工作流。在所有当代的组织性能（例如质量、服务、速度、成本、价格、竞争优势和灵活性）的估量中，BPR效果和IT效率的组合能够带来引人注目的改进。

1.2.4　ISA方法

不同于前面已经介绍的方法，ISA（信息系统体系结构）是一种自底向上的方法，它为能够适应各种业务策略的IS解决方案提供了一种中立的系统结构框架。因此，ISA方法并不包含系统规划方法学——它简单地提供了一个影响大多数业务策略的框架。

ISA方法是Zachman（1987）在一篇论文中提出来的，后来Sowa和Zachman（1992）对其进行了扩展。已经发表的最初论文版本并无明显修改（Zachman 1999）。

ISA框架被描述成一个具有30个单元的表格，有5行（从1标记到5）6列（从A标记到F）。表中的行表示用于复杂工程产品（如信息系统）构建的不同视角，这些视角就是那5个主要的"游戏中的玩家"——5个IS参与者：

1) 规划者——确定系统的范围。

2) 所有者——定义企业概念模型。

3) 设计者——详细说明系统物理模型。

4) 建造者——提供详细的技术解决方案。

5) 承包者——提供系统构件。

表中的6列表现了每个参与者所从事的6种不同的描述或体系结构模型。就像视角一样，每个描述彼此都有很大的不同，但是同时，它们在本质上又互相关联着。描述提供了对每个参与者都很关键的6个问题的答案。

A. 这件事由什么构成？（即IS实例中的数据）

B. 这件事是如何起作用的？（即业务过程）

C. 这件事位于何处？（即处理构件的位置）

D. 谁与这件事一起工作？（即用户）

E. 这件事何时发生？（即事件和状态的调度）

F. 这件事为何而发生？（即企业的动机）

这30个单元中的视角与描述相结合，提供了一个强有力的分类，为IS开发建造了一个完整的体系结构。纵向视角可能在细节上有所不同，但更重要的是，它们在本质上是不同的，并且使用了不同的建模表示法。不同的模型强调参与者的不同观点。同样，横向描述是针对不同原因的——每项描述都回答了以上6个问题中的一个。

ISA方法最具吸引力的特征来自它提供的框架，该框架具有足够的灵活性，以适应未来业务环境和资源的变化。这是因为ISA解决方案并不来自任何特定的业务策略，它只是一个为IS系统进行完整描述的框架。该框架来自很多已有的学科——其中有些已经有一千多年的历史（如古典建筑学）。

复习小测验1.2

RQ1　系统规划的主要目标是什么——效果还是效率？

RQ2　在一个SWOT分析中，长远目标是来自具体目标吗？还是反过来？

RQ3　在VCM方法中，"销售和市场"是一个基础活动还是一个支持活动？

RQ4　根据BPR方法，过程企业和传统组织之间最明显的区别是什么？

RQ5　ISA框架的5个"视角"是什么？

1.3　三级管理系统

与系统规划有关的是，要认识到一个组织具有三级管理：

1) 策略级。

2) 战术级。

3) 操作级。

这3个级别是由决策的独特焦点、一套明确的IS应用需求、需要从IT中得到的特定支持所刻画的。系统规划的任务是定义IS应用系统和IT解决方案的混合体，使其在特定的时间点对组织最有效。表1-1定义了将决策级别匹配到IS应用和IT解决方案时所涉及的问题（参见Benson和Standing，2002；Jordan和Machesky 1990；Robson 1994）。

表1-1　IS和IT对不同决策级别的支持

决策级别	决策焦点	典型的IS应用	典型的IT解决方案	关键概念
策略级（行政和高级管理级）	支持组织长期目标的策略	市场和销售分析、产品规划、性能评估	数据挖掘，知识管理	知识
战术级（路线管理级）	支持短期目标和资源分配的政策	预算分析、薪酬预测、库存调度、客户服务	数据仓库、分析处理、电子数据表格	信息
操作级（运行管理级）	员工日常活动和生产支持	发薪、发货、采购、财务	数据库、事务处理、应用生成器	数据

为组织提供了最大回报的IS应用和IT解决方案处于策略级，然而这些也是最难实现的解决方案——它们使用"非常前沿的"技术，并要求非常纯熟的技术和专门的设计。毕竟，这些是能够给组织带来市场竞争优势的系统。

另一方面，支持操作管理级的系统是相当常规的，它使用传统的数据库技术，并经常从预先封装的解决方案中定制。这些系统不可能提供竞争优势，但是如果没有它们，组织就无法正常运作。

每个现代组织都有一套完整的操作级系统，但只有管理得最好的组织才有一套综合的策略级IS应用系统。为高级别策略及战术决策而存储和检索数据的主要技术，称为数据仓库（Kimball 1996）。

表1-1的最后一列关联了3个关键的IS概念——知识、信息和数据——伴随着3个决策级别上的系统。这些关键概念的定义是：

- 数据——代表着涉及业务活动的价值、质量、概念和事件的原始事实。
- 信息——增值事实；已经被处理并概括为产品增值事实的数据，揭示了新的特征和趋势。

- 知识——对信息的理解，由经验或研究而获得，并导致有效果和有效率地做事的能力，能够存在于人的头脑中（隐性知识），或者文档化为一些结构化的形式。

例如，一个电话号码就是一个数据片段。根据地理区域或他们自己的客户等级而进行的电话号码分组，就导致了信息。理解如何在电话销售中使用该信息引导人们购买产品，就是知识。Benson和Standing（2002）开玩笑地指出，决定不在半夜给某人打电话，就是智慧。更严肃地讲，智慧有时被认为是最终的、关键的IS概念，它后来被定义为使用知识来做出良好判断和决定的能力。

1.3.1 事务处理系统

在决策操作级上的系统主类是联机事务处理（OnLine Transaction Processing, OLTP）系统。**事务**被定义为工作的一个逻辑单元，完成某一特定的业务任务，并在任务完成后保证数据库的完整性。从事务的视角上来看，完整性意味着在事务完成其执行后，数据保留了一致性和正确性。

事务处理系统天生就与数据库技术关联在一起。数据库就是一个企业数据的中央存储库和每个企业的关键策略资源。数据库系统具有关键职责，使任何数量的用户和应用程序都能够并发地、多用户地访问数据。根据哪些数据可以并发访问，哪些数据不可以并发访问，以及在什么样的条件下可以对数据进行修改的业务事务理念，对这种数据访问权划定界限（归纳）。

数据库的规模以千兆字节级（Gb——10^9字节）甚至是兆兆字节级（Tb——10^{12}字节）来估算。因此，数据库驻留在一个非易失性的（持久的）二级存储上，例如磁盘或光盘。数据之所以被称为是持久的，是因为它永久性地驻留在磁盘上，无论磁盘驱动器是否通电或者正在使用。

除了并发控制，确保数据库总是能够从软件和硬件故障中恢复的事务理念是极其重要的。任何从故障中的恢复，都必须确保数据被返回（回滚）到事务开始前所存在的正确状态。反过来说，一个故障事务可以自动重启（前滚），以便完成一个新的、正确的、由事务处理逻辑所决定的状态。

尽管数据库状态大体上是由各种在数据上执行的事务的处理逻辑决定的，但是该逻辑也受到了企业范围的业务规则的严格控制。这里介绍了由事务支配的应用逻辑和由其他数据库编程机制支配的业务逻辑之间的差别，即参照完整性约束和触发器。例如，如果一个业务规则声明了学生必须经过必要的考试才能入学，那么就不允许应用事务忽视该业务规则而使不符合资格的学生入学。

如前所述，数据库是任何企业的关键策略资源。因此，数据库技术通过确保只有通过认证和授权的用户及应用程序才可以访问数据和执行内部数据库程序（存储过程），从而提供了保证数据安全性的机制。

1.3.2 分析处理系统

处于决策的战术级上的主要系统是联机分析处理（OnLine Analytical Processing, OLAP）系统。相对于导致数据改变的典型事务处理而言，分析处理通过对预先存在的历史数据的分析来辅助决策。因此，分析处理系统并不要求详细的销售数据，而是试图回答这样的询问："与去年同月份中正常的销售相比，我们从上个月针对女性客户的某些产品的推广销售中获得了多少利润？"用于这种分析的历史数据越多，做出的决策就会越可靠。

分析处理系统与数据仓库技术联系在一起。**数据仓库**（data warehouse）的创建方式通常是在一个或多个事务数据库中提取数据的增量拷贝。数据仓库总是增加新数据，而从不移除历史数据。因此，数据库仓库很快就变得比从中提取数据的源数据库大数倍。大型数据仓库需要兆兆字节（Tb——10^{12}字节）甚至千兆兆字节（Pb——10^{15}字节）来进行存储。数据仓库的规模是个问题，但幸运的是，数据是静态的——也就是说，它不会被改变（除了由于在原始数据库中发现了错误的、不一致的或缺失的数据而导致的改变）。

作为战术级管理者的需要和预期，分析系统为支持数据密集型的随机查询而设计，这里特别要求了数据仓库技术。在数据仓库技术的前端，可通过零编程访问工具去查询需要提供给管理者的数据。在数据仓库技术的后端，需要创建和组织单个的数据仓库，使得能够轻松地对历史的、详细的和被适当分割、预先汇总和预先封装的数据进行查询。

对数据的汇总和封装构成了数据仓库的一个独特特征，目的是给从源系统中提取的数据增加价值。汇总（聚集）对数据进行了选择、连接和分组，目的是为终端用户的直接访问提供预估的措施和趋势分析。封装将操作数据和汇总数据转变为更有用的格式，如图、图表、表格和动画。分割使用技术手段和用户配置文件，来减少系统寻找查询答案时需要扫描的数据量。

由于已经证明创建大型的、坚如磐石的、存储所有企业数据的数据仓库是一项真正的挑战，所以就涌现了其他相关技术。一个流行而实用的解决方案是建立**数据集市**（data mart）。与数据仓库一样，数据集市是致力于分析处理的专用数据库；而与数据仓库不同的是，数据集市只保留了与某个特别部门或业务功能相关的企业数据的一个子集。此外，数据集市倾向于主要保存被汇总的历史数据，并在原始的存储源上保留详细的操作数据。

一种新兴的趋势是data webhouse，它被定义为"一个在Web上实现的、不用中央数据存储库的、分布式的数据仓库"（Connolly和Begg 2005:1152）。data webhouse提供了一个关于从多个数据源中提取、清洗和加载大量潜在的、不一致的数据到单个数据存储中的困难的自然答复，也为在企业局域网上的分析处理提供了一项可选技术。作为每个企业保卫最森严的策略资产，它在互联网上的潜在使用自然地被数据保密性和安全性的要求所限制。在这些局限以外，data webhouse能够提供非常有用的、对互联网用户行为的相关数据的解析分析（也就是所谓的数据点击流）。

1.3.3   知识处理系统

处于决策的战略级上的主要系统是知识处理（knowledge processing）系统。**知识**通常被定义为专门技能——作为经验的结果而累积的智力资本。如Rus和Lindvall（2002:26）所指出的，"随着智力资本而来的主要问题是，它是有腿的，而且每天都走回家。以同样的比率，行家走出门，外行走进门。无论许多软件组织是否承认它，它们都面临着维持竞争水平的挑战，以赢得合同并履行承诺。"

要维持当前在企业信息系统（enterprise information system, EIS）中的智力资本，必须对专门技能加以管理。知识管理必须有效地帮助组织在信息系统中发现、组织、分配和运用知识编码。**数据挖掘**（datamining）属于知识管理领域，它关注探索性的数据分析，来发现能够（重新）发现知识和支持决策的关系及模式（可能是以前不知道的或被遗忘的）。

数据挖掘的主要目的有（Kifer等人 2006；Oz 2004）：

- 关联（路径分析）——在数据中发现一个事件导致另一个相关事件的模式。例如，预言哪些出租了物业的人有可能搬出租赁市场，并在不久的将来购买物业。
- 分类——发现某事实是否落入了预定的、感兴趣的类别中。例如，预言哪些客户有可能具有最小的忠诚度，并可能变成另一个手机供应商。
- 聚类——与分类相似，但是种类并不是以前就知道的，它们由聚类方法发现，而不是由分析员人为具体指定。例如，预言对主动电话销售的反应。

伴随OLAP系统，用于数据挖掘的数据主要来源于数据仓库，而不是**操作型数据库**。数据挖掘扩充了OLAP达到策略管理要求的能力，它提供了预测性而不是回顾性的模型，使用人工智能（artificial intelligence, AI）技术来发现数据中的趋势、相关性和模式。它还试图发现隐藏的和意外的知识，而不是预见到的知识，因为就是这些隐藏的和意外的知识，才对决策具有更多的策略价值。

复习小测验1.3

RQ1 决策的哪个级别主要由数据仓库技术支持？

RQ2 在OLTP系统中，事务管理的两个主要功能是什么？

RQ3 哪种OLAP技术的目的是支持个别部门或业务功能，并且仅仅存储被汇总的历史数据？

RQ4 支撑知识处理系统的主要技术是什么？

1.4 软件开发生命周期

软件开发存在生命周期。生命周期是活动的有序集合，其中的活动是每个开发项目都要从事和管理的。过程和方法就是生命周期实现的工具。生命周期包括：

- 应用建模方法。
- 在软件产品被转化的序列中的精确阶段——从最初的开始到逐步停止。
- 方法（方法学）和相关的开发过程。

典型的生命周期开始于对当前形势的业务分析和所提出的解决方案。对分析模型进行更加详细的设计，设计之后就是编程（实现）。对客户来说，要对系统的实现部分进行集成和部署。从这个意义上说，系统变得可运行（它支持日常业务操作）。为了成功运行，系统经历了维护任务。

本书将精力集中在分析和设计上，顺便提及了实现。冒着有些简化的风险来讲，业务分析就是关于要做什么，而系统设计就是关于如何使用可利用的技术去做，实现则是关于落实去做（从某种意义上说，就是将有形的软件产品交付给客户）。

1.4.1 开发方法

"软件革命"已经明显改变了软件产品工作的方式。特别是，软件已经变得更加具有交互性。程序的任务和行为动态地适应了用户的要求。

回过头看，过去类似COBOL程序的过程式逻辑是僵化的，并且无法对突发事件做出恰当的响应。一旦开始，程序便以或多或少的确定性方式来执行，直至完成。偶尔，程序会要求用户输入信息，然后将沿着不同的路径执行。不过一般来说，与用户的交互是受限制的，不同执行路径的数目也是预先确定了的。起控制作用的是程序，而不是用户。

随着现代图形用户界面（graphical user interface, GUI）的出现，计算方法已经引人注目地发生了变化。GUI程序是事件驱动的，并且是用户从键盘、鼠标或其他输入设备而引发的，以随机且不可预知的方式来执行事件。

在GUI环境中，用户（在很大程度上）控制着程序的执行，反之则不然。在每个事件背后都有一个软件对象，知道如何在程序执行的当前状态下为该事件服务。一旦完成了服务，控制权就返回给用户。

这个程序——用户交互的现代风格，需要一种不同的软件开发方法。所谓的结构化方法已经很好地服务于传统软件，而现代GUI系统需要对象编程，那么对象方法则是设计这种系统的最佳方式。

1.4.1.1 结构化方法

系统开发的结构化方法也称为是功能性、过程性和强制性的方法，该方法在20世纪80年代得到了推广（事实上是标准化了）。从系统建模的视角来看，结构化方法基于两种技术：

- 为过程建模而使用的数据流图（data flow diagram, DFD）。
- 为数据建模而使用的实体关系图（entity relationship diagram, ERD）。

结构化方法以过程为中心，并且使用DFD作为开发的驱动力。在该方法中，系统在功能分解活动中被分解为可管理的单元，同时将系统有层次地划分为由数据流连接的业务过程。

很多年来，结构化方法已经从以过程为中心渐渐地进化到了更多地以数据为中心，这一点直接导致了关系数据库模型的普及。DFD在结构化开发中的重要性已经有点消退，开发已经倾向于ERD的数据中心技术。

DFD和ERD的组合提供了相对完整的分析模型，在一个理想的、独立于软件/硬件考虑的抽象层面上，捕获所有的系统功能和数据。这种分析模型后来被转变为设计模型，通常用关系数据库术语来表达。接着就是实现阶段了。

分析和设计的结构化方法由许多特征来刻画，其中有些与现代软件工程并不统一。例如，结构化方法：

- 倾向于按照次序及转换的方式，而不是迭代和增量的方式——也就是说，并不通过迭代细化和增量软件交付来促进一个无缝的开发过程。
- 倾向于交付僵化的解决方案来满足已识别的业务功能集，但是将来很难对业务功能集进行扩展和延伸。
- 采用从零开始的开发，不支持已存在构件的复用。

在开发的过程中，方法的转换性质引入了相当大的曲解初始用户需求的风险。由于设计模型和实现代码中的过程式解决方案，需要不断地权衡分析模型中说明性较强的语义，更加重了这种风险（这是因为分析模型比基础设计和实现模型具有更加丰富的语义）。

1.4.1.2　面向对象方法

系统开发的面向对象方法将系统分解成不同粒度的构件，在分解的底部是具有对象的类。类通过各种关系连接在一起，并且通过发送消息进行通信，消息调用对象上的操作。

尽管面向对象的程序设计语言（Simula）早在20世纪70年代初就已经存在了，但是系统开发的面向对象方法在20世纪90年代才流行起来。后来，对象管理组织批准了支持该方法的一系列UML（统一建模语言）标准。

与结构化方法相比较，面向对象方法则更加以数据为中心——它围绕着类模型进行演化。在分析阶段，并不需要定义类的操作，只需要定义类的属性就可以了。然而，UML中用例的日渐重要性稍微地将重点从数据转向了过程。

有这样一种感觉，开发者使用对象方法是因为对象范型的技术优势，例如抽象、封装、复用、继承、消息传递和多态性。的确，这些技术性能会带来更大的代码和数据的可复用性、更少的开发时间、程序员生产力的提高、软件质量的改进和更强的可理解性。然而，在吸引人的同时，对象技术的优势并不总是能够在实践中得以实现。不过，我们今天确实在使用对象，并且明天还将继续使用它们，其原因与由现代交互式的、基于GUI的应用系统所要求的事件驱动编程的需要有关。

对象方法流行的其他原因与处理新兴应用的需要和对抗应用积压的首选方式有关（已经超过了所规划和商定的日期的若干软件产品，仍然要被交付，尤其是在与现有遗留系统的扩展和集成的过程中）。要求对象技术应用的两个最重要的新种类，是工作组计算和多媒体系统。依靠知名的对象打包概念来停止应用积压增长的思想，已经被证实既具有吸引力又是可行的。

系统开发的对象方法遵循迭代和增量过程。单个模型（以及单个设计文档）在分析、设计和实现阶段被"细化"。细节被增加到连续的迭代中，根据需要进行修改和求精，所选模块的增量版本则保持了用户的满意度，并且为其他模块提供了额外的反馈。

求精开发是可能的，因为所有的开发模型（分析、设计和实现）在语义上都很丰富，并且都基于同一种"语言"——基础词汇在本质上是相同的（类、属性、方法、继承、多态性，等等）。然而要注意的是，只要实现是基于关系数据库的，那么就仍然需要一个复杂的转换，因为通过比较，关系模型的基础语义是相当匮乏的，并且正交于对象技术。

对象方法部分弥补了结构化方法的最重大的缺陷，但是它确实也带来了一些新问题：

- 分析阶段在一个相当高的抽象层面上进行（如果实现服务器解决方案采用关系数据库），在面向对象人工制品的建模与使用关系数据库的、以数据为中心的人工制品的实现之间，语义差距会相当明显。尽管分析和设计能够以迭代和增量的方式进行，但是开发最终还是会到达实现阶段，那就需要转换成关系数据库。如果实现平台是对象数据库或对象关系数据库，那么从设计出发的转换就会容易得多。

- 项目管理更加困难。管理者通过定义良好的工作分解结构、可交付性和里程碑来估算开发过程。在通过"详尽阐述"而进行的面向对象开发中，各阶段之间没有清晰的边界，因此项目文档也是持续演化的。解决该困难的一个吸引人的方案，是将项目划分成小的模块，并通过这些模块的频繁的可执行版本来管理过程（这些版本中有些可以是内部的，其他版本则被交付）。

- 对象解决方案明显比老式的结构化系统更加复杂，复杂性大部分是对由广泛的对象间和构件间通信的需要而产生的。情况会因不良的系统结构设计而恶化，如允许互通对象的、无限制的网络。通过这种方式所建造的系统是难以维护和进化的。

对象方法所带来的困难，并没有改变Arthur C. Clarke所说的"未来不是以往那样"的事实，我们无法回到旧日的批量COBOL应用系统的过程式编程风格上。IS开发项目中所有的利益相关者都知道互联网、电子商务、计算机游戏和其他的交互式应用。

新型软件应用建造起来因此要复杂得多，而且结构化方法对这种任务是不合适的。面向对象方法（以及建造在对象范型上的技术，例如构件和Web服务）是当前占主导地位且实用的方法，用来驾驭新型的、高度交互的、事件驱动的软件开发。

1.4.2　生命周期的阶段

在软件生产中，有一些明确定义的、按时间排序的行为序列。在粗粒度层面上，生命周期包括5个阶段：

1) 业务分析。
2) 系统设计。
3) 实现。
4) 集成和部署。
5) 运行和维护。

业务分析阶段专注于系统需求。在该阶段，确定和详细说明（建模）需求，开发和集成系统的功能和数据模型，并捕获非功能性需求和其他系统约束。

系统设计阶段分成两个主要的子阶段——体系结构设计和详细设计。按照结构（体系结构）和技术解决方案（详细设计），对涉及客户端的用户界面和服务器端的数据库对象的程序设计进行解释。提出影响系统可理解性、可维护性和可扩展性的各种设计问题，并对其文档化。

实现阶段由对客户端应用程序和服务器数据库的编码活动组成，强调了增量和迭代的实现过程。在设计模型与客户端应用程序和服务器数据库的实现之间的双向工程对成功的产品交付来说是必要的。

在分析、设计和实现的单个迭代中，将软件作为一个大整块开发，在今天是行不通的，也是不切实际的。软件以较小的模块（构件）开发，在为客户用于生产而部署之前，这些构件需要与已经可操作的模块组装且集成在一起。这就是所谓的集成和部署阶段。

当原先存在的业务解决方案或系统被逐步淘汰，并且新系统接管了日常操作时，运行和维护阶段开始。也许是自相矛盾的，运行阶段也标志着系统维护的开始，包括任何对软件的修正和扩展。在相当大的程度上，维护并不能反映已交付软件的质量。更合适地说，时代与业务环境的经常变化要求软件有规律地变更。

1.4.2.1　业务分析

业务分析（或需求分析）就是确定和详细说明客户需求的活动。需求确定和规格说明是相关的，但却是单独的活动，并且有时候由不同的人员来执行。因此，差别有时会在业务分析员和系统分析员之间产生。前者确定了需求，而后者则对需求进行了详细说明（或建模）。

业务分析仔细考虑了企业的业务过程，即便是当它在一个小的应用领域中进行时。从这个意义上讲，业务分析被关联到业务过程重组（BPR，1.2.3节）。BPR的目标是提出开展业务和获得竞争优势的新方式，这些"新方式"应当从现有解决方案（包括现有信息系统）的束缚中释放出来。

BPR主动性和正常活动增加了系统开发的工程严谨性，其结果是，业务分析日益变成一种需求工程行为。的确，需求工程是一种重要性日渐增加的软件开发学科——其中一个重要性就是，它平稳地关联到了软件工程的整个领域（Maciaszek和Liong 2005）。

1.4.2.1.1　需求确定

Kotonya和Sommerville（1998）将**需求**定义为"系统服务或约束的陈述"。服务陈述描述了关于单个用户或整个用户群体，系统应该如何运行。对于后一种情况，服务陈述实际上定义了一个必须一直都要服从的业务规则（例如"双周工资在周三支付"）。服务陈述也可以是系统必须执行的一些计算（例如"基于售货员在最后两周中的销售，使用特定公式来计算其佣金"）。

约束陈述表达了在系统行为或开发上的限制。前者的一个例子可以是安全性约束："只有直接管理者才能看到其员工的薪水信息"；后者的一个例子可以是："我们必须使用Sybase开发工具"。要注意的是，系统行为上的约束陈述与业务规则的服务陈述之间的区别，它们有时候是模糊不清的。但只要识别出所有的需求，并且消除了重复，这就不是一个问题。

需求确定阶段的任务是同客户一起确定、分析和协商需求，该阶段涉及从客户那里获得信息的各种技术。这是一个概念探索，它依靠结构化和非结构化的用户访谈、问卷调查、文档及表格研究、视频录像等来执行。需求阶段的最终技术是解决方案的快速成型，以便能够澄清难以理解的需求，并消除误解。

需求分析包括开发者与客户之间的协商，这个步骤对于消除矛盾的需求和重叠的需求，以及遵照项目预算和期限来说，都是必要的。

需求阶段的产品是需求文档，它大多是一种叙述性的、带有一些非正式图表的文本文档。它不包括正式的模型，或许包括一些容易且流行的、能使客户轻松理解并促进开发者与客户间沟通的符号。

1.4.2.1.2　需求规格说明

当开发者使用一种特定方法（如UML）开始对需求建模时，需求规格说明阶段就开始了。CASE工具用于输入、分析和文档化模型。结果，由图形模型和CASE生成的报表丰富了需求文档。基本上，规格说明文档（行话为specs）取代了需求文档。

面向对象分析中的两个最重要的规格说明技术是类图和用例图，它们是对数据和功能进行规格说明的技术。一份典型的规格说明文档还将描述其他需求，例如性能、"外观与感觉"、可用性、可维护性、安全性和政策及法律需求。

规格说明模型可能会重叠。重叠允许从许多不同的角度来观察所提出的解决方案，以便强调和分析该方案的特定方面。需求的一致性和完整性也要仔细检查。

在理想的情况下，规格说明模型应当独立于部署系统的硬件/软件平台。硬件/软件考虑因素加强了对建模语言的词汇（以及由此而来的表达能力）约束。此外，词汇可能造成客户理解上的困难，从而抑制了开发者和客户间的沟通。

这就是说，一些约束陈述在事实上向开发者强加了硬件/软件考虑因素。此外，客户自己也表达了他们对特定硬件/软件技术的需求，甚至要求使用某种特定的技术。不过通常来说，业务分析的任务将不会考虑和涉及系统部署的硬件/软件平台。

1.4.2.2 系统设计

系统设计的定义比软件设计的定义范围更加广泛，尽管软件设计毫无疑问地处于中心位置。系统设计包括对系统结构的描述和对系统构件内部的详细设计，因此，系统设计有时分为体系结构设计和详细设计。

设计从分析进行延伸。虽然这项评论的确是真实的，但是体系结构设计可以看作是一个相对自治性的活动，旨在使用良好的并且已证实能够获得优秀体系结构的设计实践。相比之下，详细设计是直接从分析模型中产生的。

分析阶段的规格说明文档就像是一份开发者与客户之间为了软件产品的交付而拟定的合同，它列出了软件产品必须满足的所有需求。规格说明被移交给系统/软件架构师、设计师和工程师，去开发系统体系结构及其内部运行的底层模型。设计则根据实现系统的软件/硬件平台而进行。

1.4.2.2.1 体系结构设计

根据其模块（构件）而进行的系统描述称为体系结构设计。体系结构设计包括对系统的客户端和服务器方面的解决方案策略的决定，它也关注对解决方案策略的选择和系统的模块化。解决方案策略既需要解决客户端（用户界面）和服务器（数据库）问题，也需要将客户端和服务器过程"黏合"在一起的任何中间件。关于使用基本建造模块（构件）的决定，相对地独立于解决方案策略，但是构件的详细设计必须符合所选择的客户机/服务器解决方案。

客户机/服务器模型经常被扩展，来提供三层体系结构，在此结构中应用逻辑构成了一个单独的层次。中间层是逻辑层，同样地，它可能会也可能不会被单独的硬件所支持。应用逻辑是一个过程，能够在客户端或服务器上运行——也就是说，它能够编译成客户端或服务器过程，并且实现为动态链接库（dynamic link library, DLL）、应用编程接口（API）、远程过程调用（remote procedure calls, RPC）等。

体系结构设计的质量对于系统长期持久的成功是极其重要的。一个良好的体系结构设计会产生**可适应的（可支持的）**系统——即可理解的、可维护的和可升级的（可扩展的）系统。没有这些特性，软件解决方案所固有的复杂性就会失去控制。因此，体系结构设计交付一个可适应的系统结构，在编程期间坚持该结构，并且在系统交付后精心地进行维护，是至关重要的。

1.4.2.2.2 详细设计

每个软件构件内部运行的描述称为详细设计，它为每个构件开发了详细的算法和数据结构。构件最终被部署在基础实现平台的客户端、服务器或中间件过程上。因此，算法和数据结构是对基础实现平台的约束（既加强又阻碍）而定制的。

对于基于Web的应用，客户端（用户界面）的详细设计需要符合Internet浏览器支持的GUI设计；对于传统应用，则需要符合由特定GUI接口（Windows、Motif、Macintosh）的创作者提供的指南。这样的指南通常作为电子GUI文档（如Windows 2000）的一部分在线提供。

面向对象GUI设计的一个主要原则是用户控制，而不是程序控制。程序响应随机发生的用户事件，并且提供必要的软件服务。其他GUI设计原则都是从该事实出发的。当然，不应该教条地使用"用户控制"原则——程序仍然会验证用户的特权，并且可能会禁止某些行为。

服务器的详细设计定义了数据库服务器（最有可能的是关系型服务器，或者也可能是对象–关系型服务器）上的对象，其中有些对象是数据容器（表和视图等），而其他对象则是过程（如存储过程和触发器）。

中间件层的详细设计与应用逻辑和业务逻辑有关，该层提供了解决方案中的用户界面与数据库之间的分隔和映射。如果存在这样一个可接受的层次，可以轻易地认识到处理用户界面的应用软件和处理数据源访问的数据库软件可以独立进化，那么这样的分隔就是至关重要的。

1.4.2.3 实现

信息系统的实现涉及所购买软件的安装及客户定制软件的编码。它也涉及其他重要活动，例如，测试的加载和生产数据库的加载、测试、用户培训及硬件事务。

在典型的情况下，将实现团队的程序员分为两组——一组负责客户端编程，另一组负责服务器数据库编程。客户端程序实现窗口和应用逻辑（即使应用逻辑被部署到单独的应用服务器上，它也总有一些方面必须驻留在客户端上），它也发起业务事务，激活服务器数据库程序（存储过程）。服务器程序负责保证数据库的一致性和事务的正确性。

在迭代和增量开发的真实思想中，用户界面的详细设计容易引起实现的变化。应用程序员可能会选择实现窗口的不同外观，来符合供应商的GUI原则、辅助编程或提高用户的生产率。

同样，服务器数据库的实现可能会强制改变设计文档。无法预料的数据库问题、存储过程和触发器编程中的困难、并发性问题、与客户端过程的集成以及性能调整，这些都是修改设计的原因。

1.4.2.4 集成和部署

增量开发意味着软件模块（子系统）的增量集成和部署，这项任务并不是无关紧要的。对于大型系统来说，模块集成会比任何早期的生命周期阶段（包括实现阶段）花费更多的时间和精力。正如Aristotle所说的："整体比部分的总和还要多。"

必须从软件生命周期的一开始就仔细地规划模块集成。必须在系统分析的初期阶段就识别单独实现的软件单元，并且需要在体系结构设计过程期间详细地再次处理，实现的次序必须使增量集成尽可能地平稳进行。

增量集成的主要困难在于模块之间交错循环的相互依赖。在一个设计良好的系统中，模块的循环耦合被降至最低，甚至被完全消除。另一方面，模块间的线性耦合是获得系统期望功能的一种方式。

如果我们需要在其他模块准备好之前就交付一个模块，那么我们能够做什么？回答就是写特殊的代码来临时"填补空白"，目的是使所有的模块能够被集成。我们把模拟所缺模块活动的程序称为桩。

面向对象的系统必须为集成和部署而设计。每个模块都应当尽可能地独立，应该在分析和设计阶段识别模块之间的依赖，并将依赖降到最低。在理想的情况下，每个模块都应该组成单独的处理线程，对特定客户的需要做出响应。应该尽量减少代替了操作的桩的使用。如果设计不当，会使集成阶段陷入混乱，给整个开发项目带来风险。

1.4.2.5 运行和维护

最终，整个软件产品的每个增量软件模块都成功地移交给客户后，紧接着就是运行和维护。维护不仅仅是软件生命周期固有的部分，而且就IT人员的时间和精力而言，它占据了生命周期中的大部分。Schach（2005）估计，生命周期中75%的时间都花费在了软件交付后的维护上。

运行标志着从现有业务解决方案到新方案的转换，而无论这种转换是否在软件中。转换通常是渐进的过程。如果可能的话，老系统和新系统应该并行地运行一段时间，如果新系统没有支撑起任务，还允许撤回到老系统。

维护由3个不同的阶段组成（Ghezzi等人 2003；Maciaszek 1990）：

1) 内务处理。

2) 适应性维护。

3) 完善性维护。

内务处理涉及执行必要的日常维护任务，以保持用户对系统的可访问性和可操作性。适应性维护涉及对系统运行的监控和审核，对系统的功能进行调整，以满足变化的环境，并使系统适应性能和吞吐量方面的要求。完善性维护是对系统的重新设计和修改，来适应新的或有了实质性变化的需求。

最终，软件系统的持续维护变得不可支持了，那么系统就不得不被淘汰。通常由于很难再从软件的可用性中获益而将系统淘汰。软件或许仍然是有用的，但是它已经变得不可维护。Schach（2005）列出了软件淘汰（退役）的4个原因：

- 所提出的改变超出了完善性维护的直接能力范围。
- 系统脱离了维护人员的控制，并且改变的结果不可预测。
- 缺乏作为未来软件扩展基础的文档。
- 不得不替换系统实现的硬件/软件平台，并且没有向新平台迁移的办法。

1.4.3 跨越生命周期的活动

一些专家和作者也将项目规划和测试作为两个不同的生命周期阶段。然而，这两个重要的活动并不真的是单独的生命周期阶段，因为它们跨越了整个生命周期。

在过程的初期草拟一份软件项目管理规划，在规格说明阶段之后明显地丰富它，并且在通过其余生命周期时得到不断改进。类似地，在实现阶段后测试最为集中，但也适用于其他各阶段所生产的软件制品。

对照项目计划对项目的进展进行跟踪。项目进展的跟踪关联到跨越生命周期的另一项活动——收集项目的**度量**活动，即估算开发过程及其结果。

1.4.3.1 项目规划

有一个熟悉的格言说，如果你不能规划一件事，你就不能做这件事。规划跨越了软件项目生命周期。一旦系统规划活动为组织确定了业务策略及软件项目，规划就开始了。**项目规划**是估计项目的可交付性、成本、时间、风险、里程碑和资源需求的活动，它也包括对开发方法、过程、工具、标准和团队组织的选择。

项目规划是一项活动的目标，一旦完成还是可以改变的。在几个固定约束的框架内，项目规划随生命周期而改进。

典型的约束是时间和费用——每个项目都有清晰的期限和紧张的预算。项目规划的首要任务之一就是根据这些时间、预算及其他约束，来评估项目是否可行。如果是可行的，就将约束文档化，并且只能在正式批准的过程期间改变。

评估项目可行性要根据下面几个因素（Hoffer等人 2002；Whitten和Bentley 1998）：

- 操作可行性重新处理在识别项目时系统规划中最初涉及的问题——研究所提出的系统将如何影响组织结构、过程及人员。

- 经济可行性评估项目的成本和效益（也称为成本－效益分析）。
- 技术可行性评估所提出的技术解决方案的实用性，以及技术技能、专业知识和资源的可用性。
- 进度表可行性评估了项目时间表的合理性。

在项目启动时，并非所有的约束都已知或能估算。在需求阶段还将发现其他约束，也需要评估这些约束的可行性。这些约束将包括法律上的、合同上的、政治上的和安全性上的约束。

经过可行性评估，将建立一份项目规划，并且将制定项目和过程管理的指南。在项目规划中要处理的问题包括（Whitten和Bentley 1998）：

- **项目范围**。
- 项目任务。
- 指导和控制项目。
- 质量管理。
- 度量和测量。
- 项目进度安排。
- 资源分配（人员、材料、工具）。
- 人员管理。

1.4.3.2　度量

测量开发时间和工作量，并对项目的人工制品进行其他度量是项目和过程管理的重要部分。尽管如此，在过程成熟度的低级组织中，它却经常被忽视。它的代价太高。没有对过去项目的测量，组织就不能精确地规划未来的项目。

常常在软件质量和复杂性的范围内讨论度量——度量应用于软件产品的质量和复杂性方面（Fenton和Pfleeger 1997；Henderson-sellers 1996；Pressman 2005）。度量用于测量正确性、可靠性、有效性、完整性、可用性、可维护性、灵活性及可测试性等质量因素。例如，可以通过测量发生故障的频率和严重程度、发生故障间隔的平均时间、输出结果的准确性，以及从故障中恢复的能力等来评估软件的可靠性。

度量的另一个同等重要的应用是在生命周期的不同阶段测量开发模型（开发产品）。度量还可以用于在不同的生命周期阶段评估过程的效果，并改进工作质量。

应用于软件过程且能够在各生命周期阶段采用的典型度量是（Schach 2005）：

- 需求波动——在需求阶段完成时的需求变化率，可以反映从客户那里获得需求的困难程度。
- 需求阶段结束之后的需求波动——这可能暗示需求文档的质量不高。
- 对系统中的热点和瓶颈的预测——用户试图执行软件产品原型中不同功能的频率。
- 由CASE工具生成的规格说明文档的大小，以及来自CASE存储库的其他更详细的度量数据。例如，类模型中类的数目（如果已经在过去的多个项目中使用，而完成这些项目的成本和时间是已知的，那么这些度量数据就提供了一个理想的规划"数据库"，用来预测未来类似项目所需的时间和工作量）。
- 故障统计记录——故障何时被引入到产品中，以及故障何时被发现和纠正，这可以反映质量保证、审查过程和测试活动的彻底性。
- 在认为一个测试单元可以集成，并发布给客户之前，对其进行测试的平均次数——这可以反映程序员的调试过程。

1.4.3.3　测试

像项目规划和度量一样，测试是跨越整个软件生命周期的一项活动，它并不仅仅是一个发生在实现之后的单独阶段。的确，在软件产品已经实现之后才开始测试就太晚了。修复生命周期早期阶段引入的缺陷所增加的成本可能是非常昂贵的（Schach 2005）。

因此，应当从一开始就仔细规划测试活动。在开始的时候，就必须识别测试用例。测试用例（或测试计划）定义要执行的试图"损坏"软件的测试步骤，它应该为需求文档中所描述的每个功能模块（用例）而定义。将测试用例关联到用例，在测试和用户的需求之间建立一条可追踪路径。要成为可测试的软件，软件人工制品就必须可追踪。

当然，所有开发者都测试自己的工作产品。然而，最初的开发者被占据了首要位置的开发软件制品所做的工作蒙住了眼睛。要达到最佳效果，就应当让第三方进行系统的测试。任务可以分配给组织中的软件质量保证（software quality assurance, SQA）小组，该小组应当包括组织中一些最优秀的开发者，他们的工作就是测试，而不是开发。然后由SQA小组（不是原来的开发者）承担起产品质量保证的责任。

在早期开发阶段所做的测试越多，结果也就越好。需求、规格说明和任何文档（包括程序源代码）都能以正式审查的方式（即所谓的走查和检查）来进行测试。正式审查是精心准备的、针对文档或系统某个特定部分的会议，由一个指定的审查员预先研究文档，并提出各种问题。该会议决定一个问题实际上是否就是缺陷，但是并不应该在这一点上试图对该问题提供直接的解决方案。之后，将由原来的开发者处理该故障。倘若会议是友好的，并且能够避免互相指责，那么"团队协作"能够及早发现并改正许多缺陷。

一旦软件原型和软件产品的第一个版本是可用的了，就可以采取基于执行的测试。有两种基于执行的测试：

- 规格说明测试——黑盒测试。
- 代码测试——白盒或玻璃盒测试。

规格说明测试将程序本身视为一个黑盒子——也就是说，除了它接受的一些输入和产生的一些输出以外，其他的都不知道。给程序一些输入，由此得到的输出就可以用来分析存在的错误。规格说明测试对于发现不正确的或缺失的需求特别有用。

代码测试"看透"了程序逻辑，推导出执行程序中不同运行路径所需要的输入。代码测试补充了规格说明测试，因为这两种测试倾向于发现不同种类的错误。

增量开发不仅包括软件模块的增量集成，还包括增量测试或回归测试。回归测试是在先前发布的软件模块已经被增量扩展之后，对以前的测试用例在同一基线数据集上的再次执行，其假设是旧的功能应保持不变，而且应该不会由于扩展而被破坏。

捕捉-回放工具能够很好地支持回归测试，在没有用户进一步干涉的情况下，该工具能够捕捉及回放用户与程序的交互。回归测试的主要困难是基线数据集的强制执行。增量式开发不只扩展了过程式程序逻辑，也扩展（并修改）了底层数据结构。一个扩展的软件产品可能会使基线数据集改变，因此消除了对结果的敏感比较。

复习小测验1.4

RQ1 哪种软件开发方法利用了功能分解活动？结构化方法还是面向对象方法？

RQ2 业务分析的另一个名字是什么？

RQ3 哪个开发阶段主要负责生产/交付一个适应性系统？

RQ4 桩的概念与哪个开发阶段联系在一起？

RQ5 哪些活动跨越了开发生命周期，因此不是独立的生命周期阶段？

1.5 开发模型与方法

开发模型与方法是关于软件生产"方式"的问题。类似于生命周期模型和过程的概念

（1.1.2.2节），开发模型与方法构成了一个概念，但并不是为了组织鉴定而使用的过程标准（如CMM、ISO 9000或ITIL）或服从框架（如COBIT）。

这就意味着组织能够通过各种模型和方法的混合元素，来开发属于它自己的生命周期过程。毕竟，开发过程应该反映每个组织的独特性。该过程是开发的社会、文化、组织、环境及其他类似方面的结果，它也将依据其规模、应用领域和所需的软件工具等，使得项目之间有所不同。

现代开发过程是迭代和增量的（1.1.2.2.1节）。一个系统开发项目由许多迭代组成，每个迭代都交付了一个产品的增量（改进）版本。迭代和增量应用于系统的同一个范围，这意味着一个新的增量通常不会对以前的增量增加任何新的大功能块（如一个新的子系统）。增量改进了系统现有的功能性、可用性、性能及其他特性，但并不改变系统的范围。对现有系统增加一个新的功能是软件集成的职责（1.1.3节），它本身就是迭代和增量的。

各种具有代表性的模型及方法为了迭代和增量开发而存在，重要且流行的模型及方法（接下来要讨论的）包括（Maciaszek和Liong 2005）：

- 螺旋模型。
- IBM Rational统一过程（RUP）。
- 模型驱动的体系结构。
- 敏捷软件开发。
- 面向方面的开发。

1.5.1 螺旋模型

螺旋模型（Boehm 1988）是所有迭代和增量开发过程的事实上的参考模型。在结构化开发方法（1.4.1.1节）仍占主导地位的时候，就提出了这个模型，但是，实际上作为一个元模型，它同样能够很好地应用到面向对象方法中（1.4.1.2节）。该模型将软件工程活动置于系统规划、风险分析和客户评估的更广泛的背景下，这4个活动作为4个象限显示在图中，一起创建了笛卡儿图中的螺旋式循环（图1-4）。

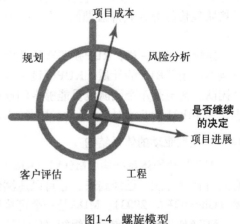

图1-4 螺旋模型

根据螺旋模型，系统开发开始于规划活动。规划包括项目可行性研究和最初的需求收集，它也建立了项目计划表，并且定义了预算成分。

接着，项目进入了风险分析象限，在这里评估了项目风险的影响。风险是指面对开发的任何潜在的逆境和不确定性。风险分析评估所期待的项目结果，以及针对获得这些结果可能性的风险承受力的可接受等级。风险分析负责决定是否移到下一个工程象限，这个决定纯粹是风险驱动的，并且正展望未来（它一定不能由迄今为止所承诺的项目成本来推动）。

工程象限处理实际的开发成果，在该象限中估算项目进展。"工程"包括了各种各样的系统建模、编程、集成和部署活动。

在项目进入下一个迭代之前，要进行用户评估，这是一个凭借所获得的客户反馈而进行的正式过程。对照系统应满足的已知需求来进行评估，但是从用户那里得到任何其他反馈也在进入下一个规划象限时被处理。

1.5.2 IBM Rational统一过程

IBM Rational统一过程（RUP）被定义为一个软件开发过程平台（RUP，2003），该平台提供了一个开发支持环境，由指导和学习文档、良好的实践模板、基于Web的促进技术等组成。RUP在二维关系中组织项目：横向维度代表每个项目迭代的连续阶段。RUP提出了4个阶段——初始、细化、构造和转换；纵向维度代表软件开发领域——即业务建模、需求、分析和设计、实现、测试、配置及变更管理的部署和支持活动、项目管理和环境，这些领域代表项目的焦点领域或工作流。

图1-5　IBM Rational统一过程

分成这些阶段和领域有它的优点，但是公平地讲，也带来了和它所解决的问题同样多的问题。它的目标是在纵向静态维度上显示横向动态维度的实施。动态维度代表一个依据迭代和里程碑的项目进展，用静态维度的焦点领域和问题（如活动和人工制品）来测量进展。

在实践中，横向维度与纵向维度之间的区别并不总是清晰的。如"构造与实现之间，或转换与部署之间的区别是什么？"这样的问题经常被问到。为了不增加混淆，图1-5显示了在一个活动循环中所安排的纵向RUP科目。横向阶段没有显示，但是它们应用于（虽然是以不同的强度）每个科目。例如，初始阶段在业务建模中占主导地位，但是在部署中它根本就不存在；另一方面，转换阶段恰好介入到部署期间，但是在业务建模中却不存在。

像螺旋模型一样，RUP强调迭代开发和早期的、持续的风险分析的重要性，频繁的可执行版本巩固了RUP的性质。RUP假设过程配置被定制到项目，定制则意味着组织、任务、整个团队、甚至是单个团队成员能够专门选择RUP过程构件。RUP具有普遍的适用性，但是它也使用了IBM Rational软件开发工具来为团队提供特别的指导。

1.5.3　模型驱动的体系结构

模型驱动的体系结构（MDA）（Kleppe等人　2003；MDA 2006）是一个从前的想法，而它的时代（可能）已经到来。它可以追溯到形式化规格说明和转换模型的编程概念产生的时候（Ghezzi等人　2003）。MDA是一个可执行建模和从规格说明生成程序的框架。

MDA使用各种对象管理组织（OMG）标准，为系统详细地说明平台无关的模型和平台相关的模型。使这样的规格说明可行的标准包括：

- 统一建模语言（UML），对任务建模。
- 元对象设施（Meta-Object Facility, MOF），使用标准元模型库，使得衍生的规格说明能够共同工作。
- XML元数据交换（XML Meta-Data Interchange, XMI），将UML映射到XML，从而达到交换的目的。
- 公共仓库元模型（Common Warehouse Meta-model, CWM），将MDA映射到数据库模式，并允许灵活的数据挖掘。

MDA旨在得到与平台无关的模型，包括系统状态和行为的完全规格说明。这允许将业务应用从技术变化中分离出来。在下一个步骤中，MDA提供了工具和技术来创建特定平台的模型，以在J2EE、.Net或Web Services这样的环境中实现模型。

图1-6显示了MDA概念如何关联到3个主要的开发阶段：分析、设计和实现。PSM桥和代码桥是互操作设施，允许尚在开发中的系统跨越多个平台。

作为一个可执行建模的自然结果，MDA也在构件技术方向有所延伸。构件在平台无关的模型中定义，接着以平台相关的方式实现。OMG使用MDA创建可转换的模型和可复用的构件，为纵向业务（如电信或医院）提供标准的解决方案。

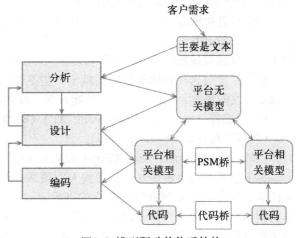

图1-6 模型驱动的体系结构

1.5.4 敏捷软件开发

对于迭代和增量开发模型来说，敏捷软件开发是一项较新的贡献。这个概念已经由敏捷联盟（Agile Alliance）推广，敏捷联盟是一个致力于软件生产中的敏捷性的非赢利性组织（Agile 2006）。敏捷开发将变更作为软件生产的固有方面，提出了"轻量级"方法，来适应不断变化的需求，并提出在系统开发中以编程为中心的阶段。

在"敏捷软件开发宣言"中，敏捷联盟制定了在软件生产中的敏捷性的关键点：

- 个体和交互胜过过程和工具。
- 可工作的软件胜过宽泛的文档。
- 客户协作胜过合同谈判。
- 响应变化胜过遵循计划。

敏捷开发是一种迭代和增量过程，具有不拘形式地向客户频繁交付可执行程序的热情，这种热情清楚地体现在其术语中。因此，典型的生命周期阶段——分析、设计、实现和部署的名称让路给新术语——用户故事、验收测试、重构、测试驱动开发和持续集成（图1-7）。更近的观察揭示了术语的变化并没有改变这样的事实：敏捷开发很好地融合了更多已建立的迭代和增量过程。

敏捷开发中的用户故事与其他模型中的需求分析相对应。故事列出并描述了用户对于开

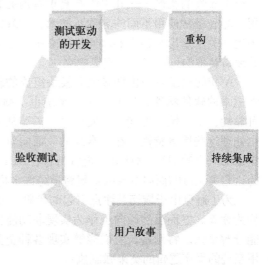

图1-7 敏捷软件开发

发中的系统应支持的特征所持的观点，它被用于根据时间和费用来规划开发迭代。

敏捷开发以验收测试、重构及测试驱动开发的一个循环取代了设计级建模及实现。验收测试是程序的规格说明，尚在开发中的应用程序必须通过该测试来满足用户需求。结果，实现则是测试驱动的。编写程序来通过验收测试，这个过程称为测试驱动的开发，并导致了所谓的策划编程——在开始为程序编码前，具体指定验收测试中程序想要获得的能力和机会。

测试驱动的开发是由一对程序员进行的。所有的编程都由两个程序员使用一个单独的工作站来完成，允许互相讨论、思想交流，以及概念的直接验证。就如它的名称那样，结对编程也带来了共同所有权的好处——没有任何一个人独自拥有代码，总会有第二个人理解已经写出来的代码。

敏捷开发在重构上是强大的，重构是改进代码的活动，其方法是对代码进行调整（重新

架构），而不改变代码的行为。重构假设最初的体系结构是健全且灵活的，也假设编程依照良好的做法和已建立的设计及实现模式来执行。

敏捷开发中的每次迭代都被规划成在大约两周的短周期中完成，短周期意味着新代码与已存在代码的持续集成。在两周结束时所集成的代码，是对客户评估的次要交付，生产使用的主要交付通常规划在3个短周期后进行——也就是在6周之后。

敏捷开发对迭代和增量开发贡献了一些重要的实践。各种特定的变体和实践，要么落入了敏捷开发的种类，要么就结合了敏捷开发。最知名的代表性敏捷开发包括：

- 极限编程（extreme programming, XP）（Beck 1999；Extreme 2006）。
- 特征驱动开发（Feature 2006）。
- 精益开发（Poppendieck和Poppendieck 2003）。

关于是否可以将敏捷开发扩展到大型项目，存在着一些质疑。敏捷开发似乎更适合较小的团队，这样的团队拥有50或更少的开发者，高度集成，致力于成果，计划和形式上低调，具有对项目管理者甚至是合同交付的问责制。这种方法与开发大规模关键任务的企业信息系统是有分歧的。这样的开发通常依照正式且文档化的过程标准和服从框架的实践来完成。

1.5.5　面向方面的软件开发

面向方面的软件开发（Aspect-oriented Programming, AOP）（Kiczales等人 1997）并不是一个革命性的构想——几乎没有真正有用的想法。支撑AOP的大部分概念以前就已知道并使用，尽管经常使用不同的名称及技术。AOP的主要目标是通过识别所谓的横切关注点，以及为这些关注点生产独立的软件模块来生产出更加模块化的系统。这些模块称为方面，利用称为方面编排的过程将方面集成起来。

AOP的出发点是由许多纵向模块组成的软件系统的实现。关键的模块包含实现系统功能性需求的软件构件，然而，每个系统也必须服从决定软件质量的非功能性需求，如正确性、可靠性、安全性、性能、并发性等。需要从各种（甚至是大多数）负责系统功能的软件构件中处理这些质量特性。在"常规的"面向对象编程中，实现这些特性的代码在许多构件中是重复的（分散的）。这些非功能性特性在AOP中称为关注点——应用系统必须满足的目标，因为这些关注点的面向对象的实现将横跨许多构件，所以将它们称为横切关注点。

为了避免由于横切关注点引起的代码分散，AOP提倡将这样的代码汇聚到单独的模块中，称为方面。方面虽然倾向于作为实现非功能性需求的单元，但是通常它们也可能是系统的功能分解单元。特别是，它们能够实现各种企业范围的业务规则，这些业务规则需要由负责应用系统的程序逻辑的类来强制执行。

因此，AOP将系统分解成许多方面，这些方面构成了核心功能构件，称为基础代码。这些方面构成了单独的方面代码。为了这样的一个系统能够运行，软件构件必须由方面组成，或者用另一种方式讲，必须将方面编排到程序的逻辑流中。这样的一个软件组成过程称为方面编排。某些方面在编译时被编排到系统中（静态编排），而其他方面只能在运行时编排（动态编排）。

方面编排应用于程序执行中的连接点。连接点是软件组成的预定义的点，例如对方法的调用、对属性的访问、对象的实例化和抛出异常等。需要为连接点采取的特定动作称为通知（例如，检查用户的安全性权限，或开始一个新的业务事务）。通知可以在连接点执行之前运行（前置通知），也可以在连接点完成之后运行（后置通知），或者可以取代连接点的执行（环绕通知）。

一般来说，同一个通知可以应用到程序的许多连接点。与单个通知相关的一组连接点称为切入点，常常用通配符和正则表达式来程序式地定义切入点，也许可能（并希望）对切入点进行组织。

像敏捷开发一样，面向方面的软件开发专注于编程任务，并公平共享了新术语（见图1-8）。连同敏捷开发一起，对该术语更近的观察显示：面向方面开发正是应用迭代和增量过程来生产适应性软件的另一种方式。

带着所有改进软件模块化（以及因此而产生的适应性）的良好意图，AOP能够成为突发的、甚至是不正确行为的一个潜在来源（例如，见Murphy和Schwanninger 2006）。这是因为方面可能以一种对应用系统的功能逻辑负责的开发者并不明显的方式，在连接点上修改行为。此外，方面本身不必是独立的，并且多个方面能够以微妙的方式互相影响，从而导致了突发行为。

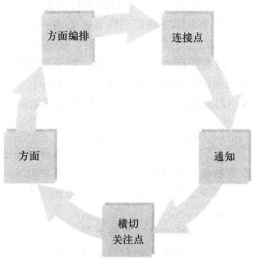

图1-8　面向方面的软件开发

对AOP开发实践具有明确的要求，以确保方面代码和基础代码共同优美地进化，横切关注点被很好地文档化，并且一直为应用开发者所了解。在有动态编排出现时，对这个难题的解决特别困难（例如，见Hirschfeld和Hanenberg 2005）。能够解决这些问题的一个必要条件是开发者要清楚在基础代码和方面代码中变化的相互影响。

复习小测验1.5

RQ1　对软件项目增加一个新的功能，是软件迭代还是集成的职责？

RQ2　哪种开发模型与方法对于风险分析是最明确的？

RQ3　哪种开发模型与方法直接关联到形式规格说明的传统概念？

RQ4　哪种开发模型与方法直接关联到策划编程的概念？

RQ5　哪种开发模型与方法直接关联到横切关注点的概念？

1.6　实例研究的问题陈述

除了一个指南式研究（在线购物（online shopping, OS））被放在本书最后的一个单独章节以外，本书还使用了7个实例研究作为软件开发概念和建模活动的例子。乍看之下，你将只能从这些问题陈述中得到模糊的想法，但是当你学习到后续章节并遇到参考资料、问题或者针对这些实例研究的答案时，可以返回到这些陈述上来。

本书最后指南的陈述风格与这些实例研究相似——也就是说，先定义问题，然后再给出解决方案。这允许读者尝试着提出一种解决方案，然后再与书中提供的解决方案相比较。这些实例是：

- 大学注册（university enrolment, UE）。
- 音像商店（video store, VS）。
- 关系管理（contact management, CM）。
- 电话销售（telemarketing, TM）。
- 广告支出（advertising expenditure, AE）。
- 时间记录（time logging, TL）。
- 货币兑换（currency converter, CC）。

1.6.1　大学注册

大学注册是一个经典的教科书范例（见Quatrani 2000；Stevens和Pooley 2000）。它是一个复杂得令人惊讶的应用领域，带有一套丰富的、变化相对频繁的业务规则，但关于在不同时期生效的业务规则的历史信息，还必须小心维护。

没有两所大学是一样的。每个大学都有属于它自己的令人感兴趣的特点，能够用实例研究来强调系统分析和设计的独特方面。我们在实例研究中所强调的重点在于关于处理时间维度（时间信息）的状态建模和在数据结构中捕捉业务规则的复杂性。

📖 问题陈述1：大学注册

一个中等规模的大学为全日制和非全日制的学生提供了许多本科及研究生学位。大学的教育结构由学院组成，每个学院都包括几个系。虽然一个单独的学院管理着每个学位，但是学位可以包含来自其他部门的课程。事实上，大学就是因给学生提供针对学位的自由选课而感到自豪。

课程选择的灵活性给大学注册系统增加了压力。个别定制的学习方案必须不能与管理学位的规则相抵触，例如为了使学生有资格取得学位的必修课而准备的预修课程的结构。学生对课程的选择可能因为时间表的冲突、最大班容量等原因而受到限制。

大学所提供教育的灵活性已经成为学生数量稳步增长的主要原因。然而，要保持其传统力量，当前的注册系统——某些部分仍然是手动的——必须由新的系统解决方案所取代。对成品软件包的初步研究尚未成功。大学注册系统是十分独特的，因而有充足的理由进行内部开发。

要求系统协助预注册活动和办理注册手续。预注册活动必须包括将上学期的考试成绩，连同所有的注册说明一起寄送给学生。在注册期间，系统必须接受学生所提出的学习方案，并验证其预修课程、时间表冲突、班容量、特别批准等。对于一些问题的解决可能需要咨询学院的指导教师或负责提供课程的学院。

1.6.2　音像商店

第2个实例研究是一个为小型企业所需要的常规业务的典型应用，它是一个支持小型音像商店运作的应用系统。音像商店拥有题材广泛的娱乐素材的磁盘和磁带库，商店的主要运作是租赁服务。

支持小型音像商店的典型的计算机系统，会从成品软件或一些其他专有的解决方案中定制。该系统会基于一种流行的、可用于小型商用计算机的数据库管理系统。

虽然使用底层的数据库软件，系统最初可能被部署在单机上，但是GUI开发可能会用一种简单的第4代语言（fourth-generation language, 4GL）来完成，这种语言带有屏幕描绘、代码生成能力和与简单数据库的连接。

作为实例研究，音像商店的一个独特方面是广泛的活动链——从通过库存管理的娱乐素材的订购，到关于对客户进行租赁和销售的财务统计。从某种程度上讲，这是一个小型规模的价值链模型操作（1.2.2节）。

📖 问题陈述2：音像商店

一家新的音像商店想要给更广泛的人群提供娱乐素材的租赁（和销售）。商店管理人员决定以计算机系统的支持来发起运作。管理人员已经购买了一些可能适合定制及进一步开发的小型商业软件包。为了帮助软件包的选择，商店雇佣了一位业务分析员，他的工作就是决定并详细说明需求。

音像商店将保持录像带、CD（游戏和音乐）和DVD的存货。存货已经从一个供应商那里订购，但是为了将来的订购，将接触更多的供应商。所有的录像带和磁盘都将打上条形码，以便与系统集成的扫描机能够支持租赁和归还。客户会员卡也将打上条形码。

现有的客户能够预约娱乐资料，并在指定的日期来取。系统必须具有灵活的搜索引擎来回答客户的查询，包括资料的查询。对于音像商店没有库存的资料，可以根据要求订购。

1.6.3　关系管理

关系管理是一个"热门"的应用领域，经常被称为CRM（关系或客户关系管理），是企业资源规划（ERP）系统的一个重要组成部分。ERP系统使后台事务处理应用自动化。一个ERP系统的3个典型组成部分是：财务、制造和人力资源系统。CRM属于人力资源部分。

ERP系统是非常大型的、可定制的解决方案，有些人称它们是巨型包。当然，一个ERP解决方案的CRM组成部分会非常复杂，本实例研究仅仅处理与CRM相关的一小部分问题。

关系管理应用系统的特点在于令人感兴趣的GUI解决方案，客户关系部门或者具有类似名称的部门员工可以凭借它来制定他们关于客户的活动计划。其实，关系管理系统的GUI担当了记录与客户相关的任务及事件、并跟踪其进展的日记簿。

日记簿必须由数据库驱动，以允许动态调度和监控跨越许多员工的任务及事件。像人力资源系统一样，关系管理应用系统需要一个复杂的授权计划来控制对敏感信息的访问。

📃问题陈述3：关系管理

一家市场研究公司已经为购买了其市场分析报告的组织建立了客户基础。一些大客户还从该公司购买了专门的报告软件，然后，这些客户就可以得到为他们自己的报表生成而准备的原始的以及预先收集的信息。

该公司不断地寻找新客户，即使新客户可能只是对一次性的、目标狭窄的市场报告感兴趣。由于潜在客户还不是真正的客户，公司更喜欢称他们为关系客户——由此有了关系管理系统（关系客户是指未来的、目前的以及过去的客户）。

一个新的关系管理系统在企业内部开发，并且可以为公司的所有员工所使用，但是有不同的访问权限。客服部门的员工将获得系统的所有权。系统将允许进行灵活的计划安排，以及重新制定与客户相关的活动计划，目的是使员工能够成功地合作，来赢得新客户以及培养现有的关系。

1.6.4　电话销售

许多组织通过电话来推销他们的产品和服务——也就是通过电话直接联系客户。电话销售系统需要支持一个精心制作的、制定电话呼叫计划的过程，来自动连接电话销售员与客户，使交谈变得更加方便，并记录交谈的结果。

电话销售系统的特殊方面是对数据库能力严重依赖，在支持当前交谈时，主动制定以及动态修改电话呼叫计划。另一个令人感兴趣的方面则是自动拨打预订电话号码的能力。

📃问题陈述4：电话销售

一个慈善团体销售彩票来筹集资金。筹款以活动的方式执行，来支持当前重要的慈善事业。该团体保留着一份过去的捐助者（支持者）的名单。对于每个新活动，从这些支持者中预先选择一部分，进行电话销售和/或直接邮件联系。

该团体使用一些创新计划来获得新的支持者，这些计划包括特别的有奖活动，以奖励支持者进行大量购买，以及吸引新的捐助者等。该团体并不通过使用电话目录或类似方式随机地确定潜在支持者。

为了支持其工作，该团体决定将新的电话销售应用系统的开发承包出去。要求新系统支持大量电话销售员同时工作，系统也必须能够依照预先指定的优先权及其他已知的约束条件来制定电话呼叫计划。

要求该系统拨打预订的电话号码，不成功的连接必须被重新制定到计划中，稍后再试。系统还必须安排对支持者的电话回叫。交谈结果，包括彩票订购以及任何支持者记录的改变，应当予以维护。

1.6.5　广告支出

在全球化和买家及卖家分隔两地的时代，销售一件产品或服务不可能不在广告上花费大量的费用。毫不奇怪，公司对他们如何使用广告预算和他们的广告支出（和目标）与其竞争对手相比怎么样，有着浓厚的兴趣。这样的信息能够从收集和分析广告数据的市场研究公司购买。

事务数据库收集和存储广告数据，收集的最新数据要加入到数据仓库中，广告支出领域的特点是在这二者之间进行必要的封闭处理调节。然后，用数据仓库分析收集来的信息，生成并销售要求的广告支出报表。

📖 问题陈述5：广告支出

一家市场研究组织从各种媒体发布途径，如电视和电台、报纸和杂志，以及电影院、户外及互联网广告客户那里，收集广告上的数据。所收集的数据能够用各种方式进行分析，估算公司做产品广告的支出。这家组织需要开发一个广告支出（AE）应用系统。

AE系统将给市场调查组织的客户提供两个领域的报告。顾客可以要求报告说明他们所付款的广告是否起到了预期的效果（这称为活动监控）；客户也可以要求报告概述他们在其特定行业内的广告竞争力（这称为支出报告）。支出报告捕捉了按照各种标准（时间、地域、媒体等）广告客户或做广告的产品所做的支出。

支出报告是组织的核心业务。事实上，任何AE客户（不仅仅是广告客户）都可以购买支出报告，无论是以客户设计的报告软件的形式，还是作为硬拷贝。AE的客户基础包含个体广告客户、广告代理、媒体公司和媒体购买顾问，以及销售和营销经理、媒体策划者和买家。

AE有与许多媒体发布途径的合同安排，从它们定期的电子日志文件接收与这些发布的广告内容相关的信息。这些日志信息被转移到了AE数据库，然后经过仔细的核查——部分自动进行，部分手工进行。核查任务是确认所有捕捉到的广告细节在周围的信息环境下都是有效且合乎逻辑的。对于没有电子日志的广告，手工录入（监控）仍然是AE操作的主要部分。

一旦被录入及核实，广告就进入了维持价格过程——确定广告支出的估算过程。

1.6.6　时间记录

应用软件与系统软件之间是有区别的，这个区别与系统软件是一个大量在市场上销售并卖给普通大众的工具的事实有关。系统软件的例子有：文字处理器、电子制表软件和数据库管理系统。越来越多地，许多这样的工具为一个明确定义的应用领域提供了一个通用的解决方案。时间记录就是这样一个工具。公司可以购买一个时间记录工具，作为一个计时和计费的应用程序，跟踪员工在各种项目和任务上花费的时间。

时间记录领域的特点是它生产了一个软件工具。同样地，该工具必须对购买者具有吸引力，在使用上非常可靠，并且为将来新版本的生产而设计。这就增强了关于产品的GUI方面的特别需求，以及必要的严格测试和可扩展的软件体系结构。

📖 问题陈述6：时间记录

一个软件生产公司得到了开发时间记录（time logging, TL）工具的任务，公开销售给需要用时间控制软件对员工进行管理的组织。该公司希望TL工具能够有机会与市场引导者竞争——来自Responsive Software的称为时间记录器（Time Logger）的工具（Responsive 2003）。

TL项目的范围由现有的时间记录器工具提供的功能性所描述。Responsive Software的网站上有对时间记录器功能的详细描述，类似的功能需要出现在TL工具中，下面几点列出了主要功能：

TL工具将允许员工输入时间记录——即花费在各种项目和任务工作上的时间，以及不需要做任何工作的时间（暂时的休息、午餐、假日等）。可以通过直接（手工）记录开始时间和结束时间，或使用秒表设备输入时间。秒表设备与计算机时钟相连接，并且允许员工使用开始/停止命令按钮来表达活动何时开始和结束。

TL工具将允许识别那些已为其完成了工作的客户。相关的功能是给客户列账单、开发票和保留付款记录。工作费用可以使用每小时的费率和/或一个固定的费用成分来进行计算，记录在TL工具中的一些活动将不计入客户账单。

TL工具允许生成定制的时间报表，根据员工的需要限制或增加各种报表细节。

TL工具允许轻松地改变已经输入的时间记录，它也将具有各种排序、查找和过滤的能力。

1.6.7 货币兑换

银行、其他金融机构甚至是通用的门户网站，都为互联网用户提供了货币兑换工具。货币兑换是Web应用，担当了将现金及其他货币（例如旅行支票）从一个币种兑换到另一个币种的在线计算器。计算器使用当前的汇率，但是有些工具可以允许使用过去的早期汇率来进行计算。

货币兑换是一个小型实用程序，但是仍然提供了一系列令人感兴趣的实现可能性和功能差异。作为一个小型实用程序，它给我们提供了解释详细设计问题的可能性，甚至展现了一些代码摘要。作为基于Web的应用程序，它允许我们解释方案的体系结构设计问题，此方案使用浏览器客户端，并为得到浏览器表单域的数据（支持货币和汇率）而访问数据库服务器。

问题陈述7：货币兑换

一家银行需要在它的门户网站中提供一个专用计算器，使其客户和普通大众能够查明将一个输入金额从一种货币兑换到另一种货币时，会获得多少金额。照例，货币兑换会应用最新的汇率，但是应用程序能够扩展为允许用户选择过去的日期来决定计算器将使用的汇率。

应用程序可能依靠一个或两个网页来完成。在两个网页的情况下，第1个网页会使用户能够输入要兑换的金额，从组合框中选择"从"哪种货币"兑换到"哪种货币，然后点击"计算"或类似的按钮。接着，第2个网页会显示计算的结果，并提供一个选项（如一个"重新开始"按钮）来回到第一个网页，如果有需要，则可以执行另一个计算。

在一个网页的解决方案中，表单将包含一个计算结果域，它不能被用户编辑，甚至有可能在一开始是不可见的。当用户按下"计算"按钮时，这个结果域将显示兑换结果的值。

小结

本章着眼于涉及软件开发过程的策略问题。对于一些读者来说，本章的内容比起"母亲们"的唠叨来，并没有什么更多的价值。对于在软件开发中有些经验的读者来说，本章可能给予了额外的大脑弹药。对于所有读者来说，本章的意图是作为引言，对后面更全面的讨论提供服务（不一定是温和地）。

软件开发的本质，就是它是一种工艺甚至是一门艺术。软件项目的结果在开始的时候并不能完全确定。软件开发中的主要意外困难涉及利益相关者——软件产品必须为利益相关者提供切实的好处；否则它将会失败。除了利益相关者因素，成功三要素还包括：健全的过程、建模语言和工具的支持。过程改进模型和框架包括能力成熟度模型、ISO 9000标准、ITIL和COBIT框架。UML是标准建模语言。

软件开发关注交付有效的软件项目。系统规划先于软件开发，并确定哪个产品会对组织最有效。系统规划可以通过各种方式进行，我们讨论了4个流行的方法：SWOT、VCM、BRP和ISA。

信息系统为3个管理级别而建立：操作级、战术级和策略级。将相应的软件系统划分为事务处理系统、分析处理系统和知识处理系统。支持决策的策略级系统提供了最佳效果，这些也是对软件开发者创造了最大挑战的系统。

在过去，软件产品是程序化的——一个编写的程序或多或少连续地且可预见地执行其任务，然后被终止。结构化开发方法已经被成功地用于开发这类系统。

现代软件产品是面向对象的——也就是说，一个程序由程序对象组成，随机且不可预见地执行，除非由用户关闭，否则程序无法终止。对象"留在附近"，等待用户生成的事件来启动一个计算。它们可以要求其他对象的服务来完成任务，然后再次闲置但保留着警觉，以防用户生成另一个事件。现代基于GUI的分布式IS应用系统都是面向对象的，而且面向对象开发方法是生成这类应用的最佳配备。本书的其余部分都集中在面向对象方法上。

软件开发遵循一个生命周期。主要的生命周期阶段是：分析、设计、实现、集成和部署，还有运行和维护。一些重要的活动跨越了整个生命周期阶段，它们包括项目规划、度量和测试。

本书集中讨论生命周期的两个阶段：分析和设计。其他阶段包括实现、集成和维护。软件开发包含一系列其他重要活动，如项目规划、度量标准的收集、测试和变更管理。我们并不认为那些阶段中的任何一个可以作为单独的阶段，因为它们在整个生命周期中反复出现。

现代开发过程是迭代和增量的。所有迭代和增量过程的前身及参考模型都是螺旋模型，这项评论也包括为组织鉴定用途而使用的CMM和ISO 9000标准。其他重要且流行的模型包括IBM Rational统一过程（RUP®）、模型驱动的体系结构（MDA）、敏捷软件开发和面向方面的软件开发。

最后，本章定义了在后续章节中使用的7个实例研究的问题陈述（与向导指南并列放在附录中），举例说明并解释了每个重要的建模概念和技术。这些实例研究涉及截然不同的领域——大学注册、音像商店、关系管理、电话销售、广告支出、时间记录应用和在线货币兑换。

关键术语

Adaptiveness（适应性）　即supportability（可支持性），由3个系统特征定义的软件质量，这3个系统特征是软件的可理解性、可维护性、可伸缩性（可扩展性）。

Architecture（体系结构）　根据其模块（构件）而进行的系统描述。它定义了一个系统是如何设计的，以及构件之间是如何连接的。

BPR　业务过程重组。

Build（构造）　作为系统开发或集成项目的增量而交付给客户的可执行代码。

CASE　计算机辅助软件工程。

CMM　能力成熟度模型。

COBIT　信息控制目标和相关技术。

Component（构件）　软件的一个可执行单元，具有明确定义的功能（服务）及与其他构件之间的通信协议（接口）。

COTS　商用成品软件。

Data（数据）　代表着涉及业务活动的价值、质量、概念和事件的原始事实。

Data mart（数据集市）　数据仓库的一个较小的变体，只保留了与某个特别部门或业务功能相关的企业数据的一个子集。

Datamining（数据挖掘）　知识管理的领域，它关注探索性的数据分析，来发现能够（重新）发现知识和支持决策的关系及模式（可能是以前不知道的或被遗忘了的）。

Data webhouse　一个在Web上实现的、不用中央数据存储库的、分布式的数据仓库。

Data warehouse（数据仓库）　一个容纳历史信息，并且面向OLAP式的商业智能和决策的数据库。

DFD　数据流图。

ERD 实体关系图。

ERP 企业资源规划系统。

Increment（增量） 作为系统开发或集成项目的一个迭代结果而获得的软件产品的下一个改进版本；一个增量并不会扩大项目范围。

Information（信息） 增值事实；已经被处理并概括为产品增值事实的数据，揭示了新的特征和趋势。

ISA 信息系统体系结构。

ISO 国际标准化组织。

Iteration（迭代） 产生一个构造的软件开发或集成项目的一个循环。

ITIL IT基础架构库。

Knowledge（知识） 对信息的理解，由经验或研究获得，并导致有效果和有效率地做事的能力。

Lifecycle（生命周期） 用于建造和支持（在其有用的"生命"之上）可交付的、由软件项目生产出的产品和服务的过程。

MDA 模型驱动的体系结构。

Metrics（度量） 对软件属性的估计，如正确性、可靠性、有效性、完整性、可用性、可维护性、灵活性，以及可测试性。

Model（模型） 来自现实的抽象；外部现实的某些方面在软件中的表现。

Object（对象） 能够响应外部事件/信息来执行软件系统所要求的任务的软件模块。它由数据和关联数据的操作组成。

OLAP 联机分析处理。

OLTP 联机事务处理。

OMG 对象管理组织。

Process（过程） 在软件生产和维护中使用的活动和组织程序。

Project planning（项目规划） 估计项目的可交付性、成本、时间、风险、里程碑和资源需求的活动。

Project scope（项目范围） 系统必须满足并且在项目合同中协商好的一系列功能性的用户需求。

Requirement（需求） 系统服务或约束的陈述。

RUP Rational统一过程。

Service（服务） 一个运行的软件实例，能够被其他软件系统定位和使用，这些软件系统使用由互联网协议传送的基于XML的信息。

SOA 面向服务的体系结构。

Stakeholder（利益相关者） 任何受到系统影响或对系统开发产生影响的人。

Supportability（可支持性） 参见适应性（adaptiveness）。

SWOT 优势、劣势、机会、威胁。

System planning（系统规划） 为组织定义了策略方向的初始规划。

Transaction（事务） 工作的一个逻辑单元，完成某一特定的业务任务，并在任务完成后保证数据库的完整。

UML 统一建模语言。

VCM 价值链模型。

选择题

MC1 按照Brooks的说法，下列哪一项不是软件开发的本质困难？

    a. 一致性　　　　b. 不可见性　　　　c. 正确性　　　　d. 可变性

MC2 可支持性（适应性）软件质量包括：

    a. 可靠性　　　　b. 可用性　　　　c. 可维护性　　　　d. 以上都是

MC3 CMM的"可重复的"级别（第2级）是指：

    a. 对管理和工程过程系统化并遵循　　　　b. 用于控制过程的度量

    c. 在适当位置的持续的过程改进　　　　d. 以上都不是

MC4 持续的服务改进方案（CSIP）属于：

    a. CMM　　　　b. ISO 9000　　　　c. ITIL　　　　d. COBIT

MC5 UML模型包括：

    a. 状态模型　　　　b. 状态变化模型　　　　c. 行为模型　　　　d. 以上都是

MC6　面向过程的集成是：

  a. 在数据库或应用程序接口（API）的层面上，由其他应用来为消费信息具体化的集成

  b. 使信息从多个软件系统具体化到一个共同的用户接口中的集成

  c. 连接了应用接口（也就是通过一个接口抽象进行服务定义）的集成

  d. 以上都不是

MC7　下列哪一项不是执行系统规划的方法：

  a. ERP   b. SWOT   c. ISA   d. 以上都是

MC8　下列哪一项是VCM方法的基本活动：

  a. 人力资源管理   b. 服务   c. 管理与基础架构 d. 以上都不是

MC9　下列哪一项不被认为是ISA方法中的参与者（视角）：

  a. 承包者   b. 所有者   c. 管理者   d. 以上都是

MC10　下列哪一项是OLAP技术：

  a. data webhouse   b. 数据仓库   c. 数据集市   d. 以上都是

MC11　下列哪一项不是数据挖掘的目的/任务：

  a. 分类   b. 聚类   c. 封装   d. 以上都不是

MC12　下列哪一项不是系统开发的结构化方法的建模技术：

  a. UML   b. ERD   c. DFD   d. 以上都是

MC13　下列哪一项不被认为是迭代和增量的开发模型/方法：

  a. 螺旋模型   b. 功能分解

  c. 模型驱动的体系结构   d. 以上都不是

MC14　下列哪一个开发模型/方法直接接受了策划编程：

  a. 面向方面的开发   b. 敏捷软件开发 c. 遗传程序设计 d. 以上都不是

问题

Q1　基于对软件产品的经验，你会如何理解Fred Brook关于软件工程的本质问题是由软件固有的复杂性、一致性、可变性和不可见性所决定的评论？你会如何解释这4个因素？软件工程与传统工程（如土木工程或机械工程）相比有何不同？

Q2　构件的概念被定义为软件的一个可执行单元，具有明确定义的功能（服务）及与其他构件之间的通信协议（接口）。查阅最新的UML规格说明文档（UML 2005——参见访问信息的参考书目），其中提供了软件包、子系统和模型的定义。在构件的概念与软件包、子系统及模型的概念之间，有什么相似之处和区别？

Q3　本章主张软件生产是一种工艺或一门艺术。这项评论可以用对"艺术是上帝与艺术家合作的结果，艺术家做得越少就越好"（André Gide）的引用来补充。如果有的话，这个引用提供给软件开发者什么样的告诫？你同意这个说法吗？

Q4　请回忆利益相关者的定义。软件供应商或技术支持者是不是利益相关者？请解释。

Q5　哪个CMM成熟度级别为一个组织所需要，使其能够成功地响应一个危机情况？请解释。

Q6　阅读"ITIL Overview"论文（ITIL 2004——参见访问信息的参考书目）。ITIL如何确保将IT过程调整为业务过程，以及IT交付方案是最及时的且与业务相关？ITIL的7个核心模块是什么？在这些模块内的"最佳实践"指南对业务和IT过程的理想统一直接贡献了什么？

Q7　阅读论文"Aligning COBIT, TIIL"（COBIT 2005——参见访问信息的参考书目）。COBIT如何检查IT过程被调整为业务过程的一致性？如何检查IT交付最及时的且与业务最相关的解决方案？列出检查业务和IT过程的理想统一的COBIT控制目标。

Q8 在解释对系统规划的SWOT方法时，本书声明，在一个良好的使命陈述中，重点在于客户的需要，而不在于组织所交付的产品或服务。请解释并举例说明，在使命陈述中以产品或服务作为目标，如何能够战胜系统规划的效果目标。

Q9 在互联网中搜寻描述ISA Zachman框架的论文。如果你不知道该论文，请找出（或许可以使用互联网）古老的罗马格言"divida et impera"（分而治之）的含义。请解释评论：ISA方法是一种便于在实现大型且复杂的系统时采用"分而治之"方法的框架。

Q10 请解释一个BPR业务过程是如何涉及工作流概念的。

Q11 3种管理级别是什么？考虑一个银行应用系统：由信用卡的拥有者来监控信用卡的使用模式，当银行怀疑信用卡被滥用（偷窃、诈骗等）时，为了自动地进行拦截，哪个管理级别由这样的应用系统来处理？请说明原因。

Q12 在结构化开发方法中，有哪些主要的建模技术？

Q13 从结构化开发方法转换到面向对象开发方法的主要原因是什么？

Q14 一个面向对象系统将为集成而设计。这是什么意思？

Q15 系统规划和软件度量本身就互相关联着。请解释为什么会这样。

Q16 请解释可跟踪性与测试之间的关系。

Q17 阅读关于RUP和螺旋模型的论文（可以从链接本书网站的References处得到——见参考书目）。RUP是如何关联螺旋模型的？

Q18 请解释MDA是如何使用和集成4个OMG标准（UML、MOF、XMI和CWM）的？在互联网中搜寻这些标准的最新信息，可以从这里开始查找：www.omg.org/mda/和www.omg.org/technology/documents/_modeling_spec_catalog.htm。

Q19 简要解释下面3种敏捷开发模型与方法：极限编程（XP）、面向方面的软件开发和特征驱动的开发。用将重点放在分析－设计－实现周期的阶段之上的一般观点，来比较第2个和第3个模型与方法。在互联网中搜寻这些模型与方法的信息。

Q20 请列出RUP®与XP之间的相似之处和区别。为了帮助你完成这个任务，请阅读"RUP vs XP"论文（Smith 2003——参见访问信息的参考书目）。

复习小测验答案

复习小测验1.1

RQ1 不，它们没有，"本质困难"定义了不变事实。

RQ2 客户和开发者。

RQ3 不，它没有。增量改进了非功能性的软件质量，如软件的正确性、可靠性、耐用性、性能、可用性等。

RQ4 COBIT是一个产品标准，而ITIL、CMM和ISO 9000是过程标准。

RQ5 不，它不是。面向门户的集成可以被看作是一种特殊的面向信息的集成。面向接口的集成涉及接口的编程概念（即服务/操作的声明），而并不涉及用户界面（也就是说，不涉及浏览器中所表现的GUI）。

复习小测验1.2

RQ1 效果。

RQ2 反过来是正确的——具体目标来自长远目标。

RQ3 一个基础活动。

RQ4 过程所有者的存在。

RQ5 规划者、所有者、设计者、建造者和承包者。

复习小测验1.3

RQ1 决策的战术级。

RQ2 并发控制和从故障中恢复。

RQ3 数据集市。

RQ4 数据挖掘。

复习小测验1.4

RQ1 结构化方法。

RQ2 需求分析。

RQ3 体系结构设计。

RQ4 与集成和部署阶段联系在一起。

RQ5 规划、测试和度量。

复习小测验1.5

RQ1 集成。

RQ2 螺旋模型。

RQ3 模型驱动的体系结构。

RQ4 敏捷软件开发。

RQ5 面向方面的软件开发。

选择题答案

MC1 c	MC2 c	MC3 d	MC4 c	MC5 d
MC6 d	MC7 a	MC8 b	MC9 c	MC10 d
MC11 c	MC12 a	MC13 b	MC14 b	

奇数编号问题的答案

Q1 Brooks的论文（Brooks 1987）确实关注对软件项目故障原因的识别。故障的一些原因是"本质困难"的后果，并且因此是不变的。其他原因——"意外困难"——能够被控制和管理，并有可能被抑制。

　　4个本质困难是：①复杂性；②一致性；③可变性；④不可见性。第1个困难——复杂性——是最棘手的，许多软件问题由它而来，并且随着软件规模（这里的"规模"可以由问题可能的状态数量，以及软件对象间通信路径的数量来确定）而呈指数级增长。任何软件的放大总会面临着软件复杂性中的组合爆炸。"大规模开发"总是与"小规模开发"非常不同。这个困难是固有的，它只能通过应用基于"分而治之"方法的良好设计实践和软件模型的分层来加以抑制（Maciaszek和Liong 2005）。

　　相对于自然系统（如在生物学或物理学中所研究的），软件的复杂性被另外3个本质困难加重了：一致性、可变性和不可见性。软件系统必须符合一个人造的、凌乱且随机的环境。作为这个人类环境的一部分，一个新的软件系统必须符合已经建立的"接口"，不管它们可能是如何的不合理。

　　软件是一个人造环境中现实集合的模型。由于环境总在改变，（到目前为止）成功的软件经受着变化的压力，这种变化频繁地要求超出可行的或实用的事物范围。

　　最终，软件是一个无形的对象，它不能在空间中被精确地定位。如果软件是不可见的，那么它就不能被轻易地形象化，该问题并不在于缺乏对软件的图形建模表示法（本书主要是关于这种表示法的！），重点是没有单独的图形模型能够充分地表现软件的结构和行为。开发者必须用大量的图形抽象来进行工作，把一个图形抽象叠加到另一个上面，来表现一个软件系统——这是一个真正困难的任务，特别是如果模型不能将解空间划分为分等级的层次。

软件与传统工程之间的区别，能够从Brooks的评论中建立，即上述4个困难是软件的本质特性，但却只是传统工程中的意外特性。

任何试图用远离软件的复杂性、一致性、可变性和不可见性的方法来描述软件的抽象，通常也就是远离了软件本质的抽象。软件工程师处在不值得羡慕的位置，通常不能够忽略（远离）问题的一些方面，因为所有的这些组成了纠缠在一起的解决方案的本质。宜早不宜迟，所有被忽略的特性必须在后续模型中被恢复，并且模型必须为了完全解释而被便利地连接。经验是很清楚的——一个伟大的软件开发者首先是一个伟大的抽象派艺术家。

Q3 这个问题与上面的Q1有联系。如果我们承认软件工程中的本质困难，那么我们就别无选择，必须尝试通过交付简单的解决方案来驾驭这些困难。

"简单"并不意味着"过分单纯"。在这里，简单的意思是指对用户"恰到好处"，以及对开发者"足够容易"——不要太有创造性，不要过于雄心勃勃，也不要多余的锦上添花的功能。对已完成软件项目的分析，一贯显示了用户只会被那些多余的和复杂的特点搞得心烦意乱。的确，有些项目正是由于这种不必要的复杂而失败的。

或许一个开发新手能够得到的最重要的忠告，就包含在KISS缩写中（keep it simple, stupid, 保持简单、傻瓜）。还有一个同样不讨好的Murphy定律的版本："建造一个甚至是傻瓜都能使用的、而且只有傻瓜会使用的系统"。

Q5 要成功地响应危机情况，一个组织至少需要位于CMM成熟度的第3级。位于第1级的组织为了过程管理而依赖关键个体，过程本身并没有被文档化。即使开发是由一些既定程序所引导的，但却没有理解这些程序如何变化来响应危机。

位于第2级的组织拥有来自过去经验的直觉过程。危机情况给过程引入了一个陌生的方面，并且有可能导致过程崩溃。如果组织能够偏离危机，那么对其过程的改进就能够使它在面对未来的逆境时更加富有弹性。

位于过程成熟度第3级的组织拥有系统化的和为所有项目所遵循的过程。当面对危机的时候，组织将不会恐慌，并且将继续使用所定义的过程。这个"平稳行动"的原则能够对项目管理恢复秩序和平静，可能足以战胜危机。然而，如果危机是大比例的，那么第3级可能也是不足的（"平稳行动"可能会变成"平稳沉没"）。

Q7 COBIT是一个服从框架，目的是控制组织的过程，来支持良好的IT治理。它把IT管理问题划分成4组：①规划与组织；②掌握与实现；③交付与支持；④监控。

这个对于业务和IT过程的服从，主要由第1组——规划与组织（plan and organize, PO）——来处理。相关的PO控制目标是：

• PO1.1——作为组织的长期规划和近期规划的一部分的IT。

• PO1.2——IT长期规划。

• PO1.3——IT长期规划——方法和结构。

• PO1.4——IT长期规划变动。

• PO1.8——对现有系统的评估。

• PO3.3——技术基础架构偶然性。

• PO3.4——硬件和软件采购计划。

• PO4.3——对组织成就的审查。

• PO4.5——对质量保证的责任。

• PO6.1——积极的信息控制环境。

• PO9.1——业务风险评估。

Q9 古老的罗马格言"divida et impera"（分而治之）建议：权利地位能够由孤立敌人和努力导致他们

之间的分歧而获得。在问题的解决中，经常以略微不同的含义来使用这个格言。它要求将一个大问题划分成较小的问题，一旦找到了较小问题的解决方案，大问题就能够得以解决。

这个分而治之之原则导致了问题空间的分层模块化。在系统开发中，它导致了将系统划分成子系统和软件包，这种划分必须被谨慎地规划，以减少子系统和软件包的层次间的依赖性。

ISA提供了一个框架，在该框架内部，可管理的系统开发单元能够用不同的视角和描述来处理。随着ISA可以将开发资源分配给个别单元（视角和描述的交叉点），从而促进开发过程和控制。

ISA的相关好处包括：

- 改进利益相关者之间的沟通。
- 识别对各种开发单元支持得最好的工具。
- 对开发优势和劣势的领域的识别。
- 以其相互关系而进行的开发方法及工具的集成和布置。
- 提供风险评估的基础。

Q11　3种管理级别是：①策略级；②战术级；③操作级。位于决策最低级别的IS应用（即操作级）将业务数据处理到信息中，而位于决策最高级别的IS应用则将业务数据处理到知识中。穿过决策的级别而向上的运动，与将信息转化为知识的愿望相符。拥有知识，就给组织提供了竞争优势。

对信用卡监控的银行应用至少属于战术管理级，它涉及分析处理而不是事务处理。它针对这样几个问题来分析信用卡事务：

- 信用卡拥有者的典型的信用卡使用模式。
- 基于信用卡被使用的特定区域（如国家），信用卡被滥用的可能性。
- 信用卡是否已经被用来提款（必须要输入一个PIN——个人身份号码）。
- 信用卡的拥有者是否已经在互联网上或在电话中核对了账目（必须要输入用户ID和密码）。
- 任何以往的信用卡问题。
- 是否能够通过电话联络信用卡的拥有者（在银行拦截信用卡之前，必须尝试联系信用卡的拥有者）。

Q13　面向对象技术并不是"街区里的新孩子"，事实上，它可以追溯到20世纪60年代末期所开发的一种称为Simula的语言。对象技术在今天占据中心地位，要归因于许多因素。最重要的因素涉及硬件的进步，特别是GUI（图形用户界面），它已经使得对象解决方案能够被广泛应用。现代GUI要求事件驱动的程序设计，对象技术是最佳选择。

转换到面向对象开发，也是由能够在现代硬件/软件平台上实现的新应用的需要而驱动的。此应用的两个主要种类是工作组计算和多媒体系统。

面向对象技术对于处理大型系统日益增加的应用积压也很重要。这种大型系统难以维护，更难以使用现代的解决方案对其进行重组。对象打包是一种战胜这种应用积压的有前途的方法。

Q15　第一次在IT组织中收集软件过程和软件产品的度量没有什么意义。当度量被链接到项目完成上，作为项目工期和支出预算这样的问题时，才开始变得有用。一旦软件度量与规划目标之间的相关性为一个项目所了解，下一个项目就能被规划得更好。

来自当前项目的度量能够与发生在以前项目上的度量相比较。如果该度量是可以与以前获得的那些相比较的，那么系统规划就能够假设规划约束（时间和费用等）也将是可比较的。如果开发团队不变，过程是类似的，应用是在同一个领域中的（如都在财务应用领域），并且客户基础也是类似的，那么上述说法就是特别真实的。

如果度量一贯地在许多项目上被采用，那么对系统规划的好处则会更大。更多的度量意味着规划更精确、发现有用的过去度量的可能性更大，过去的度量数据可用于规划非典型项目，并由于环境改变而修改计划。

Q17 RUP®是一个商业开发框架，而螺旋模型则是一个相当理论的概念。冒着有些争议的风险来说，RUP®能够被看成是螺旋模型的一个实现。因为RUP®是一个可定制的框架，所以它能够被调整为定义一个过程，在该过程中，每个迭代都遵循着规划－风险分析－工程－客户评估的螺旋。

作为一个定制的过程框架，RUP®详细说明了统一开发者与客户的活动及方法，它还提供了模式、工作流、文档模板、项目仪表板和开发指南。螺旋模型并不处理项目管理问题，也不建议任何特定的开发实践。

为了坚持螺旋模型，一个特别的RUP®过程必须考虑每个迭代中螺旋模型的主要关注点。这些关注点包括：进度表和预算的周期性变化、基于用户目标和约束的调整、风险识别和解决、纯粹基于风险分析和工程活动（这些工程活动开发能够立即被客户评估的原型和人工制品）的毁掉项目的准备工作。

Q19 极限编程（XP）是一种最早的、最流行的以及最全面的敏捷开发方法。尽管它的名字中有"编程"二字，但是它对软件开发生命周期来说，实际上就是一种方法。

XP接受对象技术，并接受面向对象开发的一些最佳实践。这些实践包括：由现场客户进行的用户故事的开发、测试驱动的开发，结对编程、通过重构改进代码效率和设计，以及向客户发布固定时间段的小版本。这些实践被集成到定义良好的过程中。

面向方面的软件开发是一种以体系结构为中心的框架，它依据所谓的横切关注点，强调软件的模块化。这些关注点可以是各种粒度的，并且可以是功能性的或非功能性的。关注点的例子有：系统安全性、必需的并发级别和对象缓存策略。理由是，由关注点（或方面）进行的开发交付可伸缩的解决方案，这样的解决方案具有耐重构的稳定的体系结构。

关注点被单独编程，并且从应用代码中分离出来。因为现有的编程语言缺乏分解出方面代码和将它再次连接到主应用代码中的工具，所以方面编程要求特殊的工具（例如AspectJ）来分离应用逻辑和横切关注点。在AspectJ中，一个再连接点是任何程序执行中的定义良好的实例，它可以被输入，或者从一个方法或对象构造中返回。

与XP相比，方面开发只不过是一种编程技术，虽然它对体系结构设计存在影响。同样地，方面编程能够作为一种XP所提倡的频繁重构的替代品被使用。

特征驱动的开发包括5个过程：①整体业务对象模型的开发；②特征列表的构造；③根据特征进行的规划；④根据特征进行的设计；⑤根据特征进行的建造。过程①是由领域专家完成的，并生产出高级类图。过程②交付使人联想起数据流图的功能分解，该分解由主题范围、业务活动和业务活动步骤来完成。位于功能分解底层的特征，不应该要求超过两个星期的工作，这样的特征被分解到离散的里程碑中。其余3个过程创建了规划－设计－构造的周期。特征以优先次序排列，每次设计一个特征，并且使用广泛的单元测试来构造。

与XP相比，特征驱动的开发涵盖了生命周期的类似部分——即分析－设计－实现。然而，XP迭代更多地倾向于实现，而特征驱动的开发则遵循更典型的生命周期，依赖先于任何编程的分析/设计。

第2章 需求确定

目标

需求确定是关于社会、沟通和管理的技能。它是系统开发中需要技术最少的一个阶段，但如果该阶段没有充分完成，其结果将会比不能完成其他阶段来得更糟。由于不理解、忽略或者曲解客户需求而付出的代价在软件过程的以后阶段将是不可承受的。

本章介绍需求确定中一系列广泛的问题。通过阅读本章，你能够：

- 理解业务和IT流程在解决方案中衔接时，对其进行调整的必要性。
- 了解过程层次建模和业务过程建模。
- 理解实施策略与需求分析和系统设计任务之间的关系。
- 区别功能性需求和非功能性需求。
- 掌握需求引导、协商和确认的方法，以及需求管理的原则。
- 能够构建需求业务模型，包括业务用例模型和业务类模型。
- 了解典型需求文档的理想结构。

2.1 从业务过程到解决方案构想

一个当代自适应企业的业务前景要求的是，对业务能力进行探索、并确定满足不断变化的需求的解决方案。业务过程界定IT项目和系统的需要。很多情况下，IT解决方案仅仅是解决业务问题。另外一些情况下，IT解决方案是业务创新的真正推动者，并产生新的经营理念。无论哪种情况，IT解决方案都是一种基础设施服务，可初步提供重要的竞争优势，但最终成为一种竞争对手也会有的商品。

业务需要采取主动。然而，由于新技术的动态发展，包括准备到定制（ready-to-customize）的预包装解决方案，IT专家越来越被看作是业务解决方案的提供者，而并不仅仅是系统开发者。业务策略和IT流程的调整是系统规划措施的目标，在IS开发过程中，被认为是标准的和应遵守的框架。正如Polikoff等人（2006:47）所提及："基本业务策略、建模、构想工作是软件需求和开发中必不可少的输入，这几乎可以从所有最佳实践中反映出来。然而，并没有证明可以提供可重复的方法来执行这些重要的活动。"

将经营理念联系到相应的IT解决方案，最大的困难在于：业务人员和IT专家之间缺乏良好的沟通渠道。这些渠道具有重要的社会和组织层面的因素，但最初的困难（以及沟通必备的条件）必定与一个共同的建模语言的存在（或缺少）相关，这种建模语言应为描述业务过程提供一种图形表示法。

为了填补业务过程设计和过程实现之间的空白，已经提出了很多语言和表示法。选择的主要语言是业务过程建模表示法（BPMN）（White 2004；BPMN 2006）。BPMN最初是由一个称为业务过程管理促进会的组织所开发，现在由对象管理组织（OMG）的内部专责小组——业务建模与集成专责小组（BMI DTF）来管理。

2.1.1 过程层次建模

BPMN专门用于对由活动定义的**业务过程**建模，这些活动能够产生对企业或其外部利益相关者有价值的事物。过程的概念是分层的：过程可能包含其他过程（子过程）。将过程中的原子活动称为**任务**。

业务过程模型可以通过多个不同大小的过程来定义：从全企业范围内的过程到单独一个人完成的过程。形式上，BPMN不支持过程的结构建模，但实际上，一个过程的功能细化是迟早需要的。过去，数据流图作为一种（相当复杂的）功能分解技术；在当前实践中，更倾向于使用简化的过程层次图。

过程层次图定义了业务过程模型的静态结构。它显示过程的层次结构，将顶层业务过程分解为子过程。一般说来，将子过程向下分解为原子任务并不是惯例，也不必要。

2.1.1.1 过程和过程分解

业务过程可能是手工操作的活动或者自动化服务。一个过程至少有一个输入流和一个输出流。过程获得控制，主要通过将输入流转变为输出流来完成相应的活动。

过程可以是原子过程或者复合过程。原子过程（任务）不包含任何子过程。复合过程通过子过程来描述它的行为。过程分解链用来定义复合过程。图2-1显示了相关的表示法。

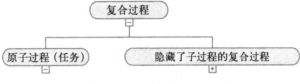

图2-1 过程层次图——表示法

2.1.1.2 过程层次图

图是模型的图形化表示。通常，一个图提供了对模型的一个特定视点，模型的完全表示可能会由许多图构成。甚至同一个图也可以用不同层次的细节来表示——在显示同一图形对象的符号时，可以带有强调模型某些方面且便于理解的不同种类的信息。

💻**例2.1 广告支出**

考虑广告支出系统的问题陈述5（1.6.5节），为其构造过程层次图。不必对所有高层过程进行完全分解。为了说明起见，只需选择一个高层过程进行分解即可。

考虑下面的补充材料：
- 问题陈述对有关收集广告详细信息和估算广告支出过程的主要工作流进行了说明。然而，并没有明确列出支持管理过程。在这些过程中，至少有两个过程构成了过程层次模型的重要部分。这两个过程涉及：合同、关系和应收账款的管理。
- 关系管理包括诸如获得新客户、管理已有客户、跟踪关系管理活动和管理广告信息供应商等活动。
- 合同和应收账款包括诸如合同议定、发票生成、合同检验、发票处理和付款额、销售分析等任务。

图2-2表示例2.1的过程层次图。该图显示了称为Advertising expenditure的总业务过程范围内的6个高层复合过程。为了举例说明，将过程Measurement collection分解为3个任务也显示在图中。

2.1.2 业务过程建模

无论是对一个组织内工作流中的"端对端"业务过程建模，还是对不同业务实体管理的业务过程之间相互作用的建模，BPMN都考虑到了多种类型图的创建。众所周知，前一种模型称为内部业务过程，而后者是协作型"业务对业务"（B2B）过程。

BPMN不是用于任何特定过程建模方法的表示法。相反，它的目的是为业务人员和IT人士提供一种共同的沟通语言。还有一些其他具有竞争力的表示法和方法，其中之一是UML活动图，本书后面章节将会对其进行说明。由于BPMN和UML都是OMG所开发，因此，业务过程图和活动图的某种整合是大家所期待的结果。一个相关目标是将这种表示法映射到一种可执行语言上，特别地，映射到业务过程执行语言（BPEL）上。BPEL是一种基于面向服务体系结构（Service-Orirented Architecture，SOA）系统的过程执行标准（White 2005）。

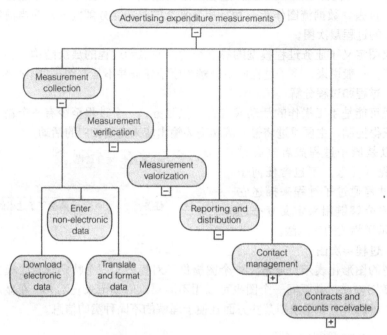

图2-2 广告支出系统的过程层次模型

2.1.2.1 流对象、连接对象、泳道和人工制品

BPMN提供了4种基本类型的建模元素（White 2004）：

- 流对象。
- 连接对象。
- 泳池（泳道）。
- 人工制品。

流对象是BPMN的核心元素。有3类流对象：事件（event）、活动（activity）和路由（gateway）（如图2-3所示）。

事件是某些"发生"的事物。通常有一个原因（触发器）或者产生一个影响（结果）。开始事件表示一个特定的过程将要开始。结束（停止）事件表示过程将结束。中间事件发生在开始事件和结束事件之间。有各类事件，例如计时、错误或取消。

活动是某些必须进行的工作。可能是一项任务或者一个子过程。一个子过程在圆角矩形的下边界线上有一个加号"+"，表示它是一个复合活动。复合活动可以分解为一组子活动，它被看作是展开的子活动。圆角矩形下边界上的其他图形符号决定了其他属性，例如：循环或者多实例执行。

路由用来控制多个序列流的分支和聚合。有6种类型的路由，范围从确定分支的简单决定到并行分叉和路径连接。

连接对象（简称连接件）用来连接流对象，这些流对象定义业务过程的结构。有3类连接对象：序列流、消息流和关联（如图2-4所示）。

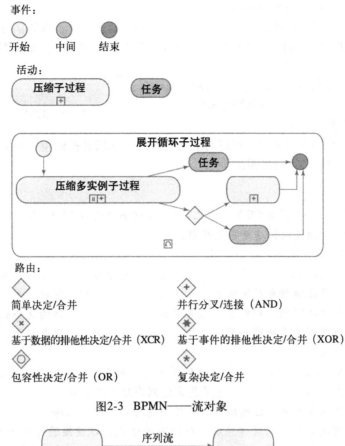

图2-3 BPMN——流对象

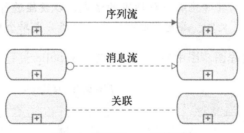

图2-4 BPMN——连接对象

序列流用来表示一个过程中活动完成的序列。消息流用来表示准备发送和接收消息的两个业务实体（两个过程参与者）之间的消息（数据）流向。关联用来关联两个流对象，或者关联一个人工制品与一个流对象。

泳池表示一个过程中的业务实体（参与者）。它扮演了一个"泳道"角色，为了说明不同的功能和责任，将活动进行形象化分类。泳池群（pools）表示自包含过程的集合。相应地，序列流可能不穿越泳池的边界。不同泳池群中的参与者能够通过消息流或者关联与人工制品进行通信。

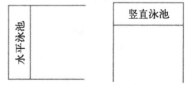

图2-5 BPMN——泳池（泳道）

有两种类型的泳池——水平的和竖直的（如图2-5所示）。到底选择哪一种取决于作图的方便程度。

人工制品提供了附加的建模灵活性，允许我们扩展基本表示法来应对特殊的建模环境，例如，所谓的顶点市场（例如：电信、医院或者银行）。可以预定义3种类型的人工制品——

数据对象、组和注释（如图2-6所示）。

数据对象表示活动需要的数据或者活动产生的数据。对于过程的消息流或者序列流，它们不会产生任何直接影响，但它们提供了额外的关于活动的信息。组是不影响过程序列流的一组活动。组的使用是为了文档或者分析的目的（例如识别通过泳池的分布式事务活动）。注释为业务过程图的读者提供附加的文本信息。

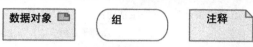

图2-6　BPMN——人工制品

2.1.2.2　业务过程图

使用上面介绍的符号元素，可以对业务过程模型在所选择的精度层上进行可视化。可以创建许多业务过程图和多层次图。

例2.2　广告支出

针对广告支出系统（1.6.5节）和例2.1中的过程层次图（2.1.1.2节），考虑问题陈述5。为Mesurement collection过程构建业务过程图。

考虑以下有关度量收集的附加资料：

- 使用的主要数据收集方法是来自数据供应商的电子传输。这个过程每天都会发生，在很多情况下，是在深夜自动完成的。这些数据是从电视台、电台、新闻出版社和电影院户外广告商处收集得到。利用专业的通信包从供应商日志中传输这些数据。在数据下载过程之前，供应商负责把前一天的广告日志放置在专用文件服务器上，这项工作通常开始于每天的凌晨2点。

- 如果不是电子收集的数据，就必须从原文件中输入。这种收集方法最适用于新闻来源，如报纸上或者杂志上的广告，也可能是送到家里的广告目录。

- 每个信息供应商都有自己的格式，并使用这种格式提供数据。因此，对这些数据进行的第一个处理过程就是将其转化成一种标准的格式，以便能进行统一处理。以电视为例，某些网提供一个单一的文件，首先需要将这个文件拆分成单个电视台成分。

图2-7是例2.2的业务过程图。图中显示了一个外部Supplier过程和由内部业务实体管理的

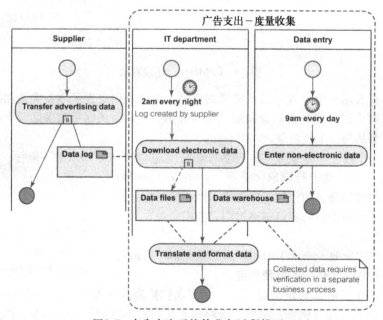

图2-7　广告支出系统的业务过程模型

两个过程（显示为IT department和Data entry两个泳池）。在图中，IT department和Data entry泳池之间利用了中间事件定时器。此图还表示Transfer advertising data 和Download electronic data是多实例子过程。参与该过程的3个数据对象也被建模。

2.1.3 解决方案构想

解决方案构想（Polikoff等人 2006）是一个业务价值驱动方法，以提供解决当前业务问题和促进将来业务创新的IT服务（也就是说，它不仅仅是一个软件系统）。解决方案构想在业务和IT利益相关者之间建立了紧密的联系，并且整合了业务战略方法和软件开发能力。

解决方案构想可以被看作是网络时代的延伸，是1.2节中讨论的系统规划方法和1.3节中讨论的系统的3个层次的联合使用。效果、效率和优势（1.2节）是解决方案构想实现的支撑，并决定了业务最终的改变程度。解决方案构想的独特性和新颖性主要在于认识到这样一个事实：现代软件开发项目几乎不可能是单机的、从零开始的常规开发，而是打包的、基于构件的（1.1.1节）和集成的项目（1.1.3节）。

2.1.3.1 解决方案的构想过程

解决方案构想过程首先专注于在业务和IT过程之间建立有效的联系。Polikoff 等人(2006)将该过程分解为3个阶段，每个阶段包括活动组和组内的活动。图2-8使用业务过程图显示解决方案构想过程的要素。3个阶段用垂直的泳池表示，活动组作为展开的子过程显示，活动被结构化为任务。

解决方案构想过程的第1个阶段——**业务能力探索**，该阶段确定**业务能力**。这里的业务能力可理解为企业的IT解决方案提交具体成果的能力。这个阶段描述了**能力案例**，即解决方案思路，它为每个能力生成一个业务案例。从IT的观点来看，每个能力案例可以被看作是为了达到业务目标的可复用的软件构件。

"当理解了业务问题的性质，并且理解了解决方案需要产生的具体成果的时候，第1个阶段才算完成。这些理解被记录在所提出解决方案的初步设想中，可以传达给更广泛的利益相关者，以便在构想研讨中做出评价和进一步决策。"（Polikoff 等人 2006:156）

第2个阶段——**解决方案能力构想**，目的是将能力用例发展成为**解决方案概念**，确保利益相关者对这个方案的意见一致。解决方案概念将业务环境作为输入，产生的未来新工作方法的构想作为输出。解决方案概念集中于最终的解决方案体系结构，并在解决方案构想研讨中得到发展。

第3个阶段——**软件能力设计**，取决于系统实现技术。该阶段开发软件**能力体系结构**、细化具有项目规划和风险分析的业务用例。软件能力设计是软件建模的一项活动，为构建解决方案开发高层模型并制定计划。建模计划包括功能（功能性需求）、质量属性（非功能性需求）和能力体系结构，显示高层软件构件之间的相互作用。

2.1.3.2 实现策略和能力体系结构

在解决方案构想过程的第一个阶段，能力用例可作为多个解决方案纲领，这些解决方案纲领允许探讨许多解决方案的可能性。之后，被选中的能力用例成为解决方案的技术蓝图。业务案例和IT解决方案之间循环反馈的必要条件是实现策略的尽早确定。

前面指出，有3种流行的实现策略（Polikoff等人 2006）：

- **常规开发**——手工的、单机的、从零开始的软件开发覆盖了软件开发过程的所有阶段（生命周期），在机构内部完成和/或承包给咨询与发展公司。
- **基于包的开发**——通过定制先前存在的软件包来得到解决方案。这些软件包如COTS、ERP或者客户关系管理（CRM）系统。

图2-8　解决方案构想过程

• **基于构件的开发**——通过集成来自多家销售商或商业伙伴的软件构件来构建解决方案，很可能是基于SOA和/或MDA。

尽管实现策略之间有明显的不同，但不管选择哪种策略，对需求分析和系统设计必须承担的建模活动只有有限的影响。刚开始（本书后面会解释和证明），假定（至少在原则上）需求分析是独立实施的，它应当建立业务过程而不是IT过程。附带条件是基于包和基于构件的方法为选择的业务过程提供预开发的IT解决方案（但这不会将开发者从特定企业的业务建模过程中解放出来）。

然而，选择的实现策略会对*系统设计*产生影响。但这个影响和典型的设计活动本身无关（它们平等地适用于所有的实现策略），而在具体明确设计模型这方面会有影响。设计模型显示了哪部分是定制构建的，哪部分由包定制或者由构件提供。明确地说，定制构建部分是"白盒"（white box，使用软件测试术语），意思是，这些部分的设计必须显示它们所有的内部细节。对于基于包和基于构件的部分，设计可能是"黑盒"，意思是，这些部分的外部功能必须是合作的并且集成到设计模型中，但它们的内部操作可以不作说明。

现代解决方案构想方法带来的一个争议是*系统体系结构*在整个软件开发过程中的角色和地位（以及因此产生的体系结构设计的角色和地位）。正如上一节所解释的，软件能力设计开发软件能力体系结构，软件能力体系结构是标识高层系统功能性构件和它们之间相互作用的模块。在解决方案构想方法中，能力体系结构是在开发过程的早期与业务分析、能力用例和用户需求标识并行开展的。进一步讲，能力体系结构以实现策略为先决条件，并为实现解决方案提供了强有力的保证。

体系结构设计活动到系统开发过程早期阶段的转化是由实现策略的差异来驱动并解释的。本书作者分享了Polikoff等人（2006:252）的经验："缺少体系结构模型，或者开发得很糟的体系结构模型已经常常作为项目走向灾难的一个警戒信号。"请读者记住这点：当承担任何开发项目时，原谅我们没有更完整的体系结构设计的讨论，这些讨论安排（只是由于教学的原因）在后面章节（特别是第4章和第6章）。

复习小测验2.1

RQ1　为了填补业务人员和IT人士之间空白的最流行的可视化业务过程建模语言是什么？

RQ2　BPMN中的4类建模元素是什么？

RQ3　一个序列流可以连接两个泳池吗？

RQ4　交付一个IT服务以解决当前业务问题或者促进未来业务创新的业务价值驱动方法是什么？

RQ5　软件能力设计的主要建模输出是什么？

RQ6　在解决方案构想过程中考虑的3个不同的实现策略是什么？

2.2　需求引导

业务分析员通过咨询发现系统的需求。这个咨询过程涉及客户和问题领域专家。在一些情况下，业务分析员拥有足够的领域经验，领域专家可能就不需要了。这时，就像图2-9中用泛化关系（带白色箭头的一条线）构建的模型那样，业务分析员就是一种领域专家。（这张图使用了UML的用例模型表示法，UML的用例模

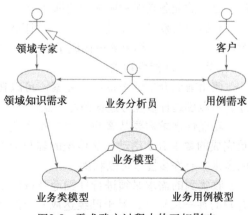

图2-9　需求确定过程中的互相影响

型表示法将在第3章详细说明。这里采用用例表示法仅仅是因为它的便利性。）

由领域专家导出的需求构成了领域知识，这些需求广泛捕获被认可的、与时间无关的业务规则和可应用到典型组织和系统的过程。从客户导出的需求以用例场景来表示，它们超出了基本领域知识，捕获了组织的独有特征——即当前组织运作业务的方式或业务应该怎样运作的方式。

业务分析员的任务就是将两个需求集合合并构成业务模型。如图2-9所示，通过聚合关系（直线上的菱形）表示，业务模型包括**业务类模型**和**业务用例模型**。

业务类模型是一个高层类图。**类**是描述一组具有相同属性、操作、关系和约束的对象的抽象概念。类模型标识**业务对象**，并使业务对象关联起来。类模型是业务领域中的基类。

业务用例模型是标识系统中主要功能构造块的高层用例图。该模型表示**业务用例**、业务用例之间的关系以及**业务参与者**与业务用例之间的相互作用。业务用例可能表示和能力用例相似的功能块（2.1.3.1节），所不同的是在开发生命周期中两个概念的重点、角色和地位。能力用例关注的是一个功能的商业价值。业务用例在假定商业价值存在的前提下，描述为实现这种商业价值的用户（参与者）和系统的相互作用。

通常，领域类（业务对象）不必从用例中推出或导出（Rumbaugh 1994）。但在实践中，应当参照业务用例模型，对业务类模型进行确认。确认可能会导致业务类模型的某些调整或扩展。

仿效Hoffer等人（2002），本书区分事实发现和信息收集的传统方法和现代方法（2.2.2节和2.2.3节）。

2.2.1 系统需求

系统规划（1.2节）为组织定义了策略方向。业务过程建模来自系统规划和两类文档——常规业务过程文档和能给组织提供竞争优势的新过程设想文档。总之，系统规划和业务过程建模确定需要开发的信息系统。

需求确定是系统开发和实施生命周期的第一个阶段。需求确定的目标是在实现和部署的系统中，提供满足利益相关者期望的功能性需求和其他需求的叙述性定义。我们期望从业务过程模型中导出系统的边界。相应地，业务过程模型也能作为高层系统需求确认的主要参考点而提供服务。我们还希望对需求进行分类：将这些初始的需求分成能够通过软件实现的和需要人工处理或者其他形式人工干涉的不同类需求。

正如1.4.2节中所指出，需求定义了系统期望的服务（**服务陈述**）和系统必须遵守的约束（**约束陈述**）。这些服务陈述构成了系统的**功能性需求**。功能性需求可以分为几组：系统的范围、必要的业务功能和所需的数据结构。

根据加在系统上限制的不同类型可以对约束进行划分：比如所要求的系统的"外观和感觉"、性能、安全性等。约束陈述构成了系统的**非功能性需求**。非功能性需求也叫做补充需求。

2.2.1.1 功能性需求

使用前面介绍的图形符号元素，可以在所选的精度层次上对业务过程模型进行可视化描述，可以创建许多业务过程图和多层次图。

功能性需求需要从客户（用户和系统所有人）处获得。这是由业务（或者系统）分析人员完成的需求引导活动。从传统的客户会谈到（如果必要）构建软件原型，以此来发现更多的需求，有许多技术可以利用。

收集到的需求必须进行仔细地分析以消除重叠和矛盾，这个过程总会导致需求评审和与客户的再一次协商。对于已经达成一致的功能性需求，可以利用图形表示法进行建模，并在文本中进一步定义。

2.2.1.2 非功能性需求

非功能性需求本质上不是行为的，而是系统开发和实现过程中的约束。遵守这些约束的程度决定了软件的质量。非功能性需求能被分成以下几种（Ghezzi等人 2003；Lethbridge和Laganière 2001；Maciaszek和Liong 2005）：

- **可用性**。
- **可复用性**。
- **可靠性**。
- **性能**。
- **效率**。
- **适应性**（可支持性）。
- **其他约束**。

可用性定义使用系统的容易程度。当一个系统更容易使用的时候，它就具有更强的可用性。文档和帮助设施，为高效使用提供必要的培训，用户界面的美观和一致性，错误处理等等，这些都决定了可用性。可用性在于观看者，一个对于专业用户可用的系统对于新手可能是不可用的，反之亦然。

可复用性定义在新系统的开发中，重复使用之前已实现的软件构件的容易程度。软件构件在这里可以松散地理解为能被重复使用的已实现软件的任何一部分，甚至是思想（模式）。复用适用于界面、类、包、框架等等。可复用性反映了软件开发团队和作为工业领域的软件工程的成熟度。

可靠性与系统失效的频率和严重性以及系统从失效中恢复的程度相关。可靠性由系统运行时间内所要求的系统有效性、可接受的失效之间的平均时间、产生结果的正确性等因素确定。一个可靠的系统是一个可信任的系统，也就是说，用户能够信任并依赖它。

性能通过系统响应时间、事务处理时间、资源开销、可能的并发用户数量等的期望来确定。业务功能不同，选择的工作负荷（选择的时间）和用户不同，性能要求也可能不同。

效率与取得软件成果或达到软件目标的成本和时间相关，包括性能的期望程度。效率包括硬件、软件人员和其他资源的成本。系统效率越高，完成任务使用的资源就越少。

适应性（可支持性）包括3个约束——可理解性、可维护性、可扩展性。适应性定义了系统被理解、修改、完善和扩展的容易程度。适应性由体系结构设计的简单性和明确性、设计实施的可靠性决定。

其他约束的概念覆盖了系统中所有的其他非功能性需求。属于这一类的问题包括：和项目基础设施相关的政策制定、影响项目的法律问题、软件可携带性的需求程度、系统交互操作性的需求以及产品交付时间。

需求一旦被客户接受，就要在需求文档中进行定义、分类、编号，并被赋予不同的优先级。按组织选定的用于书写需求的文档模板来组织需求文档。

虽然需求文档大部分都是叙述性的，但它也可能包含一些高层图形化的业务模型，这些业务模型一般由一个**系统范围模型**、一个业务用例模型和一个业务类模型组成。

客户需求是一个变化的目标。为了处理多变的需求，我们需要能够管理变更。需求管理包含诸如估计变更对需求和系统其他部分的影响等活动。

2.2.2 需求引导的传统方法

需求引导的传统方法包括面谈、调查表、观察和研究业务文档。这些都是简单的、符合成本效益的方法。但这些传统方法的效果与项目的风险程度是成反比的。高风险意味着系统难以实现，甚至高层的需求也非常不清楚。在这种项目中，这些传统的方法就不可能胜任。

2.2.2.1 与客户和领域专家面谈

面谈是发现事实和聚集信息的基本技术。大多数的面谈过程都是与客户一起进行的。与客户面谈大多用来导出用例需求（见图2-9）。如果业务分析员没有足够的领域知识的话，可以邀请领域专家面谈。与领域专家的面谈经常是一个知识转换的过程，即对业务分析员来说是一个学习过程。

与客户的面谈更加复杂（Kotonya 和Sommerville 1998；Sommerville和Sawyer 1997）。客户可能对他们的需求只有一个模糊的认识，他们也可能不愿意合作或不能够用可理解的方式表达他们的需求，他们还可能提出超出项目预算或不可实现的需求。最后，来自不同客户的需求还可能发生冲突。

面谈有两种基本形式：结构化的（正式的）和非结构化的（非正式的）。结构化面谈需要提前准备，有一个明确的日程，并且许多问题都是预先确定的。有一些问题可以是无确定答案的（对这些问题，其答案无法预计），其他问题可以是有确定答案的（答案可以从提供的可选答案中选取或者简单回答"是"或"否"）。

结构化面谈需要非结构化面谈进行补充。非结构化面谈更像非正式的会议，没有预定的问题或预计的目的。非结构化面谈的目的是鼓励客户讲出自己的想法，并且在这个过程中导出业务分析员没有想到的、因此没能提出的相关问题的需求。

结构化和非结构化面谈都必须有某个出发点和讨论的语境，它可以是一篇短的书面文档，或在会议之前发送给面谈对象的电子邮件，解释面谈者的目标或提出一些问题。

一般来说，有3种问题应该避免（Whitten和Bentley 1998）：

- 固执己见的问题。在这种问题中，面谈者（直接地或间接地）表达自己对这个问题的观点，例如："必须按我们的方式来做这件事吗？"
- 带偏见的问题。类似于固执己见的问题，但面谈者的观点明显是有偏见的，例如："你不想做这件事，对吗？"
- 强加的问题。它假设了问题的答案，例如："你是这样做事的，不对吗？"

Lethbridge和Laganière（2001）建议在面谈中问以下几类问题。包括：

- 面谈中提出的任何问题的具体细节。询问5W：何事（what）？何人（who）？何时（when）？何地（where）？为什么（why）？
- 未来的憧憬。由于面谈对象可能不清楚各种系统约束，可能提出非常幼稚、无法实现的想法。
- 另类想法。可以以问题的形式向面谈对象提问，也可以作为面谈者的建议来征求意见。
- 作为问题的一个解决方案被接受的最低限度。好的、有用的系统是简单的系统，因此，发现最低限度的需求对于确定系统的可使用范围是必要的。
- 其他信息来源。发现重要的资料和其他面谈者不知道的知识来源。
- 要求图表。面谈对象绘制的解释业务过程的简单图形化模型对于理解需求可能是无价的。

一次成功的面谈有很多要素，但最重要的因素或许是面谈者的沟通和人际交往技巧。和面谈者提问并且控制局面一样重要的还有他/她的仔细倾听和保持耐心，以使得面谈对象不再拘束。为了保证正确的理解，面谈者应当把面谈对象的陈述分段后返还给他/她以寻求进一步确认。

为了维持良好的人际交往关系并获得额外的反馈，面谈的记录应当在一两天内被送到面谈对象那里，并要求给出评论。

面谈具有独特的优点和缺点（Bennett等人2002）。优点是：

- 因为能够动态地对面谈对象的谈话做出反应，因此信息收集具有灵活性，不受时间约束。
- 通过进一步刨根问底和收集相关资料，可能获得对需求的更深理解。
- 通过视频会议，甚至可能与地理上分散的利益相关者进行面谈。

面谈的副作用和缺点体现在：

- 当以会议的形式进行面谈时需要大量的后续活动，如听面谈录音，报告返回给面谈对象，消除误解，这需要时间开销和高昂的成本。
- 容易曲解和带有偏见（其他的需求确定技术也有该缺点）。
- 对同一个问题容易获得来自不同面谈对象的相互矛盾的信息（通过分组面谈和现代需求引导方法，比如**头脑风暴**和其他研讨方法，这个缺点可以得到克服）。

2.2.2.2 调查表

调查表是向很多客户收集信息的有效方法。它一般用来作为面谈的补充形式，而不是要替代它。但有一个例外，就是目标清楚的低风险项目。对这种项目，具有被动特征和不是很深入的调查表就已经足够了。

一般而言，调查表没有面谈有效，因为无法澄清问题和可能得到的响应。调查表是被动的，这既是它的优点，也是它的缺点。优点在于回答者有时间去考虑如何回答，并且回答可以是匿名的。缺点在于回答者不容易弄清楚这些问题的含义。

调查表应该设计得使回答问题尽量容易。特别地，应该避免开放式问题——大多数问题都应该是封闭式的。封闭式问题可以采用如下3种形式（Whitten和Bentley 1998）：

- 多项选择问题。回答者必须从提供的答案集中选取一个或多个答案（允许回答者附加注释）。
- 评价问题。回答者必需表达他/她对一段陈述的观点，通常是在数字上画圈，或者，如"强烈同意、同意、中立、不同意、强烈不同意和不知道"。
- 排序问题。这里所提供的答案应该用序数、百分比或类似的排序方式给出。

一个设计良好、易于回答的调查表将鼓励回答者及时返回完成的文档。但是，在评估问卷结果时，业务分析员应该考虑到由于有些人没有回答以至于可能提供不同答案的这个事实所带来的偏差（Hoffer 等人 2002）。

当需要调查很多人的观点而他们又是地理分散的时候，调查表特别有用并且经济。但是，准备一份好的调查表需要精心计划，而对于答案的统计分析需要恰当的技巧。

2.2.2.3 观察

有些情况下，业务分析员发现通过面谈和调查表很难获得彻底完整的信息。客户或者不能有效地表达信息，或者只有一个完整的业务过程中的片段知识。这种情况下，观察可能是有效的发现事实的技术。毕竟，学习如何系一条领带的最好方法就是观察系领带的过程。

观察有3种形式：

- **被动观察**。业务分析员观察业务活动而不干扰或不直接干预它。某些情况下，可以使用摄像机进行这种更少干预的观察。
- **主动观察**。业务分析员参与到活动中，并且有效地成为团队的一部分。
- **解释观察**。在工作过程中，用户向观察者说明他/她进行的活动。

要使观察具有代表性，观察应该持续较长的一段时间，在不同的时间段上和不同的工作负荷下（挑选时间）进行。

观察的主要困难在于，人们在被观察的情况下总想表现出不同的行为。特别地，他们总想按照形式化的规则和过程去做。这样会由于隐藏了正面或负面的工作方法而歪曲了现实情况。另外，由于有些工作的性质需要处理敏感的个人信息和组织秘密，因此观察法也有道德、隐私，甚至法律问题存在。

在积极的方面，观察是捕捉完成特定任务所需时间的必不可少的技术。它也是其他需求引导方法获得的信息的重要校验者。最后，由于它的可观看特性，观察能够揭示某些深藏在工作中的工作经验，这些经验不能被其他引导技术发现。

2.2.2.4 文档和软件系统的研究

文档和软件系统的研究是发现用例需求和领域知识需求的宝贵技术。虽然它可能只针对系统中所选择的某些方面，但仍然常被使用。

用例需求通过研究已有的企业文档和系统表格/报告来发现（如果当前系统存在一个电脑化的解决方案，通常情况下是在大型组织中）。对用例需求最有价值的了解方式之一是缺陷（如果存在的话）的记录和现有系统的变更请求。

要研究的组织文档包括：业务表格（填好的，如果可能）、工作过程、职位描述、政策手册、业务计划、组织图、办公室之间的通信、会议纪要、财务报表、外部通信、客户投诉等。

要研究的系统表格和报表包括：计算机屏幕和报表，相关的文档——系统操作手册、用户文档、技术文档、系统分析和设计模型。

领域知识需求通过研究领域刊物和参考手册获得。对专用软件包（如COTS、ERP、CRM系统）的研究也提供丰富的领域知识。因此，访问图书馆和软件供应商是需求引导过程的一部分（当然，因特网使得这种访问不离开办公室就能完成）。

2.2.3 需求引导的现代方法

现代需求引导方法包括软件**原型法**、头脑风暴、联合应用开发（joint application development, JAD）和快速应用开发（rapid application development, RAD）。与已讨论的其他方法比较，它们提供对需求更好的理解，但需要更大代价和更多努力。然而，长期的付出可能是非常值得的。

当项目风险高的时候经常采用现代方法。高风险项目的因素有很多，包括不明确的目标、未成文的过程、不稳定的需求、不完善的用户知识、没有经验的开发人员和不充分的用户承诺等。

2.2.3.1 原型法

原型法是最常使用的现代需求引导方法。构造软件原型是为了使整个系统或者系统的一部分对用户可视化，以便获得他们的反馈。原型是一个演示系统，它是解决方案的一件"快且脏"的工作模型，它呈现出GUI（图形用户界面），并且对各种用户事件模拟系统的行为。GUI屏幕上的信息内容在原型程序中是硬编码的，而不是从数据库中动态取得的。

现代GUI的复杂性（和增长的客户期望）使原型开发在软件开发中必不可少，系统的灵活性和可用性可以在真正实施之前通过原型很好地估计出来。

通常，当使用其他方法很难从客户那里获得需求时，系统原型是一种非常有效的需求引导方法。最常见的是系统需要增加新的业务功能的情况。还有一种是，存在矛盾的需求或者在客户和开发人员之间存在沟通问题的情况。

有两种原型（Kotonya 和 Sommerville 1998）：

- "丢弃"原型。当需求引导完成时，该原型将被丢弃。"丢弃"原型针对生命周期的需求确定阶段，它主要集中在理解得最少的需求上。

- 进化原型。在需求引导过程之后仍被保留并被用来产生最终产品。进化原型将产品发布的速度作为目标，它集中在理解得很好的需求上，使得产品的第1版能够很快发布（尽管功能不够完整）。

支持"丢弃"原型的另一种争论是,它规避了在最终产品中保留"快且脏"或者其他无效方案的风险。然而,当代软件生产工具的强大力量和灵活性削弱了这种争论。在一个管理得很好的项目中,不挨弃无效原型解决方案是没有道理的。

2.2.3.2 头脑风暴

头脑风暴是通过放下公正、社会禁忌和规则来产生新思想或者发现专业问题解决方案的一种会议技术(Brainstorming 2003)。通常,头脑风暴不是为了分析问题或者做出决定,而是产生新思想或者可能的解决方案。之后的分析和做决定与头脑风暴技术无关。

既然利益相关者对于具体需求是什么达成一致很困难,因此,头脑风暴在需求引导中非常有用。更甚者,利益相关者总对需求有狭隘的观点(即符合他们最熟悉的事物),而头脑风暴能够帮助启发他们多一点创意。

头脑风暴需要一个人来主持会议,即调解人。在会议之前,调解人应当为将产生的新想法界定问题/机会领域,这被称作问题机会陈述(Brainstorming 2003)。术语"probortunity"(问题机会)是融合单词"problem"和"opportunity"(它去掉了单词"problem"的负面含义)。

问题机会陈述界定了特定的头脑风暴会议的范围和采用的形式,如:问题、异议、关注、困难、神秘、困惑。在需求引导中,问题机会陈述很可能由触发式问题构成。Lethbridge 和 Laganière(2001)针对需求引导的头脑风暴会议给出了下面触发式问题的例子:

- 系统应当支持什么特性?
- 系统的输入和输出数据是什么?
- 在业务或者领域对象模型中需要什么类?
- 在面谈或者调查表中需要提出什么问题?
- 哪些问题还需要考虑?
- 项目中的主要风险是什么?
- 在这次或者今后的头脑风暴会议中会问哪些触发式问题?

头脑风暴会议应当限制在12~20人之间,围坐成一个圆圈,最好有一张大的圆形会议桌。调解人只是人群中的一员,所有参加者都是平等的。会议清单应当包括记事本、钢笔、每2~3人后面有大挂图,还有呈现问题机会陈述和触发式问题的投影机。

在会议过程中,参与者想出触发式问题的答案,大声喊出它们以便铭记在心,或者将答案写在一张纸上,一张纸上只记一种想法。通常建议采用后面的方法,因为这样不会吓着人。然后,答案可能顺着圆圈传递给左边的人。这样会激发人们产生更多的想法。

这个过程一直持续到没有新的想法产生或者持续一段固定的时间(如15分钟)(Lethbridge 和 Laganière 2001)。这时候,请参会者读出他们面前的纸上所记下的想法,这可能是来自其他参会者的想法(这样确保了匿名)。这些想法被写在一张挂图上,之后可能有一个简单讨论。

会议的最后一步是投票表决这些想法的优先顺序。可以给每个参会者一定的票数,一个好办法是每个参会者发固定数目的便签,让他们将便签贴到挂图上的那些想法的旁边,每个想法旁边的便签数就是最后票数。

2.2.3.3 联合应用开发

联合应用开发(JAD)是一种类似于头脑风暴的技术。JAD如它的名字所示——在一个或多个工作会议中的一次联合应用开发,将所有的利益相关者(客户和开发人员)带到了一起(Wood 和Silver 1995)。虽然我们在这里将JAD归为现代需求引导方法,但这种技术有很长的历史,它是(由IBM)在20世纪70年代后期引入的。

有许多JAD的品牌,也有许多专门提供组织和执行JAD会议服务的咨询公司。一次JAD会议可能要几个小时、几天甚至两三个星期，参加人数常为25～30人。会议参加者有（Hoffer等人 2002；Whitten和Bentley 1998）：

- **领导**：组织和召集这次会议的人。这个人具有很强的沟通能力，他不是项目的利益相关者（除了作为JAD领导之外），但应具有很好的业务领域知识（但不需要好的软件开发知识）。
- **文书**：在计算机上记录JAD会议的人。这个人应该有快速录入的技能，应该具备很强的软件开发知识。他能够使用CASE工具为会议生成文档，并开发最初的解决方案模型。
- **客户（用户和经理）**：他们是交流、讨论需求、做出决策、认可项目目标等工作的主要参与者。
- **开发人员**：开发队伍中的业务分析员和其他人员，他们听得多说得少——他们在这个会议上发现事实并收集信息，而不支配这个过程。

JAD利用了群体动力优势。"群体协同"很可能得到问题更好的解决方案。群体能提高生产力、学习得更快、做出更理智的判断、消除更多的错误、采取更具风险的决定（虽然这一点可能是负面的）、使参与者的注意力更多地集中在那些最重要的问题上、使人员一体化等等。

当按照规则召开JAD会议时，更易于产生令人惊奇的好结果。但也有人警告说："福特汽车公司在20世纪50年代因为Edsel（由一个委员会设计的汽车）而经历了一次市场灾难"（Wood和Silver 1995: 176）。

2.2.3.4 快速应用开发

快速应用开发（RAD）不仅仅是一种需求引导方法，它还是将软件开发作为一个过程的方法（Hoffer等人 2002）。如它的名字所示，RAD目标是快速交付系统解决方案，而技术上的精良对交付速度来说则是次要的。

按照Wood 和Silver（1995）的观点，RAD组合了5个方面的技术：

- *进化原型*（2.2.3.1节）。
- 带有代码生成以及在设计模型和代码之间的循环工程的CASE工具。
- *拥有先进工具的专业人员*（SWAT）：RAD开发小组包括组织能够得到的最好的分析员、设计师和程序员。开发组在严格的时间安排下工作，并与用户在一起。
- *交互式JAD*：一个JAD活动（2.2.3.3节），在此期间，文书由具有CASE工具的SWAT小组代替。
- *时间盒*：一种项目管理方法。该方法将固定时间期限（时间盒）强加到SWAT小组，以完成项目。该方法禁止"范围蠕变"（如果项目进展慢，就削减方案涉及的范围，以使项目能按时完成）。

RAD方法对许多项目来说是有吸引力的，特别是那些不在组织核心业务范围内，因此不需给其他开发项目制订日程表的小项目。快速解决方案很可能不是最优的，或者不是核心业务范围内能承受的。

与RAD相关的问题包括：

- 不一致的GUI设计。
- 支持软件复用的专业解决方案，而不是通用解决方案。
- 不足的文档。
- 难以维护和扩展的软件等。

复习小测验2.2

RQ1　负责引导和记录领域知识需求和用例需求的专业是什么？

RQ2　两种主要的需求是什么？

RQ3　在调查表中，3种形式的封闭式问题是什么？

RQ4　在JAD活动中谁是参加者？

RQ5　将RAD开发团队称为什么？

2.3　需求协商与确认

来自客户的需求也许是重叠或者矛盾的。有些需求可能是模棱两可或者不现实的，其他一些需求可能还没有发现。由于这些原因，在形成需求文档之前需要对需求进行协商与确认。

实际上，需求协商和确认是与需求引导同步进行的。在进行需求引导时，就需要接受一定程度的审查。涉及群体动力的所有现代需求引导技术本来就是如此。不过，一旦引出的需求已经汇编成一张表，它们仍然有必要接受细致的协商和确认。

需求协商和确认不能从书写需求文档的过程中脱离出来。需求协商通常是以文档的草稿为基础的。如果有必要，要对文档草稿中列出的需求进行协商和修正，删除错误的需求，增加新发现的需求。

需求确认需要更加完整的需求文档版本，其中所有的需求都要被清楚地标识和分类。利益相关者阅读文档并且召开正式复审会议，复审常常被结构化为走查或审查，它们也是测试的一种形式。

2.3.1　超出范围的需求

IT项目的选择和因此要实现的系统（和广义上讲的系统范围）都是在系统规划和业务建模活动中确定的（1.2节和2.1节）。然而，系统之间详细的相互依赖关系只有在需求分析阶段被发现。确定系统边界（系统范围）是需求分析的任务，使得这个过程中的"范围蠕变"问题可以早点解决。

为了确定任何特定需求是在系统范围之内还是之外，需要对照参考模型，才能做出决定。历史上，这样一个参考模型以**关联图**的形式提供——数据流图（DFD），一种流行的结构化建模技术的顶层图。虽然DFD在UML中已经被用例图所代替，关联图仍然是建立系统边界的很好方法。

然而，可能还有其他原因将需求归到系统范围之外（Sommerville 和 Sawyer，1997）。例如，需求也许太难，不能在计算机化的系统中实现，应当由人工处理，或者需求的优先级不高，将其从系统的第一个版本中删除。需求也可能在硬件或者其他外部设备中实现，但这些都超出了软件系统的控制范围。

2.3.2　需求依赖矩阵

假定所有的需求都已经清楚地标识和编号（2.4.1节），我们就可以构建需求依赖矩阵（或交互矩阵）（Kotonya 和Sommerville 1998；Sommerville和Sawyer 1997）。这个矩阵按一种分类顺序分别在行和列的表头上列出需求标识符，如表2-1所示。

矩阵的右上部分（包括对角线和对角线以上，即阴影区域）没有使用。剩下的单元格表示任何两个需求是否重叠、矛盾或者独立（空白单元格）。

矛盾的需求应与客户进行讨论，可能的话重新陈述这个需求以避免矛盾（矛盾的记录应该保留，并对后续的开发可见）。重叠的需求也要重新陈述以消除重叠。

当需求数目比较少的时候，需求依赖矩阵是一种发现需求矛盾和重叠的简单有效的技术。如果情况不是如此，但需求被按类分组，在每一类中独立地比较，这项技术也许依然有用。

表2-1 需求依赖矩阵

需求	R1	R2	R3	R4
R1				
R2	矛盾			
R3				
R4		重叠	重叠	

2.3.3 需求风险和优先级

一旦需求中的矛盾和重叠已经解决，就产生了一组修正后的需求，需要对这些需求进行风险分析，并排列优先级。风险分析确认那些很可能在开发阶段产生困难的需求，而排列优先级是为了在项目面临延迟的时候，方便地重新界定其范围。

项目的可行性视项目具有的风险数量而异。风险是对项目计划的一种威胁（在财政预算、时间、资源分配等方面）。通过识别风险，项目经理能够尽力控制它们。需求可能由于各种因素而具有风险。典型的风险分类有（Sommerville和Sawyer 1997）：

- 技术风险，需求在技术上难以实现。
- 性能风险，需求实现后，会延长系统的响应时间。
- 安全风险，需求实现后，会破坏系统的安全性。
- 数据库完整性风险，需求不容易验证，并且可能导致数据不一致性。
- 开发过程风险，需求要求开发人员使用不熟悉的非常规开发方法，如形式化规格说明方法。
- 政治风险，由于内部的政治原因，证实很难实现需求。
- 法律风险，需求可能触犯现行法规或者假定了法律的变更。
- 易变性风险，需求很可能在开发过程中不断变化或进化。

理想地，需求优先级可在需求引导过程中从个体客户处获得，然后在会议中协商，并且当附加了风险因素时，再一次进行了修改。

为了消除二义性，方便排列优先级，优先级分类的数目应该小一些，3～5个不同的优先级就足够了。它们可以被命名为"高"、"中"、"低"、"不确定"。另一种可替换的优先列表是"必需的"、"有用的"、"几乎不可能的"、"待确定的"。

复习小测验2.3

RQ1 什么是（可争辩）确定系统边界最好的可视化建模方法？

RQ2 需求依赖矩阵中哪种需求依赖是显而易见的？

RQ3 与开发过程中需求可能不断变化或进化的情形相联系的是哪一类风险？

2.4 需求管理

需求必须进行管理。需求管理实际是整个项目管理的一部分，它涉及3个主要问题：

- 标识、分类、组织需求，并为需求建立文档。
- 需求变更，即阐明不可避免的需求变更如何被提出、协商、确认并且记录在案的过程。
- 需求跟踪，即保持需求和其他系统人工制品之间以及需求本身之间依赖关系的过程。

2.4.1 需求标识与分类

需求以自然语言进行描述，如：

- "系统应根据电话销售人员的请求，安排对客户的下一次电话呼叫。"

- "系统应自动拨号已安排的电话号码，同时在电话销售人员的屏幕上显示客户信息，包括电话号码、客户号、客户名字。"
- "在成功接通时，系统将显示电话销售人员应当与客户通信并建立对话的介绍性文本。"

一个典型的系统包括上百或者上千条如上所列的需求陈述。为了恰当地管理如此大数目的需求，就必须按某种标识方案对需求进行编号。这个方案可能包括将需求划分为更多的可管理组的需求分类。

有几种对需求进行标识和分类的技术（Kotonya和Sommerville 1998）：

- 唯一标识符——通常是一个顺序号，由手工方式或由CASE工具的数据库生成（即CASE工具存储分析和设计制品的数据库（或资源库））并赋值。
- 在文档层次内的顺序编号——考虑需求在需求文档中的位置而设置的编号，例如，第2章第3部分的第7个需求被标号为2.3.7。
- 在需求分类中的顺序编号——加上一些帮助记忆的标识需求种类的名字的赋值。这里，需求种类可以是功能性需求、数据需求、性能需求、安全需求或其他需求。

每种标识方法都有赞成者与反对者。最灵活和不容易出错的方法是数据库生成唯一标识符的方法，数据库具有固有能力，在多用户并发访问数据的情况下，对每个新数据记录生成唯一的标识符。

另外，一些数据库还可以通过版本号扩展唯一标识符值的方法来支持对相同记录的多个版本的维护。最后，包括需求在内的数据库能够维护建模人工制品之间的索引完整性关系，因而能对需求变更管理和需求跟踪提供必要的支持。

2.4.2 需求层次

需求可以按父子关系建立层次化结构。父级需求由子级需求组成，子级需求是父级需求有效的子需求。

层次关系引入了另外一个层次的需求分类。这个层次可以直接反映也可以不直接反映在标识号中（用点表示）。例如，如果直接反映，编号为4.9的需求是指编号为4的父级需求的第9个子级需求。

下面是一组层次需求的例子：

1 系统将根据电话销售人员的请求给客户安排下一次电话。

1.1 一旦进入Telemarketing Control表或前一次电话结束，系统将激活Next Call按钮。

1.2 系统会从已安排的电话队列的顶端删除这次电话，并使之成为当前电话。

1.3 ……

需求的层次可以定义在不同抽象层次上。当需求向较低抽象层次迁移时，这与系统地细化模型的整体建模原则是一致的。最后结果是，高层模型可以构造成父级需求，而低层模型可以被链接到子级需求上。

2.4.3 变更管理

需求是变更的。在开发生命周期的任何阶段，需求都可能变更，可能删除已有需求或者增加新的需求。变更本身并不会导致困难，但没有管理的变更却会带来麻烦。

开发越往前走，需求变更的开销越大。事实上，由于需求变更而将项目沿着开发轨迹向回拖的下游开销总是增长的，且总是呈指数增长的。改变一个刚创建的、还没和其他需求链接的需求仅仅是直接编辑的工作，而当同一个需求已经在软件中实现后再去改变它，就可能是令人望而却步的昂贵代价。

变更可能与人为错误有关，但常常是由于内部政策变化或外部因素而引起的，如竞争力、全球市场或技术进步。无论什么原因，需要强有力的管理政策来建立变更请求的文档，估计变更的影响，并实现变更。

因为需求变更开销很大，每个变更请求必须建立一个规范化的业务用例。一个以前没有处理过的有效的变更需要从技术可行性、对项目剩余部分的影响以及开销方面进行估计。需求变更一旦获得批准，就会被结合到相关的模型，并在软件中实现。

变更管理涉及跟踪大量的、跨越较长时间段的、相互关联的信息，没有工具的支持，变更管理注定是要失败的。理想的情况下，需求的变更应该由软件配置管理工具存储和跟踪，开发者使用这个工具来处理整个开发周期中模型和程序的版本。好的CASE工具应该具有自身的配置管理能力，或者链接到单机配置管理工具上。

2.4.4　需求可跟踪性

需求可跟踪性仅仅是变更管理的一部分（虽然严格来说是重要部分）。需求可跟踪性是保持跟踪关系来跟踪自/至贯穿整个开发生命周期的需求变更。

考虑下面的需求："系统将根据电话销售人员的请求来安排下一次的客户电话。"这个需求可以使用序列图来建模，通过来自GUI的一个标记为"Next call"的动作按钮来激活，然后使用数据库触发器编程。如果在所有元素之间的跟踪关系存在，任何元素的变化将会使关系开放以接受重新讨论——这个跟踪是可疑的（用工具术语来说）。

在连续的生命周期阶段，可跟踪关系能跨越许多模型。只有相邻的可跟踪联系能被直接修改。例如，如果元素A被跟踪到元素B，B又跟踪到C，则在这个关系每个端点的变化都要经过两步才能完成：修改A—B链接，然后修改B—C的链接。（第9章详细解释可跟踪性和变更管理。）

复习小测验2.4

RQ1　标识需求的技术是什么？

RQ2　专责进行变更管理的工具是什么？

RQ3　什么是可疑跟踪？

2.5　需求业务模型

需求确定阶段捕获需求，并且（主要）以自然语言描述来定义需求。采用UML进行形式化的需求建模是在以后的需求规格说明阶段进行的。然而，所收集需求的高层可视化表示（称之为需求业务建模）通常在需求确定阶段完成。

作为最低要求，高层可视化模型需要确定系统范围，标识主要用例，并建立最重要的业务类。图2-10显示了需求确定阶段这3个模型之间以及其余生命周期阶段模型之间的依赖性。

用例图在生命周期中的主导作用如图2-10所示，它承认测试用例、用户文档和项目规划都由用例模型导出。除此之外，用例图和类模型在连续的开发迭代中同时使用并相互驱动。设计和实现也交织在一起，

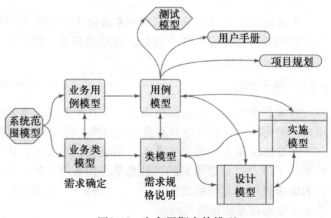

图2-10　生命周期中的模型

并能够反馈到需求规格说明模型上。

2.5.1 系统范围模型

系统开发中需要考虑的主要问题也许是由于需求变更引起的范围蠕变。当需求中的某些变更不可避免的时候，我们必须确保请求的变更不会超出项目可接受的范围。

问题是：我们该如何界定系统的范围？对于这个问题的回答不可能是直接的。因为任何系统只是更大环境中的一部分——一组共同构成那个环境的系统的一部分，这些系统之间通过相互交换信息和调用服务来进行合作。因此，上边的问题可以解释为：我们必须实现这个需求吗？或者是：所要求的功能是另一个系统的职责吗？

为了能够回答这个问题，需要知道系统运行的环境。我们需要知道外部实体——期望从我们这里得到服务或为我们提供服务的其他系统、组织、人员、机器等。在业务系统中，这些服务转换成信息——数据流。

因此，系统范围可以通过识别外部实体以及在外部实体和我们系统之间的输入/输出数据流来确定。我们的系统获得输入信息，进行必要的处理，产生输出信息。任何不能被系统内部处理所支持的需求都不在项目范围内。

UML不提供定义系统范围的好的可视化模型。因此，常使用老式的DFD环境图表示系统范围。图2-11显示了环境图的表示法。

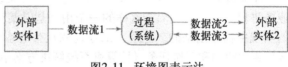

图2-11 环境图表示法

📖 例2.3 电话销售

考虑电话销售系统的问题陈述4（1.6.4节），为其构造环境图。另外，考虑以下几点要求：

- 活动按照社会信托人出于有价值和合时宜的原因提出的建议来规划。活动必须经当地政府批准，活动的设计和规划由一个独立的活动数据库（Campaign Database）应用系统来支持。
- 还有一个独立的支持数据库（Supporter Database）来存储和维护所有支持者的信息，包括过去的和将来的支持者。这个数据库用于在特定的活动中选择要联系的支持者，选择出来的部分支持者交给该活动中的电话销售活动。
- 为了仔细察看，来自支持者的彩票订单在电话销售过程都要由订单处理（Order Processing）系统记录下来。一个订单处理系统维护支持者数据库中的订单状态。

这个例子的一种可能的环境图如图2-12所示。图中间的圆角矩形表示系统，它周围的正方形表示外部实体，箭头描绘了数据流，数据流的细节信息内容在图中没有显示，它被单独定义并存储在CASE工具的资源库中。

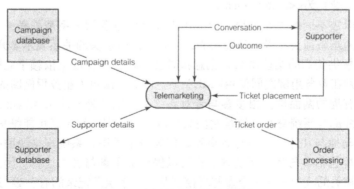

图2-12 电话销售系统的环境图

Telemarketing系统从外部实体Campaign database获得有关当前活动的信息。这些信息包括彩票的数量和价格、彩票的奖金和活动期限等。

类似地，Telemarketing从Supporter database获得支持者的详细信息。在一次电话销售中，有关支持者的新信息可能出现（例如，支持者想要改变他/她的电话号码）。需要相应地修改Supporter database，由此，数据流Supporter Details是双向的。

主要活动位于Telemarketing和Supporter实体之间。数据流Conversation包括电话中交换的信息。支持者对电话销售人员提供买彩票的答复，沿数据流Outcome传送，而另一个独立的数据流Ticket Placement用于记录Supporter订购彩票的详细信息。

彩票订单的进一步处理超出了本系统的范围。数据流Ticket Order被传送到外部实体Order Processing。假定在订单输入之后，其他外部实体可以处理支持者的付款、彩票的寄出、抽奖等等。这些不是我们所考虑的，只要系统能够获得来自外部实体Campaign Database和Supporter Database的当前订单状态和付款等就可以了。

2.5.2 业务用例模型

业务用例模型（Kruchten 2003）是在高抽象级别上的用例模型。业务用例模型标识高层业务进程——业务用例。这样的一个用例是以某种方式定义一个过程，这个过程完全是从它的实现中抽象出来的。之后，业务过程从信息系统过程分离出来，整个模型代表商业观点，强调组织活动和工作任务（计算机系统解决方案不必对此提供支持）。

但实际上，构造业务用例模型是为了使业务过程被开发中的信息系统支持。在这种情况下，将一个业务过程想象为一种信息系统过程。然后，业务用例与所谓的系统特征相对应（系统特征在视觉文档中标识。如果存在视觉文档，那么它可以代替业务用例模型）。

业务用例图的焦点是业务过程的体系结构。这个图提供了所期望的过程和系统行为的鸟瞰图，对每个业务用例的叙述性描述是简洁的、面向业务的、并集中在活动的主要流程上。业务用例模型不足以向开发人员确切地表达系统应该做什么。

在需求规格说明阶段，业务用例被转换成用例。就是在这个阶段，标识详细的用例；对叙述性描述进行扩展，使其包括子过程和备选过程；模拟某些GUI界面，并建立用例之间的关系。

业务用例图中的业务参与者有时可以表示环境图的外部实体。这种参与者也被称为次要参与者，它们对于用例是被动的，为了和用例通信，它们需要联合主要参与者。主要参与者是系统的中心，能够和用例主动通信。主要业务参与者通过发送事件来触发用例。

用例是事件驱动的。参与者和用例之间的通信线路不是数据流，它们表示为来自参与者的事件流和来自用例的响应流。在UML中，参与者和用例之间的通信关系用线来表示，并可能将其命名（构造型）为<<communicate>>。

业务用例可以被不同的关系连接。业务用例模型中重要的关系是关联关系。一个关联可以用一条一端或两端带箭头或者不带箭头的线来表示。带箭头的关系表示客户－供货商关系，意思是，客户了解供货商的某些事情，也意味着客户在某种程度上依赖于它的供货商。除了关联，一般不鼓励在业务用例之间使用UML关系。图2-13说明了业务用例图的表示法。

参与者具有有趣的两面性。很多参与者对系统来说既是外部的又是内部的。它们是外部的，因为它们从外部与系统交互，但是它们又是内部的，因为系统又可能维护参与者的信息，使得系统能够主动地与"外部"参与者交互。作为一个模型，系统规格说明必须描述系统及其环境。这个环境包括参与者。系统本身也可以保留关于参与者的信息。因此，规格说明拥有两个与参与者相关的模型——一个参与者模型及一个系统所记录的有关参与者的模型。

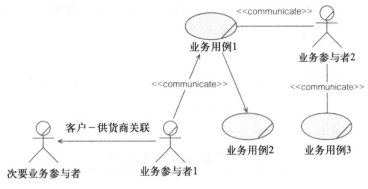

图2-13 业务用例图表示法

例2.4 电话销售

考虑电话销售的问题陈述3和环境图（1.6.4节和2.5.1节），构造其业务用例图。

一个可能的业务用例图如图2-14所示，有两个参与者：Telemarketer和Supporter。Telemarketer是主要参与者，Supporter是次要参与者。

Telemarketer要求系统安排支持者的电话并拨号。一旦连接成功，Supporter就作为次要参与者，业务用例Schedule Phone Conversation（这里包括连接的建立）成为一个对两个参与者都有价值的功能块。

在通话期间，Telemarketer可能需要访问并修改活动和支持者的详细信息。这个功能在业务用例CRUD Campaign and Supporter Details中被捕获（CRUD是一个流行的字母首字缩写，代表4个主要的数据操作——创建（create）、读取（read）、更新（update）、删除（delete））。

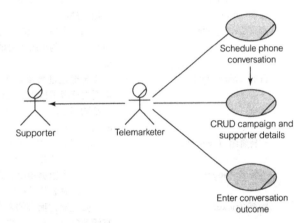

图2-14 电话销售系统的业务用例图

在Schedule Phone Conversation和CRUD Campaign and Supporter Details之间有一个客户－服务器关联关系。这个关系也可以被看作是Schedule Phone conversation 依赖于CRUD Campaign and Supporter Details。

业务用例Enter Conversation Outcome用于输入电话销售活动成功或不成功的结果。这个用例向两方参与者传递可识别的值。

忽略用例之间的关系是武断的。通常，用例之间的所有关系都可以隐藏起来，以避免整个图太杂乱拥挤。如果用例想拥有与大多数其他用例之间的某种类型的通信，并包含所有的关系，就会破坏建模的抽象原则。

2.5.3 业务词汇表

软件开发中一个不显著但很重要的方面是明确业务和系统术语。如果术语不明确，项目利益相关者之间的交流就不会精确，由此会导致解决错误的问题。为了增进交流、避免误解，必须创建术语和定义的词汇表，并且和利益相关者共享该表。

实际上，至少有一部分术语词汇很可能是存在于企业中，可能来自相关系统的开发中。如果词汇表不存在，应当在需求确定阶段构造词汇表。如果词汇表存在，需要进行审查并扩展。

词汇表可以以表格的形式书写。该表应当提供术语和定义，按照术语的字母表次序排序，尽可能带有相近术语的链接。

📖 例2.5 电话销售

考虑电话销售系统的问题陈述3和环境图（1.6.4节和2.5.1节），构造其业务词汇表。

表2-2给出了电话销售业务术语的初始词汇表。词汇表中定义栏的斜体字参见表中其他地方给出的该术语的定义。

表2-2 业务词汇表（电话销售）

术 语	定 义
有奖活动（bonus campaign）	在一次活动（campaign）中开展的一系列特别活动，目的是吸引支持者（supporter）购买彩票（tickets）。典型的例子是向大量购买或提早购买者免费赠送彩票，或者吸引新的支持者。特定的有奖活动可以在许多活动中使用
活动（campaign）	由政府批准并仔细计划的一系列活动，目的是实现彩票（lottery）目标
抽奖（draw）	随机抽取一张彩票（lottery tickets）作为获奖票的动作
彩票活动（lottery）	由慈善团体组织的为了赚钱的一种抽奖集资游戏。游戏中，人们（支持者，supporter）购买编了号的彩票，如果他们的号被抽中（draw），就有机会赢取奖金
订购（placement）	支持者通过电话销售（telemarketing）获得一张或者多张彩票。预订彩票需要支持者用信用卡支付定金
奖金（prize）	给购买了抽奖（draw）抽中的彩票（lottery ticket）的支持者（supporter）的奖金
支持者组（segment）	支持者数据库中的一组支持者，他们成为电话销售（telemarketing）活动中一个特定活动（campaign）的目标
支持者（supporter）	慈善团体数据库中的人或者组织，他们或者是以前的彩票（lottery tickets）购买者，或者是潜在的购买者
彩票（ticket）	一张已确定面额的彩票（lottery ticket），标识活动（campaign）并且在所有活动票中具有唯一编号
彩票订单（ticket order）	已确认订购（placement）的彩票，有一个分配的订购号，由订购处理部门作为客户订单来处理
电话销售人员（telemarketer）	进行电话销售（telemarketing）的员工
电话销售（telemarketing）	广告或者是通过电话销售彩票（lottery ticket）的活动

2.5.4 业务类模型

业务类模型是UML类模型。就像业务用例模型一样，业务类模型与其他固有类模型相比，它的抽象级别更高。业务类模型标识系统中业务对象的主要类型。

在企业数据库中，业务对象具有持久性。它们必须和软件的其他类实例相对应，例如那些处理用户接口或者负责应用程序逻辑的实例。

业务类通常以业务数据结构的形式来表示，具有作用在压缩数据上的操作（服务）。进一步讲，业务类模型常常没有明确类的属性结构——有时类名和简要的描述就足够了。

业务类可以通过3个UML关系连接到模型中，这3个关系是：关联（association）、泛化（generalization）和聚合（aggregation）。关联和聚合表示类的实例（对象）之间的语义关系。泛化是类（对象的类型）之间的关系。

关联表示一个类对象相关于另一个类对象的知识，或者同一个类不同对象之间的相关知识。这些知识是有关从一个对象到另一个或者其他更多对象的语义连接。这些连接的存在可以在对象中进行导航（程序可以导航到已连接的对象）。

关联具有两个重要特性：重数和参与。重数定义了一个类可能的实例数，这些实例可以连接到另一个类的同一个实例。重数在类连接线的两端定义，可以是0、1或者n（这里"n"表示许多对象可以被连接）。

为了表示在一个关联中某些对象可能没有连接对象，重数可能用一对值0..1或者0..n来表示。这对值中的"0"表示一个对象参与至其他对象的连接是可选的（对象也许有关联连接，也许没有）。

聚合是一种语义更强的关联，比如，一个类的实例"包含有"另一个类的实例。就是说，一个超类"包含有"子类，或者子类是超类的"一部分"。例如，Book"包含有"Chapter。

泛化是类的关系，例如，一个类"可以是"另一个类。也就是说，一个超类"可以是"一个子类，或者一个子类是"一种"超类。例如，Employee"可以是"Manager。

非常有意思的是，经常出现这样的情况，业务用例模型的业务参与者经常被表示为业务类模型中的业务类。这与参与者对系统来说常常既是外部的又是内部的观察结果是一致的（2.5.2节）。图2-15显示了用于业务类建模的表示法。

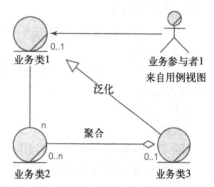

图2-15　业务类图表示法

图2-16显示了第一个业务类模型。图中包含6个类，其中的两个类（Supporter和Telemarketer）由业务用例模型中的参与者导出。电话安排算法获得电话号码和Supporter类的其他信息，并且将电话安排给一个当前有空的Telemarketers。算法最终是以存储过程的形式在数据库中实现的。

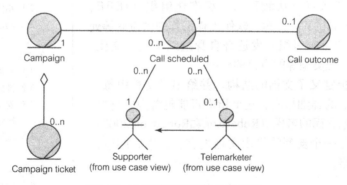

图2-16　电话销售系统的业务类图

📖 例2.6　电话销售

考虑电话销售的问题陈述3，环境图、业务用例图和业务词汇表（1.6.4节、2.5.1节、2.5.2节和2.5.3节），构造其业务类图。下面的提示可能会有帮助：

- 系统强调的是电话安排。电话安排本身是一个过程式计算，即它的解决方案本质上是算法式的、计算型的。而且被安排的电话队列和电话的结果必须存储在某个数据结构中。
- 如上面讨论，有关参与者的信息可能需要存储在类中。

Call scheduled类包含当前的电话队列（包括那些当前正在进行的电话）。电话结果（例如，彩票订购）记录在Call outcome中，并被传送给其他受影响的类，如Campaign ticket或Supporter。

Campaign类包含Campaign ticket，它可以有多个Call scheduled events。同样，Supporter和

Telemarketer可以有多个Call scheduled。Call scheduled和Call outcome之间的关联是一对一的。

复习小测验2.5

RQ1　业务用例的另一个名称是什么？

RQ2　表示参与者和用例之间事件流的关系名称是什么？

RQ3　在业务类中，3种主要类型的关系是什么？

RQ4　在UML中可视化的业务类之间如何可选择地进行参与？

2.6　需求文档

需求文档是需求确定阶段的一个实实在在的结果。大多数的组织按照预先定义好的模板产生需求文档，这个模板定义了文档的结构（内容表）和风格。

需求文档的主体由需求陈述组成。如2.2.1节讨论的那样，需求可以被划分为功能性需求（服务性陈述）和非功能性需求（约束陈述）。功能性需求还可以进一步分为功能性需求和数据需求。（在文献中，"功能性需求"在广义或狭义上交替使用。按狭义使用时，它相当于我们所说的功能性需求。）

除了所说的需求外，需求文档还要解决项目问题。通常，项目问题在文档的开头以及文档的结尾都要讨论。在文档的引言部分，项目业务的来龙去脉要讨论，包括项目的目的、利益相关者和主要约束等。而在接近于文档结束时，所有项目其他方面的问题都要提到，包括进度安排、预算、风险和文档等。

2.6.1　文档模板

需求文档的模板可以从教科书、标准化组织（IEEE、ANSI等）、咨询公司的Web页面、软件工程工具的供应商等处获得。现在也需要每个组织开发适合自身组织实践、文化、所期望的读者、系统类型等的自己的标准。

需求文档模板定义了文档的结构，并给出了文档中每一节需要书写的内容的详细指南。这个指南可能包含内容材料、动机、例子和其他方面的考虑（Robertson和Robertson 2003）。

图2-17显示了一个典型的需求文档内容表。内容的解释在下面各节中给出。

2.6.2　项目准备

文档的项目准备部分主要针对管理者和决策制定者，这些人不可能仔细研究整个文档。项目的目的和范围需要在文档一开始就解释清楚，紧跟着的是业务环境。

需求文档必须为系统准备一个业务案例。特别是，确立系统需求的任何系统规划和业务建模工作（1.2节和2.1节）都必须涉及。需求文档应该解释所提出的系统如何有助于实现企业的业务目的和目标。

必须标识系统的利益相关者（1.1.2.1节），客户不仅仅是不受个人感情影响的部门或办公室，应该列出人员的名字，这一点很重要。最后，由一个人来决定是否可以接受所交付的软件产品。

需求文档
内容表
1. **项目准备**
1.1 项目的目的和范围
1.2 业务环境
1.3 利益相关者
1.4 多种解决方案
1.5 文档综述
2. **系统服务**
2.1 系统范围
2.2 功能性需求
2.3 数据需求
3. **系统约束**
3.1 界面需求
3.2 性能需求
3.3 安全性需求
3.4 操作性需求
3.5 政策和法律需求
3.6 其他约束
4. **项目的其他问题**
4.1 开放问题
4.2 初步安排
4.3 初步预算
附录
词汇表
业务文档和表格
参考文献

图2-17　需求文档内容表

虽然需求文档应该尽可能远离技术方案，但在开发生命期的早期就想好解决方案还是重要的。实际上，解决方案构想过程在很大程度上是一个预开发过程（2.1节）。任何现成的方案都具有特别的意义。购买而不是从头开发对企业而言可能更有意义。

需求文档应该提供现有软件包和构件的列表，应当对这些软件包和构件进一步研究，作为可能的解决方案。注意，采取一个现成方案会改变开发过程，但它并不能省去需求分析与系统设计！

最后，一个好的想法是在项目准备部分包含一段对文档其余部分的综述。这可以促使繁忙的读者去研究文档的其他部分，并且它还将有助于对文档内容的理解。这段综述还应该解释开发者采用的分析和设计方法学。

2.6.3 系统服务

需求文档的主要部分是定义系统服务（2.2.1节），这部分很可能占到整个文档的一半以上。这也是文档中包含解决方案的高层模型仅有的部分，这种高层模型即需求业务模型（2.5节）。但需要注意的是，词汇表被移到了附录部分。

系统范围可以用环境图来建模（2.5.1节）。在解释环境图的时候，必须清楚地定义所提出项目的边界。没有这种定义，项目经不起范围蠕变的要求。

功能性需求可以用业务用例图来建模（2.5.2节）。然而，这个图只提供了功能性需求详细列表的一个高层范围。像2.4节讨论的那样，每个需求必须被标识、分类和定义。

数据需求可以用业务类图来建模（2.5.4节）。正如功能性需求一样，业务类图不是业务数据结构的完整定义。每个业务类需要进一步解释，应该描述类的属性内容，确定标识的类属性，否则，不可能恰当地解释关联。

2.6.4 系统约束

系统服务定义系统必须完成什么。系统约束（2.2.1节）描述系统在完成服务时怎样被约束。设立系统约束是由于：
- 界面需求。
- 性能需求。
- 安全性需求。
- 操作性需求。
- 政策和法律需求等。

界面需求定义产品如何与用户交互。在需求文档中，我们只定义GUI的"外观和感觉"，GUI的初步设计（屏幕绘制）将在需求规格说明和以后的系统设计期间进行。

依赖于应用领域，性能需求对项目的成功可能变得相当核心。狭义上说，性能需求指定完成各种任务的速度（系统的响应时间）。广义上说，性能需求包括其他约束——与系统的可靠性、有效性、吞吐量等相关。

安全性需求描述用户在系统控制下对信息的存取权限。可以赋予用户对数据的受限访问权利和/或对数据执行确定操作的受限权利。

操作性需求决定系统运行的硬件/软件环境，如果知道系统将在什么环境中运行的话。这些需求可能对项目的其他方面有一些影响，如用户培训和系统维护。

政策和法律需求常常是假定的，而不是在需求文档中明确表述的。这可能是代价非常高的错误。除非这些需求被公布出来，否则，产品可能会由于政治或法律的原因很难或不可能部署。

可能还会有其他约束，例如，一些系统可能特别强调容易使用（可用性需求）或容易维护（可维护性需求）。

不要夸大严格定义系统约束的重要性。有许多由于忽略或错误解释系统约束而导致项目失败的例子。这个问题对客户与对开发人员一样敏感。毫无顾忌的或绝望的开发人员为了逃避责任都可以打出系统约束这张牌。

2.6.5 项目的其他问题

需求文档最后的主要部分是解决项目的其他问题。这部分的一个重要内容是开放问题。这里，我们对任何会影响项目成功但在文档其他标题下没有讨论的问题进行详细说明。这些问题可能包括当前在系统范围之外但期望其重要性增加的某些需求，还包括系统部署可能引发的潜在问题或失误。

根据需要对项目的主要任务进行初步安排，这应当包括人力和其他资源的初步分配。还可以使用项目管理软件工具制作标准规划图，如PERT或Gantt图（Maciaszek和Liong 2005）。

初步安排的一个直接结果是提供初步预算。项目成本可以表示为一个范围，而不是一个单独的、精确的数字。如果有许多资料证明需求，则可以使用某种估算成本的方法（如功能点分析）。

2.6.6 附录

最后，附录包含理解需求的其他有用的信息，主要包括一个业务词汇表（2.5.3节）。这个词汇表定义需求文档中使用的术语、简称和缩写。不能低估好的词汇表的重要性。对术语的错误解释是非常有害的。

需求文档中经常被忽略的一个方面是，通过研究工作流过程中使用的文档和表格，可以相当好地理解它所定义的业务领域。只要可能，就要包括完整的业务表格——空表格并不能传达同样的理解层次（译者注：是指与非空表格相比）。

参考文献提供需求文档中引用的文档，或者在需求文档的准备过程中使用的文档。这可能包含书籍和其他出版的信息资源，但更重要的是，会议纪要、备忘录和内部文档也应该包含在引用文献中。

复习小测验2.6

RQ1　怎样对功能性需求进行分类？

RQ2　怎样在需求文档中阐述系统范围之外的相关需求？

小结

本章对于需求确定进行了全面考察。需求确定先于需求规格说明。需求确定是关于发现需求并将其记录在一个叙述性需求文档中的过程。需求规格说明（在第4章讨论）提供更形式化的需求模型。

业务过程分析驱动了信息系统的开发。另一方面，IT过程真正能够促进业务创新和产生新的业务方法。因此，当构建业务过程模型时，仔细考虑实现策略是至关重要的。特别的，实现策略的选择决定了系统的能力体系结构。因此，体系结构设计应当是业务过程建模中值得考虑的问题。

需求引导遵循两条需求发现路线：从领域知识出发和从用例出发。这两条路线相互补充，从而确定待开发系统的业务模型。

有各种不同的需求引导方法，包括与客户和领域专家面谈、调查表、观察、文档和软件系统的研究、原型、头脑风暴、JAD和RAD。

从客户那里引导得出的需求可能重叠并且相互冲突。通过需求协商和确认来解决这些重叠和冲突是业务分析人员的工作。为了很好地完成这项工作，业务分析人员应该构造一个需求依赖矩阵，并为需求赋予风险值和优先级。

大项目必须管理大量的需求。在这样的项目中，对需求陈述进行标识和分类是必需的。然后可以定义需求层次，这些步骤确保了在项目开发的下一阶段适当的需求可跟踪性和适当的变更请求处理。

虽然需求确定并不包括形式化系统建模，但可以构建基本的需求业务模型。这个业务模型可以产生3个通用图：环境图、业务用例图以及业务类图。它也启发了词汇表中术语的定义。

从需求确定中产生的文档（需求文档）开始于项目准备的高层描述（大多为了方便管理人员阅读）。这个文档的主要部分是描述系统服务（功能性需求）和系统约束（非功能性需求）。最后一部分处理其他项目事务，包括进度表和预算的详细信息。

关键术语

Artifact（人工制品）   BPMN元素，通过允许扩展基本表示法提供额外的建模灵活性；可以预定义3种类型的人工制品：数据对象（data object）、组（group）和注释（annotation）。

BPEL   业务过程执行语言（Business Process Execution Language）。

BPMN   业务过程建模表示法（Business Process Modeling Notation）。

Brainstorming（头脑风暴）   发现特定问题的新方法或解决方案的会议技术，这种技术要将已有的判断、社会禁令和规则放在一边。

Business actor（业务参与者）   人、组织单位、计算机系统、设备或其他种类的活动对象，他们能够和系统相互作用并且期望从相互作用中获得商业价值。

Business capability（业务能力）   任何有关业务IT解决方案如何交付具体成果的能力。

Business capability exploration（业务能力探索）   解决方案构想过程中的第一个阶段，它确定业务能力。

Business class model（业务类模型）   显示业务对象和对象之间关系的高层业务模型。

Business object（业务对象）   业务领域的一个基本类；业务实体。

Business process（业务过程）   能够对企业或者它的外部利益相关者产生有价值事物的活动。

Business process model（业务过程模型）   显示业务过程动态结构的图。

Business use case（业务用例）   高层业务功能；功能性的系统特征。

Business use case model（业务用例模型）   标识系统中主要功能性构造块的高层用例图。

Capability architecture（能力体系结构）   标识系统高层构件和它们之间交互作用的系统体系结构设计。

Capability case（能力案例）   为业务能力拟定业务案例的一种解决方案构思。

Class（类）   用共同的属性、操作、关系和语义约束来描述一组对象的抽象概念。

Component-based development（基于构件的开发）   通过集成来源于多个软件供应商和商业伙伴的软件构件构建解决方案的开发过程，也可能是基于SOA和/或者MDA的开发过程。

Connecting object（连接对象）   BPMN元素，用来连接定义业务过程结构的流对象；有3种类型的连接对象：序列流、消息流、关联。

Constraint statement（约束陈述）   系统必须遵守的约束。

Context diagram（环境图）   DFD的顶层图。

CRM   客户关系管理（Customer Relationship Management）。

Custom development（常规开发）   手工操作的、独立的、从零开始的软件开发，覆盖了软件开发过程（生命周期）的各个阶段，在内部完成和/或外包给咨询和开发公司完成。

Diagram（图）   模型的图形表示。

Flow object（流对象）   核心BPMN元素；有3类流对象：事件（events）、活动（activity）和路由（gateways）。

Functional requirement（功能性需求）   见服务陈述（service statement）。

JAD   联合应用开发（Joint Application development）。

Non-functional requirement（非功能性需求）   见约束陈述。

Package-based development（基于包的开发）

通过定制已经存在的软件包，如COTS、ERP或者CRM系统，得到解决方案的开发过程。

Performance（性能） 非功能性需求，通过对系统响应时间、事务处理时间、资源开销、可能的并发用户数量等等的期望来定义。

Pool（泳池） BPMN元素，表示一个过程中的业务实体（参与者），也称作"泳道"。

Probortunity（问题机会） 单词"problem"和"opportunity"的融合；在头脑风暴中使用。

Process（过程） 见业务过程。

Process hierarchy diagram（过程层次图） 显示业务过程静态结构的图。

Prototype（原型） 解决方案的"快且脏"工作模型，表示图形用户界面（GUI），并模拟不同用户事件的系统行为。

RAD 快速应用开发。

Reliability（可靠性） 非功能性需求，与系统失效发生的频率和严重性以及系统如何从失效中优雅地恢复有关。

Reusability（可复用性） 非功能性需求，定义在新系统开发中重复使用以前已经实现的软件构件的容易程度。

Risk（风险） 对项目规划（预算、时间、资源分配等等）的威胁。

Service statement（服务陈述） 定义系统所期望的服务需求。

Software capability design（软件能力设计） 解决方案构想过程的第3个阶段，该阶段决定系统的实现技术、开发软件能力体系结构——并使用项目计划和风险分析对业务案例进行细化。

Solution capability envisioning（解决方案能力构想） 解决方案构想过程的第2个阶段，该阶段的目的是将能力案例发展成为解决方案概念，并确保该解决方案能够在利益相关者中达成一致。

Solution concept（解决方案概念） 解决方案能力构想的人工制品，它将业务环境作为输入，将产生的新工作方法的未来场景作为输出。

Solution envisioning（解决方案构想） 是一种商业价值驱动方法，以提供解决当前业务问题和将来业务创新的IT服务。

System scope model（系统范围模型） 确定系统边界和主要责任的高层业务模型。

Task（任务） 过程中的原子活动。

Usability（可用性） 确定系统易于使用的非功能性需求。

选择题

MC1 在BPMN中，原子过程也被称作：
    a. 活动（activity）   b. 任务（task）   c. 事件（event）   d. 工作（job）

MC2 在BPMN中，消息流是下面的建模元素：
    a. 流对象（flow object）   b. 泳道（swimlane）
    c. 人工制品（artifact）   d. 连接件（connector）

MC3 在解决方案构想中，确定一项功能商业价值的建模元素是：
    a. 业务用例   b. 解决方案案例   c. 能力案例   d. 业务案例

MC4 哪种需求引导方法通过问题机会陈述的概念发挥作用：
    a. 调查表   b. 头脑风暴   c. JAD   d. 上面都不是

MC5 哪种需求引导方法通过触发式问题的想法发挥作用：
    a. 调查表   b. RAD   c. JAD   d. 上面都不是

MC6 说一个类"可以是"另一个类的关系被称作：
    a. 泛化   b. 聚集   c. 关联   d. 以上都不是

MC7 接口需求是：
    a. 功能性需求   b. 系统服务   c. 系统约束   d. 以上都不是

问题

Q1 2.1.2节中提到业务过程建模的一个重要目的是能够将BPMN映射到业务过程执行语言（BPEL）。利用Internet's Wikipedia(http://en.wikipedia.org/wiki/Main 主页)查找BPEL。访问并阅读Michelson（2005）（查看参考书目以获取信息）。考虑BPEL的以下定义："BPEL是……基于XML的语言，构造在Web服务规格说明的顶层，用来定义且管理长期存在的服务策划或过程"（Michelson 2005：4）。通过解释构成概念来"破译"这个定义。

Q2 解决方案构想中的关键思想是解决方案构想研讨会。每次研讨会召开不少于1~2天，由一系列解决关键问题的中心点来引导。这些中心点是：①探讨当前问题；②探讨变化——分析压力和趋势；③基于能力的设计——技术和业务设计相互作用；④做出保证；⑤将来的路线图。对于每一个中心点，仔细考虑可能的关键问题。在研讨中，你对提问哪些关键问题感兴趣？

Q3 搜索Internet和/或其他信息来源，解释Hewlett-Packard的缩写词FURPS。简要地描述这个词中字母的意思。讨论FURPS模型如何能够和功能性需求和非功能性需求相关。

Q4 搜索Internet和/或其他信息来源，学习有关McCall的软件质量模型。简要描述这个模型，并指出它如何有益于需求的确定。

Q5 需求引导目标在于使领域知识需求和用例需求一致，解释这两种需求的不同。在需求确定阶段，一种需求要优先于另一种吗？给出你的答案并说明理由。

Q6 在面谈过程中，最好避免固执己见、偏见或者强加的问题。你能想出这些问题可能对项目利益非常必要的情形吗？

Q7 在需求确定以及类似任务中，调查和调查表有什么区别？

Q8 作为一种需求确定技术，你采取什么样的步骤准备和进行观察？你应该应用哪些实践指南？

Q9 什么是原型法？它对需求确定的作用如何？

Q10 与其他需求确定方法比较，头脑风暴和JAD的优越性是什么？

Q11 什么是范围蠕变？在需求确定阶段如何解决该问题？

Q12 需求管理工具的典型特征和能力是什么？搜索Internet回答该问题。

Q13 为什么应当对需求编号？

Q14 在环境图中，业务用例图中的角色如何不同于其他外部实体？

练习：广告支出

E1 针对广告费用支出例子的问题陈述5（1.6.5节）和例2.1的过程层次图（2.1.1.2节）。考虑下面关于AE组织管理合同和应收账款方式更多的细节：

- 大多数合同（客户）是年度合约。合同每年都需要根据客户的事件日志重新商议。事件日志可以用来评定客户使用我们多少服务，以及客户是否在这一年中遇到过问题。从日志中获得完整的信息能够使我们的员工快速议定合约，可能在一次会议中就可以议定。
- 对于每个签订合同的客户，我们每个月会生成一张清单。清单的内容汇编了已存储的商议合同的细节和合同范围外的其他服务。
- 如果合同已经过期或者未付给客户的发票已经超出了预定的限制，数据移交和其他服务应当停止，直到合同被重新议定。
- 发票在每个月月末生成并且发送。支付被追踪。记录发票和支付的细节内容以生成报表。

构造过程"合同和应收账款"的业务过程图。

E2 参考1.6.5节中的问题陈述5，仅参考问题陈述中描述的业务过程。特别地，忽略"关系管理"和"合同和应收账款"（2.1.1.2节中的图2-2和第2章的其他地方）。

画AE系统的环境图。解释该模型。

E3 参考1.6.5节中的问题陈述5，仅参考问题陈述中描述的业务过程。特别地，忽略"关系管理"和"合同和应收账款"（2.1.1.2节中的图2-2和第2章的其他地方）。

画AE系统的业务用例图。解释该模型。

E4 参考1.6.5节中的问题陈述5。

开发一个初始业务词汇表。标识核心AE业务的最主要词条——广告度量。

E5 参考1.6.5节中的问题陈述5。

画AE系统的业务类图。参考上面练习E4中汇编的业务词汇条目，为核心AE业务——广告度量的最重要的业务类建模。解释该模型。

练习：时间记录

F1 参考1.6.6节的问题陈述6，为TL软件工具画高层用例图，解释该模型。

F2 参考1.6.6节的问题陈述6，为TL项目开发术语词汇表。

F3 参考1.6.6节的问题陈述6，为TL软件工具画高层类图，解释该模型。

复习小测验答案

复习小测验2.1

RQ1 业务过程建模表示法（Business Process Modeling Notation，BPMN）。

RQ2 流对象、连接对象、泳池和人工制品。

RQ3 不能。泳池可以通过消息流或关联与公共人工制品进行通信。

RQ4 解决方案构想。

RQ5 能力体系结构。

RQ6 定制开发、基于包的开发和基于构件的开发。

复习小测验2.2

RQ1 业务分析员。

RQ2 功能性需求（服务陈述）和非功能性需求（约束陈述、补充性需求）。

RQ3 多项选择问题、评价问题和排序问题。

RQ4 领导、文书、客户和开发人员。

RQ5 有先进工具的专业人员。

复习小测验2.3

RQ1 环境图。

RQ2 有冲突的需求和重叠的需求。

RQ3 易变性风险。

复习小测验2.4

RQ1 文档等级中的唯一标识符、顺序号和需求目录中的顺序号。

RQ2 软件配置管理工具。

RQ3 可疑跟踪是跟踪矩阵中的一种现象，两个相互联系的需求之间的关系本可以作为这两个需求或者其他相关需求变更的结果得到验证。

复习小测验2.5

RQ1 系统特征。

RQ2 通信关系。

RQ3 关联、泛化和聚合。

RQ4 通过在关联的一端置0（零），它在多重性定义中是可见的。

复习小测验2.6

RQ1 可以将功能性需求划分为功能性需求和数据需求。

RQ2 它们可以在"开放问题"部分中列出。

选择题答案

MC1　b　　　　　　　　　　　　　　　MC2　d

MC3　c　　　　　　　　　　　　　　　MC4　b

MC5　d（头脑风暴和该方法同时起作用）　　MC6　a

MC7　c

奇数编号问题的答案

Q1　BPEL是一种对业务过程和过程之间交互模型的形式化规格说明语言。BPEL是一种基于XML的语言。XML（Extensible Markup Language，扩展标记语言）是一种描述Web文档中数据结构的语言，以便Internet上的数据和结构化文档可以交换。

　　　BPEL扩展了Web服务相互作用模型。Web服务是使用XML信息系统的一个软件构件，在互联网上可以获得该服务。为了在互联网上获得Web服务，Web服务通过公共接口解释它的功能，提供帮助使得感兴趣的单位能够找到它。Web服务是SOA的一部分。

　　　BPEL针对大型编程，并对协作服务之间的大型业务交易的规格说明提供支持。"策划是一种主服务唤醒其他服务的协作类型。主服务知道动作和接口、响应以及被调用服务返回状态的顺序"（Michelson 2005:3）。

Q3　Hewlett-Packard的FURPS是一个软件质量评估模型（Grady 1992）。这个词标识5个质量因素：功能性、可用性、可靠性、性能和可支持性。

- 功能性定义了软件系统的特征集和能力，包括可交付的功能列表和系统安全方面。
- 可用性考虑人们感觉到的使用系统的容易性。可用性包括系统美学、一致性、文档资料、帮助工具和为了有效并且高效使用系统所需要的培训。
- 可靠性测试系统失效的频率和严重性、所产生的输出的准确性、失效的平均时间、从失效中恢复的能力以及系统的全面预见。
- 性能对系统的响应时间（平均时间和高峰时间）、吞吐量、资源开销、不同负载下的效率等做出评价。
- 可支持性定义它支持系统的容易程度。包括多个相关属性，例如软件的可理解性、可维护性（适应于变更、服务性）、可伸缩性（可扩展性）、可测试性、可配置性、安装和查找问题的容易程度等。

　　　FURPS模型通常可用于交付软件的质量评价。但是，5个质量要素可作为系统开发中用户需求的简便分类。这种分类中，FURPS功能构件和功能性需求相关，另外的4个要素定义非功能性需求。

　　　功能性需求和非功能性需求之间1:4的比例绝不是这两类需求的重要性反映。在系统开发中，花费在功能性需求（系统服务）的工作量和成本通常超过了确保非功能性需求（系统约束）的工作量和成本。

Q5　领域知识需求从应用领域的常规理解获得。领域知识需求包括领域专家（或分析师）在该领域内的经验、已发表的领域内专著、任何广泛传播的做法、现成的系统中使用的规则和方法。

　　　用例需求从具体商业惯例和过程的研究中获得。它们捕获在特定组织中处理业务的方法。一些用例需求符合领域知识需求，另外一些则不然（因为它们反映组织内处理事务的具体方法）。

　　　通常，两种需求或多或少地并行收集。初始调查可能集中于领域知识需求，但最终必须与客户一起对所有的需求进行验证。换句话说，领域知识需求或者结合到用例中（成为用例需求），或者被丢弃。

验证领域知识需求的过程经常集中于业务类模型（和后面阶段的类模型）的修正，这可以通过业务用例模型和业务类模型之间的依赖关系来显示，如图2-9。

尽管图2-9中没有显示业务类模型（和领域知识需求）到业务用例模型（和用例需求）的反馈，但这种反馈还是可能的。如果这种反馈发生，可能表示"客户并不总是对的"，也就是说，客户准备重新评价一个用例需求，使得它符合常规的领域知识需求。

在分析和设计过程的后期，用例需求处于中心位置。用例需求驱动所有的开发模型和人工制品，并对照用例需求对开发模型和人工制品进行验证。

Q7 需求确定中的调查和调查表都是调查表。主要的不同在于：调查搜寻某些事实的公开验证，而调查表（在需求确定和类似任务中）是发现事实的手段。

调查和调查表会产生不同类型的不精确性和受访者的偏见。由于对受访者回答问题或者刻意"修饰"事实的情况无法控制，因此调查结果有可能是歪曲事实的。调查表也会有类似的缺陷，但问一些观点性或者主观评价的问题可能会加重这种歪曲。要求得到标定值答案的问题也会产生麻烦。

Q9 原型法是对所提出的系统的快速建模和实现。一个原型是无效的、低质的解决方案，具有许多实现折中。原型的主要目标是让用户认识到实际系统的"外观和感觉"。

用户评价和使用原型，以确认和细化待开发系统的需求。原型提供了动态可视化的显示，并模拟和用户的交互。这方便了用户对软件所支持的需求的理解，并允许对软件行为进行评价。

一旦适当的客户资源投入到原型评价中，并且及时产生所需的需求变更，原型就是一种确定需求的最有效技术。

Q11 随着项目的进展和对新需求的相关要求在系统中实现，范围蠕变是客户期望的增长。新需求通常不会在进度表和预算中说明。

一种应对范围蠕变的好技术是记录所有变更请求，并在需求文档中的系统范围模型环境中处理它们。高层范围模型通常在系统环境图中建模，更详细的需求在用例图中捕获。

任何所需的新需求都应该在环境图和/或用例图中建模，项目参数的动态改变应当向客户解释。参数应当包括对项目进度和成本的影响。

范围蠕变不仅是因为业务条件的改变而导致的，还因为需求确定阶段所做工作的缺陷而导致。使用现代的需求引导方法（例如原型），能够消除范围蠕变的风险。

最后，以短期迭代和频繁交付方式开发的系统可以减少迭代期内的需求变更要求。迭代之间的变更所产生的麻烦会更少。

Q13 系统应当满足客户需求。除了无关紧要的系统，在所有的系统中，需求被定义在若干个层次上，高层需求由许多更具体的低层需求构成。需求总数很容易达到上千条。

为了确保在系统中实现所有的客户需求，开始就需要对它们进行结构化并编号。只有在这之后，需求的实现才能被系统地检查并管理。

项目和变更管理依赖于所有需求的精确标识。需求被分配给开发者和其他资源，与需求组相关的项目计划被结构化，缺陷被跟踪到已编号的需求等。

练习的解决方案：AE

请注意：Maciaszek 和Liong（2005）提供了更多AE领域的讨论和方法。

E1 业务过程图如图2-18所示。过程和任务分布在两个泳池——客户关系部门和应收账款。事件定时器和事件规则用来增加序列流的精度。

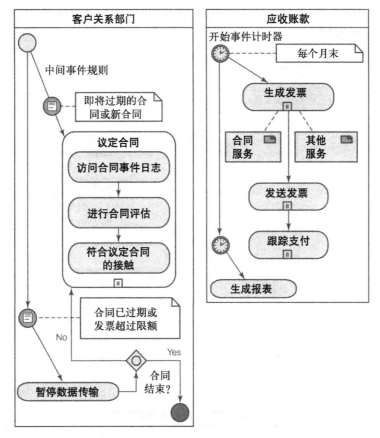

图2-18 广告支出（AE）系统的业务过程图

E2　环境图如图2-19所示，是标识AE系统范围的高层模型。有两个外部实体：Media outlet 和 AE client。Media outlet给AE提供广告数据。AE client接受来自AE的活动监控报告和费用报告。

广告数据转变为报告是AE的内部功能。广告的验证、手工输入和其他单独的AE功能将获得并提供数据，但这些被认为是AE中的内部数据流。例如，为手工输入提供的报纸、杂志、视频等被作为系统的内部进行处理（至少目前是这样）。

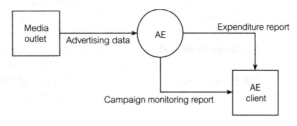

图2-19 广告支出系统的环境图

E3　图2-20中的业务用例组织成自顶向下的形式来表示执行业务功能的顺序。它们是构成AE系统的主要功能模块。

业务用例模型将AE系统分为4个由单向关联连接的业务用例。关联顺序表示主要的AE业务工作流——从数据收集到验证、维持价格和报告。

Data collection 和Outlet data log进行通信，以获得广告日志信息（通常通过电子传输完成）。数据收集过程包括之前记录在AE数据库中的广告和接收到的广告详细信息进行匹配。匹配过程不作为一个单独的用例在模型中标识。

Data verification确认获得的广告详细信息在周边信息环境中（其他广告、计划等）是有效的和合乎逻辑的。一旦输入并验证，广告就接受Valorization。这就是广告费用分配过程。

Reporting向已经购买或者订阅报告的客户生成定制的报告。报告能够以不同形式发布，例如电子邮件，光盘或纸质。

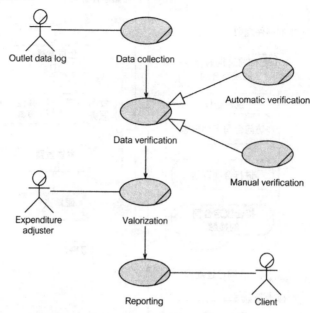

图2-20 广告支出系统的业务用例图

E4 词汇表如表2-3所列。

表2-3 广告支出的业务词汇表

术　语	定　义
广告实例（ad instance）	一个广告的特定发生，即指广告广播、放映或出版发行的每一次发生
广告关联（adlink）	广告、广告产品、支付广告曝光费用的广告客户和负责预定广告曝光的代理之间的关联
广告（advertisement，ad）	一件可以被广播、放映、发行或其他曝光任意次数的独特的创造性产品。通过媒体出口的每一次广告曝光在AE系统中作为一个广告实例
广告客户（advertiser）	为了推广产品而使用媒体输出曝光广告的公司
代理（agency）	为广告客户处理广告计划和媒体购买的单位。代理的目标是使广告费用发挥最大效益
分类（category）	产品层次类型中的名字。在该层中有无限数量的层次（即类型、子类型、一直到产品）。产品可能只在分类层中的最低层次上分类
单位（organization）	AE处理的业务实体。有不同种类的单位，包括广告客户、代理和媒体出口。单位可能是这些类型中的一种、多种或者没有类型
媒体出口（outlet）	曝光广告的单位。可能是电视、收音机、出版刊物或者电影院和户外的公司广告
产品（product）	可能需要做广告的商品或服务。产品可能被分类（即，一个产品可能属于一种产品分类）

E5 确定了6个业务类（见图2-21）。AdvertisementInstance包括广告的单独发生。Advertisement是可能广播、放映或者发行任意多次的独特的创意作品。AdvertisementProduct捕获广告目标产品。

还有3个组织类。Outlet存储媒体公司信息，Advertiser是使用媒体为产品做广告的单位。Agency是代表广告客户处理广告计划和媒体购买的单位。

该图还显示了业务类之间的主要关系。Agency和Advertiser之间的关系是聚合。其他关系是关联。

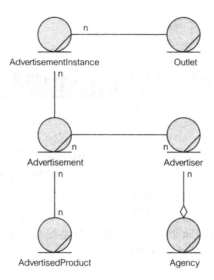

图2-21 广告支出系统的业务类图

第3章 可视化建模基础

目标

本章介绍可视化的对象建模基础，讲解各种UML视图以及不同视图之间是如何配合的。每种UML视图都强调所开发系统的某一特定方面。要了解整个系统，就要开发表示不同方面的多个UML视图，并将它们集成起来。为了说明各种UML视图背后的综合性原则，所介绍的视图都来自同一个应用领域——音像商店（VS）案例研究（1.6.2节）。

本章讲解UML建模，但假设读者已经了解面向对象技术。如果不是这种情况，则请读者先学习附录A中的内容。对于熟悉对象技术的读者，附录可以作为复习资料。

通过阅读本章，你能够：

- 了解UML模型如何提供所开发系统的交叉视图。
- 理解某些模型的真正价值并不是图形化的表示方式，而是文本描述及其他形式的说明，用例视图就是这种情况。
- 认识到使用用例及活动进行行为建模决定了结构化模型（包括类图）的重要性。
- 理解类图是对正在开发的系统的最完整的定义，最终结果是类及类中所定义的其他对象的实现。
- 了解定义和分析系统运行时行为的交互建模的重要性。
- 了解为展现动态状态变化并需要与严格的业务规则保持一致的类及其他系统元素构造状态机模型的必要性。
- 获得构件及部署模型的知识，这使你能够掌握系统的实现视图。

3.1 用例视图

用例模型是主要的UML示例，也是行为建模的焦点。行为建模表示系统的动态视图——它对功能性需求建模。行为模型表示商业事务、作用于数据上的操作及算法。有几种行为建模的可视化技术——用例图、顺序图、通信图和活动图。

在实践中，**用例**更重要。用例驱动整个软件开发的生命周期，从需求分析到测试和维护。用例是大多数开发活动的焦点和参照（参见2.5节的图2-10）。

系统行为是指当系统响应外部事件时所做的事情。在UML中，在用例中捕获外部可见的和可测试的系统行为。用例与可以在不同抽象级别上应用的模型保持一致，就可以捕获整个系统的行为，或者捕获系统任何部件的行为，例如子系统、构件或类。

用例表示参与者从外部可以看到的业务功能，并可以在以后的开发过程中单独测试。参与者是与用例交互的任何事物（人、机器）。参与者与用例交互是为了收到有用的结果。

用例图是参与者和用例的可视化表示，伴随有附加的定义和说明。用例图不仅仅是图，而且是完全文档化的系统预期行为的部分模型。这样的理解也适用于其他UML图。模型之所以被称为"部分"模型，其原因是UML模型一般由表示模型不同视点的很多图（及相关文档）组成。

值得再次强调的是2.5.2节所提出的观点：用例模型可以被看成是描述所有业务过程的通用技术，而不仅仅是信息系统过程。当用于完成此类职责时，用例模型包括所有的手工业务过程，并且标识出哪些过程能够被自动化（并成为信息系统过程）。然而，尽管这种观点具有吸引力，但这并不是系统建模的典型做法。通常只有自动化的过程才被捕获。

3.1.1　参与者

参与者和用例由对功能性需求的分析来确定。功能性需求在用例中出现。用例通过给参与者提供结果来满足功能性需求。业务分析员是否先选择标识参与者后标识用例，或者选择其他方式并不重要。

参与者是主题外部的人或事物针对用例所扮演的**角色**。参与者并不是某人或某事的特定实例，因此，名字为"Joe"的某个人并不是参与者。"Joe"可以扮演客户的角色，并且可以在用例模型中用参与者Customer来表示。一般情况下，Customer不一定代表人，它可以是一个组织或一台机器。

主题可以是任何一组用例，用例模型为这组用例而建（如子系统、构件、类）。参与者通过诸如交换信号和数据的方式与主题交流信息。

参与者的典型图形表示是一个"木头人"（见图3-1）。通常，参与者可以被表示为**类**的矩形符号。同一般的类一样，参与者具有属性和操作（它发送或收到的事件）。图3-1给出了参与者的3种图形表示。

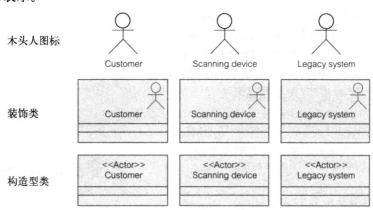

图3-1　参与者的3种图形表示

3.1.2　用例

用例表示对于参与者有价值的功能单元，然而，并不是所有用例都需要与参与者直接关联。不与参与者关联的用例也可以给参与者带来价值，方法是与一个或多个其他用例相关联，而这些用例又依次与参与者关联。

可以将用例组织起来表示一个主题。"每个用例都明确规定某种行为，也许包括变体，这样主题就可以与一个或多个参与者协作。用例定义主题所提供的行为，而不需要引用主题的内部结构"（UML 2005:578）。

用例可以从参与者任务的标识中导出。要问的问题是："参与者面向主题的职责是什么？来自主题的期望是什么？"也可以通过对功能性需求的直接分析来确定用例。在很多情况下，一个功能性需求可以直接映射到一个用例。

表3-1显示如何使用为音像商店系统所选择的功能性需求来确定参与者和用例。在4个需求中涉及两个参与者，但是，很显然，涉及的参与者数量随需求的不同而不同。Scanning device并没有被选定为参与者——它被认为是系统的内部。

表3-1 将音像商店的需求分配给参与者和用例

需求编号	需 求	参与者	用 例
1	在音像带出租之前,系统通过扫描仪刷卡(音像商店会员卡)来确认顾客的身份和级别	Customer, Employee	Scan membership card
2	音像带或磁盘在扫描仪上扫过就可以获得其描述和价格(费用),可以为顾客查询和租金请求提供部分信息	Customer, Employee	Scan video medium
3	在音像带出租之前,顾客只是象征性地付一点租金。可以付现金,也可以使用借记卡或信用卡	Customer, Employee	Accept payment Charge payment to card
4	系统验证出租音像带的所有条件,提示交易可以继续,并为顾客打印收据	Employee, Customer	Print receipt

可以从主题或参与者的角度对用例命名。表3-1倾向于从员工的角度对用例命名,在用词上表现得很明显,例如,用例名使用Accept payment,而没有使用Make payment。

一般不建议从参与者的角度来命名用例。这一点很容易引起争论,有些人认为应该从外部参与者的视点来命名用例。然而,后面的处理方法会使用例与生命周期后期开发的模型/人工制品的平滑连接发生困难,因为这些模型/人工制品具有很强的主题/系统目标。

图3-2显示了表3-1所标识的用例。在UML中,将用例画成椭圆,名字放在椭圆的里面或下面。

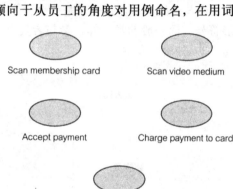

图3-2 音像商店系统的用例

3.1.3 用例图

用例图将用例赋给参与者,还允许用户在用例之间建立关系。这些关系在第4章讨论。用例图是建立系统行为模型的主要的可视化技术。用例图的元素(用例和参与者)需要进一步描述来提供具有完整的用例规格说明的文档(见下节)。

图3-3将图3-2中的用例纳入到具有参与者的用例图中。图3-4表示相同的模型,模型的用例被赋给了主题。虽然图中的参与者和用例的相对位置是任意的,但带有主题的建模将参与者放在主题框的周围是必

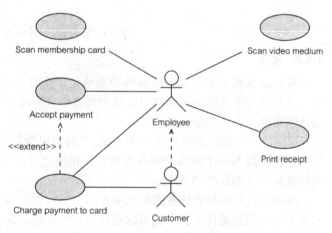

图3-3 音像商店系统的一个用例图

要的。值得注意的是,相同的参与者可以在图中出现多次。

图3-3和图3-4中的模型显示参与者Employee与所有用例通信。参与者Customer依靠参与者Employee达到其绝大多数目标,所以在Customer和Employee之间具有依赖关系。Customer与Charge payment to card之间的直接通信说明Customer需要输入其个人身份识别号码(PIN),

并确认在卡扫描设备上付款。

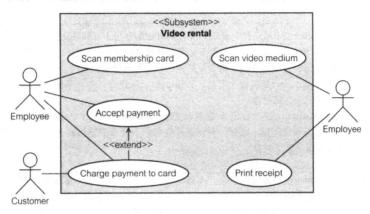

图3-4 音像商店系统的具有主题特色的用例图

一般情况下，用例图允许建模的元素之间具有几种关系，这些关系在第4章讨论。图3-3和图3-4中的<<extend>>关系说明用例Charge payment to card有时可以对 Accept payment的功能进行扩展（支持）。

3.1.4 用例文档化

每个用例的动态性可以使用其他UML模型（如交互模型、活动模型或状态机模型）单独说明，也可以用事件流文档来描述。事件流文档是一种文本文档，定义当参与者激活用例时系统必须做什么。用例文档的结构可以不同，但典型的描述应包含以下信息（Quatrani 2000）：

- 简要描述。
- 涉及的参与者。
- 用例开始所需要的前置条件。
- 事件流的详细描述，包括：
  - 主事件流。可以将主事件流分解为事件子流（子流可以被进一步划分为更小的子流以提高文档的可读性）。
  - 定义异常情况的备选流。
- 后置条件。后置条件定义用例结束后系统的状态。

用例文档随着项目开发的进展而逐渐演变。在需求定义的早期阶段，只编写简要的描述，文档的其他部分是以渐进和迭代的方式编写的。完整的文档在需求规格说明结束时才能形成。在此阶段，可以将GUI屏幕的原型加到文档之中。之后，用例文档用于为已实现的系统生成用户手册。

表3-2是图3-3和图3-4中用例Accept payment的叙述性规格说明的例子。此规格说明包括Charge payment to card的规格说明，它扩展了Accept payment。这个表格并不是编写用例文档的通常做法。用例文档可能由很多页（平均10页左右）和规范的文档结构组成，一般完整的文档还带有一个内容表。6.5.3节包含一个更实际的用例文档的例子。

表3-2 音像商店用例的叙述性规格说明

用　　例	Accept payment（接收付款）
简要描述	此用例允许Employee接收Customer的音像带租金付费。此付费可以用现金支付，也可以用借记卡/信用卡支付
参与者	Employee，Customer

（续）

用　　例	Accept payment（接收付款）
前置条件	Customer表示准备租音像带，他持有有效的会员卡，并且此音像带可以出租
主事件流	当Customer决定为音像带租金付费，并提供现金或借记卡/信用卡支付时，此用例开始 Employee请求系统显示租金及基本的顾客及音像带信息 　　如果Customer提供现金支付，Employee收取现金，并在系统中确认付款已收到，并要求系统如实记录这笔付款 　　如果Customer提供借记卡/信用卡支付，则Employee刷卡，请Customer输入卡的密码（PIN），选择借记卡或信用卡账号，并传送此支付。一旦卡的提供商对此支付进行了电子确认，系统就如实记录这笔付款 　　用例结束
备选流	Customer没有足够的现金且不能提供卡支付。Employee要求系统验证此Customer的信用级别（从顾客的历史支付中导出）。Employee决定是否在不付费或部分付费的情况下出租此音像带。根据Employee的决定，Employee取消交易（用例终止）或部分付费继续交易（用例继续） 在扫描仪上刷卡没有通过，尝试3次失败后，Employee手工输入卡号，用例继续
后置条件	如果用例成功，则这笔付款被记录在系统的数据库中，否则，系统的状态没有改变

复习小测验3.1

RQ1　最重要的行为建模技术是什么？

RQ2　用例图与用例规格说明一样吗？

3.2　活动视图

活动模型表示行为，由独特的元素组成。行为可能是用例的规格说明，也可能是可以在很多地方复用的一个功能。活动模型填补了用例模型中系统行为的高层表示与交互模型（顺序图和通信图）中行为的低层表示之间的空隙。

活动图显示计算的步骤。将**活动**的执行步骤称为**动作**。在一个活动内，动作不能被进一步分解。活动图描述哪些步骤可以顺序执行，哪些步骤可以并行执行。从一个动作到下一个动作控制的流程称为**控制流**。"流程的意思是一个节点的运行影响其他节点的运行，同时也受其他节点运行的影响。在活动图中，用边表示这种依赖"（UML 2005:324）。

如果用例文档已经完成，则可以从主事件流和备选流的描述中发现活动和动作。然而，活动模型除了为用例提供详细的规格说明外，在系统的开发中还有其他用途（Fowler 2004）。在创建任何用例之前，活动模型可以用于在高抽象层次上理解业务过程。另外，活动模型也可用于较低的抽象层次上设计复杂的顺序算法，或设计多线程应用系统中的并发性。

3.2.1　动作

如果活动建模是为了可视化地表示用例中动作的顺序，那么动作就可以从用例文档中建立。表3-3列出了用例文档中主流和备选流的描述，并标识出了与这些描述有关的动作。

在UML中用圆角矩形表示动作。在图3-5中画出了表3-3中所标识的动作。

表3-3　找出音像商店系统主流和备选流中的动作

编号	用例描述	动　　作
1	Employee请求系统显示租金及基本的顾客及音像带信息	Display transaction details（显示交易细节）
2	如果Customer提供现金支付，Employee收取现金，并在系统中确认付款已收到，并要求系统记录这笔已经发生的付款	Key in cash amount（键入现金额） Confirm transaction（确认交易）

（续）

编号	用例描述	动　　作
3	如果Customer提供借记卡/信用卡支付，则Employee刷卡，请Customer输入卡的密码(PIN)，选择借记卡或信用卡账号，并传送此支付。一旦此支付被卡的提供商进行了电子确认，系统就如实记录这笔付款	Swipe the card（刷卡） Accept card number（接收卡号） Select card account（选择卡的账户） Confirm transaction（确认交易）
4	Customer没有足够的现金且不能提供卡支付。Employee要求系统验证此Customer的信用级别（从顾客的历史支付中导出）。Employee决定是否在不付费或部分付费的情况下出租此音像带。根据Employee的决定，Employee取消交易（用例终止）或部分付费继续交易（用例继续）	Verify customer rating（验证客户的信用级别） Refuse transaction（拒绝交易） Allow rent with no payment（允许不付款出租） Allow rent with partial payment（允许部分付款出租）
5	在扫描仪上刷卡没有通过，尝试3次失败后，Employee手工输入卡号	Enter card number manually（手工输入卡号）

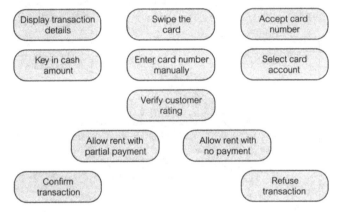

图3-5　音像商店系统中用例包含的动作

3.2.2　活动图

活动图显示连接动作和其他**节点**（如决策、分叉、连接、合并和对象节点）的流。一般情况下，在活动和活动图之间具有一对一的关系——一个活动图表示一项活动。然而，在一个图中嵌套多个活动也是允许的。

除非一个活动图表示的是一个连续的循环，否则，活动图应该有一个使活动开始的初始动作，还应该有一个或多个终止动作。实心圆表示活动开始，牛眼符号表示活动结束。

流可以分支及合并。这些分支和合并就产生了可选的计算线程。钻石框显示分支条件，分支条件的出口由事件（如Yes、No）或守卫条件（如[green light]，[good rating]）控制。

流也可以分叉及再连接。这就产生了并发（并行）的计算线程。流的分叉或连接用短线表示。没有并发过程的活动图类似传统的流程图（本节没有并发行为的例子）。

为了创建音像商店例子的视图，必须将在图3-5中所标识的动作用流连接起来，如图3-6所示。Display transaction details（显示交易细节）是初始动作。此动作的循环流表明显示被不停地刷新，直到计算移到下一个节点。

在Display transaction details期间，顾客可以提供现金支付或卡支付，从而导致一个或两个可能的计算线程的执行。在图3-6中的活动节点Handle card payment（处理卡支付）内组合了几个管理卡支付的动作。当流可能来自任何嵌套的动作时，这种动作嵌套方式很实用。如果是这种情况，流可以从活动节点引出，如同引到分支条件Payment problems（付款问题）的流一样。

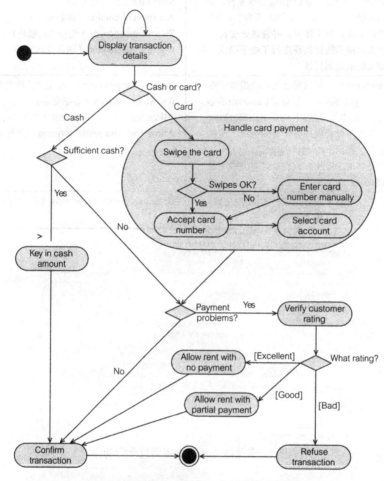

图3-6　音像商店系统中一个用例的活动图

　　需要对条件Payment problems（付款问题）进行测试吗？也许卡支付会出现问题，也可能用户没有足够的现金。如果没有支付方面的问题，则租金交易被确认，过程终止于最后的动作。否则，验证顾客的信用级别。根据信用级别，可以取消交易（如果信用级别为[Bad]）、允许部分付费（如果信用级别为[Good]）或允许不付费（如果信用级别为[Excellent]）。

复习小测验3.2

RQ1　活动模型是否能够作为用例规格说明？

RQ2　活动图中的流连接动作和其他节点，这些其他节点是什么？

3.3　结构视图

　　结构视图表示系统的静态视图——表示数据结构、数据关系及作用在这些数据上的操作。静态建模的主要可视化技术是类图——主要的结构图（其他结构图是构件图和部署图）。

　　类建模集成和包含了所有其他建模活动。类模型可定义那些捕获系统内部状态的结构。类模型标识类和类的属性，包括关系，还定义必要的操作来完成用例中明确规定的系统的动态行为需求。当以程序设计语言实现时，类既表示应用系统的静态结构，也表示其动态行为。

相应地，类模型的构造如果不是引用了所有基本的对象技术概念，也是引用了绝大部分（见附录）。理解这些概念是构造类模型的必要条件，但不是充分条件。它是阅读（理解）类模型的必要条件，但不是编写（开发）类模型的充分条件。开发类模型要求更多的技能，包括正确地使用抽象及将多种输入（迭代地）集成到一种合理的解决方案中的能力。

类建模的结果是类图和相关的文档。本章在用例建模之后讨论类建模，但在实践中这两种活动一般是并行的。通过提供辅助或补充信息，这两种模型彼此促进。用例有助于类的发现，反之，类模型又有助于发现被忽略的用例。

3.3.1 类

到目前的讨论中，我们已经使用类来定义业务对象，类的例子都是长生命（持久的）业务实体，如订单、运输的货物、顾客、学生等。这些是为应用域定义数据模型的类。因此，这些类通常被称为实体类（模型类）。它们表示持久的数据库对象。

实体类定义任何信息系统的重要方面。实质上，需求分析主要对实体类感兴趣。然而，为了系统正常工作，其他类也同样需要。系统需要定义GUI对象的类（如屏幕表单）——成为表现（边界、视图）类。系统还需要控制程序逻辑及处理用户事件的类——控制类。其他种类的类也同样需要，如负责与外部数据源通信的类——有时称为资源类。为了满足业务交易，管理内存高速缓存中的实体对象的责任赋予了另一种类——中介者（调解）类。

根据所使用的特定的建模方法，在需求分析中，除实体类之外的类的细节可能会被处理，也可能不会被处理。同样的思想也适用于早期类模型的操作定义。初始的非实体类建模和操作定义可以推迟到交互视图（3.4节），更详细的建模可以推迟到系统设计阶段。

按照发现参与者和用例的方式（见表3-1），我们可以构造一个表来帮助从功能性需求分析中发现类。表3-4将功能性需求分配给实体类。

发现类是一项反复迭代的任务，因为候选类的初始列表容易变化。回答以下几个问题对于决定需求陈述中的一个概念是否是候选类可能会有帮助：

- 这个概念是数据的容器吗？
- 它具有取不同值的独立属性吗？
- 它有很多实例对象吗？
- 它在应用领域的范围内吗？

表3-4中列出的类仍然存在很多问题。

- Video与Videotape/VideoDisk的区别是什么？Video只是Videotape/VideoDisk的一个通用术语吗？如果是这样的话，难道我们不需要一个类来描述音像Movie或音像媒体的其他内容吗？也许需要一个称为Movie的类。
- 在需求2、3、4中，Rental的含义相同吗？都是关于出租事务的吗？
- 也许MembershipCard是Customer的一部分？
- 有必要区分单独的类CashPayment和CardPayment吗？
- 在表3-4的需求中，虽然没有明确提及作为参与者的音像商店职员，毫无疑问，系统必须知道在出租事务中涉及哪些职员。显然需要Employee类。

回答这些问题及类似问题并不容易，需要深入了解应用需求。图3-7包括表3-4标识的所有类及在上面讨论中提到的那些类。值得注意的是，Customer和Employee类在用例图中已经作为参与者出现了，因此加了注释"from use case view"。参与者作为外部实体与系统交互，而作为内部实体，系统又必须对其有所了解。参与者的这种双重性在系统建模中很常见。

表3-4 将音像商店的需求分配给实体类

需求编号	需 求	实 体 类
1	在音像带出租之前，系统通过扫描仪刷卡（音像商店会员卡）来确认顾客的身份和级别	Video，Customer，MembershipCard
2	音像带或磁盘在扫描仪上扫过就可以获得其描述和价格（租金），可以为顾客查询和租金请求提供部分信息	Videotape，VideoDisk，Customer，Rental
3	在音像带出租之前，顾客只是象征性地付一点租金。可以付现金，也可以使用借贷记卡或信用卡	Customer，Video，Rental，Payment
4	系统验证出租音像带的所有条件，提示交易可以继续，并为顾客打印收据	Rental，Receipt

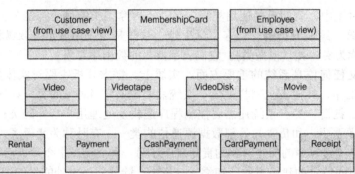

图3-7 音像商店系统的类

3.3.2 属性

类的结构由其**属性**来定义（见附录A.3.1节）。系统分析师在最初声明一个类之前，必须对属性结构有一些了解。在实践中，当类被加到模型中之后，通常要立即给类分配主要属性。

可以从用户需求和领域知识中发现属性。一开始，建模者专注于定义每个类的标识属性——类中的一个或多个属性，它们在类的所有实例中具有唯一值。通常将这样的属性称为关键字。理想情况下，一个关键字应该由一个属性组成。在某些情况下，一组属性构成一个关键字。

一旦知道了标识属性，建模者就应该为每个类定义主要的描述属性。这些属性描述类的主要信息内容。还不需要为属性定义非原始类型（见附录A.3.1节）。看起来需要非原始类型的大多数属性都可以被定义为字符串类型。可以在后面的建模阶段将字符串转换为非原始类型。

图3-8显示了具有原始属性的两个音像商店系统的类。两个类具有一样的关键字（membershipId）。这证实了3.3.1节所提出的问题，即MembershipCard与Customer具有某些有趣的关系。这个问题注定会在后面的建模阶段再次出现。

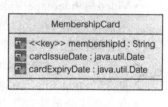

图3-8 音像商店系统中类的原始属性

图3-8中某些类的属性类型为java.util.Date，它是Java类库所提供的数据类型Date，虽然它是非原始数据类型，但它不是用户自定义类型（因此，与只使用原始数据类型的这种假设并不矛盾）。

事实上，按照Java的观点，数据类型String也是非原始类型。某些属性，如customer-Address，很可能在后面被定义为用户自定义的非原始类型（即需要创建某种Address类）。现在，这样的属性被定义为String类型。

属性standingIndicator被定义为char。根据顾客过去的支付历史、音像带的及时归还等情况，此属性捕获赋给每位顾客的级别。比如，级别的范围可以从A到E，其中A是优秀级别，E是赋给顾客的最坏级别——这意味着顾客不能成为会员。

不可否认，同时也可以理解，在确定图3-8的属性中存在非常多的武断决定。例如，在Customer中出现了属性memberStartDate而没有出现customerAddress可能会引起疑问。类似地，在MembershipCard中遗漏了customerName和customerAddress则会陷入困境。

3.3.3 关联

类之间的关联为容易的对象协作建立路径（见附录A.3.1节）。在已实现的系统中，用指定被关联的类的属性类型来表示关联（见附录A.3.1节）。在分析模型中，关联线表示这些关联。

图3-9表示3个音像商店类之间的关联——Customer、Rental和Payment。两个关联都具有一对多的重数（见附录A.5.2节），并显示了关联的角色名。在已实现的系统中，角色名将被转换为指定类的属性（见附录A.3.1.1节）。

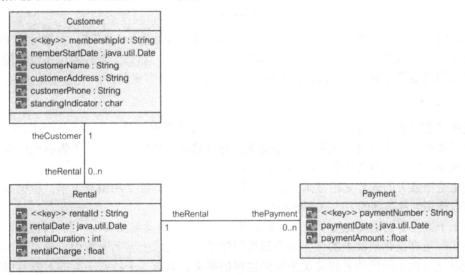

图3-9 音像商店系统的关联

Customer可以与多个音像带的Rental事务关联。每个Rental对应一个单独的Customer。在此模型中没有指明在一个事务中是否可以出租多个音像带。即使这是允许的，一个事务中的所有音像带都需要在同一段时间被出租（因为rentalDuration只可能有一个值）。

在多个Payment中为一个Rental付费是可能的。这意味着paymentAmount不一定要被全部支付，并且可以小于rentalCharge。也可能没有直接付费就出租了音像带（Rental对象可以与零个Payment对象相关联），这在用例规格说明中的一个可选流中是允许的（见表3-2）。

在图3-9中的模型中，Payment和Customer之间没有明确的关联关系。从语义角度，这种关联是不必要的。在出租事务过程中，可以通过"导航"来标识付费的顾客，这是可能的，因为每个Payment对象与一个Rental对象关联，一个Rental对象又与一个Customer关联。然而，在设计阶段很可能会将Payment和Customer之间的关联增加到模型中（这可能是出于处理效率方面的考虑）。

3.3.4 聚合

聚合和**复合**是更强的所有权语义的关联形式（见附录A.6节）。在典型的商业程序设计环境中，可能会像实现关联那样实现聚合和复合——指定被关联类的属性类型。用一端带有白色钻石装饰的关联线来表示聚合，白色钻石与聚合（超集）类相连。黑色钻石用于表示复合。

图3-10表示类Customer和MembershipCard之间的聚合关系。Customer包含零个或一个MembershipCard。系统允许存储潜在顾客的信息，也就是没有会员卡的人。这种Customer不包含任何MembershipCard信息，因此其memberStartDate被设置为空值（意思是其值不存在）。

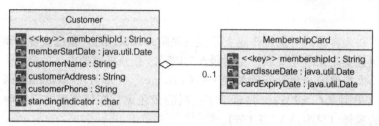

图3-10 音像商店系统的聚合

聚合线上的白色钻石未必意味着通过引用实现聚合（见附录A.6节），它也可能意味着建模者还没有决定聚合的实现。如果所显示的图是分析模型，那么聚合的实现还没有确定。如果所显示的图是设计模型，则白色钻石确实意味着通过引用实现聚合。

3.3.5 泛化

泛化（见附录A.7节）是类的一种分类关系，这种关系表示子类是超类的特殊化。它意味着任何子类的实例也是其超类的非直接实例，并且继承了超类的特性。用带有大的空三角形的实线表示泛化，大的空三角形附在超类一端。

泛化是很强大的软件复用技术，也极大地简化了模型的语义和图形表示。根据建模的环境，可以使用两种不同的方式取得这种简化。

由于子类类型也是父类类型这一事实，从模型中的任何类到父类画一条关联线是可能的，并假设实际上在泛化层次上的任何对象都可以链接到此关联上。另一方面，也可能画一条关联线到泛化层次上较低的更特殊类来捕获这样的事实：只有那个特殊子类的对象可以被链接到关联上。

图3-11是一个泛化层次的例子，根是Payment类。由于在音像商店系统中只有两种类型的支付（现金支付和卡支付），Payment类已经成为抽象类，因此其名字是斜体（见附录A.8节）。Receipt与Payment相关联。实际上，Payment的具体子类对象将与Receipt对象链接。

图3-11在音像商店模型中引入了两个新类：DebitCardPayment和CreditCardPayment。这两个类是CardPayment的子类。结果，CardPayment已经成为了抽象类。

3.3.6 类图

类图是面向对象设计的心脏和灵魂。到目前为止，音像商店系统的例子已经证实了类模型的静态建模能力。这些类已经包含了一些属性，但没有**操作**。操作更多地属于设计领域，而非分析领域。当操作最终被包含在类中时，类模型就隐含定义了系统行为。

图3-12显示了音像商店系统的类图。此模型只显示了前面例子中所标识的类。其他潜在的类没有显示，诸如Sale、CD或TVProgram类。除了Payment和CardPayment，Video是抽象类，所有其他类是具体类。

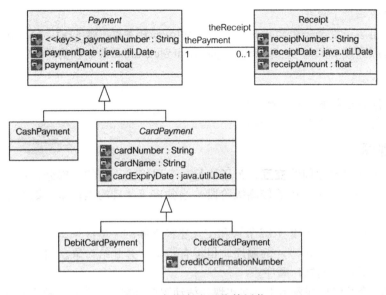

图3-11　音像商店系统的泛化

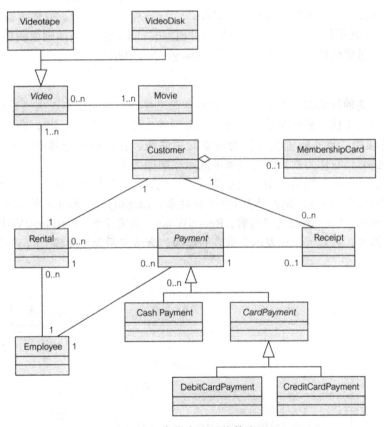

图3-12　音像商店系统的类图

对图3-12中关联重数的认真分析显示Rental类指的只是当前出租信息。每一盘被出租的音像带与且只与一个出租事务相关联。在Rental类中不记录同一音像带的过去出租信息。

一盘Video（即一盘音像带或磁盘）包含一部或多部Movie。一部电影可以在零盘、一盘或多盘音像带或磁盘上存在。

　　每一次出租事务都与一个负责此事务的Employee相关联。类似地，每一笔付款都与一位职员连接。可以通过rental事务或receipt从payment到customer导航获得付款的Customer信息。

复习小测验3.3

RQ1　实体类与业务对象的概念相同吗？

RQ2　重数的概念是否适合聚合？

3.4　交互视图

　　交互建模捕获对象之间的**交互**，为了执行一个用例或用例的一部分，这些对象之间需要通信。交互模型用于需求分析的较高级阶段，当知道了基础的类模型，则对象的引用就可以由类模型支持。

　　上面的评论强调活动建模（3.2节）和交互建模之间的主要区别。经常在较高的抽象级别上完成活动建模——它显示事件的顺序，但没有将事件分配给对象。然而，交互建模显示了协作对象之间的**事件（消息）**顺序。

　　活动建模和交互建模都表示用例的实现。活动图更抽象，经常捕获整个用例的行为。交互用例更详细，趋向于对用例的某些部分建模。有时，一个交互图对活动图中的单个活动建模。

　　有两种交互图——顺序图和通信图（UML 2.0以前称为协作图）。它们可以互相转换，而且，很多CASE工具提供了从一种模型到另一种模型的自动转换。其区别很明显，顺序模型强调时间顺序，而通信模型强调对象关系（Rumbaugh等人2005）。

3.4.1　顺序图

　　一次交互是某种行为的消息集合，这些消息在连接（持久或瞬态连接（见附录A.2.3节））上的角色之间进行交换。顺序图是二维图，在水平维上显示角色（对象），在垂直维上从上到下显示消息的顺序。每一条垂直线称为对象的**生命线**。在生命线上被激活的方法称为**激活**（或执行规格说明），它作为垂直的高矩形被显示在顺序图上。

　　图3-13显示一个简单的顺序图，表示完成图3-6所示的活动图中的活动"Verify customer rating"所需要的消息序列。此图涉及4个类的对象：Employee、RentalWindow、CustomerVerifier和Customer。Employee是参与者，RentalWindow是表示类，CustomerVerifier是控制类，Customer是实体类。对象生命线表示为垂直的虚线。激活表示为生命线上的窄矩形。

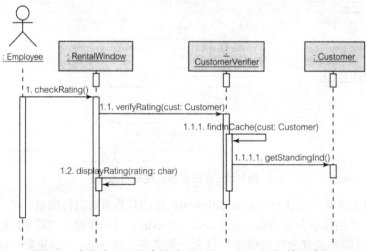

图3-13　音像商店系统中活动"Verify customer"的顺序图

当一位Employee请求RentalWindow执行checkRating()检查等级时，处理过程开始。当收到消息，RentalWindow显示正为那位顾客处理的租赁事务信息。这意味着RentalWindow对象保留了（引用了）相关的Customer对象。相应地，RentalWindow将Customer对象作为verifyRating()消息的参数传递给CustomerVerifier。

CustomerVerifier是一个控制对象，负责程序的逻辑，并管理实体对象的内存缓冲区。由于当前的租赁事务与RentalWindow所处理的特定Customer对象有关，可以假设Customer对象在内存缓冲区中（即不必从数据库中查找它）。接下来，CustomerVerifier发送一条自身消息（发送给自身方法的消息）来查找Customer的OID，这个查找操作由findInCache方法完成。

CustomerVerifier一旦知道了Customer对象的句柄（OID），它就在getStandingInd()消息中请求Customer显示他的等级。通过调用方法返回给最初调用者的对象没有在顺序图中明确表示出来。在对象激活的结束处（即当控制流返回给调用者）隐含了消息调用的返回。因此，Customer的StandingInd属性值被（隐含地）返回给RentalWindow。在这一点上，RentalWindow发送一条自身消息displayRating()来为职员显示等级。

图3-13使用消息的层次编号来显示消息之间的激活依赖和相应方法。注意，一个激活内的自身消息导致了一个新的激活。在顺序图中还有其他重要的建模方法，将在本书的后面讨论。下面是顺序图主要特性的快速概括。

一个箭头表示一条消息，此消息从调用对象（发送者）发送到被调用对象（目标）中的操作（方法）。作为最低限度，消息只有名字。也可以包括消息的实际参数和其他控制信息。实际参数与目标对象方法中的形式参数相对应。

实际参数可能是输入参数（从发送者到目标）或输出参数（从目标返回到发送者）。输入参数可以用关键字in标识（如果没有关键字，则认为是输入参数）。输出参数可以用关键字out标识。参数也可能是inout，但在面向对象解决方案中很少见。

如所提到的那样，没有必要显示从目标到发送对象控制的返回结果。到目标对象的"sychronous"（同步）消息箭头表示到发送者的控制自动返回。目标知道发送者的OID。

可以将消息发送给对象的收集（例如，收集可以是集合、列表或对象数组）。这种情况经常发生在调用对象被连接到多个接收者对象时（因为关联的重数为一对多或多对多）。迭代标记——消息标签前的星号——表示在收集上的迭代。

3.4.2 通信图

通信图是顺序图的另一种表示方法。虽然它们的区别很明显，在通信图中没有生命线或激活，但两者都隐含地以箭头表示消息。在顺序图中，消息的层次编号可能对理解模型有帮助，但是这种编号对于说明方法调用的顺序是不必要的。实际上，如果不使用编号，某些模型会更真实。

图3-14是一个通信图，与图3-13中的顺序图所对应。很多CASE工具都能够自动地将任何顺序图转换成通信图（反之亦然）。

一般情况下，当表示涉及很多对象的模型时，通信图比顺序图更形象。另外，与顺序图不同，对象之间的实线可能表明这些对象的类之间需要关联。建立这样的关联使这些类的对象通信合情合理。

3.4.3 类方法

考察交互能够发现类中的**方法**（操作）。交互和操作之间的依赖很明确。每一条消息触发被调用对象上的一个方法。操作与消息具有相同的名字。

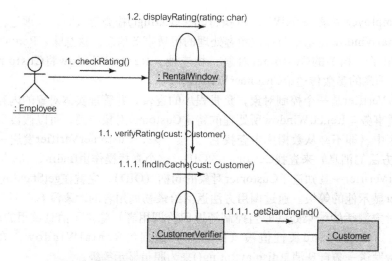

图3-14 音像商店系统中活动"Verify customer"的通信图

交互模型中的消息和已实现类的方法之间的一对一映射是有局限性的，并且取决于交互模型是否延续到详细的技术设计——在分析阶段不可能也不期望的事情。因此，在详细设计和实现阶段定义额外的方法。

顺便提一下，类似的一对一映射存在于消息和关联之间，特别是持久（实体）对象之间传递的消息。这样的消息应被持久连接所支持（见附录A.2.3.1节）。类似的想法也将适用于暂时的在内存中的对象，包括装载到内存中的实体类（见附录A.2.3.2节）。因此，顺序图中消息的存在激发了对类图中关联的需要。

图3-15显示了如何使用交互将操作增加到类中。顺序图中的类所接收到的消息转变为表示这些对象的类中的方法（操作）。类图还显示了方法的返回类型和可见性。方法的这两个特性在顺序图中并不明显。

RentalWindow收到checkRating()请求，并将这个请求委托给CustomerVerifier的verifyRating()。由于RentalWindow保存了当前正在处理（显示）的Customer对象的句柄，就可以在verifyRating()的参数中传递这个对象。委托本身使用连接到CustomerVerifier的关联。此关联通过角色theCustVerifier来实现，在RentalWindow中将这个角色实现为一个私有属性（私有可见性是通过属性名之前的减号来指明的）。

verifyRating()方法利用私有方法findInCache()来确定Customer对象在内存中，并设置theCust属性引用这个Customer对象（如果此属性的值没有提前设置的话）。接下来，CustomerVerifier请求Customer通过读取其属性standingIndicator的值来完成getStandingInd()方法。此属性的char值直接返回给RentalWindow的checkRating()。

为了在RentalWindow控制下的GUI窗口中显示顾客的等级，checkRating()发送一条消息给displayRating()，并同时传递等级值。displayRating()方法具有私有可见性，因为在RentalWindow内通过自身消息调用它。

复习小测验3.4

RQ1 生命线的建模元素是出现在顺序图中，还是出现在通信图中？

RQ2 消息和方法的概念相同吗？

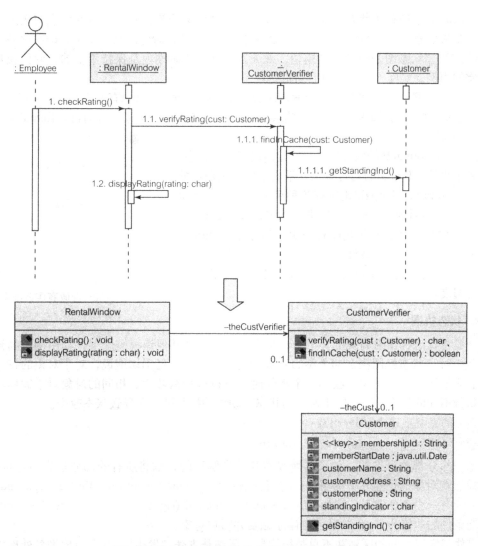

图3-15 使用交互为音像商店系统的类增加操作

3.5 状态机视图

交互模型为用例的一部分、一个或多个活动提供详细的规格说明。状态机模型说明类中的动态变化。它描述类的对象可能具有的不同**状态**。对于所有涉及初始化对象的类的用例，这些动态变化描述了这些用例中的对象行为。

一个对象的状态由对象属性（原始属性和那些指定为其他类的属性）的当前值决定。状态机模型捕获类的生命历史。在其存在期内，一个对象始终是一个，且其标识保持不变（附录A.2.3节）。然而，一个对象的状态是变化的。状态图是状态和由事件引起的**转换**的偶图。

3.5.1 状态和转换

对象会改变其属性的值，但并不是所有属性值的改变都会引起状态转换。考虑Bank account对象及相关联的业务规则，当账户余额超过$100 000时，账户上的银行费就取消了。如果这样的情况发生，我们就说Bank account已经进入到了特权状态，否则，处于一般状态。每次取款和存款事务之后，账户的余额都会变化，但只有余额升高超过或降低低于$100 000时，它的状态才改变。

上面的例子捕获了状态机建模的本质。状态机模型是为具有感兴趣的状态变化的类、而不是为任何状态变化的类构造的。对什么状态"感兴趣",对什么状态不感兴趣,这是由业务建模决定的。状态图是业务规则模型。业务规则在一段时期内是保持不变的,它们相对独立于特定的用例。实际上,用例也必须符合业务逻辑。

作为一个例子,考虑音像商店案例研究中的Rental类。Rental有一个属性(thePayment)与Payment关联(见图3-9)。根据此关联的性质,就音像带的租金支付而言,Rental对象可以处于不同状态。

图3-16是Rental类的状态机模型,圆角矩形表示状态,箭头表示事件。Rental的初始状态(带实心圆箭头所指的状态)是Unpaid。Unpaid状态有两种可能的转换。发生"部分支付"事件时,Rental对象进入Partly paid状态。根据模型,部分支付事件只允许有一次。当处于Unpaid或Partly paid状态时,"最终支付"事件触发转换,到达Fully paid状态。这是最终的状态(用一个空心圆内嵌一个实心圆表示)。

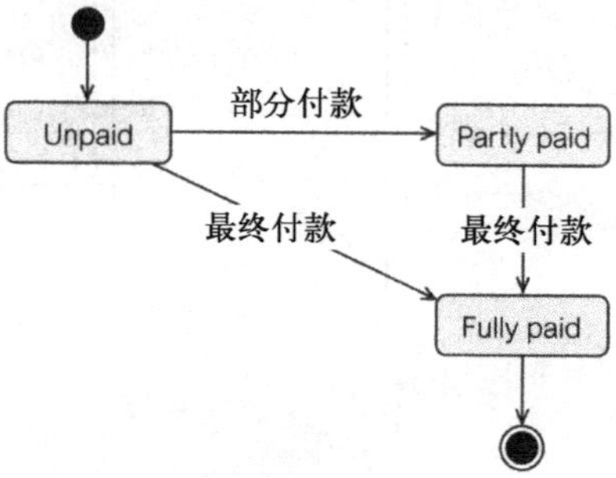

图3-16 音像商店系统中
Rental类的状态和事件

3.5.2 状态机图

一般将状态机图附到类上,但是,也可以将其附到其他建模概念上,如用例。当被附到一个类上时,状态机图决定那个类的对象如何响应事件。更确切地说,对于对象的每一种状态,状态机图决定当对象接收到一个事件时,它执行什么动作。相同的对象对于同样的事件可能执行不同的动作,这取决于对象的状态。动作的执行通常会导致状态改变。

转换的完整描述由3部分组成:

```
Event(parameters) [guard] / action
```

每一部分都是可选的。如果转换线本身是自解释的,则将所有的部分都省略是可能的。事件是影响对象的迅速发生的事件,它可能有参数,如mouse button clicked (right_button)。事件可能有一个条件守卫,例如,mouse button clicked (right_button) [inside the window]。只有当条件的取值为"true"时,事件才触发并影响对象。

事件与守卫之间的区别并不总是很明显,区别是事件"发生",且在对象准备处理之前被保存起来。在处理事件时,计算守卫条件的值来确定是否应该激发转换。

一个动作是一个简短的自动计算,此计算在转换激发时运行。一个动作也可以与一个状态相关联。通常,一个动作是一个对象对监测到的事件的反应。另外,动作也可以包括长计算,称为活动。

状态可以包含其他状态——嵌套状态。组合状态是抽象的——它只是所有嵌套状态的通用标记。一个转换冲出了组合状态的边界意味着它可以从任何嵌套的状态激发。这可以改善图的清晰性和表现力。出自组合状态边界的转换也可以从一个嵌套的状态激发。

再次考虑音像商店案例研究中的Rental类,并考虑Rental可能具有的所有状态(不仅仅是关于支付,如图3-16所示,而是关于Rental中的所有属性)。图3-17显示Rental类的状态机图。画此图的目的是利用多种状态建模特性的优势。

在图3-17中,一旦守卫条件[Customer validated and video scanned]为真,状态机模型就进入状态Transaction started。到下一个状态(Rental charge determined)的转换需要激发动作Calculate fees。发生事件Customer wants to proceed,Rental对象就进入Unpaid状态。

Unpaid状态是组合状态Not fully paid中两个嵌套状态之一。另一个嵌套状态是Partly paid。

Partly paid状态接收带有事件Partial payment的自身转换。这允许事务款付清以前进行多次部分付款。

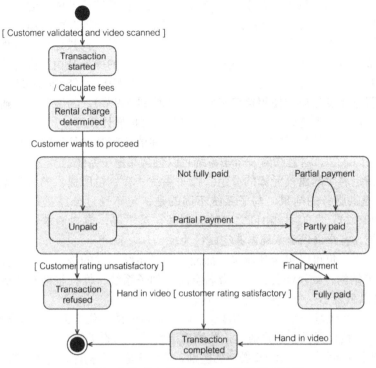

图3-17　音像商店系统中Rental类的状态机图

在Unpaid状态中，当守卫条件[Customer rating unsatisfactory]为真时，转换被激发，进入状态Transaction refused。这是两个可能的终态之一。

第二个终态是Transaction completed。有两条路到达此状态。首先，也是最好的，从状态Not fully paid的事件Final payment导致状态Fully paid。当处于这种状态，事件hand in video将Rental对象置于状态Transaction completed。到达状态Transaction completed的第二种可能性是通过从状态Not fully paid的转换，此转换在条件[Customer rating satisfactory]下由事件Hand in video激发。

复习小测验3.5

RQ1　对象的状态能依赖于对象的关联连接吗？

RQ2　如何区分守卫和事件？

3.6　实现视图

UML为系统物理实现的体系结构/结构建模提供了工具。两种主要工具是构件图和部署图（Alhir 2003；Maciaszek和Liong 2005）。这些图属于更广的结构图类型，结构图的主要代表是类图（3.3.6节）。

实现图属于物理建模的范畴，但定义它们一定要适当地考虑系统的逻辑结构。主要的逻辑构造块是类，主要的逻辑结构模型是类图。其他逻辑结构概念是子系统和包的概念。

3.6.1　子系统和包

古老的拉丁格言"divida et impera"（分而治之）建议：权利地位能够由孤立敌人和努力导

致他们之间的分歧而获得。在问题的解决中，经常以略微不同的含义使用这个格言。它要求将一个大问题划分成较小的问题，一旦找到了较小问题的解决方案，大问题就能够得以解决。

这个分而治之原则导致了问题空间的分层模块化。在系统开发中，它导致了将系统划分成子系统和软件包，这种划分必须被谨慎地规划，以减少子系统和软件包的层次间的依赖性。

子系统的概念特殊化（继承）**构件**的概念（Ferm 2003），并被建模为构件的构造型。子系统封装了意欲达到的系统行为的某些部分。子系统提供的服务是由其内部的组成部分（它的类）所提供的服务的结果。这也意味着子系统是不能实例化的（Selic 2003）。

子系统的服务能够也应该使用**接口**来定义（见附录A.9节）。封装行为及通过接口提供服务的益处很多，包括隔离变更、可替换的服务实现、可扩展性及可复用性。

子系统可以在体系结构层被结构化，使得层之间的依赖是非循环的、且最小化。在每一层内，子系统可以嵌套。这意味着一个子系统可以包含其他子系统。

包是具有指定名字的建模元素的分组。像子系统一样，包所提供的服务是其内部组成部分（即类）所提供服务的结果。与子系统不同的是，包不通过暴露接口而显露其行为。如Ferm所说（2003:2）："子系统和包之间的区别是，对于包，客户请求包内的某元素完成行为；对于子系统，客户请求子系统本身完成行为。"

如子系统一样，包可以包含其他包。然而，与子系统不同的是，包可以直接被映射到程序设计语言元素结构，如Java包或.Net命名空间。如子系统一样，包拥有其成员。一个成员（类、接口）可以只属于一个直接子系统或包。

总的来说，子系统是一个更丰富的概念，既包含包的结构化方面，又包含类的行为方面。行为由一个或多个接口提供。客户通过这些接口请求子系统的服务。

图3-18给出了子系统与包的UML图形的区别。子系统是一个构件，构造型为<<subsystem>>。子系统封装其行为的事实由所提供的接口表示（见下节）。接口FinanceInterface由子系统Financial transaction实现，并被GUI包中的类RentalWindow使用。

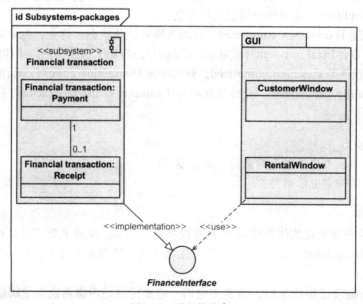

图3-18　子系统和包

通常，为了最小化系统依赖，应该将接口放在实现接口的子系统的外面（Maciaszek和Liong 2005）。虽然没有在图3-18中显示出来，允许将所有接口或绝大部分接口放在只包括接口的包中。另外，如果图3-18中的GUI类是使用FinanceInterface的唯一类，那么此接口应该被放在GUI包中。

3.6.2　构件和构件图

"构件表示封装了系统内容的模块化组成部分，并且系统的表示在其环境中是可替换的。构件在所提供的和所依赖的接口方面定义其行为"（UML 2005:158）。

提供接口是由构件（或其他**分类符**，如类）实现了的接口。它表示构件的实例为它们的客户所提供的服务。依赖接口是指可能被构件（或其他分类符，如类）使用的接口。它指明一个构件为了执行它的功能并完成它自己向客户提供的服务所需要的服务。

构件图关注对所实现的系统中的结构及构件的依赖性建模。虽然可以将子系统看成是构件概念的特殊化，UML使用单独的图形元素进行可视化表示。这种可视化不同于类型化的包（见图3-18）。构件被显示为带有关键词<<component>>的矩形，矩形右上角的构件图标是可选的（见图3-19）。

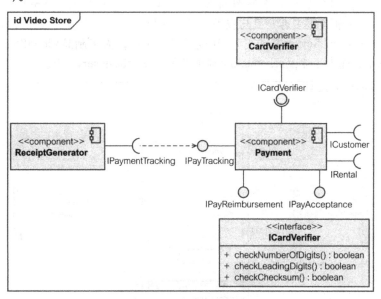

图3-19　音像商店系统的构件图

构件的概念论述基于构件的开发方面（2.1.3.2节）。构件符号强调构件的组成，可视化地组装提供的接口和需要的接口。提供接口被显示为附在构件上的小圆，依赖接口被显示为附在构件上的小半圆。

图3-19显示3个构件——ReceiptGenerator、CardVerifier和Payment。Payment有3个提供接口和3个依赖接口。它所需要的一个接口（ICardVerifier）是由CardVerifier提供的。它所提供的一个接口（IPayTracking）被ReceiptGenerator依赖。这个图显示了两种不同的可视化方式来组装提供接口和依赖接口。只是由于两个接口具有不同的名字，所以连接接口IPayTracking的虚的依赖线是必要的。

另外，接口ICardVerifier的规格说明也显示在图3-19中。此接口定义了3个操作验证用于付费的卡。列出的第一个操作checkNumberOfDigits()确保这张卡由表示卡类型的正确数字组成（例如，信用卡具有数字13、15或16）；第二个操作checkLeadingDigits()确保卡类型的第1个数字是正确的；最后一个操作checkChecksum()计算卡数字的检查和，并将检查和与这个数字进行比较，确保卡数字具有合法的数字结构。

3.6.3 节点和部署图

"节点是人工制品可以在上面部署运行的计算资源，可以将节点通过通信路径连接起来定义网络结构。"（UML 2005:205）。"人工制品是物理信息块的规格说明，由软件开发过程或系统的部署和运行使用或生成。人工制品的例子包括模型文件、源文件、脚本、二进制可执行文件、数据库系统中的表、可交付的部署、字处理文档、邮件信息等"（UML 2005:192）。

部署图关注结构和节点依赖建模，节点定义系统的实现环境。通过关联将节点连接起来表示通信路径。关联端的重数值表示在关联中涉及的节点实例的数量。

部署图还定义构件和其他运行时处理元素在计算机节点上的部署（Alhir 2003）。节点可以是任何服务器（如打印机服务器、电子邮件服务器、应用服务器、Web服务器或数据库服务器）、任何其他计算元素、构件及其他处理元素可用的人力资源。

节点用立方体表示。从一个人工制品到一个节点的<<deploy>>依赖表示部署。另外，可以将人工制品符号放在节点符号内指示它们的部署位置。

图3-20显示具有3个节点的部署图的例子——Client machine、Application Server和Database Server。可能有很多客户机与应用服务器通信，只有一个应用服务器与单个数据库服务器相连。Application Server容纳图3-19所示的3个构件。人工制品VideoStore.exe被部署在Client machine上，而人工制品schema.xml则被部署在Database server上。

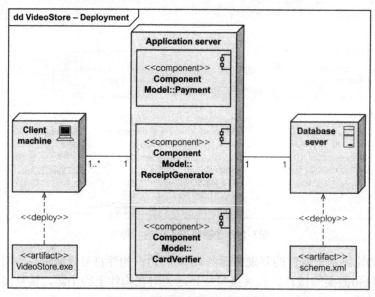

图3-20 音像商店系统的部署图

复习小测验3.6

RQ1 子系统被建模为包的构造型还是构件的构造型？

RQ2 给出一些能够部署在节点上的人工制品的例子。

小结

本章介绍了很多基础知识，讲述了基础术语和对象技术概念，还介绍了所有主要的UML模型和图，并且以案例研究——音像商店为例对这些模型和图进行说明。对于此主题的初学者，这个任务一定会令人失去信心，但在后面的章节中会有收获。

UML标准定义了很多模型和图，使得能够进行深入详尽及多焦点的软件建模。可以根据模型和图提供的系统的不同视点（系统的行为和结构）对模型和图进行分类。

用例模型是主要的UML代表，也是行为建模的焦点。用例模型定义用例、参与者及这些建模元素之间的关系。每个用例都在一份文本文档中说明。

活动模型能够用图来表示用例中的事件流。活动模型填补了用例模型中系统行为的高层表示与交互模型（顺序图和通信图）中行为的低层表示之间的空隙。

类建模集成并包含了所有其他建模活动。类模型标识类和它们的属性，包括关系。类属于不同的体系结构层。类的典型分组是表示类、控制类、实体类、中介类和基础类。

交互建模捕获执行一个用例或用例的一部分所需要的对象之间的交互。有两种交互图：顺序图和通信图。顺序模型注重时间顺序，而通信模型强调对象关系。在交互模型的消息和实现类的方法之间存在一对一的映射。

状态机模型说明类中的动态变化。它描述类的对象可能处于的不同状态。对于所有涉及初始化对象的类的用例，这些动态变化描述了这些用例中对象的行为。状态机图是状态和由事件引起的转换的偶图。

UML提供了构件图和部署图作为系统的物理实现的体系结构/结构建模的两种工具。这些图中的重要概念是构件、接口、节点和人工制品。在实现模型中引用的其他相关的体系结构设计概念是子系统和包。

关键术语

Action（动作） "行为规格说明的基础单元。动作接收输入集合，并将其转换为输出集合，尽管两个集合中的一个可能为空，或者两个集合都为空"（UML 2005:229）。

Activation（激活） 也称为执行规格说明，它"对行为或操作的执行建模，包括一个操作调用其他下级操作这段时间"（Rumbaugh等人 2005:344）。

Activity（活动） "参数化行为的规格说明，行为被定义为下级单元的协调顺序，其中下级单元的单个元素是动作"（UML 2005:322）。

Aggregation（聚合） "说明聚合（整体）和组成部分之间的整体-部分关系的关联表"（Rumbaugh 等人 2005:164）。

Artifact（人工制品） "物理信息块的规格说明，由软件开发过程或系统的部署和运行使用或生成。"（UML 2005:192）。

Association（关联） "两个或多个分类符之间的语义关系，包含类的实例之间的连接"（Rumbaugh 等人 2005:174）。

Attribute（属性） "类中具有明确类型的已命名元素的描述。此类的每个对象单独保存这种类型的值"（Rumbaugh 等人 2005:186）。

Class（类） "特征是属性和操作的一种分类符"（UML 2005:61）。

Classifier（分类符） "实例的分类，它描述具有共同特征的实例集合……分类符是抽象的模型元素，所以，正确地说，它没有符号"（UML 2005:64）。

Component（构件） "表示封装了其内容的系统模块，其表示在环境中是可替换的"（UML 2005:158）。还可参见第1章的关键术语——构件。

Composition（组成） 组成聚合；"一种强形式的聚合，需要组成部分的实例在一个时间最多被包含在一个组合中"（UML 2005:54）。

Control flow（控制流） "一条边，表示一个节点的前一个活动节点完成后，开始这个活动节点"（UML 2005:344）。

Event（事件） "某个发生事情的规格说明，发生的事情可能由一个对象潜在地触发结果"（UML 2005:428）。

Generalization（泛化） "一个较一般分类符和一个较具体分类符之间的分类关系，具体分类符的每个实例也是一般分类符的非直接实例。因此，具体分类符继承了较一般分类符的特性"（UML 2005:83）。

Guard（守卫） "提供转换触发的详细控制的约束。当一个事件发生是由状态机发出时，守卫被估算。如果此时守卫为真，则能够进行转换，否则就不能转换"（UML 2005:569）。

Interaction（交互） "在执行任务的上下文中，消息如何在角色之间交换的规格说明。交互说明行为的模式。上下文由分类符或协作提供。"（Rumbaugh等人 2005:406）。

Interaction（接口） "一种分类符，表示一组清晰易懂的公共特性和责任的说明。一个接口确定一个合同；实现接口的分类符的任何实例一定要实现那个合同"（UML 2005:98）。

Lifeline（生命线） "表示交互中的一个单独的参与者"（UML 2005:491）。

Message（消息） "定义交互中特定种类的通信。例如，一个交互可以增加信号、调用操作、创建或销毁实例。"（UML 2005:493）。

Method（方法） "一个操作的实现。它说明产生操作结果的算法或过程"（Rumbaugh等人 2005:459）。

Node（节点） "人工制品可以在上面部署运行的计算资源"（UML 2005:221）。

Operation（操作） "为调用一个相关联的行为，指定名字、类型、参数及约束的分类符的行为特征"（UML 2005:115）。

Package（包） "用于将元素分组，并为已分组的元素提供命名空间"（UML 2005:119）。

Role（角色） "在由结构化分类符定义的上下文中，表示一个实例（或可能是实例集合）外观的结构化分类符的组成元素"（Rumbaugh等人 2005:575）。

State（状态） "对情形建模，在这种情形中，某些（通常隐含的）不变条件成立。这种不变可能表示一种静态情形，如一个对象等待某个外部事件发生。然而，它也能够对动态条件建模，如执行某种行为的过程"（UML 2005:547）。

Transition（转换） "状态机内两个状态之间的关系，它指明当确定的事件发生、且确定的守卫条件满足时，在第1个状态中的对象将执行明确规定的结果（动作或活动），并进入第2个状态。在这种状态的变化中，将这种转换称为激发"（Rumbaugh等人 2005:657）。

Use case（用例） "被系统执行的一组动作的规格说明，它为系统的一个或多个参与者或其他利益相关者产生一个可观察到的结果，典型情况下，产生的结果是一个值"（UML 2005:594）。

选择题

MC1 一个参与者是（ ）。
  a. 一个角色 b. 主题外面的 c. 与用例通信 d. 上面所有的

MC2 将活动的执行步骤称为（ ）。
  a. 实例 b. 动作 c. 工作 d. 流

MC3 在活动图中，用（ ）定义并发计算线程。
  a. 分支及交汇 b. 分叉及合并 c. 守卫及合并 d. 上面都不是

MC4 负责与外部数据源通信的对象称为（ ）。
  a. 外部类 b. 通信类 c. 资源类 d. 上面都不是

MC5 聚合线上的黑钻石意味着（ ）。
  a. 通过值聚合   b. 此聚合是复合
  c. 子集合对象只能是一个父集合对象的一部分 d. 上面所有的

MC6 形式参数可以作为（ ）定义的一部分。
  a. 方法 b. 消息 c. 调用 d. 上面所有的

MC7 状态机图是状态和由（ ）引发的转换的偶图。
  a. 活动 b. 触发器 c. 事件 d. 上面所有的

MC8 人工制品可以在其上部署运行的计算资源称为（ ）。
  a. 构件 b. 节点 c. 包 d. 上面都不是

问题

Q1 解释静态模型、行为模型和状态机模型的主要特点和互补特性。

Q2 参与者能有属性和操作吗？解释你的答案。

Q3 解释活动图在系统建模中的作用和位置。

Q4 实体类是什么？在类建模中还需要区分哪些其他种类的类？解释你的答案。

Q5 什么是实际参数？什么是形式参数？

Q6 在状态机图中，动作和活动的区别是什么？在答案中给出例子。

Q7 解释为什么子系统实现接口，而包不实现接口。如果实现模型所引用的子系统没有实现接口，给实现模型带来的后果是什么？

Q8 人工制品如何与节点相关？如何对这种关系进行可视化建模？

练习

E1 参考附录中的图A-2（A.2.2节）。为运输货物及补充库存，考虑以下对象协作的逻辑变更。

　　运输和补充是两个单独的处理线程。当Order生成了一个新的Shipment对象，并请求运输时，Shipment获得Product对象，如图A-2所示。然而，Shipment使用Product对象的句柄直接请求Product执行getProductQuantity()操作，而不是由Stock管理商品数量的变更。

　　在这个场景中，Product知道它的数量及什么时候应该追加订购。结果，当需要补充时，就生成一个新的Purchase对象来提供reorder()服务。

　　对图A-2进行修改来捕获上面的变更。没有必要显示初始化Shipment对象和Purchase对象的消息，因为对象创建的话题还没有充分讲解。

E2 参考附录中的图A-2（A.2.2节）和图3-23（即练习E1的解决方案），定义两个图中所有消息的返回类型，解释在连续的调用中如何使用返回值。

E3 参考附录中的图A-14（A.5.2节），假设教学任务包括讲课和辅导，并且有可能一名教师负责讲课，而另一名教师负责辅导。修改图A-14中的模型来捕获上面的事实。

E4 参考附录中的图A-16（A.5.4节），提供不使用关联类、也不使用三元关联（本书不建议使用）的另外一个模型。描述图A-16所示的模型和你的新模型之间存在的语义差异。

E5 参考图3-21，在此图中，Book对象包含Chapter对象，每个Chapter对象又包含Paragraph对象。Finder类是控制类，它依赖于Book类（虚线箭头指明了这种依赖）。考虑Finder需要在屏幕上显示文本中包含特定的搜索字符串的所有chptNumber和paraNumber。向需要这种处理的类增加操作。画出对象通信图，并解释如何完成这种处理，包括操作的返回类型。

E6 参考图3-21及图3-25中练习E5的解决方案，通过向类中增加需要这种处理的操作，对类图进行扩展。提供Finder、Book和Chapter类的伪代码或Java代码。

E7 参考附录中的图A-22（A.7.3节），对这个例子进行扩展，向Teacher、Student、PostgraduateStudent和Tutor类增加属性。

E8 参考图A-24（A.9.1节）和图A-25（A.9.2节），这两张图都在附录中。对图A-24和图A-25进行扩展（在本章奇数编号练习的解决方案部分），考虑VideoMedium是一种EntertainMedium，另一种是SoundMedium（如CD）。当然，

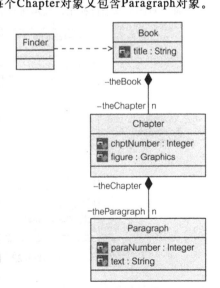

图3-21　Book类的聚合

VideoMedium也是SoundMedium。类似的分类也适用于设备（介质套）。

练习：音像商店

F1 图3-3和图3-4中的用例图（3.1.3节）并没有明确说明此模型是关于音像租赁的（它只是谈论扫描卡和音像设备、接收付款并打印收据）。在实践中，需要用例完成租赁事务，并最终将租赁事务记录在音像商店的数据库中。此外，用例图没有检查顾客的年龄资格（顾客必须超过18岁才有资格租级别R或X的电影）。

对此用例图进行扩展，使其包括上面的考虑因素。另外，考虑这样的租赁过程：租赁过程从扫描顾客的会员卡、音像带或CD开始，并有以下几种可能：① 租音像带没有付款（某些特殊的情况）；② 如果顾客不满18岁，且电影级别为R或X，则要检查年龄资格；③ 顾客租音像带可以开收据，也可以不开收据（取决于顾客的要求）。

F2 参考练习F1的解决方案（图3-27）和图3-6的活动图（3.2.2节）。为用例Rent video和扩展了Rent video的从属用例开发补充的活动图（没有必要重复Accept payment的规格说明，已经在图3-6中开发了）。

F3 参考图3-9（3.3.3节），假设不是每一个Payment都与Rental连接，一些录像带出售，所以某些Payment可能与Sale类相关。另外，假设一次可以为多次租赁付款。这些变更如何影响模型？对模型进行相应的修改和扩展。

F4 参考图3-6（3.2.2节），为活动Handle card payment画顺序图。

F5 参考图3-12（3.3.6节）中的类图，并考虑Video类。除了从类模型获得的信息，考虑音像商店销售以前可以租赁的音像带，一旦电影的活动界限达到一定的水平（如当含有那个电影的音像带一周还没有租出去）。另外，考虑定期对音像带进行检查，确认它们是否还能使用，如果已损坏，就可能要销毁。

为类Video开发状态机图。再开发此图的另外一个版本，在此版本中使用抽象复合状态In stock来对库存中的音像带建模：音像带可以出租、销售或销毁。

F6 参考3.6节实现模型的讨论。考虑图3-22中缺少关系的实现模型。

假设构件Procurement和Video rental由Inventory control包中的类实现。Procurement需要访问Video rental。Stock server负责提供Procurement的功能，Video shop server负责提供Video rental的功能。对图3-22进行补充，显示所有的依赖和关系。

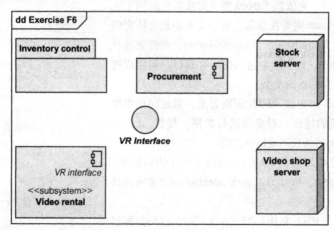

图3-22 缺少依赖和其他关系的实现模型

复习小测验答案

复习小测验3.1

RQ1 用例图、顺序图、通信图和活动图。

RQ2 否，用例规格说明包括图和用例的设计行为的完整文本描述。

复习小测验3.2

RQ1 是，可以。可以在不同的抽象层次完成活动建模，包括用例计算步骤的内部规格说明。

RQ2 决定、分叉、交汇、合并和对象节点。

复习小测验3.3

RQ1 是的，它们是同义词。

RQ2 是的，聚合只是关联的一种形式。

复习小测验3.4

RQ1 在顺序图中。

RQ2 不。消息是对方法的调用。

复习小测验3.5

RQ1 是的。任何属性都能影响对象的状态，包括指定其他类的属性（即关联）。

RQ2 在事件处理点上估算守卫条件来决定转换是否将被触发。

复习小测验3.6

RQ1 在UML2.0中，将子系统建模为构件的构造型。然而，在UML的较早版本中，它被建模为包的构造型。

RQ2 模型文件、源文件、脚本和二进制执行文件、数据库系统中的表、可交付的开发或字处理文档、邮件信息。

选择题答案

MC1　d	MC2　b	MC3　d（它由分叉和交汇定义）	MC4　c
MC5　d	MC6　a	MC7　c	MC8　b

奇数编号问题的答案

Q1 静态模型描述系统的静态结构——类、类的内部结构和类之间的关系。静态建模的主要可视化技术是类图。行为模型描述系统中对象的动作，以支持业务功能——交互、操作和作用于数据上的算法。行为建模包括用例图、顺序图、通信图和活动图。状态机模型描述对象在其生命周期中状态的动态变化。状态机建模的主要可视化技术是状态机图。

　　这3个模型提供了不同但互补的视点，通常基于相同的建模元素。静态视图显示存在于系统中的元素种类。行为视图确保组成元素能够执行所需要的系统功能。一个好的静态模型应该能够适当地容纳新的或扩展的系统功能。状态机视图为类的进化定义了框架，并定义了行为和静态模型必须遵守的对类状态的约束。

Q3 在UML的旧版本中，活动图被认为是状态机的一种特殊情况，甚至可以替代状态机来使用。出于这样的目的，活动图扩展了状态机符号，并在对象状态（如在状态机中的那样）或活动状态（没有直接在状态机中建模）之间作了区分。在当前的UML中，活动图通过使用控制只定义行为，而数据流模型让人很容易回忆起Petri网（Ghezzi等人2003）。

　　不像大多数其他的UML建模技术那样，活动图在系统开发过程中的角色和地位并不明确。活动图的语义在不同的抽象层次和生命周期的不同阶段都可以使用。它们可以用于早期的分析来描述系统的总体行为；可以用于对用例的行为或行为的任意部分建模；也可用于设计，给出包含在方法中的特定方法或其至单个算法的类似流程图的规格说明。

总之，活动图可以被看成是系统模型中的"勾缝剂"。它们可以作为一种补充技术使用，为多种其他建模元素中的事件流、数据和过程提供图形可视化。

Q5　对象通过发送消息通信。一般情况下，来自一个对象的消息调用另一个对象中的方法（操作）。消息型构包括实参表。被调用的方法在其型构中包括对应的形参表。在UML中，将消息的实参简单地称为arguments，但将方法的形参称为parameters。

Q7　包只不过是建模元素的分组，它不关心客户如何使用这些建模元素。为了处理这个问题，在UML中提供了构件的构造型版本，称为子系统（在UML 2.0之前，子系统是包的构造型版本）。

表面上，子系统是给一个构件增加构造型<<subsystem>>。语法上，子系统隐藏它的建模元素，只向客户暴露它的公共服务。客户通过子系统的提供接口请求子系统的服务。实际上，子系统只是一个概念，所以它是不可初始化的——也就是说，它没有具体的实现。子系统的服务由属于子系统的类实现（完成）。

通过提供接口访问子系统这种建模意味着子系统内的所有类的实现都隐藏在接口后面。这对实现模型有很重要的益处。如果不为子系统指定接口，其他构件将依赖于子系统内类的实现。这种依赖将对系统的适应性（可理解性、可维护性和可伸缩性）质量产生负面影响。

奇数编号练习的解决方案

E1　图3-23是一个修改过的对象协作图。两个线程分别编号为1和2。运输线程有两个依赖消息，层次编号为1.1和1.2。

除了没有解释Shipment和Purchase对象是如何创建的之外，还有少数几个其他细节也没有解释。例如，模型没有解释getProdQuantity()如何在很多Product对象上迭代，或者到底是什么使得Product发送reorder()消息。

E3　在修改过的类图（图3-24）中，两个新类（Lecture和Tutorial）被标识为CourseOffering的子类。子类有其自身到Teacher的关联。

由于一个Teacher可能负责讲课和辅导，这两个角色有不同的名字——lect_in_charge_of和tut_in_charge_of。这一点很重要，因为在已实现的类中将需要两个属性来捕获这两个角色（因此，可以将角色名用作属性名）。

E5　为了说明原因，图3-25中的解决方案显示返回类型，虽然它们通常不在通信图中表示出来。消息iterateChapters和iterateParagraphs只是需求的高层次描述：Book需要迭代很多章，Chapter需要迭代很多段落。这种基于循环的操作细节并没有解释。由于iterateChapters和iterateParagraphs只是抽象，并不是调用方法的消息，因此它们的名字之后没有括弧，括弧表示一个参数表。

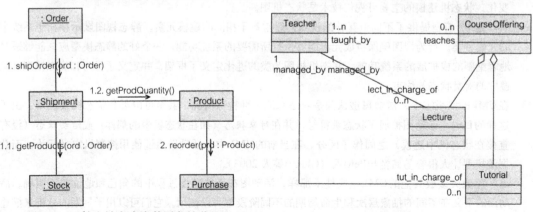

图3-23　运输和补充库存的对象协作图　　　　图3-24　修改的类图替换了关联类

　　　Finder调用Book上的search()操作，它最终返回一个章节数字和段落数字的List，此List包含参数what传送的字符串值。在Book能够返回任何事情之前，它在Chapter对象上迭代以查找字符串值。

　　　然而，一本书的文本则包含在Paragraph对象中。相应地，Chapter在其Paragraph对象上迭代，并调用每个对象上的search()操作。此操作只返回true/false，但是，对于每一个为真的结果，Chapter构造一个段落数字的数组。此数组被返回给Book。现在在Book可以构造一个章节数字和段落数字的列表，并将其返回给Finder。

E7　不同（及任意）的解决方案是可能的。图3-26是一个例子。注意，这个例子不是基于Java的，因为Java不支持多继承。

　　　Teacher中的属性teaching_expertise和research_expertise被看成是参数化类型。Set和String都是类。String是Set的参数。这两个属性的值是字符串集合。

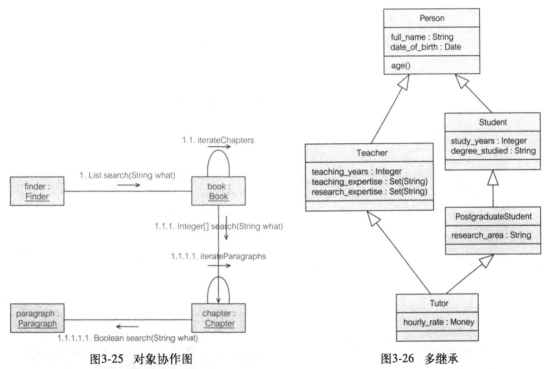

图3-25　对象协作图　　　　　　　　　　　图3-26　多继承

奇数编号练习的解决方案：音像商店

F1　图3-27表示一个扩展的用例图，Print receipt、Check age eligibility和Accept payment扩展了Rent video。两个Scan…用例之间没有直接的关系。此模型假设在租赁业务开始时，Rent video拥有扫描信息。

F3　图3-28说明Sale类的引入导致了新的关联，但是，这种"难对付的"问题到处都存在。在新的模型中需要引入Customer和Payment之间的关联。一次可以为多个租赁进行付款，而且这些租赁可能与不同的客户相关（因为不禁止这样做）。因此，没有Payment-Customer关联，从付款标识顾客是不可能的。

F5　图3-29是Video类的状态机模型。注意在到状态Damaged的转换上，后面跟有守卫条件的事件的使用；还要注意在到状态For sale的转换上，后面跟有动作的守卫条件的使用。所有其他转换都用事件标记。

　　　这个模型没有标识开始状态和结束状态，已经确定这样的标识对于建模目的并不重要。

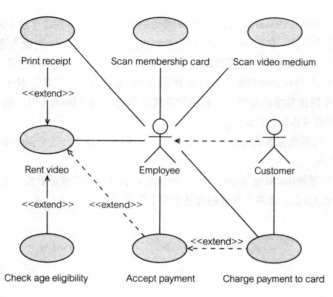

图3-27 音像商店系统的一个扩展用例图

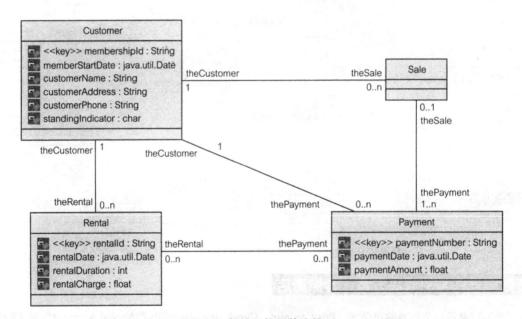

图3-28 修改及扩展的类模型

图3-30是一个可选的模型。Video表示包含电影或其他娱乐资料的介质。当音像带被购买或被交付给Video store时，它就处于Available for business状态。发生事件"Place in stock"（"入存"）后，这个音像带就处于In stock状态。这是一个抽象状态。实际上，音像带处于3种状态之一：For rent、For sale或Damaged。这3种状态之间的内部转换没有在显示的模型上捕获（以使这个图不杂乱）。

处于Rented out状态的音像带可能会归还，也可能没有归还。当条件[Returned]为真时，转换又回到In stock状态。否则，"Write off"（"销毁"）事件将音像带置于Written off状态。从Damaged和In repair状态也可以到达Written off状态。

从In repair状态有3种可能的转换。如果音像带已经修好（[Repaired]），则可以For rent或For sale。当处于For sale状态时，则音像带能够被出售（处于Sold状态）。

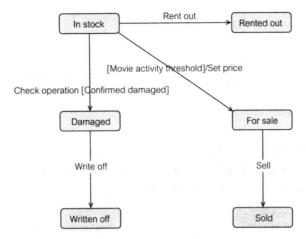

图3-29　类Video的状态机图

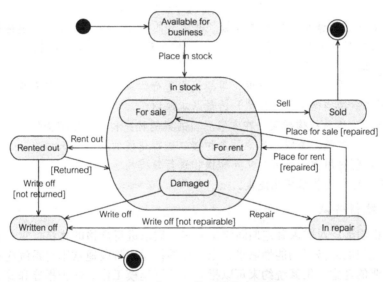

图3-30　类Video的可选状态机图

第4章　需求规格说明

目标

需要用图形和其他形式化模型来说明需求。为了完整地说明一个系统，有必要采用多种模型。UML提供了许多集成化的建模技术来辅助系统分析师完成这项工作。规格说明的过程是迭代增量式的。对成功的建模来说，使用CASE工具是必需的。需求规格说明产生3种模型：状态模型、行为模型和状态变化模型。

需求规格说明以叙述性的用户需求作为输入，构造出规格说明模型作为输出。这些模型（在第3章中描述的）对系统的不同方面（视图）提供了形式化的描述。规格说明阶段的结果是扩展的（细化的）需求文档（2.6节），通常将这个新文档称为规格说明文档（行话为 "spec"）。它没有改变原始文档的结构，但对内容做了非常大的扩展。由于设计和实现的需要，规格说明文档将最终取代需求文档（实际上，很可能将扩展后的文档仍然称为需求文档）。

通过阅读本章，你能够：

- 认识到对于自适应系统开发来说，早期优先进行体系结构设计的重要性。
- 理解加强体系结构框架（元模型）的最基本原则。
- 熟悉PCBMER体系结构框架，在本书后面的案例研究和实例中都提倡并使用了该框架。
- 获得关于如何对类、关联、其他关系和接口进行建模的实用知识。
- 获得关于如何对用例、行为、交互和操作进行建模的实用知识。
- 学会如何为对象的状态变化建模。

4.1　体系结构优先权

需求规格说明涉及对需求确定期间定义的客户需求进行严格的建模，重点放在那些系统将要提供的所期望的服务（功能性需求）上。在规格说明阶段通常不对系统约束（非功能性需求）做进一步的考虑，但系统约束可以指导和验证建模工作。这种指导和验证采用体系结构优先权的形式。

软件体系结构定义了系统中相互作用的软件构件及**子系统**的结构和组织形式。"软件体系结构捕捉并保存设计人员关于系统结构和行为的设计意图，因此它提供了一种对设计的保护措施，以防止作为系统阶段的设计出现失败。软件体系结构是人们能对一个复杂系统的巨大复杂性进行思维控制的关键"（Kruchten等人 2006:23）。它是使系统具有适应性（可支持性）——包含3个子特性：可理解性、可维护性和可度量性（2.2.1.2节）——的必要条件和最重要的条件。

因此，在详细的系统规格说明工作开始之前，软件开发团队必须选定全体开发人员都要遵循的体系结构模式和原则（Maciaszek和Liong 2005），这是至关重要的。如果系统没有清晰的体系结构视图，那么分析阶段就是在为一个不可支持的系统交付规格说明（如果要交付东西的话）。

所有软件建模的最重要目标都是将构件**依赖**最小化。为了做到这一点，开发人员不能允许随意的对象通信，那会造成混乱的不可理解的构件通信网络。随着模型的增长以及每个新对象的加入，这样一个（不可支持的）系统的复杂性会呈指数上升，这是无法容忍的，必须在它造成破坏之前停止。在生命周期早期，就必须采用一种具有分层的构件和子系统、并严格限制对象通信的、清晰的体系结构模型。

4.1.1 模型－视图－控制器

与软件设计中的所有事情一样，系统体系结构设计也有很多种可能的方案。尽管可以根据开发中出现的个别设计决策，以自底向上的方式设想一种体系结构，但是设计师们通常喜欢采用自顶向下的方法，由预先确定的**体系结构框架（体系结构元模型）**（Maciaszek 和 Liong 2005）导出特定的设计。

模型－视图－控制器（MVC）框架支持大多数现代体系结构框架及相关模式。该框架是作为Smalltalk-80编程环境（Krasner和Pope 1988）的一部分而开发的。在Smalltalk-80中，MVC强迫编程人员将应用程序类分成3组，分别继承Smalltalk提供的3个抽象类——模型（Model）、视图（View）和控制器（Controller）。

模型对象表示数据对象——应用问题域中的业务实体和业务规则。模型对象的变化由事件处理通报给视图对象和控制器对象，这使用了发布者/订阅者技术。模型是发布者，因此它不知道它的视图和控制器。视图对象和控制器对象订阅模型对象，但它们也能引起模型对象的改变。为了辅助完成这项任务，模型提供了必要的封装了业务数据和行为的接口。

视图对象表示用户界面（UI）对象，将模型的状态以用户需要的格式呈现在用户的图形界面上。视图对象从模型对象分离出来。视图订阅模型，以便得到模型变化的通知，然后更新其显示。视图对象可以包含子视图，来显示模型的不同部分。每个视图对象一般都有一个控制器对象相匹配。

控制器对象表示鼠标和键盘事件。控制器对象响应视图发出的请求，该请求是用户与系统交互的结果。控制器对象给键盘击键、鼠标击键等赋予意义，并将其转换成对模型对象的动作。它们是视图对象和模型对象的中间媒介。控制器对象能从可视化的界面中分离出用户输入，从而允许在不修改UI显示的情况下，改变系统对用户动作的响应，反之亦然——改变UI，而不改变系统的行为。

图4-1从参与者（用户）的角度描述MVC对象之间的通信。直线表示对象间的通信。用户GUI事件被视图对象截取，传递给控制器对象进行解释并做进一步的动作。MVC认为，将视图和控制器的行为混合在一个对象中是不好的做法。

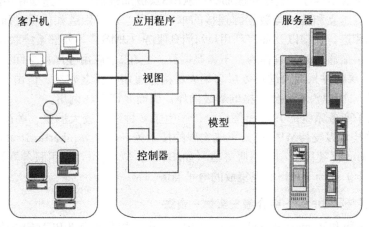

图4-1　MVC框架

4.1.2 J2EE的核心体系结构

MVC几乎是所有现代框架的骨架,后来进一步扩展到企业和电子商务系统中。J2EE的核心体系结构就是这样的框架(Alur等人 2003; Roy-Faderman等人 2004)。如图4-2所示,J2EE模型是分层结构——其中的3层(表示层、业务层和集成层)包含应用程序构件,两层(客户层和EIS——企业信息系统层)处于应用的外围。

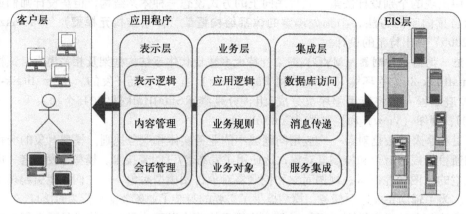

图4-2 J2EE的核心框架

用户通过*客户层*与系统交互。该层可以是可编程客户端(如基于Java Swing的客户端或applet)、HTML Web浏览器客户端、WML移动客户端,或者甚至是一个基于XML的Web服务客户端。呈现用户界面的过程可以在客户端(可编程客户端)执行,或者在Web服务器或应用服务器(如Java JSP/servlet 应用)上执行。

EIS层(也称资源层)是任意的持久信息传递系统。可以是企业数据库,电子商务解决方案中的外部企业系统,或者是外部SOA服务。数据可以分布在多个服务器上。

用户通过表示层(也称Web层或服务器端表示层)来访问应用程序。在基于Web的应用系统中,表示层由用户界面代码和运行于Web服务器与/或应用服务器上的过程组成。参考MVC框架,表示层包括视图构件和控制器构件。

业务层包含表示层中的控制器构件还没有实现的一部分应用逻辑。它负责确认和执行企业范围内的业务规则和事务。它还管理那些已从EIS层被加载到应用高速缓存中的业务对象。

集成层承担着建立和维护与数据源连接的单一职责。该层知道如何通过Java数据库连接(JDBC)与数据库进行通信以及如何利用Java消息服务(JMS)与外部系统联合。

J2EE核心框架是通用的、解释的,不需要调整。它在3个应用程序层之间引入了"关注点分离"。规定表示层**构件**只能通过业务层与集成层构件通信,反之亦然。但由于它不允许双向通信(方法调用),所以没有强化严格的等级顺序,因而允许循环调用。

在企业和电子商务系统的开发和集成中,产生了多种经过较大调整、关注不同复杂度的J2EE技术。这些技术以支持MVC模式正确实现的技术为开端,如Jakarta Struts,然后扩展到企业服务,如Spring框架技术和应用服务器(如JBoss或Websphere应用服务器)。在应用服务器中,它们进一步扩展为与JMS实现集成的电子商务。

4.1.3 表示-控制器-bean-中介者-实体-资源

在本书的上一版和Maciaszek and Liong(2005)中,提倡被称为PCMEF的体系结构模型。这个首字母缩写词(PCMEF)代表着类的5个层次——表示、控制、中介者、实体和基础。这些层可以建模为子系统或包。最近,PCMEF框架已被扩展为包含6个层次,并重新命名为

PCBMER，代表着表示、控制器、bean、中介者、实体和资源（Maciaszek 2006）。PCBMER体系结构遵循了体系结构设计中广泛认可的发展趋势。例如，它与上节讨论的J2EE框架非常一致。

PCBMER核心体系结构框架如图4-3所示。该框架借用了J2EE核心框架中的外层（客户端层和EIS层）的名字。在图中，层表示为UML结点，带箭头的虚线表示依赖关系。例如，表示层依赖控制器层和bean层，控制器层依赖bean层。PCBMER的层次不是严格线性的，上层拥有的相邻下层可以不止一个（而且邻近层可以是叶子内（intra-leaf）的——它可以没有下层）。

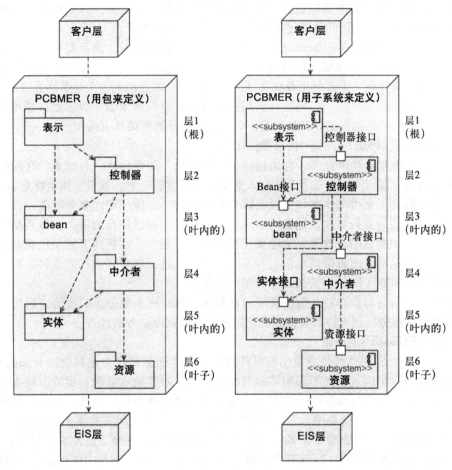

图4-3　PCBMER的核心框架

单向依赖并不意味着对象间不能进行其他方向的通信——可以进行，但这种通信必须使用依赖最小化技术来进行，如使用经由界面的通信或使用发布者/订阅者协议。

采用PCBMER体系结构开发项目时，强迫开发人员将系统中的每个类分派给6个子系统中的一个。这样，每个类都服务于子系统的预定义目标，自然会提高设计质量。这些类依附并致力于单一任务。

给客户端传递完整的服务带来的类与类之间的**耦合**只允许沿着依赖关系而存在。这可能需要使用更长的通信路径，也许还有其他方面的需要，但是，它消除了对象间互相通信的网络。总之，这种体系结构提供了对象**内聚**和耦合的最佳组合，来满足系统的所有需求。

4.1.3.1　PCBMER的层

图4-3显示了PCBMER核心框架的两种表示版本，一个用UML包定义，另一个用UML子

系统（3.6.1节）来定义。回想一下，包是在指定名字下的一组模型元素（类等等，也可以包括其他包）的集合。包提供的服务是它所包含的模型元素提供服务的总和。另一方面，子系统结点常用来对大规模构件（即子系统是一种构件）建模。构件（3.6.2节）也是在指定名字下的一组模型元素（类等等，可以包括其他构件）的集合。这样，它在其环境中的表示就是可以替代的。构件提供的服务被完全封装起来，暴露在外的是一组端口，这组端口定义构件的**提供接口**和**依赖接口**。

bean层表示那些预先确定要呈现在用户界面上的数据类和值对象。除了用户输入外，bean数据由实体对象（实体层）创建。既然bean层不依赖于其他层，PCBMER核心框架没有指定或核准对bean对象的访问是通过信息传递还是通过事件处理。

表示层表示屏幕以及呈现bean对象的UI对象。当bean改变时，表示层负责维护表示上的一致性，因此它依赖于bean层。这种依赖可以用两种方法来实现——使用拉模型直接调用方法（信息传递）来实现，或者使用推模型（或推拉模型）通过消息传递及事件处理来实现。

控制器层表示应用逻辑。控制器对象响应UI请求，这些请求源于表示层，是用户与系统交互的结果。在一个可编程的GUI客户端，UI请求可能是选择菜单或按钮。在一个Web浏览器客户端，UI请求表示为HTTP的get请求和post请求。

实体层响应控制器和中介者。它由描述"业务对象"的类构成，存储着（在程序的内存空间中）从数据库取回的对象或者为了存入数据库而创建的对象。很多实体类都是容器类。

中介者层建立了充当实体类和资源类媒介的通信管道。该层管理业务处理，强化业务规则，实例化实体层的业务对象，通常还管理应用程序的高速缓冲存储器。在体系结构上，中介者服务于两个主要目的。首先，它隔离了实体层和资源层，这样两者的变化能够独立地引入。其次，当控制器发出数据请求但它并不知道数据是已经加载到内存还是仍存在数据库中时，中介者在控制器层和实体/资源层之间充当媒介。

资源层负责所有与外部持久数据资源（数据库、Web服务等等）的通信。这里是建立数据库连接和SOA服务、创建持久数据查询，以及启动数据库事务的地方。

4.1.3.2 PCBMER的原则

PCBMER核心框架具有很多显而易见的优点。一个明显的优点是层之间相关性的分离，这使得修改能在一层内进行而不影响其他（独立）层，对其他（依赖）层的影响也可以预见和管理。例如，将提供Java应用UI的表示层变为移动电话界面后，仍然可以使用现有的控制器层和bean层的实现。也就是说，同样的控制器层和bean层能同时支持多个UI表示。

第二个重要的优点是去除了依赖关系的循环，得到了只存在向下依赖的6层结构。循环将使层次结构退化为网状结构。在PCBMER层之间以及每一PCBMER层内部都是禁止循环的。

第三个优点是该框架确保了相当高的稳定性。高层依赖于低层。这样，只要低层稳定（不做大的改变，尤其是接口），高层的变化影响不大。再回想一下，低层能够加入新功能（与改变现有功能相对），并且这种扩展不会影响高层的现有功能。

PCBMER还强调一些其他特性和约束，在图4-3中没必要直接显示。下面是PCBMER中最重要的体系结构原则（Maciaszek 2006；Maciaszek和Liong 2005）列表：

- 向下依赖原则（DDP）。DDP规定主依赖结构是自顶向下的。高层对象依赖于低层对象。因此，低层比高层更稳定。接口、抽象类、主类和类似设备应该封装在稳定层中，以便需要时进行扩展。
- 向上通知原则（UNP）。UNP促进了层与层之间自底向上通信的低耦合。这可以通过使用基于事件处理的异步通信来做到。高层对象担当订阅者（观察者），声明低层发生的变化。当低层对象（发布者）改变其状态时，会给其订阅者发送通知。作为响应，订阅者同发布者（现在是向下方向）通信，以便他们的状态与发布者的状态同步。

- 相邻通信原则（NCP）。NCP要求每一层只能与有直接依赖关系的相邻层通信。这项原则保证了系统不会分解成一个交互对象的网络。为了强化这条原则，在非邻层对象之间传递消息要使用委托或转发（前者传递一个对自己的引用；后者不传递）。在更复杂的场景中，可以使用特定的相识包将辅助远层通信的接口集中在一起。
- 显式关联原则（EAP）。很显然，EAP表明允许在类之间传递消息。该原则建议在直接协作的类之间建立关联。遵照PCBMER进行设计时，类之间的向下依赖（按照DDP）用相应的关联使其合法化。DDP产生的关联是单向的（否则会造成循环依赖）。但必须要知道，不是所有类之间的关联都是因为要传递消息。例如，在实体层类之间可能需要双向关联来实现参照完整性。
- 循环去除原则（CEP）。CEP要解决层与层之间的以及层中的类之间的循环依赖（Maciaszek和Liong 2005）。因为这种依赖违反了相关性分离方针，而且是复用的主要障碍。具体的解决方法是：将这些不受欢迎的类放进为此目的而特殊创建的一个新层/包中，或者强迫循环中的一条通信路径通过接口来通信。
- 类命名原则（CNP）。CNP原则使得我们通过类名就能了解该类属于哪个层/包。为了达到这个目的，PCBMER的每个类名前面都加上层名的第一个字母作为前缀。例如，EVideo是实体层的一个类。同样的原则也应用于接口上。每一个接口名前面都加上两个大写字母作为前缀——第一个是字母"I"（说明这是一个接口），第二个字母表示所在层。这样，ICVideo就是控制层中的一个接口。
- 相识包原则（APP）。APP是NCP的推论。相识包由对象在方法调用参数中传递的接口组成，而不是由具体的对象组成。可以在PCBMER任一层中实现这些接口。当将依赖管理集成到一个相识包后，就有效实现了非相邻层之间的通信。

复习小测验4.1

RQ1 要构建软件的适应性（可支持性），必要的和最重要的条件是什么？

RQ2 哪些MVC对象代表鼠标和键盘事件？

RQ3 哪个J2EE核心层负责建立和维护与数据源的连接？

RQ4 哪个PCBMER层负责建立和维护与数据源的连接？

4.2 状态规格说明

对象的状态由它的属性值和关联决定。例如，当属性"Balance"的值为负数时，BankAccount对象就处于"超支"状态。因为对象状态是由数据结构确定的，所以数据结构模型就称为状态规格说明。

状态规格说明提供系统的结构（或静态）视图（3.3节），主要任务是定义应用领域的类、它们的属性以及与其他类的关系。类的操作在一开始一般不予考虑，将来从行为规格说明模型中导出。

在通常情况下，我们首先识别实体类（业务对象）（4.1.3节），即定义应用领域的类和将在系统数据库中永久存在的类。至于那些服务于用户事件的类（控制器类）、表示GUI呈现的类（表示类），以及管理GUI要表示的数据的类（bean类），都要等到系统的行为特征已经确定后才建立。同样，其他类型的类，如资源类和中介者类，也将在后面定义。

4.2.1 类建模

类模型是面向对象系统开发的基础。类建立了一个基础，在这个基础上，系统的状态和行为才是可见的。不幸的是，类一直很难发现，而且类的属性也不总是显而易见的。即使对同一个重要的应用领域，任何两个分析员所得到的类以及属性都不可能完全相同。不过，尽管类模型不同，但最后的结果和用户的满意度却可能同样好（或同样差）。

因此，类建模不是一个确定的过程——不存在发现和定义良好类的秘诀。这个过程是高度迭代增量式的。对成功的类设计至关重要的是，分析员需要拥有以下知识或技能：

- 类建模的知识。
- 对应用领域的理解。
- 类似的成功设计的经验。
- 超前思维和预测结果的能力。
- 精化模型以消除瑕疵的积极态度。

最后一点涉及CASE工具的使用。CASE技术的大规模应用可能妨碍不成熟组织的系统开发（1.1.2.3.2节）。当然为提高个人生产率而使用CASE工具是没有问题的。

4.2.1.1　发现类

前面已经提到，对同一个应用领域，没有哪两个分析员能得到完全一致的类模型，在发现类的过程中也不会采取相同的思考过程。文献中遍布着发现类的方法。分析员起初可能会遵循其中的一种方法，但接下来的迭代几乎都要涉及非传统的、或者说是任意的机制。

Bahrami（1999）仔细研究了4种应用最普遍的识别类的方法：

- 名词短语方法。
- 公共类模式方法。
- 用例驱动方法。
- CRC（类-职责-协作者）方法。

Bahrami（1999）把每种方法都归功于已经发表的作品，但只有最后一种方法具有无可置疑的原创性。下面对这4种方法分别进行简要描述，然后给出一个采用混合方法的实例。

4.2.1.1.1　名词短语方法

名词短语方法建议分析员应该阅读需求文档中的陈述，从中寻找名词短语。每个名词都被认为是一个候选类，然后，将这些候选类分成3组：

- 相关类。
- 模糊类。
- 无关类。

无关类是指那些问题域之外的类，分析员无法明确地表达它们的目的。在有经验的实践者确定的候选类初始列表中，不太可能包含无关类。这样，识别和消除无关类的这个正式步骤就没有必要了。

相关类是指那些明显属于问题域的类，表示这些类名的名词在需求文档中频繁出现。另外，分析员能够从该应用领域的一般性知识中，从对相似系统、教科书、文档以及所拥有的软件包的研究中，来确认这些类的意义和目的。

模糊类是指那些分析员还不能完全确定无疑地将其划归为相关类的类。它们是最大的问题，分析员要对它们做进一步的分析。要么将它们划为相关类，要么将它们作为无关类排除。这些类的最后分组结果正是类模型好与坏的区别所在。

名词短语方法假定需求文档是完整而正确的。事实上，这一点很难做到。即使真的能做到，在大量的文本中进行单调无味的搜索也不一定能产生全面而精确的结果。

4.2.1.1.2　公共类模式方法

公共类模式方法是根据通用的对象分类理论来导出候选类。分类理论是研究将对象世界划分成有用的组，以便更好地进行推理的相关科学的一部分。

Bahrami（1999）列出了下面这些用于发现候选类的分组（模式）：

- *概念类*，概念是被绝大多数人认可并共享的一个想法。没有概念，人们就不能进行有效的交流，或者达不到满意的程度。（例如在航班预订系统中，Reservation就是一个概念类。）
- *事件类*，相对于我们的时间表来说，事件是不占用任何时间的事情。（例如，在航班预订系统中，Arrival就是一个事件类。）
- *组织类*，组织是任何形式的、有目的性的团体，或者是事物的集合。（例如，在航班预订系统中，TravelAgency就是一个组织类。）
- *人员类*，"人员"在这里理解为系统中由人担任的角色，而不是实际的人。（例如，在航班预订系统中，Passenger就是一个人员类。）
- *地点类*，地点是与信息系统相关的物理位置。（在航班预订系统中，TravelOffice就是这样的类。）

Rumbaugh等人（2005）提出了不同的划分方式：

- *物理类*，如Airplane。
- *业务类*，如Reservation。
- *逻辑类*，如FlightTimetable。
- *应用类*，如ReservationTransaction。
- *计算机类*，如Index。
- *行为类*，如ReservationCancellation。

公共类模式方法为识别类提供了有用的指南，但它并没有给出一个系统化的过程，使我们依照这个过程就可以发现可靠而完整的类的集合。使用这种方法可以成功地确定类的初始集，或者验证某些类（由其他方法导出的）是否应该保留。当然，公共类模式方法与特定用户需求的关系太松散，所以不能提供全面的解决方案。

公共类模式方法还存在一个特殊的问题——可能会误解类的名字。例如，Arrival的含义是什么？是指到达跑道（着陆时间）、到达航站楼（到港时间）、到达行李提取处（行李放行时间）？同样，美国本土人对Reservation这个词的理解与我们在这里所讲的含义完全不相关。

4.2.1.1.3 用例驱动方法

IBM统一软件过程（1.5.2节）强调用例驱动方法。用例的图形模型，加上叙述性描述、行为和交互模型（3.2节和3.4节）作为补充。这些附加的描述和模型定义了每个用例发生所需的步骤（和对象）。从这些信息中，我们能够通过泛化来发现候选类。

用例驱动方法具有自底向上的特点，一旦识别了用例并且系统的交互模型至少已经部分定义，则这些图中使用的对象就导致了类的发现。

实际上，用例驱动方法与名词短语方法有些相似，其共同点在于用例指定了需求这个事实。两者都是通过研究需求文档中的陈述来发现候选类的，而这些陈述是叙述性的还是图形的则是次要的。总之，在生命周期的分析阶段，大多数用例都只是用文本描述，而不带任何交互图。

用例驱动方法具有与名词短语方法相同的缺陷。作为一种自底向上的方法，用例驱动方法的准确性依赖于用例模型的完整性和正确性。用例模型的不完整会导致类模型的不完整。此外，类模型要与特定的功能相对应，这样就不必反映出标识业务领域的所有重要概念。对所有方法和目的而言，这都会导致功能驱动的方法（一些面向对象支持者更喜欢称之为问题驱动）。

4.2.1.1.4 CRC方法

CRC（类－职责－协作者）方法不仅仅是一种发现类的技术，它还是一种用来进行对象的解释、理解和教学的很有吸引力的方法（Wirfs-Brock和Wilkerson 1989; Wirfs-Brock等人1990）。CRC方法涉及头脑风暴式的集体讨论，通过使用一种特殊制作的卡片使其简单易行。这些卡片包含3个分栏：类名写在最上面的分栏中，类的职责列在左边的分栏中，协作者列在右边的分栏中。职责是当前类为满足其他类所准备执行的服务（操作），很多要履行的职责需要其他类的协作（服务），这些类被列为协作者。

CRC方法是开发者兴致勃勃"玩卡片"的过程——在执行一个处理场景（如用例场景）时，他们将类名、赋予的职责和协作者填入卡片。每当需要的服务没有被现有类覆盖时，就要创建一个新类，并分派适当的职责和协作者。如果一个类"太繁杂"了，就要分为几个较小的类。

与其他方法不同的是，CRC方法通过分析对象之间为了完成处理任务而传递的消息来识别类。它的重点放在如何在系统中均衡分布处理能力上，而且一些类是由技术设计需要而导出的，不是作为"业务对象"被发现的。从这个意义上说，CRC可能更适合去验证由其他方法发现的类。CRC也可用于确定类的属性（由类的职责和协作者所隐含的）。

4.2.1.1.5 混合方法

在发现类的实际过程中，不同时期可能采取不同的方法，常常涉及所有上述4种方法的要素。分析员全面的知识、经验和直觉也是作用因素。这个过程既不是自顶向下的，也不是自底向上的，而是从中间出发，我们称这样的类发现过程为混合方法。

下面是一个可能的场景。分析员首先根据常识和经验来发现类的初始集合。公共类模式方法提供辅助的指导。然后分析问题域的高层描述，采用名词短语方法再加入其他类。如果有了用例图，可以使用用例驱动方法加入新类，并验证已有的类。最后，采用CRC方法对目前发现的所有类进行集体讨论。

4.2.1.1.6 发现类的指南

分析员在选择候选类时，应该遵循下面列出的这些指南或经验法则（还不完全）。这些指南适用于发现实体类（4.1.3.1节）。

- 系统中的每个类都必须有清晰的目的陈述。
- 每个类都是一组对象的的模板描述。单例类——我们只能为它设想出一个对象，在"业务对象"中是不太可能出现的，这样的类通常组成应用的"公共知识"方面，并且在应用程序中被硬编码。例如，如果系统是为单个组织设计的，Organization类就没有存在的必要。
- 每个实体类必须拥有一组属性。通过确定标识属性（主键）来帮助我们推断类的基数——即数据库中该类对象数的期望值，这是一个好主意。然而要记住，类一般不需要有用户定义的主键。对象标识符（OID）用来标识类的对象（附录，A.2.3节）。
- 每个类应该有区别于其他类的属性。一个概念是类还是属性依赖于具体的应用领域。小汽车的Color一般被看做类Car的属性。但在油漆厂，Color被定义为一个类并带有自己的属性（亮度、浓度、透明度等）。
- 类拥有一组操作。当然，在本阶段，我们并不涉及操作的标识。类接口中的操作（类在系统中提供的服务）隐含在目的陈述中（见上面第一点）。

4.2.1.1.7 类发现的例子

🖳 例4.1　大学注册

考虑下面对大学注册系统的需求并识别候选类：

- 大学的每个学位都设置了多门必修课和多门选修课。

- 每门课都处于给定的级别并有学分值。
- 同一门课程可以是多个学位的组成部分。
- 每个学位都规定了完成学位所要求的最低总学分值。例如，包括必修课在内，BIT（信息技术学士）需要68学分。
- 学生可以对提供的课程进行组合，形成适合自己需要的学习计划，并且完成这些课程就能获得他们所注册的学位。

分析例4.1列出的需求，从中发现候选类。第1点中，相关类有Degree和Course。这两个类符合4.2.1.1.6节中的5条指南。我们还不能确定类Course是否应该特殊化为类Compulsory-Course和类ElectiveCourse。对一个学位来说，一门课程要么是必修的要么是选修的，但通过关联或者甚至通过类的属性就可以区分必修课或选修课。因此，在本阶段将CompulsoryCourse和ElectiveCourse看做模糊类。

在第2点中，只标识了类Course的属性——命名为courseLevel和creditPointValue。第3点刻画了类Course和类Degree之间的关联。第4点引入了minTotalCreditPoints作为类Degree的属性。

由最后一点，我们又发现了3个类——Student、CourseOffering和StudyProgram。前两个类毫无疑问是相关类，但StudyProgram可以转化为Student和CourseOffering之间的关联。由于这个原因，将StudyProgram归为模糊类。表4-1反映了上述的讨论。

表4-1　大学注册系统的候选类

相关类	模糊类
Course	CompulsoryCourse
Degree	ElectiveCourse
Student	StudyProgram
CourseOffering	

例4.2　音像商店

考虑下面对音像商店系统的需求，识别候选类：

- 音像商店的库存中存有大量当前流行的电影标题。某个特定的电影可以存放在录像带或光碟上。
- 电影有特定的租借期限（用天表示），并规定了该时段的租金。
- 音像商店必须能够立即回答某部电影的可用库存，必须了解并记录每盘带子和每张光碟的当前情况，并统计租借情况最好的带子和光碟的百分比信息。

例4.2列出的第1段陈述出现了几个名词，但其中只有部分名词可以归为候选类。音像商店不是一个候选类，因为整个系统都是关于它的（数据库中该类的对象将只有一个）。同样，库存和库的概念太一般化，至少在本阶段还不能作为类。相关类看来只有MovieTitle、Videotape和VideoDisk。

第2点说明了每部电影片名都带有其租赁价格。但没有阐述清楚，应如何理解"电影"——是电影片名还是电影介质（录像带或光碟）？我们还需要向客户澄清这一需求。同时，我们可能要声明一个模糊类RentalRates，而不是在电影片名或电影介质类中存储关于租借期限和租借费用的信息。

第3段需求表明，我们需要存储每盘带子和每张光碟的当前情况信息。但是，像videoCondition或percentExcellentConditon这样的属性一般可以在更高层的抽象类（可以称它为VideoMedium）中声明，然后被具体子类（如Videotape）所继承。这些讨论反映在表4-2中。

表4-2　音像商店系统的候选类

相关类	模糊类
MovieTitle	RentalRates
VideoMedium	
Videotape	
VideoDisk	

在例4.3中，第1段陈述包含了客户、合同和产品的概念。常识和经验告诉我们这些都是典型的类。但是，合同和产品不是关系管理系统范围内的概念，因而应该抛弃。

例4.3　关系管理

考虑下面对关系管理系统的需求，并识别候选类：

- 系统支持与当前客户和潜在客户"保持联系"的功能，以便能够响应他们的需要，赢得关于组织提供的产品和服务的新合同。
- 系统存储组织及组织联系人的姓名、电话号码、邮寄和快递地址。
- 系统允许雇员对需要做的、与相关联系人有关的任务和事件制定计划。雇员可以为其他雇员或为他自己制定任务和事件的计划。
- "任务"是为了实现某个结果而进行的一组事件。结果可以是将一个潜在客户转变成当前客户、组织一次产品运送或解决一个客户的问题。典型的事件类型为打电话、访问、发传真、安排培训等。

Customer是一个相关类，考虑到不是所有的联系人都是当前客户，我们偏向于称它为Contact。当前客户和潜在客户的区别也许表明或干脆并不表明要引入类CurrentCustomer和ProspectiveCustomer。既然还不能确定，所以将它们声明为模糊类。

列表中的第2点进一步阐明了上述讨论的观点。我们需要区分联系组织和联系人。这样看来，Customer不是一个恰当的类名。毕竟，Customer只隐含了当前客户，而且又可以同时表示组织和联系人。一个新的提议是命名类Organization、Contact（表示联系人）、CurrentOrg（已成为当前客户的组织）和ProspectiveOrg（已是潜在客户的组织）。

第2点中还提到了类的一些属性。其中，邮寄和快递地址是组合属性，它们适用于两个类Organization和Contact。这样，PostalAddress和CourierAddress被视作模糊类。

第3点引入了另外3个相关类——Employee、Task和Event，这段陈述解释了计划活动。在最后一点中，进一步阐述了这3个类的含义以及类之间的关系，但没有涉及新的类。关系管理实例中的候选类如表4-3所示。

表4-3　关系管理系统中的候选类

相关类	模糊类
Organization	CurrentOrg
Contact	ProspectiveOrg
Employee	PostalAddress
Task	CourierAddress
Event	

4.2.1.2　对类进行说明

一旦列出了候选类，就应该进一步说明这些类，将它们插入类图并定义属性。有些属性可以输入并显示在类图中表示该类的图标内，但类规格说明中的其他很多属性都只有文本表示。在输入和修改这些信息方面，CASE工具采用带有标签页或类似技术的对话框窗口来进行，提供了简便的编辑能力。

本节将在相对较高的抽象级别上讨论类的规格说明。重点放在类的正确命名以及属性的分配上。不考虑类操作的识别，UML的许多高级建模能力也没有用到，这些内容将在第5章及以后讨论。

4.2.1.2.1　类命名

每个类都要给定一个名字。在有些CASE工具中，还给类分配一个代码，代码可能与名字不同。代码遵守目标程序语言或数据库系统所要求的命名规则。由设计模型生成软件代码时，使用的是代码，而不是名字。

遵守统一的类命名规则是值得推荐的做法，PCBMER规则（4.1.3.2节）规定类名以大写字母开头，该字母表示类所属的体系结构层次（子系统/包）。原有的类名，紧随着表示层次的字母后，也以大写字母开头。对于组合名字，每个单词的第一个字母都大写（而不是用下横线或连字符分开）。这只是一种推荐的规则，但有理由让开发者遵循。

类名应尽可能是一个单数名词（如Course）或一个形容词加一个单数名词（如CompulsoryCourse）。很显然，类是很多对象的模板，因此使用复数名词不会增加任何新的信息。但有时，单数名词表达不出类的真正含义，在这种情况下，使用复数名词也是可以接受的（如例4.2中的Videotape）。

类名应该有意义，应该捕捉到类的真正本质。它应该从用户的词汇中（而不是从开发者的术语中）提取。

最好使用稍微长一点的名字，以使它不要太隐晦。但超过30个字母以上的名字也是不明智的（如果CASE工具使用的是类名而不是代码的话，有些程序设计环境可能不接受）。除了类名和代码之外，还可以有更长些的描述信息。

4.2.1.2.2 发现和说明类的属性

类的图标包含3部分——类名、属性和操作（附录，A.3节）。这里要讨论的是类属性的说明，它属于状态规格说明的范围。类操作的说明将在本章后面的4.3节行为规格说明中讨论。

属性是在发现类的同时被发现的，属性识别是定义类的副产品。这并不意味着属性发现是一个直截了当的活动，恰恰相反，它是一个很费力的、高度迭代的过程。

在最初的规格说明模型中，我们只定义那些对于理解该类对象所处状态来说非常必要的属性。其他属性可以暂时忽略（但分析员必须保证这些忽略的信息不能因为没有记录下来而在将来丢失）。虽然在需求文档中不可能提到所有的类属性，但重要的是，不要考虑需求中没有暗示的属性。更多的属性可以在后续的迭代中加入。

我们建议属性名使用小写字母，但复合名字中后续单词的第一个字母都大写（如streetName）。另一种方法是在单词间插入一个下划线来分隔（如street_name）。

4.2.1.2.3 类属性的发现和说明示例

📖 例4.4 大学注册

参照例4.1（4.2.1.1.7节），考虑下述来自需求文档的附加需求：

- 学生选课受时间表冲突以及当前所提供课程能接受的学生人数的限制。
- 学生提出的学习计划要输入到在线注册系统中。系统要检查学习计划的连贯性并报告其中存在的问题。这些问题需要在导师的帮助下解决，最终的学习计划需要经过系负责人的批准，然后转送给注册人员。

例4.4列出的第1点提到了时间表冲突，但我们还不能确定如何为它建模。我们在这里谈论的可能是一个用例，它从程序上确定了时间表冲突。

第1段陈述的第2部分可以通过在类ECourseOffering中增加属性enrolmentQuota来建模。很显然，ECourseOffering还应该具有属性year和semester。

列表的第2点强调需要EStudyProgram类。可以看出EStudyProgram组合了当前提供的许多课程。因此，EStudyProgram也应该具有属性year和semester。

对模糊类CompulsoryCourse和ElectiveCourse（表4-1）做进一步分析，我们看到，一门课程是必修的还是选修的与学位有关，同一门课程对某个学位来说是必修的，而对另一个学位就是选修的，甚至对其他有些学位是不允许的。如果是这样，根据它们自身的特性，CompulsoryCourse和ElectiveCourse就不是类（注意，这里还没有引入泛化建模——见附录A.7节）。

根据目前的讨论结果，建立类模型，如图4-4所示。另外，我们还使用了构造型<<PK>>

和<<CK>>来分别表示主码和候选码，这些是对类中对象的唯一标识。对属性的数据类型也进行了说明，数据类型遵照Java。

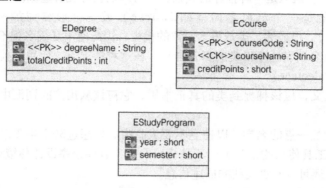

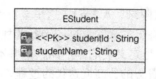

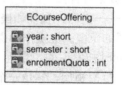

图4-4 大学注册系统的类规格说明

类EStudyProgram和ECourseOffering没给出标识性的属性。当发现类之间的关联（附录，A.5节）时将会加入这些属性。

例4.5 音像商店

综合考虑例4.2（4.2.1.1.7节）中列出的需求以及下面这些附加需求：

- 娱乐素材（如电影）的租金根据素材种类和包含素材的娱乐介质的不同而不同。通常，"娱乐介质"可以是视频介质，或者只是音频介质。视频介质可以是录像带、DVD或游戏CD。音乐CD是一种音频介质，但也有一些音乐CD是视频格式的，如VCD或DVD-A。
- 系统存储雇员的信息，并且为用户需要的每一项租借事务分配负责的雇员。
- 不同的租借期限，产生一个独立事务。每个租借事务中的娱乐素材可以涉及多种介质（只要所有项目租借时间相同即可）。娱乐介质可以包含电影、电视节目、游戏或音乐。
- 音像商店的雇员倾向于记住最流行电影的代码。他们常常用电影的代码，而不是用电影的片名来标识电影。这是非常有益的做法，因为同一个电影片名可能有不同导演发布的多个版本。

例4.5列出的第1段陈述解释了租借费用依赖于娱乐素材和不同的素材种类——EMovie、EGame和EMusic，例如他们还依赖存储娱乐素材的娱乐介质的不同而不同，如存储在EVideotape、EDVD或ECD上。

第2点表明了需要类EEmployee和ECustomer。这些类之间的关联以及管理租借事务的类（名为ERental）将在后面定义。

第3点定义了类ERental的主要职责。在一个事务中可以处理多个租借项目。这段陈述也解释了娱乐介质可以包含4种项目——电影、电视节目、游戏或音乐中的一种。

最后一段陈述给类EMovie中增加了属性movieCode（作为主码属性）和director，其他属性已在例4.2（4.2.1.1.7节）中讨论了。

按照例4.2和例4.5（上面）的讨论，音像商店应用的类模型如图4-5所示。EMovie.isInStock

是一个导出属性。EVideoMedium.percentExcellentCondition是一个类范围（静态）属性（附录，A.3.3节）。这个属性将包含EVideoMedium对象中属性值VideoCondition="E"（极好的）的对象所占的百分比。尽管图中没有显示，当需要时，类范围的操作（如名为computePercent-ExcellentCondition）将与该属性联合计算出它的当前值。

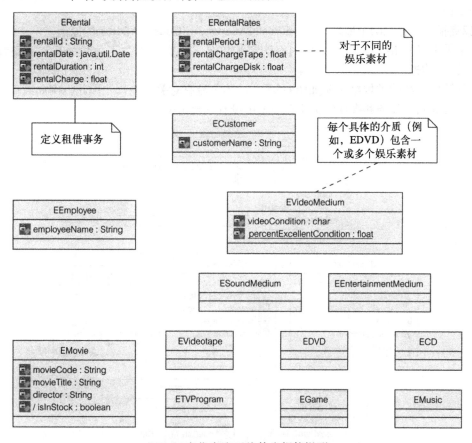

图4-5 音像商店系统的类规格说明

📖 例4.6 关系管理

参照例4.3（4.2.1.1.7节）并考虑如下附加信息：

- 如果我们与客户之间存在交付我们的产品和服务的合同，那么该客户就是当前客户。但合同的管理不在本系统范围内。
- 系统能根据邮寄和快递地址生成各种客户关系报表（如通过邮政编码找到所有客户）。
- 记录创建任务的日期和时间。期望从完成任务中得到的"钱数"也要存储下来。
- 雇员的事件要用类似于日历页面的形式显示在雇员的屏幕上（一天一页），每个事件的优先级（低、中或高）在屏幕上要可视化地区分开。
- 不是所有事件都规定完成时间——有些是不限时的（可以在被安排那天中的任意时间完成）。
- 事件的创建时间不能改变，但完成时间可以改变。
- 当事件完成了，完成日期和时间要记录下来。
- 系统还要存储创建任务和事件的雇员的标识、被安排执行事件的雇员的标识（"负责雇员"）以及完成事件的雇员的标识。

分析例4.6中的第1段陈述，我们得知当前客户这个概念是从EOrganization（作为客户）和Contract之间的关联导出的。这个关联非常容易变化，因此，添加新类CurrentOrg和ProspectiveOrg不可行。同时，系统不涉及合同管理，所以不负责维护Contract类。为这个方案建模的最好方式是增加一个导出属性EOrganization.isCurrent，供关系管理子系统在需要时进行修改。

第2点指出了存在两个地址类——EPostalAddress和ECourierAddress的原因。

其余的陈述提供了关于类属性内容的附加信息，还有一些关于关联关系和完整性约束（以后讨论）的提示。

关系管理系统的类规格说明如图4-6所示，其中没有对关系建模。因此，例如最后一段陈述中提到的雇员与任务和事件的关系在模型中没有反映出来。

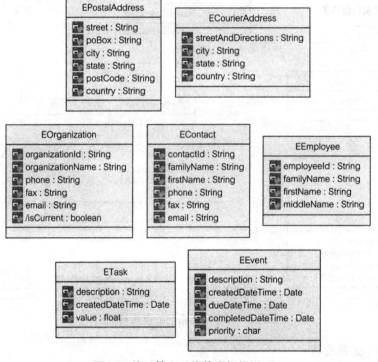

图4-6 关系管理系统的类规格说明

📖 例4.7 电话销售

查阅1.6.4节（问题陈述4）和2.5节给出的需求业务模型，参见例2.3中的电话销售应用。特别要考虑图2-16（2.5.4节）中的业务类图。再考虑如下附加需求：

- 活动都有一个标题，一般在提到该活动时使用。活动还有一个唯一编码作为内部索引。每次活动都在一个固定时间段内进行。当活动结束时进行抽奖，并且告知获奖者。
- 所有的彩票都编了号。同一次活动的所有彩票号都是唯一的，活动的总彩票数、到目前为止卖出的彩票数以及每张彩票的当前状态都是已知的（未卖出、被预订、交了钱、抽奖赢家等）。
- 为了确定协会中电话销售人员的效能，要记录通话时间和成功的结果（即产生了被预订的彩票）。
- 维护支持者的各方面信息。除了常规的联系信息外（地址、电话号码等），还包括像支持者第一次和最近一次参加活动的日期以及他们参加活动的次数等这种历史信息。知名支持者的任何优先权和限制信息（如不接电话的次数或者常用来购票的信用卡）也要保留。

- 电话销售的呼叫过程要进行优化排序，没有应答或用应答机应答的电话需要安排以后再试。当试图再一次呼叫时换一个时间很重要。
- 我们可以一次又一次地打电话，直到达到某个限度。这个限度对不同的通话类型可以不同，例如，正常的"请求"式电话与一个提醒支持者拖欠款项的电话可以有不同的限度。
- 对打电话可能的结果进行分类，以方便电话销售员进行数据录入，典型结果有：成功（彩票被预订）、不成功、以后再打电话、无应答、忙、应答机、传真机、错号、联系不上等。

从例4.7给出的第1段陈述中，我们可以导出类ECampaign的一些属性。ECampaign包含campaignCode（主键）、campaignTitle、dateStart和dateClosed。该段的最后一句话提到了活动的奖品。更深入的分析使我们相信，EPrize就它自己来说是一个类——它被提取出来，有赢家这个属性，而且必定还有其他没有明确声明的属性，如描述、奖金额度以及与该次活动其他奖金相对比的级别。

在类模型中增加EPrize，以及它的属性prizeDescr、prizeValue和prizeRanking。我们发现在一次活动中抽奖日期对所有的奖项来说都是一样的，所以在类ECampaign中增加属性dateDrawn。获奖者也是一个支持者，后面我们将用EPrize和ESupporter之间的关联来表示这个事实。

第2点中的信息是说每张彩票都有一个编号，但编号对所有的彩票来说不是唯一的（它只在同一次活动中唯一）。我们增加属性ticketNumber，但不能让它作为ECampaignTicket的主键。ECampaignTicket中另外两个属性是ticketValue和ticketStatus。彩票的总数和售出彩票的总数是ECampaign的属性（numTickets和numTicketsSold）。

第3点提出了一些具有挑战性的问题。我们需要什么数据结构来计算电话销售员的效能？首先，我们要找到能够表示他们效能的度量。一种可能是计算电话销售员平均每小时打电话的次数和平均每小时成功的电话次数，然后用成功次数除以总次数来计算效能指标。在类ETelemarketer中增加属性averagePerHour和successPerHour。

为了计算电话销售员的效能指标，需要存储每次的通话时间。这个信息存放在类ECallOutcome中，给该类增加属性startTime和endTime。我们假设每次打电话的结果将通过关联链接到一个电话销售员上。

对第4点进行分析，找到了类ESupporter的一些属性。这些属性是supporterId（主键）、supporterName、phoneNumber、mailingAddress、dateFirst、dateLast、campaignCount、preferredHours、creditCardNumber。其中有些属性（mailingAddress、preferredHours）非常复杂，在以后的开发过程中可能不得不将它们转换成类。但目前仍把它们当作属性来存储。

第5点提到了类ECallScheduled，我们给它加入属性phoneNumber、priority和attemptNumber。我们还不太确定如何支持在一天的不同时刻连续拨打电话的需求，这明显是调度算法的职责，但数据结构的支持是必需的。幸运的是，下一段陈述提供了一些关于这个问题的线索。

倒数第2段陈述产生了一个新类——ECallType。该类包含属性typeDescr、callAttemptLimit和alternateHours。后者是一个复杂的数据结构，与ESupporter中的preferredHours一样，它最终将成为一个独立的类。

最后一点对打电话的结果进行了分类。这直接说明了需要一个类EOutcomeType。可能的结果类型存储在属性outcomeTypeDescr中。虽然不清楚还有什么其他的属性包含在EOutcomeType

中，但我们相信它们将在详细需求的研究过程中显现出来。其中一个属性可能是followUpAction，保存每个结果类型的下一个典型步骤的信息。

　　根据上述讨论，得到一个类模型，如图4-7所示。在业务类模型（图2-16）中已经建立的关联仍然保留下来，没有增加新的关联。

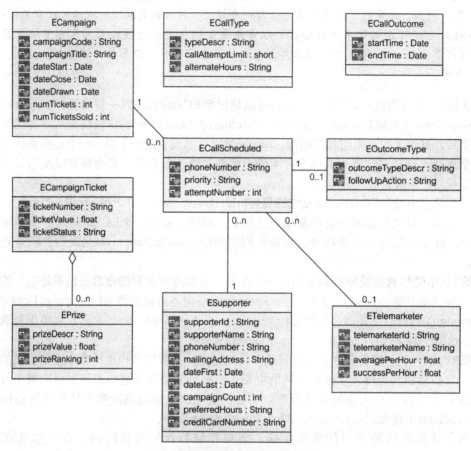

图4-7　电话销售系统的类规格说明

4.2.2　关联建模

　　关联连接着系统中的对象。它们使对象间的协作变得更容易。没有关联，对象仍然能联系起来并在运行时互相协作，但这需要使用计算方法。例如，程序运行过程中，一个对象可以通过消息中传递的对象来获取另一个对象的标识。或者，两个对象具有相同的属性，程序能在两个对象中找到相同的属性值（这类似于关系数据库中的参照完整性）。

　　关联是模型中最基本的关系——特别是在持久"业务对象"模型中。关联支持用例的执行，因此它与状态和行为规格说明关系紧密。

　　PCBMER框架的EAP原则（4.1.3.2节），主张程序中显式关联的重要性。该原则要求如果两个对象在运行时进行通信，那么它们就应该存在编译时关联。

4.2.2.1　发现关联

　　主要关联的发现实际上是类发现过程的一个副产品。当定义类时，分析员确定类的属性，其中一些属性就是与其他类的关联。属性可以是基本数据类型，或者也可以定义为其他类的类型，这样就建立了与其他类的关系。本质上，任何一个非基本数据类型的属性都应该被建模为与表示该数据类型的类的关联（或聚合）。

用例的"预演"过程可以发现其余的关联。在预演过程中，确定了类之间的协作路径——用例执行所必需的。而关联一般应该支持这些协作路径。

尽管关联用于消息传递，但循环关联和循环消息是不同的。循环关联，如图A-14（附录，A.5.2节）所示的最简单循环，频繁发生而且完全可以接受。循环消息，如两个或多个对象间来来往往以循环方式交流消息，由于引入了难于管理的运行时依赖，是很麻烦的事。因此，PCBMER框架建议循环消息应该去除（CEP原则，4.1.3.2节）。

偶尔，循环关联不是非得要（封闭地）交换才能充分表达其基本的语义（Maciaszek 1990）。也就是说，这个循环中至少有一个关联是能被导出的。相应的例子包含在图3-9（3.3.3节）中。导出关联在语义上是冗余的，应该去除（良好的语义模型应该是不冗余的）。不过，在设计模型中包含多个导出关联是可能的（例如为了效率的原因），而且是很可能的。

4.2.2.2 说明关联

关联的规格说明涉及：

- 给关联命名。
- 给关联的角色命名。
- 确定关联的多重性（附录，A.5.2节）。

关联的命名规则一般应该遵循类命名的约定。但是，在PCBMER的CNP原则中规定的，用一个表示体系结构层次的字母作为名字前缀的做法，并不适用于关联的命名。因为关联名在实现的系统中不表现出来，它们只服务于建模的目的。

相反，在实现的系统中，关联的角色将表示为关联所链接的类中的属性（附录，A.3.1.1节）。因此，关联角色的命名规则应该遵循属性名的约定——以小写字母开头，后续单词的第一个字母大写，组成含多个单词的名字（4.2.1.2.2节）。角色名还习惯上以单词"the"开头——如theOrderLine。

如果只有一个关联连接着两个类，那么这两个类之间的关联名和关联角色名的说明就可有可无了。CASE工具内部通过系统提供的标识名来区分每个关联。

角色名用于对较复杂的关联进行说明，特别是自身关联（连接同一个类的对象的递归关联）。如果要提供角色名的话，那么应该按照这样的理解来选择：在设计模型中，关联名将成为在关联另一端的那个类中的属性。

在关联的两端（角色）都应该对多重性加以说明。如果在本阶段多重性还不明确，其上下边界可以省略。

4.2.2.2.1 说明关联的示例

📖 例4.8 关系管理

参照例4.3（4.2.1.1.7节）和例4.6（4.2.1.2.3节）。使用这些例子给定的需求，来发现并说明关系管理系统中类之间的关联。

例4.8提到的关系管理系统的关联模型如图4-8所示，为了证实关联建模的灵活性，关联名和角色名的使用都是非系统化的。图中还包含类ETask的代码。代码是由所用的CASE工具（IBM Rational Rose）自动生成的。注意，如果在图形模型中提供了角色名，代码生成器就会使用这些名字。否则，CASE工具会自动生成角色名。例如，尽管模型中没有提供与EEvent关联的角色名，但在生成的代码中却存在实例变量theEEvent。

所有的以EPostalAddress和ECourierAddress为一端，以EOrganization和EContact为另一端的关联的多重性都是"1"。但在两对关联上加了异或{Xor}约束。在UML中，"异或约束说明这样一种情形：任何一个实例的多个可能关联，在同一时刻只能有一个关联实例化"

（UML2003）。异或约束用连接两个或多个关联的一条标着{Xor}的虚线表示（UML中波形括号表示强加在模型上的约束条件）。我们以EOrganization和EPostalAddress之间的关联为例进行说明。

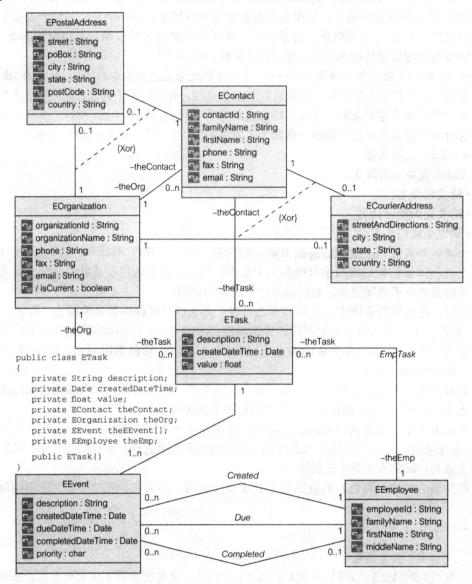

图4-8 关系管理系统的关联规格说明

在关联的"一"端，一个EOrganization对象最多连接到一个EPostalAddress对象上，而且是仅当了解该组织的邮政地址时。在这个关联的另一端，一个特定的EPostalAddress对象关联到一个EOrganization对象或者EContact对象。

ETask和EContact之间的角色-theContact的多重性没有指明。需求中没有解释一项任务是否必须直接链接到一个关系上。假如是这样，我们仍不能确定一项任务能否被链接到一个以上的关系上。

最后一点，在EEvent和EEmployee之间存在3个关联，这些关联确定哪个雇员创建了事件、指派哪个雇员负责完成它，以及哪个雇员将最终完成它。在创建事件时，还不知道哪个雇员将完成这个事件（所以关联completed在雇员一端的多重性是"0或1"）。

4.2.3 聚合及复合关系建模

聚合及其更强的形式——复合，表示复合（超集）类和一个构件（子集）类（附录，A.6节）之间的"整体－部分"语义。UML将聚合作为受约束的关联形式来处理，这在整体上低估了聚合的建模意义。我们完全可以说，聚合与泛化都是面向对象系统中支持功能复用的最重要的技术。

如果UML能支持下面这4种聚合语义（Maciaszek等人 1996b），其建模能力将会得到很大提高：

- ExclusiveOwns聚合。
- Owns聚合。
- Has聚合。
- Member聚合。

ExclusiveOwns聚合表示：

- 构件类对复合类具有存在依赖性。删除一个复合对象时，将向下扩散，相关的构件对象也被删除；
- 聚合是传递的，如果对象C1是B1的一部分，并且B1是A1的一部分，则C1是A1的一部分。
- 聚合是非对称的（非自反的），如果B1是A1的一部分，则A1不是B1的一部分。
- 聚合是固定的，如果B1是A1的一部分，则它决不是Ai（i≠1）的一部分。

Owns聚合支持ExclusiveOwns聚合的前3个特性，即：

- 存在依赖性。
- 传递性。
- 非对称性。

Has聚合在语义上弱于Owns聚合，Has聚合支持：

- 传递性。
- 非对称性。

Member聚合具有有目的地组合独立对象的特性，这个对象组并不假定具有存在依赖性、传递性、非对称性或固定性。它是一个抽象，其中一组构件成员被作为一个高层复合对象来考虑。在member聚合中，一个构件对象可以同时属于一个以上的复合对象。因此，member聚合的多重性可以是多对多的。

虽然已经认识到，聚合是一种至少与泛化同样重要的基本建模概念（Smith和Smith 1977），但在面向对象的分析和设计中还没有引起重视（除了在那些"完全匹配"的应用领域，如多媒体系统）。幸运的是，由于致力于设计模式的方法论学者的贡献和深入理解，这个趋势将来可能会被扭转。例如，在称作"四人组"（GoF）的模式（Gamma等人 1995）中对聚合的处理就是一个证据。

4.2.3.1 发现聚合和复合

聚合是在发现关联的同时被发现的。如果一个关联表现出上面讨论的4种语义特性中的一种或几种，那它就可以作为聚合来建模。检验方法是在说明这种关系时使用短语"具有"（"has"）和"是…的组成部分"（"is part of"）。自顶向下说明时，使用短语"具有"（例如，书具有章）。自底向上说明时，使用短语"是…的组成部分"（例如，章是书的组成部分）。如果关系用这些短语读出来时，句子没有意义，则这个关系就不是聚合。

从结构的观点来看，聚合经常将很多个类联系在一起，但当一个关联超出二元关联（附录，A.5.1节）时就没有意义了。当我们需要将两个以上的类链接在一起时，member聚合可能是一个极好的建模主张。注意，UML允许建立3个或更多类之间的n元关联。但本书不建议使用这种关联。

4.2.3.2 说明聚合和复合

UML对聚合只提供有限的支持，它将更强形式的聚合称为复合。在复合关系中，复合对象物理地包含部分对象（"通过值"语义）。一个部分对象只能属于一个复合对象，UML中的复合（或多或少）相当于我们的ExclusiveOwns聚合和Owns聚合。

UML将较弱形式的聚合简单地称为聚合。它具有"通过引用"语义——复合对象并不物理地包含部分对象。在模型中，同一个对象可以有多个聚合或关联链接。不太严格地说，UML中的聚合相当于我们的"has"和member聚合。

UML中的实心钻石形表示复合，空心钻石用来定义聚合。聚合规格说明的其他方面与关联的表示法一致。

4.2.3.3 聚合和复合规格说明示例

📖 例4.9　大学注册

参照例4.1（4.2.1.1.7节）和例4.4（4.2.1.2.3节），考虑下面的附加需求：

- 学生的学习成绩接收到请求时应该可以查看，成绩应该包括学生在他所注册的（并且没有因为在学期开始的3个星期内没交钱而退出）每门课中获得的等级信息。
- 每门课都有一位教师负责，但可以由另外的教师来上课。负责同一门课的教师每学期可以不同，并且每学期也可以由不同的教师来教这门课。

根据例4.9中的信息构建出的类模型，如图4-9所示，它强调聚合关系。EStudent "具有" EAcademicRecord，这种关系是UML复合关系（"通过值"语义），每个EAcademicRecord对象物理地嵌入在一个EStudent对象中。尽管存在关联Takes，EAcademicRecord还是包含了属性courseCode。这是必要的，因为关联Takes将由EStudent中集合类型的变量takesCrsoff——Set[ECourseOffering]来实现。属性takesCrsoff独立于被嵌入的EAcademicRecord对象的信息，尽管最后它要将EStudent链接到ECourse。

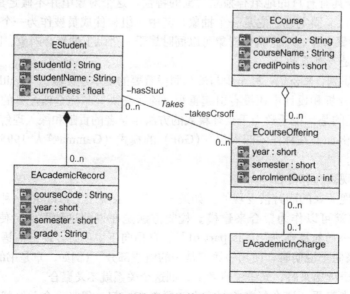

图4-9　大学注册系统的聚合规格说明

ECourse"具有"ECourseOffering，这种关系是UML聚合关系（"通过引用"语义），每个ECourseOffering对象只是逻辑地包含在一个ECourse对象中，ECourseOffering还可以参与其他的聚合和/或关联（如与EStudent和EAcademicInCharge）。

4.2.4 泛化关系建模

一个或多个类的公共特性（属性和操作）可以抽象到一个更一般化的类中，这称为泛化（附录，A.7节）。泛化关系将一般类（超类）与特殊类（子类）连接起来。泛化允许超类的特性被子类继承（复用）。在传统的面向对象系统中，继承应用于类上，而不是对象上（是类型被继承，而不是值被继承）。

除了继承，泛化还有两个目的（Rumbaugh 等人 2005）：

- **可替换性**。
- **多态性**。

在可替换性原则下，子类对象是超类变量的一个合法值。例如，如果一个变量被声明为保存Fruit对象，则Apple对象是它的合法值。

在多态性原则（附录，A.7.1节）下，同样的操作在不同的类中可以有不同的实现。一个调用对象可以在不知道或不关心这个操作的哪种实现将要执行的情况下调用一个操作。被调用的对象知道它属于哪个类并执行它自己的实现。

多态性在与继承联合使用时效果最好。常常在超类中声明一个多态操作，但却不提供实现，即给定了操作的**型构**（操作名和形式参数列表）。但在每个子类中必须给出其实现。这样的操作是抽象的。

抽象操作不应该与**抽象类**（附录，A.8节）混淆，后者是一个没有任何直接实例对象的类（但它的子类可以有实例对象）。例如，没有Vegetable的实例，那些直接实例都是类Potato、Carrot等的对象。

实际上，带有抽象操作的类就是抽象类。具体类，如Apple，不能带有抽象操作。抽象操作在行为规格说明中捕获，而抽象类属于状态规格说明的范畴。

4.2.4.1 发现泛化

分析员在确定类的初始列表时，就会看到许多超类/子类。在定义关联时，还会发现很多其他的泛化关系。不同的关联（甚至从同一个类出发的）可能需要在不同的泛化/特化层次上关联到一个类上。例如，类Course可以关联到Student（Student攻读Course），也可以关联到TeachingAssistant（TeachingAssistant教授Course）。进一步的分析可以证实TeachingAssistant是Student的一个子类。

对泛化的检验方法是在说明这种关系时使用短语"可以是"（"can-be"）和"是一种"（"is a kind of"）。在自顶向下说明时，使用的短语是"可以是"，如Student"可以是"Teaching Assistant。在自底向上说明时，使用的短语是"是一种"，如TeachingAssistant"是一种"Student。注意，如果TeachingAssistant也是一种Teacher时，我们就建立了多重继承（附录，A.7.3节）。

4.2.4.2 说明泛化

类之间的泛化关系表明一个类可以共享一个或多个其他类中定义的结构和行为。在UML中，泛化表示为一条带箭头的指向超类的实线。

完整的泛化规格说明包含着很多功能强大的选项，来进一步定义泛化关系。例如，通过说明泛化的可访问性，标识一个类是否向另一个类公开其权限，或者在多重继承的情况下决定要做什么等。这些问题将在第5.2节中讨论。

4.2.4.3　泛化规格说明示例

例4.10　音像商店

参照例4.2（4.2.1.1.7节）和例4.5（4.2.1.2.3节）。图4-5（例4.5中）中标识的类隐含着一个以类EEntertainmentMedium为根的泛化层次。同时还隐含着一个类似的泛化层次，其根类可以命名为EEntertainmentItem或EEntertainmentItemCategory。

我们的任务是扩展图4-5所示的模型，加入类之间的泛化关系，并在两个泛化层次之间建立基本的关联关系。为了发现源于类EEntertainmentMedium的泛化层次中类之间的状态差异，我们假定一张EDVD的存储容量能够存储同一部电影的不同语言或者不同结局的多个版本。模型中不需要解释游戏和音乐CD的特性。

根据例4.10描述的强调泛化的音像商店，得到修改后的类模型，如图4-10所示。其中，泛化层次表明EEntertainmentMedium"可以是"EVideoMedium或ESoundMedium。EVideo-Medium"具有"ESoundMedium。EVideoMedium"可以是"EVideotape、EDVD或ECD。ECD"是一种"ESoundMedium。但在有些情况下，ECD也"是一种"EVideoMedium。对ECD的进一步细化，如分成游戏CD和音乐CD两类或区分VCD和DVD-A格式，没有考虑。第二个泛化层次表明EEntertainmentItem"可以是"EMovie、ETVProgram、EGame或EMusic。EEntertainmentMedium、EEntertainmentItem、EVideoMedium和ESoundMedium都是抽象类（名字以斜体字显示）。抽象类不实例化对象（附录，A.8节）。EVideoMedium对象由具体类EVideotape、EDVD和ECD实例化。在这些具体类中，必须对抽象操作computePercent-ExcellentCondition()进行声明（实现）。

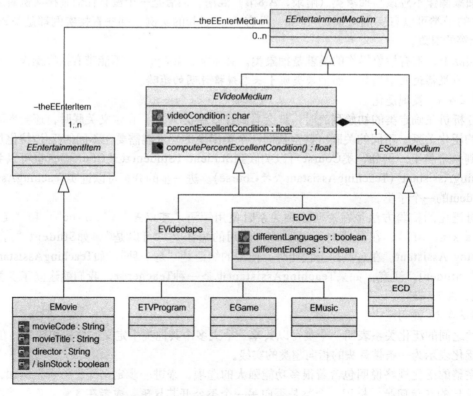

图4-10　音像商店系统的泛化规格说明

具体类继承其超类的所有属性。因此，例如所有EVideotape对象都有一个实例变量videoCondition和一个类变量percentExcellentCondition，并通过实例变量theEEnterItem与EEntertainmentItem对象关联。

4.2.5　接口建模

尽管接口没有实现，但它们却提供了某些最强大的建模能力（附录，A.9节）。接口没有属性（除了常量）、关联或状态。它们只有操作，并且所有操作都隐含是公共的和抽象的。在实现接口的类中，这些操作都要被声明（即变成实现了的方法）。

接口与类没有关联，但它们可以作为来自于类的单向关联的目标方。当实现关联的属性被定义成接口类型而不是类类型时，会发生这种情况。任何这样的属性值都是对某个实现了接口的类的引用。

一个接口可以和另一个接口具有泛化关系。这意味着一个接口可以通过继承另一个接口的操作来扩展另一个接口。

4.2.5.1　发现接口

与本章迄今为止讨论的其他建模元素不同，接口不是在对问题域的分析中发现的。接口与使用合理的建模规则来构建健壮的和可支持的系统有关。通过区分使用接口的类与实现接口的类，接口使系统更容易理解、维护和演进。

接口是加强体系结构框架，如PCBMER框架（4.1.3节）的基础。它们可以用于打破系统内的循环依赖，实现发布者/订阅者事件方案，对未注册的客户端隐藏实现等等。一般情况下，接口只显示一个实际类的有限行为。

4.2.5.2　说明接口

接口代表类，因此，可以使用象征类的矩形加上关键字<<interface>>来构造表示。构造型关键字可以用另一种表示符号——在矩形右上角的小圆圈来代替。接口还可以显示为一个小圆圈，小圆圈下写上接口的名字。

一个类使用（依赖）接口，用指向接口的一条虚线箭头来表示。为了表示得更清楚，箭头可以加上构造型关键字《use》。在接口支持的所有操作列表中，类只可以使用可选的操作。

一个类实现（提供）了接口，用一条末端带有三角形的虚线表示。该符号除了是虚线外，与泛化符号类似。为了表示得更清楚，虚线可以加上构造型关键字<<implement>>。该类必须实现（提供）接口支持的所有操作。

4.2.5.3　接口规格说明示例

📋 例4.11　关系管理

参照例4.3（4.2.1.1.7节）、例4.6（4.2.1.2.3节）和例4.8（4.2.2.2.1节）。特别要考虑图4-8（例4.8）中的类EContact和EEmployee。这两个类有一些共同的属性（firstName、familyName）。那些访问这些属性的操作可以提取出来成为一个接口。

假定我们需要在屏幕上显示到期未付的事件信息。相应的表示层类负责显示到期未付事件列表、客户的名字、雇员的名字以及客户的其他联系信息（电话和邮箱）。

我们的任务是给出一个模型，具体要求是：表示层类使用一个或多个被EEmployee和EContact实现的接口来支持"显示到期未付事件"的部分功能。

图4-11（例4.11）包含两个接口，这两个接口用两种不同的图形表示法表示。接口IAPerson被EEmployee实现，接口IAContactInfo被EContact实现。因为IAContactInfo继承了IAPerson，所以EContact也实现了IAPerson的操作。

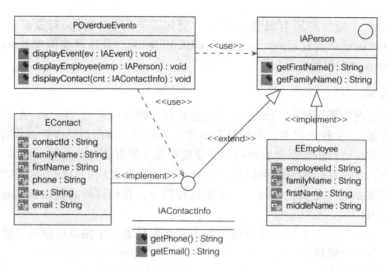

图4-11 关系管理系统的接口规格说明

POverdueEvents是表示类，模型中显示了它的3个操作。操作displayEmployee()接受IAPerson作为参数，因此它能够对给定的EEmployee对象执行getFirstName()和getFamily-Name()方法。

同样地，操作displayContact()得到一个IAContactInfo对象，那么它就能调用那些由IAContactInfo提供并被EContact实现了的方法。这样的方法有4个，分别是getPhone()、getEmail()、getFirstName()和getFamilyName()。

4.2.6 对象建模

建模涉及系统的定义。模型不是一个可执行系统，因此，它不显示实例对象。在任何情况下，在任何有意义的系统中，对象的数量都是巨大的，将它们用图形方式表现出来也是不可能的。然而，在为类建模时，我们经常会设想对象并用对象的例子来讨论某些困难的场景。

4.2.6.1 说明对象

UML提供了对象的图形表示（附录，A.2.1节），我们可以绘制对象图来说明数据结构，包括类之间的关系。对象图可用作例子来阐明较复杂的数据结构以及对象之间的链接。链接的显示能使人们清楚地理解在系统运行期间对象是如何合作的。

4.2.6.2 对象规格说明示例

📖 **例4.12 大学注册**

在本例中，我们的任务是显示一些对象，这些对象代表着图4-9（例4.9，4.2.3.3节）所示的类模型中的类。

图4-12（例12）是与图4-9中的类模型相对应的对象图。它表明一个Student对象（Don Donaldson）物理地包含两个AcademicRecord对象（针对课程COMP224和COMP326），Don当前注册了两门课：COMP225和COMP325。COMP325将在2007年的第二个学期开课。Rick Richards是负责授课的教师。

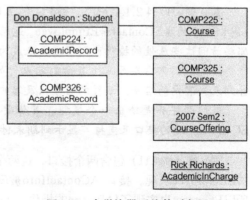

图4-12 大学注册系统的对象图

复习小测验4.2

RQ1　CRC方法的作用是什么？

RQ2　角色名的作用是什么？

RQ3　在聚合中，传递性的含义是什么？

RQ4　子类对象是超类变量的一个合法值，这项观察结果与什么原则有关？

4.3　行为规格说明

系统的行为，就是它展现给外部用户的，通过用例来描述（3.1节）。用例模型可以在不同的抽象层次上生成。它们可以将系统看作一个整体，说明开发中的应用所具有的主要功能单元。也可以用来获取UML包、包的一部分或者甚至是包中的类的行为。

在分析期间，用例通过关注系统做什么或者应该做什么来捕捉系统需求。在设计阶段，用例视图可以用来说明系统将要实现的行为。

由用例指定的行为，要求通过计算以及对象间进行交互来执行一个用例。计算可以用活动图建模，对象的交互可以用顺序图或者通信图来说明。

行为规格说明提供系统的操作视图，主要任务是定义应用领域中的用例，并确定在这些用例的执行中将涉及哪些类，标识类操作和对象之间的消息传递。虽然对象交互也会引起对象状态的变化，但在行为规格说明中，我们只定义关于系统的冻结状态的操作视图，对象状态的变化将在状态变更规格说明中明确地描述。

用例模型应该与类模型同时交替开发。状态规格说明中确定的那些类将被进一步精化，并标识出最重要的操作。不过，要注意状态规格说明中通常只定义实体类（"业务对象"）。随着行为建模的进行，其他层的类（4.1.3.1节）将被揭示出来。

4.3.1　用例建模

用例建模与需求确定是紧密结合的（第2章）。需求文档中的文字需求要跟踪规格说明文档中的用例。如果用例驱动了开发过程的其余部分，那这个过程就是*功能驱动的*（4.2.1.1.3节）。

如同类建模一样，用例建模也是迭代和增量式的。初步的用例图可以根据顶层需求确定。这是一个业务用例模型（2.5.2节），进一步的求精应由更详细的需求来驱动。如果在开发生命周期中用户需求改变了，这些变化应首先体现在需求文档中，接着在用例模型中出现。然后，用例模型的改变被向下追溯到其他模型中（Hoffer等人2002；Rational 2000）。

分析员在发现用例时，必须要遵循用例概念的本质特性。一个用例表示（Hoffer等人1999；Kruchten 2003；Rumbaugh等人2005；Quatrani 2000）：

- 一个完整的功能，包括逻辑的主流、关于它的任何变化（子流）以及任何例外条件（备选流）。
- 一个外部可见的功能（不是内部功能）。
- 一个正交功能（虽然在用例执行期间可以共享对象，但是每个用例的执行独立于其他用例）。
- 由一个参与者启动的一个功能（但一旦被启动，这个用例可以与其他参与者交互）——但也可能有参与者只处于由其他参与者启动（也许是间接地）的用例的接收端。
- 给参与者传递确切值的一个功能（并且这个值是在一个用例中获得）。

从对下面信息的分析中发现用例：

- 需求文档中标识的需求。
- 系统的参与者以及他们的使用目的。

需求管理问题已在2.4节中讨论过。我们回忆一下，需求是分类的。为了发现用例，我们

只对功能性需求感兴趣。

可以通过分析参与者执行的任务来确定用例。Jacobson（1992）建议向参与者询问一组问题。对这些问题的回答可能导致用例的发现。这些问题是：

- 每个参与者要执行的主要任务是什么？
- 参与者将访问或修改系统中的信息吗？
- 参与者要将其他系统的变更通告给本系统吗？
- 应该把系统中预料之外的变更告知参与者吗？

在分析中，用例记载参与者可确认的需要。从某些方面来说，这些都是**参与者用例**。既然用例决定着系统的主要功能构建块，因此还需要标识**系统用例**。系统用例从参与者用例中抽取出共同点，允许开发出适合（通过继承）一组参与者用例的通用解决方案。系统用例的"参与者"是设计师/程序员，而不是用户。系统用例在设计阶段进行标识。

4.3.1.1 说明用例

用例规格说明包括参与者、用例和下面4种关系的图形表示：

- 关联。
- 包含。
- 扩展。
- 泛化。

关联关系建立参与者和用例之间的通信渠道。包含关系和扩展关系是由单词<<include>>和<<extend>>来构造表示。泛化关系允许一个特殊化的用例改变基础用例的任何方面。

<<include>>关系允许将被包含用例中的公共行为分解出来。<<extend>>关系通过在特定的扩展点激活另一个用例来扩展一个用例的行为，从而提供了一种可控的扩展形式。<<include>>关系与<<extend>>关系的不同点在于"被包含"的用例对"激活"用例的完成来说是必需的。

实际上，如果花费太多的工作量来发现用例之间的关系，以及确定哪些关系适用于一对特定用例的话，项目将很容易陷入困境。另外，高层用例往往紧密地交织在一起，以至于关系链接占据图的主要部分，使图难于理解，从而使注意力从正确的对用例的标识上转移到用例关系上。

4.3.1.2 用例规格说明示例

📖 **例4.13 大学注册**

参照1.6.1节中关于大学注册系统的问题陈述1，以及例4.1和例4.4（4.2.1节）中定义的需求，我们的任务是从功能性需求分析中确定用例。

例4.13中的大学注册系统的高层用例图，如图4-13所示。该模型包含4个参与者和4个用例。每个用例由一个参与者启动，是一个完整的、外部可见的和正交的功能。除了Student以外，所有的参与者都是启动参与者。Student首先获取考试结果和注册指导，然后才能输入和验证下学期的学习计划。

用例Provide examination results可以<<extend>>用例Provide enrolment instructions，但前者并不总是扩展后者。例如，对新生来说，考试结果还是未知的。这就是我们为什么用<<extend>>构造型，而不是用<<include>>来为这个关系建模的原因。

从用例Enter program of study到用例Validate program of study建立了<<include>>关系，这个<<include>>关系表明前者总是包含后者，每当输入学习计划时，都要验证是否存在时间冲突和特殊的批准等。

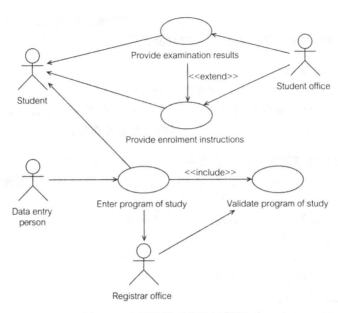

图4-13　大学注册系统的用例图

📖 例4.14　关系管理

参照关系管理系统（1.6.3节）的问题陈述3，以及例4.3及例4.6（4.2.1节）中定义的需求，我们的任务是从功能性需求分析中确定用例。

例4.14中的关系管理系统的用例图，如图4-14所示，其中有3个参与者和5个用例。这个模型有趣的是，参与者通过泛化建立了关系。Customer services manager "是一种" Customer Services employee，接下来Customer Services employee "是一种" Employee。泛化层次提高了该图的表达能力，任何由Employee执行的事件都可以由Customer services employee或Customer services manager来执行。因此，Customer services manager隐式地与模型中的每个用例相关联（并都可以启动它们）。

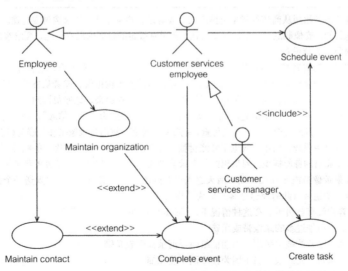

图4-14　关系管理系统的用例图

根据在没有安排第一个事件时不能创建任务这个需求，用例Create task包含了Schedule event。而<<extend>>关系表明，事件的完成可能会引发组织或关系信息的改变。

例4.15　音像商店

参照音像商店系统（1.6.2节）的问题陈述2和例4.2及例4.5（4.2.1节）中定义的需求，我们的任务是从功能性需求分析中确定用例。对其中的一个用例，写出带如下标题的叙述性规格说明：概述、参与者、前置条件、描述、例外以及后置条件。

例4.15音像商店系统的用例图，如图4-15所示。其中有6个用例，只有两个参与者。图中没有显示次要参与者，如Customer或Supplier，这些参与者不启动任何用例。参与者Employee启动所有的用例。Scanning device和Employee之间是依赖关系，分析员用短语<<depends on>>构造表示。

表4-4说明，用例的图形表示只是完整用例模型的一个方面。图中的每个用例必须在CASE工具资源库中进一步文档化，特别需要的是叙述性描述。表4-4采用一个普遍应用的结构来进行用例的叙述性规格说明（3.1.4节）。在6.5.3节中，还包含着一个结构相似、更贴近实际的用例文档实例。

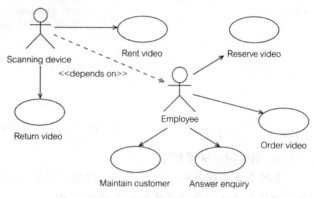

图4-15　音像商店系统的用例图

例4.16　电话销售

参照1.6.4节关于电话销售系统的问题陈述4和在例2.1～2.4（2.1.1.2～2.5.2节）以及例4.7（4.2.1.2.3节）中定义的需求，我们的任务是从功能性需求分析中确定用例。

表4-4　音像商店系统中用例"Rent video"的叙述性规格说明

用　　例	Rent video
简要描述	客户希望租用从商店的货架上挑选的，或者是客户事先预订的录像带或光碟。假定客户的账号是不能拖欠的，音像制品一旦借出就要付钱。如果在规定的时间内没有归还，要给客户寄一个过期通知
参与者	雇员、扫描设备
前置条件	有录像带或者光碟可供租用，客户有会员卡，扫描设备正常工作，前台雇员知道如何使用系统
主流	客户询问雇员是否还有某音像制品（包括预订的）可供租借，或者从货架上挑选录像带或光碟。录像带和会员卡都要扫描，任何拖欠或过期的情况都要提出来，让雇员询问客户。如果客户没有拖欠级别，那么他最多可以租借8盒带子。如果客户的拖欠级别为"不可信赖"，则需要为每个录像带或光碟缴纳一个租期的押金。一旦收到付款，就要更新库存，然后将录像带和光碟与租费收据一起交给客户。客户可以用现金、信用卡或电子转账付款。每个租借记录存储（在客户的账号下）借出时间和到期时间以及雇员的身份标识。对借出的每个录像带或光碟都要创建一个单独的租借记录 　　如果录像带或光碟在到期后两天之内没有归还，这个用例将给客户发送一个到期通知，过两天再发送一个通知（此时将这个客户记为"拖欠"）
备选流	• 客户没有会员卡。在这种情况下，"Maintain Customer"用例被激活，给客户发一个新卡 • 试图租借过多的录像带或光碟 • 因为客户的拖欠级别，不能借给他任何录像带或光碟 • 录像带、光碟或会员卡因为损坏而不能扫描 • 电子转账或信用卡支付被拒绝
后置条件	录像带或光碟被借出，并更新数据库

　　例4.16的解决方案如图4-16所示，包含了很多用例。参与者直接与3个用例（Schedule and make next call、Record call outcome以及Display call details）交互。最后一个用例可以依次被Display campaign details、Display supporter history和Display prize details扩展。用例Update supporter扩展了Display supporter history。Record ticket sale和Schedule callback能够扩展Record call outcome。虽然假定参与者能间接地与扩展用例通信，但图中没有直接画出与这些用例的通信链接。

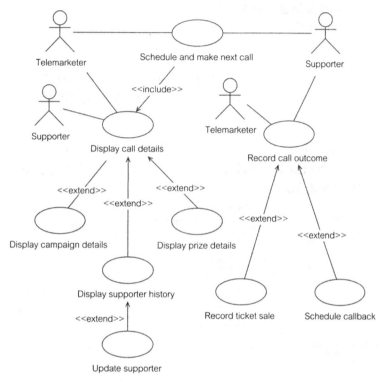

图4-16　电话销售系统的用例图

4.3.2　活动建模

　　与过程式程序设计的结构化方法中常用的流图和结构图一样，活动图表示面向对象程序中的逻辑流（虽然是在一个较高的抽象层次上）。除了表示顺序控制外，它还使得并发控制表示成为可能。

　　活动模型广泛地应用于设计中。然而，它们还提供了适合在分析抽象层次上表示计算或工作流的重要技术。活动图可用来显示不同层次的计算细节。

　　活动模型对定义用例执行的动作流程特别有用。虽然动作是由对象（作为操作者）执行的，但活动图并不明确显示执行这些动作的对象类。因此，即使类模型还没有开发，或正在开发中，就可以构造活动图。最终，每个活动将由一个或多个协作类中的一个或多个操作来定义。这种协作的详细设计很可能采用协作图（3.2节）来建模。

4.3.2.1　发现动作

　　每个用例都可以用一个或多个活动图来建模。参与者发起的启动用例的事件就是触发活动图执行的事件。执行从一个动作到下一个动作顺次进行。一个动作在它的计算完成时就结束了。那些引起动作结束的基于事件的外部中断只在异常情况下才允许。如果预期这些中断会频繁出现，则应该使用状态机图（3.5.2节）。

发现动作的最好方法是对描述用例的叙述性规格说明中的语句进行分析（见表4-4）。任何带动词的短语都是候选动作。备选流的描述引入了判定（分支）或并发线程的分叉。

4.3.2.2　说明动作

活动由动作组成。活动的执行包括其中动作的执行。一旦发现了活动，对它们执行的规格说明就是用控制流和对象流来连接其动作执行的过程。当需要对动作所访问的数据以及动作如何传递数据进行建模时，要使用对象流。并发线程的发起（分叉）和汇合用同步线段表示，可选线程用分支菱形来创建（分支）和合并。

4.3.2.3　活动规格说明示例

例4.17　音像商店

参照例4.15（4.3.1.2节），特别是用例"Rent Video"的叙述性规格说明（表4-4），我们的任务是为"Rent Video"设计一个活动图。该图应该显示由控制流（不需要显示对象流）连接的动作执行的顺序。

图4-17是例4.17中的"Rent Video"用例的活动图。不出所料，这个图反映了用例的叙述性规格说明（表4-4）。当扫描客户卡或音像制品时，这个过程就开始了。这两个动作被认为是相互独立的（用分叉来表示）。

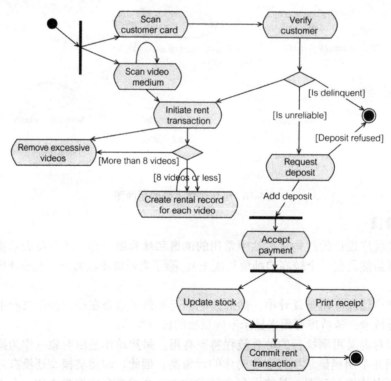

图4-17　音像商店系统中的用例Rent video的活动图

动作Verify Customer是检查客户的历史记录，然后对判定（分支）条件求值之后继续进行计算。如果客户有拖欠，则"Rent Video"终止。如果客户不可靠，那么在结束事务之前要求先付押金。如果客户有良好的记录，那么就激活动作Initiate rent transaction。

第二个分支条件保证同一个客户最多可以借八盒录像带。在所付款项被接收后，另一个分叉允许动作Update stock和Print receipt并发执行。这两个并发线程汇合后激活动作Commit rent transaction，之后整个处理终止。

4.3.3 交互建模

顺序图和通信图是两种交互图，它们展现了对象之间为完成一个用例、一项活动、一个操作或其他行为构件所需的**交互**模式。

顺序图按时间顺序展示对象之间的消息交换，通信图则强调消息交换时对象之间的关系。我们发现顺序图在分析中更有用，而通信图在设计中更有用。

因为交互模型涉及对象，所以至少要求状态建模的第一次迭代已经完成，并且主要的对象及类也已经标识出来。尽管交互会影响对象的状态，但交互图并不直接为对象的状态变化建模，这属于状态机图和状态变更规格说明的范畴（3.5节和4.4节）。

交互图可以用于确定类的操作（方法）（3.4.3节和4.3.4节）。因为在交互图中，发给对象的任何消息都必须由这个对象类中的某个方法来处理。

4.3.3.1 发现消息序列

从活动模型中可以发现消息序列。活动图中的动作映射为顺序图中的消息。如果构造活动模型的抽象层次与顺序模型的抽象层次相似的话，那么从动作到消息的映射就非常直接了。

4.3.3.2 说明消息序列

在说明消息时，区别一下作为信号的消息和作为调用的消息很有帮助："消息是一个对象（发送者）向一个或多个对象（接收者）传递的信号，或者是一个对象（发送者或调用者）对另一个对象（接收者）操作的调用"（Rumbaugh等人 2005：470）。信号表示对象间的异步通信，发送者在发送信号消息之后可以立即继续执行。调用意味着同步的操作调用，规定要将控制返回给发送者。从面向对象实现的观点出发，信号隐含着事件处理，而调用隐含着消息传递（Maciaszek 和 Liong 2005）。

被消息激活的方法可以给，也可以不给调用者返回数据值。如果没有返回值，那么返回类型就是void。否则，返回类型就是某种基本类型（如char）或非基本类型（一个类）。在顺序图中，通常不显示返回类型。如果需要，可使用专门的返回线（虚线箭头）明确地显示返回类型。注意返回类型与返回（调用返回）消息不同。

4.3.3.3 序列规格说明示例

📖 例4.18 大学注册

参照例4.9（4.2.3.3节）和例4.12（4.2.6.2节）以及图4-13中的用例"Enter program of study"，这个用例中有一个活动是向开设的课程中增加学生，我们的任务就是为这个活动构建一个顺序图。

这里不涉及对输入的学习计划进行验证。而由另一个用例（"Validate Program of Study)来处理前提条件、时间表冲突、特殊的批准等方面的验证。我们的任务只是检查学生想要注册的课程在下学期是否开设，以及是否还开放（是否还有空缺）。

对于例4.18中的问题，图4-18和图4-19给出了两个差异很大的解决方案——一个集中，另一个分散（Fowler 2004）。图4-18是集中式的方案，令人回想起过程程序设计范型。在这种方法中，由一个类（CEnroll）负责，它完成大部分工作。图4-19中的顺序图是分布式方案，很多对象都参与到服务的实现中。没有中心控制点，处理能力分散给多个对象。通常，一个良好的（可重用而且可支持）面向对象解决方案，更倾向于分布式方法。

两种方案中，都引入了参与者（Data entry person）来启动处理过程。但在UML中，不需要了解处理的启动者。第一个消息——称为发现消息（Fowler 2004），其来源可以不确定。但是，很多CASE工具不支持不确定的源。

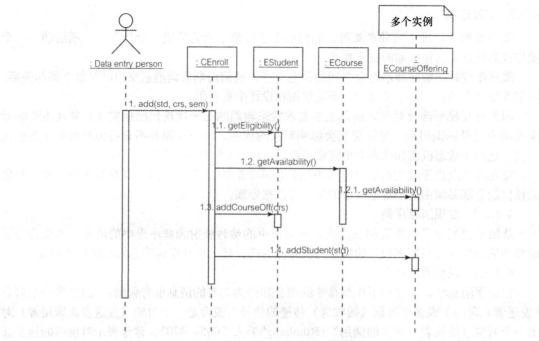

图4-18　大学注册系统的集中式顺序图

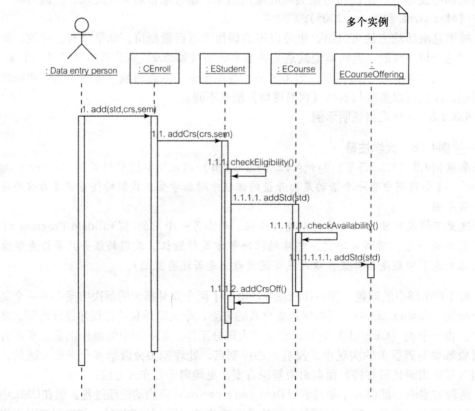

图4-19　大学注册系统的分布式顺序图

当控制对象CEnroll收到一个请求，要在某个semester（参数sem）给一门course（参数crs）add()一个学生（参数std）时，处理就开始了。在两种方案中，CEnroll都让EStudent继续进行处理。但在集中式方案中（图4-18），只要求EStudent返回其注册资格（如这个学生是否已经缴纳了费用）。另一方面，在分布式方案中（图4-19），委托EStudent检查他自己的资格，并且如果合格，就进行他自己的注册。

假定EStudent是合格的，可以注册。在集中式方法中，CEnroll再次掌握控制权（假定是有时称为的上帝类）。在分布式方法中，EStudent负责请求ECourse，使其得到注册。为了让EStudent能请求ECourse服务，在addCrs()的参数中已向EStudent传递了crs和sem。

实际上，EStudent不是在ECourse中注册，而是在ECourseOffering中注册。这使得ECourse和ECourseOffering的多个实例之间的潜在通信成为必需。向开设的课程中注册学生需要在相应的EStudent对象和ECourseOffering对象之间建立双向关联。集中式方案中，CEnroll建立了这样的关联。分布式方案中，ECourseOffering建立了与EStudent的链接，并将它自己返回给EStudent，以便EStudent可以设置与ECourseOffering的链接。

4.3.4 操作建模

类将一组操作作为服务提供给系统中的其他类，这组操作就确定了类的公共接口，声明为公共可见性。只有通过公共接口，对象才能相互合作执行用例和活动。

公共接口在分析阶段将要结束时被首次确定，这时状态和行为规格说明大多已经定义。在分析阶段，我们只定义每个公共操作的型构（操作名、形式参数列表、返回类型）。在设计阶段，我们将对实现这些操作的方法提供算法定义（如伪代码）。

4.3.4.1 发现类操作

最好从顺序图中发现类操作。顺序模型中的每一个消息，都必须有目标对象（3.4.3节）的一个操作为其服务。如果顺序模型已全部建好，公共操作的确定过程就是一项自动化工作。

但在实践中，即使为所有用例和活动都开发了顺序图，也不可能为发现所有的公共操作提供足够的信息。另外，顺序图不能显示跨越用例边界的操作（例如，跨越多个用例的业务处理）。

基于这些原因，使用其他发现操作的方法将会有所帮助。其中一个方法来自这个观察，即对象为自己的命运负责，因而它们必须支持4种基本操作：

- 创建。
- 读取。
- 更新。
- 删除。

这些操作称为CRUD操作（2.5.2节）。CRUD操作允许其他对象向一个对象发送消息来请求：

- 一个新的对象实例。
- 访问对象的状态。
- 修改对象的状态。
- 对象销毁自己。

4.3.4.2 说明类操作

在生命周期的这个阶段，需要修改类图以包含操作型构。操作的范围也可以在这里确定。假定默认的是实例范围（操作应用于一个实例对象）。类（静态）范围必须显式声明（操作名前面的$符号），表明操作应用于类对象上（附录，A.3.3节）。

操作的其他属性，如并发性、多态行为以及算法规格说明，将在后面的设计阶段指定。

4.3.4.3 操作规格说明示例

📖 **例4.19 大学注册**

参照例4.18（4.3.3.3节）和图4-18及4-19中的顺序图，我们的任务是从顺序图中导出操作，并把它们添加到实体类EStudent、ECourse和ECourseOffering中。

在图4-20（例4.19）的类模型中说明的操作是直接从图4-18的顺序图获得的。属性前面的图标表明属性是私有的，操作前面的图标表明它们是公共的。

图4-20的类模型不仅符合图4-18的顺序图，而且通过显示操作的返回类型对顺序图进行了补充。EStudent和ECourseOffering之间建立了关联，这是由CEnroll引发的。但是，在建立关联前，CEnroll必须从ECourse的getAvailability()获得ECourseOffering。

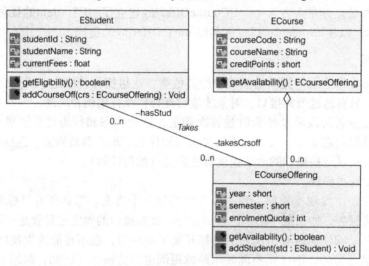

图4-20 大学注册系统集中式交互的类操作规格说明

在分布式方案中，CEnroll只启动了注册过程，其余的事情靠实体对象之间的通信来完成。由图4-19的顺序图导出的类操作，如图4-21所示。分布式方法更强化了面向对象的精神——"使

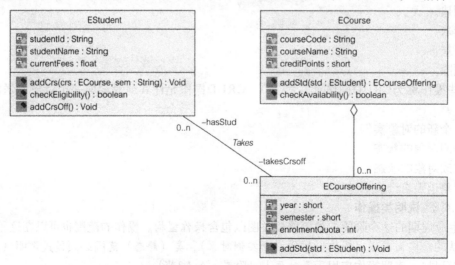

图4-21 大学注册系统分布式交互的类操作规格说明

用大量的小型对象,这些对象含有很多短小方法,这些方法为我们提供了大量的重载和变更的插入点"(Fowler, 2004: 56)。

复习小测验4.3

RQ1　用例可以表示并发控制流吗?

RQ2　活动图能在开发类模型前构建吗?

RQ3　消息能表示对象间的异步通信吗?这样的消息称作什么?

RQ4　什么UML建模技术对发现类操作最有帮助?

4.4　状态变化规格说明

对象在某个时刻的状态由它的属性值来确定,包括关系属性。状态规格说明定义类的属性(在其他问题中)。行为规格说明定义类的操作,其中一些有副作用——即它们改变了对象的状态。然而,要理解对象怎样随时间改变其状态,需要一个更有针对性的系统视图。这样的视图由状态机模型来提供。

状态变化规格说明的重要性因应用领域的不同而不同。状态变化建模在业务应用中远没有在工程应用和实时应用中那么重要。很多工程应用和实时应用全部都是关于状态变化的。在为这种系统建模时,我们不得不从第一天起就集中在状态变化上。如果温度过高会怎样?如果阀门没关会怎样?如果容器满了又会怎样?这些问题以及大量其他问题都不得不考虑。

在本书中,我们主要涉及状态变化较少的业务应用。在这种情况下,状态变化建模一般在分析阶段将要结束(继之以设计阶段的更深入分析)时进行。状态变化规格说明中的很多部分都是定义系统的异常条件。在说明系统的正常行为之后,对正常行为的异常情况进行建模是很自然的事。

4.4.1　对象状态建模

对象状态建模用状态机图(3.5.2节)来进行。状态图(状态机)是表示状态及状态转换的图。

可以为每个具有令人感兴趣的动态行为的类建立状态模型,但并不是类图中所有的类都属于这个范畴。

状态机图也可以用来描述其他建模元素——如用例、通信或操作的动态行为。但这种情况很少,一些CASE工具可能也不支持这样的功能。

4.4.1.1　发现对象状态

发现对象状态的过程建立在对类中的属性内容进行分析的基础上,确定其中哪些属性对用例有特别的影响。不是所有属性都能决定状态变化。例如,客户修改电话号码并不改变Customer对象的状态。客户仍然有电话,电话号码是不相关的。但对一些用例来说,删除电话号码可能是感兴趣的状态变化。因为这个客户将不能用电话来联系。

同样,电话区号的改变可能是一个感兴趣的状态变化,它表明这个客户已经搬到另一个地理区域。这个变化需要在状态机图中标出并建模。

4.4.1.2　说明对象状态

3.5.2节阐明了状态机规格说明的UML基本表示法。要成功地使用该表示法,分析员必须理解不同的概念如何相互关联,哪些概念的组合是不自然的和不允许的,以及可以使用哪些简记法。CASE工具可能会引入一些限制,但也可能会有一些令人感兴趣的扩展。

在特定的事件发生时或者特定的条件满足时会引发状态转换。这说明,例如,转换线上并不一定要标上事件名。当状态中的一个活动已经完成并且条件为真时,条件本身(写在方括号内）就可以引起状态转换。

有些状态（如Door is closed（门被关上））是无用的，没有任何价值。其他状态（如Door is closing（正在关门））是活生生的，被一个明确的活动所支持。这种状态内的活动称为do活动。在状态图标中，do活动用do/关键字来命名（如，do/close the door）。

一般情况下，状态转换由信号事件或调用事件触发。信号事件建立两个对象之间的显式异步单向通信。调用事件建立同步通信，调用者要等待响应。

另外两种事件是修改事件和时间事件。修改事件表示由于改变了守卫值而使守卫条件（布尔表达式）得到满足的事件。时间事件表示在特定状态下的对象已经满足了一个时间表达式，如到达一个绝对时间/日期或经过了给定的时间段。一般来说，基于绝对时间或相对时间而引起转换的时间事件在某些模型中非常有用。

在状态机建模中，还要考虑到在状态图标内（用entry/关键字）或者在即将进行的转换上说明入口动作的可能性。同样要考虑，出口动作能否放在状态图标内（用exit/关键字）或即将退出的转换上。虽然语义不受影响，但选择使用哪种技术会影响模型的可读性（Rumbaugh等人1991）。

4.4.1.3　状态机规格说明示例

例4.20　音像商店

参照例4.10（图4-10）（4.2.4.3节）中的类EMovie，我们的任务是说明EMovie的状态机图。

例4.20中的EMovie的状态机图，如图4-22所示。该图展示了说明状态转换的不同方式。在状态Available和Not in stock之间的转换上，指明了参数化事件名以及动作名和守卫条件。另一方面，从状态Reserved到Not reserved的转换缺乏显式的触发事件。它是在条件[no more reserved]为真的情况下，由状态Reserved中的活动的完成来触发的。

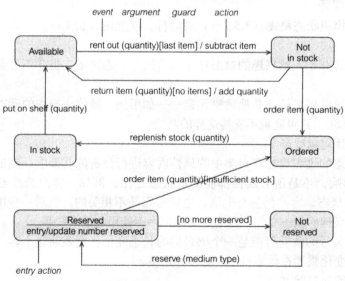

图4-22　音像商店系统中的类EMovie的状态机图

复习小测验4.4

RQ1　状态机图表示状态变化的顺序吗？

RQ2　当已经触发了与状态相关的转换，状态变化一定会发生吗？

小结

本章是全书核心的一章。它阐明了体系结构在系统开发中的至关重要性，展现了UML的各个方面。本章介绍的PCBMER体系结构，已经在UML建模中得到遵守，将在后续章节中更好地使用。

第1章引入的案例分析，应用在第2章和第3章，这些都为本章提供了示例性的材料。所有常用的UML模型都在案例分析的各项任务中得到了应用。本章的宗旨是："在IS（信息系统）分析模型中，没有非黑即白、非0即1、非真即假的解决方案"。每个问题都有多种可能的方案。关键是要找到一个即满足客户需求又可行的方案。

- 状态规格说明从类的静态角度、它们的属性内容以及他们之间的关系来描述IS系统。类发现的方法有许多，但其中没有任何一个能独立提供"解决方案"。将适合于分析员知识和经验的几种方法结合起来是发现类的实用方案。类用UML类图来说明，该图可视化地表达了类以及类之间的3种关系——关联、聚合和泛化。
- 行为规格说明从操作的角度（为了不提那个用得过多的术语——功能性角度）来描述IS系统。通常，用例是行为规格说明的驱动力，实际上也是需求分析和系统设计的驱动力。用例图只提供简单的可视化，用例的实际能力体现在它的叙述性规格说明中。其他行为图都是从用例模型导出的，包括活动图、交互图以及类操作的添加。
- 状态变化规格说明从动态的角度来描述IS系统。对象被事件激活，其中一些事件引起对象状态的改变，状态机图允许为状态变化建模。

关键术语

Abstract class（抽象类） 不能直接实例化的类——只能通过它具体的子类而拥有间接的实例。

Abstract operation（抽象操作） 缺少实现的操作——只有说明但没有方法的操作。必须由任何具体的子类来提供实现（Rumbaugh等人2005:153）。

Actor use case（参与者用例） 标识参与者可确认的需要的用例（还可参见第3章的关键术语——用例）。

APP PCBMER中的相识包原则。

Architectural framework（体系结构框架） 参见体系结构元模型。

Architectural meta-model（体系结构元模型） 为软件体系结构定义框架的一个高层模型，具体的系统设计能够选择并遵照它。

bean 一个可复用的软件构件，代表数据对象和访问这些数据对象的操作（方法）。它也是PCBMER体系结构中一个层的名字。

CEP PCBMER中的循环去除原则。

CNP PCBMER中的类命名原则。

Cohesion（内聚） 为提供一个特定功能，一个模块内的源代码行如何很好地一同工作的测量。内聚是一种顺序型测量，讨论时通常表达成"高内聚"或"低内聚"（www.en.wikipedia.org/wiki/Cohesion）。

Component（构件） 参见第1章和第3章中的关键术语——构件。

Coupling（耦合） 参见依赖。耦合通常与内聚形成对照，目标是达到低耦合和高内聚，但低耦合经常会导致较低的（即，比较坏）内聚，反之亦然。

CRC 类-职责-协作者方法。

DDP PCBMER中的向下依赖原则。

Dependency（依赖） "表示一个或一组模型元素需要其他模型元素的规格说明或实现的关系。这意味着依赖元素的完全语义，或者在语义上或者在结构上要依赖支持者元素的定义"（UML 2005:74）。

EAP PCBMER中的显式关联原则。

Interaction（交互） 参见第3章中的关键术语——交互。

JDBC Java数据库连接。

JMS Java消息服务。

MVC 模型-视图-控制器体系结构框架。

NCP PCBMER中的相邻通信原则。

PCBMER 表示-控制器-bean-中介者-实体-资源体系结构框架。

Polymorphism（多态性） "不同类型的对象响应同名方法调用的能力，每一次调用根据正确的类型匹配特定的行为。编程人员（及程序）不必事先知道对象的确切类型，因此这个行为能够在运行时实现（称为晚绑定或动态绑定）"（www.en.wikipedia.org/wiki/Polymorphism in-object-oriented programming）。

Port（端口） "具有分类符特性，说明分类符和它所在的环境之间或分类符（的行为）与它内部部件之间的明确的交互点。端口可以指定一个分类符为其环境提供的服务，也可以指定分类符期望（需要）环境提供给它的服务。"（UML 2005:19）。还参见第3章中的关键术语——分类符。

Provided interfaces（提供接口） "被分类符实现的一组接口……表示该分类符实例对其客户端必须承担的责任"（UML 2005:99）。

Required interfaces（依赖接口） "指定一个分类符为了完成自身功能，履行对其客户端的责任而需要的服务"（UML 2005:99）。

Requirements specification（需求规格说明） 对一个开发中的信息系统必须满足的功能性或非功能性标准所做的详细的、面向客户的规格说明。需求规格说明写在需求文档中，因此，常常被看做是需求文档。

Signature（签名） "动作特性的名字和参数，如操作或信号。签名包括操作返回类型（是对于操作，而不是信号）"（Rumbaugh 等人 2005:613）。

Software architecture（软件体系结构） 参见第1章中的关键术语——体系结构。

Substitutability（可替换性） "规定：如果S是T的一个子类型，那么在计算机程序中类型T的对象可以被类型S的对象替代（即类型S的对象可以替代类型T的对象），而不会改变该程序的任何期望特性（正确性、完成的任务等）"（www.en.wikipedia.org/wiki/Substitutability）。

Subsystem（子系统） 大系统中的一个层次分解单元；一种构件。

System use case（系统用例） 将系统看做一个整体，标识其一般性需要的用例。参与者用例通过继承可以复用其功能。

UNP PCBMER中的向上通知原则。

选择题

MC1 MVC是
    a. 框架   b. 元模型   c. 编程环境   d. 以上都是

MC2 下面哪些是J2EE核心层的名字？
    a. 业务   b. 集成   c. 表示   d. 以上都是

MC3 下面哪些PCBMER层表示被指定呈现在用户界面上的数据类和值对象？
    a. 实体   b. Bean   c. 表示   d. 以上都不是

MC4 给订阅者对象发送通知的过程称为：
    a. 事件处理   b. 推进   c. 委托   d. 以上都不是

MC5 下面哪些发现类的方法工作时与模糊类的概念有关？
    a. CRC   b. 公共类模式方法   c. 用例驱动方法   d. 以上都不是

MC6 下列哪些类型的聚合具有传递性和非对称性？
    a. Owns聚合   b. Has聚合   c. ExclusiveOwns聚合   d. 以上都是

MC7 在用例模型中，两个用例之间总会存在的是下面哪一种关系？
    a. 关联   b. 聚合   c. 扩展   d. 以上都是

MC8 意味着守卫条件已经得到满足的事件称为：
    a. 修改事件   b. 时间事件   c. 信号事件   d. 调用事件

问题

Q1 考虑4.1.3.2节中定义的PCBMER体系结构的7个原则，其中有两个原则是形成层次传递而不是网状传递体系结构的最主要原因，它们是什么？说出理由。

Q2 考虑图4-23，图中显示了组成3个包的类以及类之间的通信依赖。说明如何通过在每个包中引入一个接口来降低这些依赖。每个接口都要定义包中可见的公共服务。包之间的通信以这些接口为通道。

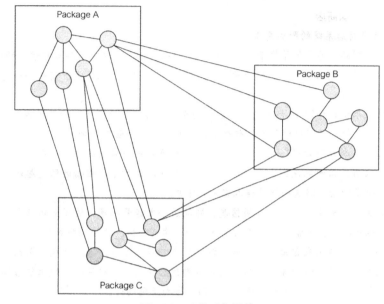

图4-23 互联对象网络

Q3 功能性需求和数据需求是在需求确定阶段标识的，而状态、行为及状态变化模型是在需求规格说明阶段指定的，讨论这两者如何联系起来？

Q4 解释使用CASE工具进行需求规格说明的利与弊。

Q5 解释4种类发现方法（除了混合方法）的主要差异。

Q6 讨论并对比类属性和类操作的发现及规格说明过程。你是同时、还是分别独立地为属性和操作建模？为什么？

Q7 对图4-8（例4.8，4.2.2.2.1节）进行代码自动生成会失败，为什么？

Q8 参照图4-10（例4.10，4.2.4.3节）中的类模型，解释为什么将EMovie.isInStock作为导出属性建模，而将EVideoMedium.percentExcellentCondition作为静态属性建模。

Q9 为什么在分析模型中不希望出现三元关联和导出关联？给出例子。

Q10 参照图4-8（例4.8，4.2.2.2.1节）中的类模型，考虑这个模型的上半部分，定义了类以及EPostalAddress、ECourierAddress、EOrganization和EContact之间的关联。思考为相同需求建模的不同方式。模型能构造得更加灵活以适应需求的潜在变化吗？不同解决方案的利弊是什么？

Q11 参照图4-9（例4.9，4.2.3.3节）中的类模型。如果将类EAcademicRecord建模为一个"关联类"，链接到关联Takes上，这个模型的语义将如何变化？如果将ECourse和ECourseOffering之间的聚合关系颠倒过来——如果ECourseOffering包含ECourse，那么带有"关联类"的模型将受到怎样的影响？

Q12 不具有多态性的继承是可能的，但没有什么意义。为什么？给出一个实例。

Q13 哪些UML模型专门进行行为规格说明？解释它们各自的作用以及它们是怎样相互联系共同定义系统行为的。

Q14 解释用例如何不同于业务功能或业务事务。

Q15 在活动图中，判定（分支）和分叉有什么区别？给出一个实例。

Q16 给出用例之间<<include>>关系和<<extend>>关系的实例。两者的主要区别是什么？

Q17 给出一个具有少数属性的类的例子。讨论哪些属性能触发状态转换，哪些属性与状态变化无关。

练习：音像商店

📖 附加需求：音像商店

考虑下面对音像商店系统的附加需求：

- 延期归还娱乐制品要再支付等价于一个额外租期的租金。每个娱乐制品都有唯一的标识码。

- 娱乐素材从一般能够在一周内交付音像制品的供应商处订购。在给供应商的一张订购单中，一般订购多个娱乐素材。

- 对订购中的娱乐素材和/或所有拷贝都被借出的娱乐素材可接受预约。对那些商店里没有的、也没有订购的娱乐素材也可以接受预约，但会要求客户支付一个租期的押金。

- 客户可以预约多个娱乐素材，但要给每个娱乐素材准备一个单独的预约请求。预约可以因为客户没有响应而取消。精确地说，是在客户被通知这个娱乐素材可以租借的那天起的一个星期内。如果客户已经付了押金，则这些钱将转入客户的账户。

- 数据库存储关于供应商和客户的有用信息，即地址、电话号码等。给供应商的每个订单要指明定购的素材、媒体格式、数量以及期望的送货日期、购买价格、适当的折扣等。

- 当音像制品被客户归还或者由供应商送达时，应首先满足预约。这涉及联系做预约的客户。为了保证正确地处理预约，通知客户"预约的娱乐素材已经到了"以及随后的租借给客户，这两件事都要反过来关联到预约上。这些步骤能保证预约得到正确的处理。

- 一个客户可以租借许多娱乐制品，但每个借出的娱乐制品都要创建一个独立的租借记录。每次租借都要记录借出、到期和归还的日期和时间。这个租借记录以后还要更新，指明该娱乐制品已被归还并且最终的租金已经支付（或者退还）。被授权办理该租借的雇员也要记录下来。关于客户和租借的详细信息要保留一年，以便能够基于历史信息确定客户的等级。保留以前的租借信息还出于年度审计的目的。

- 所有的交易用现金、电子现金转账或者信用卡完成。在娱乐制品借出时要求客户付租金。

- 当娱乐制品过期归还（或者由于某种原因不能归还）时，要从客户账户上或者直接由客户支付费用。

- 如果娱乐制品过期两天以上，向客户发送一张过期通知单。一旦对同一盘录像带或光碟发过两张过期通知单，客户就被记为拖欠，下一次租借就需要经理决定去掉拖欠等级才可以。

E1 参照上述的附加需求以及例4.2（4.2.1.1.7节），从扩展需求中可以导出什么新类？

E2 参照上述附加需求、练习E1和例4.10（4.2.4.3节），扩展图4-10（例4.10）中的类模型以包括扩展的需求，显示类及其关系。

E3 参照上述附加需求以及例4.15（4.3.1.2节），研究表4-4（同一节中的例4.15）中对用例Rent Video的叙述性规格说明，由于表中主流部分的最后一段涉及用例Maintain customer，先忽略。为Rent entertainment item开发一个单独的用例图来描绘其子用例。

练习：关系管理

F1 参照例4.8（4.2.2.2.1节），为类EEvent开发一个状态机图。

F2 参照例4.8（4.2.2.2.1节），考虑类EOrganization、EContact、EPostalAddress和ECourierAddress，作为对图4-8中模型的扩展，允许建立组织的层次化结构——一个组织可以包括一些更小的组织。使用泛化关系改进类模型，同时对其进行扩展使之能表示组织的层次结构。

练习：大学注册

附加需求：大学注册

考虑下面对大学注册系统的附加需求：

- 大学组织成不同的学院，学院又划分为系，教学工作是对应单个系的。
- 大多数学位都由一个学院管理，但有一些学位是由两个或者更多的学院合作管理的。
- 新生通过邮件和/或电子邮件收到他们的录取表和注册指导。
- 那些有资格再次注册的老生会收到他们的注册指导以及考试成绩通知单。所有的指导和通知也可以通过基于Web访问大学系统而获得。学生也可以选择用邮件还是电子邮件来接收指令和通知。
- 注册指导包括开设课程的班级时间表。
- 在注册期间，学生可以向他们所在学院的学习指导教师咨询如何表达学习计划。
- 不限制学生只学习所在学院提供的课程，可以随时改成另一个，只要填写从学生办公室得到的一个更改计划表就可以了。
- 为了选择某些课程，学生必须先通过选修课并取得要求的成绩等级——仅仅是通过可能还不够。没有按要求通过课程的学生必须再重修一次。对一门课需要进行第3次注册时，或者要求取消先修课程时，都需要相关学院领导代理人的特别批准。
- 如果学生在一年开设的课程中，注册课程的总和少于18个学分（大多数课程是3学分），他们会被归为兼职学生。
- 在给定的一个学期中，要注册总和多于14个学分的课程，需要获得特别的许可。
- 每门开设的课程都由一位教师负责，但也可能涉及其他教师。

G1　参照上述附加需求以及例4.1（4.2.1.1.7节），从扩展需求中可以导出什么新类？

G2　参照上述附加需求、练习G1以及例4.9（4.2.3.3节），扩展图4-9（例4.9，4.2.3.3节）中的类模型，以包含扩展需求。显示类和关系。

G3　参照上述附加需求以及例4.13（4.3.1.2节），扩展图4-13（例4.13）中的用例模型以包含扩展需求。

G4　参照上述附加需求以及例4.18（4.3.3.3节），开发一个通信图（3.4.2节），要求对图4-18（例4.18）中的顺序图进行扩展，加入前置条件的检查——只有当一个学生已经通过了先修课程，才能将他/她增加到这门课程中。

G5　参照例4.19（4.3.4.3节）以及上面练习G4的解决方案。利用通信图给图4-20的类图中的类增加操作。

复习小测验答案

复习小测验4.1

RQ1　遵照某个公认的体系结构框架，优先进行体系结构设计，就是这个条件。

RQ2　控制器对象。

RQ3　集成层。

RQ4　资源层。

复习小测验4.2

RQ1　CRC（类－职责－协作者）方法是一种发现类的技术。

RQ2　使用角色名来解释较复杂的关联——特别是自身关联（递归关联，连接同一个类中的对象）。

RQ3　传递性表示如果子集对象C是子集对象B的一部分，并且B是另一个子集对象A的一部分，那么C必然是A的一部分。

RQ4　可替换性原则。

复习小测验4.3

RQ1　不可以。活动图能够表示并发控制流。

RQ2　能。因为活动图并不直接显示完成动作的对象类。

RQ3　信号。

RQ4　顺序图。

复习小测验4.4

RQ1　不能。状态机图中不明确表示状态变化的顺序，即使这样的顺序是人们所期望的。

RQ2　不一定。可能指定了入口动作，那么在状态变化发生前，入口动作需要被满意地完成。

选择题答案

MC1　d	MC2　d	MC3　b	MC4　a
MC5　d（名词短语方法工作时与模糊类的概念有关）	MC6　d	MC7　c	MC8　a

奇数编号问题的答案

Q1　两个原则是NCP和APP。

　　NCP原则不允许非邻层对象之间进行直接通信，这一点强化了等级通信顺序。例如，如果A和C不是相邻层，但B是A和C的邻层，那么A需要与B通信以得到C的服务。而在网络中，A可以直接与C交流信息。

　　APP原则抵消了NCP原则的严格性。为了允许非邻层通信，尤其是当层距离很远时，被迫使用长消息链，有时很难处理。引入一个独立的接口层来允许非邻层的对象互通消息，而不产生不受欢迎的依赖，是解决APP原则带来的两难境地的一个方案。

　　不可否认，UNP原则也辅助了层次传递，阻碍网状传递。但是，UNP原则的主要作用是通过消除向上依赖而不是消除网络来降低对象依赖。由于这个原因，本题答案中不包括UDP原则。

Q3　在需求确定阶段获取的功能性需求和数据需求是服务声明——它们定义了系统在功能和数据方面期望的服务。在需求规格说明阶段，用状态、行为和状态变化图来对需求进行形式化建模。

　　规格说明模型提供了同一组需求的不同视图。一个特定的需求可能用所有这3个图来建模，每个图都具有一个特殊视角来看需求设计。

　　这是说，也是公正地说，状态模型表达大部分数据需求，行为模型获取大部分功能性需求。状态变化模型同时应用于数据需求和功能性需求，以及系统约束（非功能性需求）。

　　最后，对操作的详细设计扩展了状态模型中的类。最终的状态模型包含了系统的所有内部工作，即表达了数据需求，又表达了功能性需求。

Q5　发现类的4种方法是：

- 名词短语方法。
- 公共类模式方法。
- 用例驱动方法。
- CRC（类－职责－协作者）方法。

　　应用名词短语方法看起来最简单、最快捷。词汇工具支持在需求文档中搜索名词。但是，过分信赖词汇表来挑选类可能具有欺骗性、不准确性。

　　当公共类模式方法与其他某种方法相结合时，是一种有吸引力的选择。但单独使用不太可能产生完整的结果。该方法似乎失去了系统的参考点，需要与需求列表（名词短语方法）、用例组（用例驱动方法）或用户研讨会（CRC方法）联合使用。

　　用例驱动方法需要先期投入到用例的开发上。通过分析用例模型来发现类。将来自所有用例的类合并，从而得到最后的类清单。它只会考虑用例直接需要的类。由于类模型严格与目前用例表示的系统功能相匹配，这可能会妨碍系统将来的演化。

　　CRC方法是4种方法中最"面向对象"的方法。该方法识别那些用于实现所讨论的业务场景的类，重点是类的行为（操作），这可能导致发现主要的"行为"类（与静态的"信息"类相对）。但它也确定每个类的属性内容。从这种意义上说，CRC方法处于较低的抽象水平上，可以同前面3种方法联合起来使用。

Q7　因为EEvent和EEmployee之间的关联没有提供唯一的角色名，而CASE工具对同一个类的多个关联，产生不了命名不同的实例变量，因此自动生成会失败。例如，在类EEvent中不可能有3个都称为theEEmployee的变量。需要诸如theCreatedEmp、theDueEmp和theCompletedEmp这样的变量。

Q9　语义模型必须是明确的。每一个模型只能有一种解释。三元关联有多种解释，因此是不受欢迎的。考虑在Man、Woman和Residence之间存在的称为FamilyUnit的三元关联（Maciaszek 1990）。假定在关联中，除了Residence的成员数是任意的——即没有Residence对象，FamilyUnit也可以存在，其他所有端点的多重性都是1。

　　这样一个三元关联带来很多令人担心的问题。如果一个人结过两次婚，那么同一个人能够参与多个FamilyUnit吗？同一个住所能容纳多对夫妻吗？如果夫妻离婚了，其中一个人拥有了该住处，将会怎么样？如果那个人又再婚了，他妻子或她丈夫搬了进来，又会怎么样？

　　舍弃三元关联，代之以3个二元关联——Man-Woman|、Man-Residence和Woman-Residence——就为上述那些难题提供了解决方案。如果加上泛化，关联Person-Residence可以代替后两个关联，进一步简化模型。

　　良好的分析模型应该是不冗余的，应该是最小且完整的。从模型中移走导出关联不会丢失任何信息。实际上，导出关联是模型中的一种特殊约束，不需要在类图中直接显示出来。

　　考虑下面的循环关联。Department-Employee是一对多，Department-ResearchProject和ResearchProject-Employee也是一样（Maciaszek 1990）。研究该循环可以看出关联Department-ResearchProject是多余的。通过找到部门的员工，然后沿着与这些员工参与的研究项目的链接，我们总是能确定该部门进行的研究项目。

　　尽管关联Department-ResearchProject在模型中不是必需的，但分析人员可能仍然决定保留它。设计的清晰性证明显示这个关联是正确的。进一步的理由是，在Department-ResearchProject之间存在直接的穿越路径会取得性能上的收获。最后，如果部门要在指定哪些员工参与研究项目之前就要协商该研究项目，那么这个关联是不可缺少的。

Q11　这个问题有点绕。如果模型反映的是同一组用户需求，那么模型的语义不能改变。如果新模型不能表达某些语义，那么丢失的语义应该通过其他方法来表达，如采用叙述性的附加说明。出于同样的原因，如果新模型表达得更丰富，那么增加的语义必须能从原模型附加的叙述性文档导出来。

　　考虑图4-24中修改后的模型。关联类EAcademicRecord的每个实例都要引用对象EStudent和对象ECourseOffering，还包含两个属性值grade和courseCode。每个EAcademicRecord实例由其中的对象引用来标识（相当于关联的两个角色——-hasStud和-takesCrsoff）。在开设的一门特定课程中，属性grade告知学生的年级。

　　对EAcademicRecord中属性courseCode的存在争议更大。我们觉得那里不需要这个属性，是因为每个ECourseOffering实例（在EAcademicRecord对象中的对象引用-takesCrsoff所指向的）都是由单个ECourse实例组合而成的。因此，我们能够沿着从ECourseOffering到ECourse的"指针"，导出属性courseCode的值。

　　一种可选的设计如图4-25所示。ECourseOffering包含ECourse。由于ECourse是独立类，在整个模型中很可能被链接到其他关系中，所以聚合是"通过引用"来实现的。在EAcademicRecord中（从中移走了courseCode），属性courseCode现在显然是ECourseOffering的一部分。

图4-24及图4-25中的模型与图4-9中的模型的主要区别在于下面的模型支持相同的语义，但冗余（属性值的副本）更小。EAcademicRecord不包括属性year和semester，而且按照前面的讨论，属性courseCode也能省略。但EAcademicRecord的信息内容将不得不从被关联的对象中导出，而不是存储为EStudent对象的一部分（回想图4-9中的模型，EAcademicRecord"通过值"包含在EStudent中）。

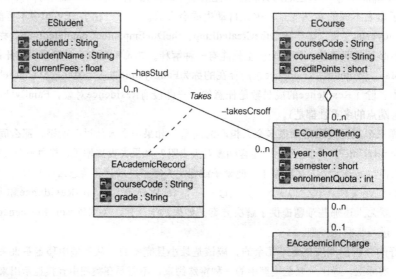

图4-24 大学注册系统中使用关联类

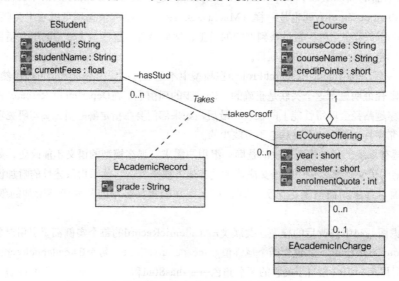

图4-25 大学注册系统中进行聚合颠倒后使用关联类

Q13 最适合行为规格说明的UML模型是：

• 活动图。
• 顺序图。
• 通信图。

活动图最适合用于模型计算——计算过程或工作流中的顺序及并发步骤。依赖于模型中动作粒度的大小，活动图可以应用于具有不同详细程度的不同抽象层次的模型计算。活动图还能对用例或类操作中的计算进行建模。

顺序图以时间顺序展示对象之间交流的消息。与活动图相似，它们能够用于不同的粒度水平上，可以描述整个系统的一般信息的交换，或描述单个操作的详细消息。顺序图在分析阶段广泛使用。它们能够用于确定类中的操作。与通信图不同，顺序图不显示对象关系。

通信图与顺序图不相上下，它能显示对象间交换的消息。如果需要，它能对消息编号以显示时间维。另外，它能显示对象关系。通信图更适合在设计阶段使用，对用例或操作的实现建模。

所有这3种模型在行为规格说明中都有各自的作用和地位。它们可以用于表示同一个行为的不同方面，但更多地用于捕捉不同的行为或同一行为的不同抽象水平。当活动图用于表示不同抽象水平的模型时，具有特殊的灵活性。顺序图倾向于在分析阶段使用，通信图倾向于在设计阶段使用。

Q15 判定（分支）将控制流从一个动作分成两个或多个流，每个流具有独立的守卫条件。为了保证一个事件的发生都能触发一个分流，守卫条件必须覆盖每一种可能性。

分叉是这样一种控制流：从一个动作导致两个或多个并发动作。如果源动作是激活的，控制流产生了，所有目标动作都激活了（没有守卫条件来控制目标动作的激活）。

图4-26显示了一个银行应用中管理客户账号的判定和分叉的例子。

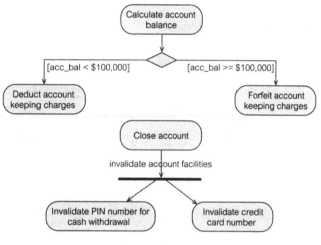

图4-26 活动图中的判定（分支）和分叉

Q17 考虑电话销售案例分析中的类ECampaign（见图4-7）。该类的属性在图4-27中列出。

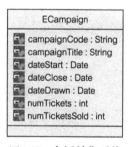

图4-27 电话销售系统的ECampaign类

可以从多个不同视角来分析一个类的状态变化。从每个视角都可以建立一个独立的状态模型。依赖于所处的视角，有些属性考虑了，其他属性忽略了。例如，从使用电话销售来促进向慈善支持者们销售彩票这一视角出发，类ECampaign的对象可以出现在状态Tickets available或Tickets sold out中。为了定义这些状态，我们只关心属性numTickets和numTicketsSold。其他属性是不相关的。

同样地，如果要了解ECampaign是正在进行还是已经结束，从这个视角出发，我们需要查看属性dateStart和dateClose的值。另外，如果我们对状态Closed no more tickets的建模感兴趣，那么属性numTickets和numTicketsSold的值也不得不考虑。

练习的解决方案：大学注册

G1 表4-5包含提出的类的列表。以前在例4.1中（表4-1，4.2.1.1.7节）中建立的类加了下划线。模糊类FullTimeStudent写在方括号内来表示，尽管在扩展需求中没有直接提到它，但包含它会使PartTimeStudent更完整。

表4-5 大学注册系统附加的候选类

相 关 类	模 糊 类
<u>Course</u>	<u>CompulsoryCourse</u>
<u>Degree</u>	<u>ElectiveCourse</u>
<u>Student</u>	<u>StudyProgram</u>
<u>CourseOffering</u>	NewStudent
Division	ContinuingStudent
Department	AcceptanceForm
Academic	EnrolmentInstructions
	ExaminationResults
	ClassTimetable
	AcademicAdviser
	RegistrationDivision
	PrerequisisteCourse
	SpecialApproval
	(SpecialPermission)
	HeadDelegate
	PartTimeStudent
	[FullTimeStudent]
	AcademicIncharge

G2

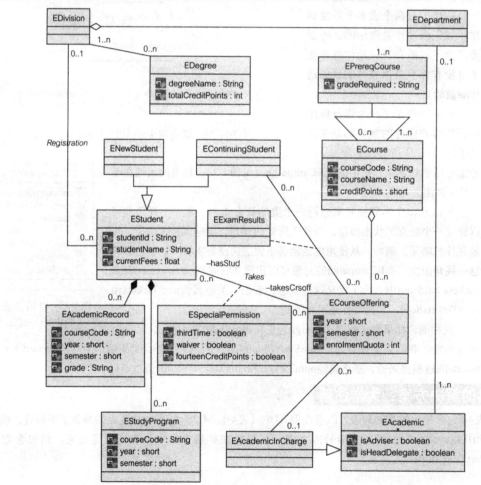

图4-28 大学注册系统的类模型

G3

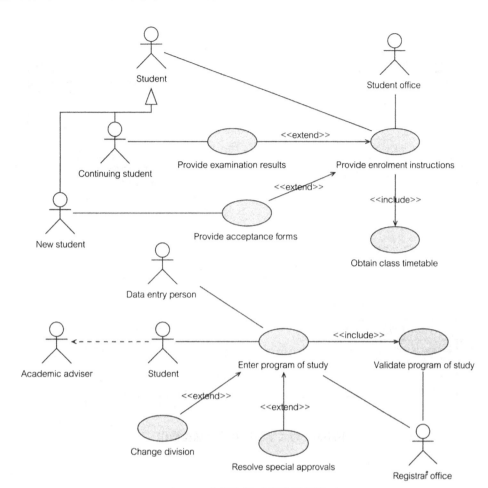

图4-29 大学注册系统的用例模型

G4

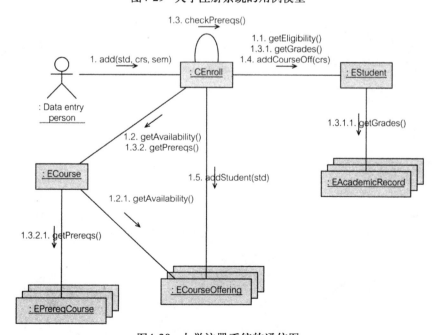

图4-30 大学注册系统的通信图

G5

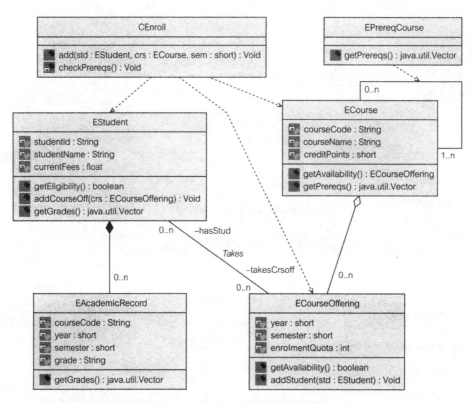

图4-31　为大学注册系统增加类操作

第5章 从分析到设计

目标

前两章为面向对象的可视化建模描绘了一幅令人鼓舞的画面。例子要求不高，用UML生成的图有吸引力、很实用，模型之间的依赖也非常明显。采用的建模技术与问题具有的难度旗鼓相当，对于定义这些问题的数据结构和行为，这些技术已足够了。

软件开发的实际情况要复杂得多。就像我们在本书开头所说的，复杂的问题不会有简单的解决方案。对象为构造当前的复杂系统提供了一种流行技术。同样，对象需要具备与它们要标识的复杂度水平相当的技术深度。

本章可以看作是对对象技术及其在求解复杂问题时的适应性进行的严格评价。在类建模、泛化/继承、聚合/委托和交互建模方面引入了高级概念。本章从头到尾，对这些概念进行比较和判断，提出我们的观点并建议可选的解决方案。本章讨论的很多主题由于其技术特性的原因，可以直接延伸到系统设计阶段。这与UML具有的无处不在的特性以及面向对象软件开发的迭代增量式过程是一致的。

通过阅读本章，你能够：

- 学会如何定制UML来适应特殊需要和项目技术。
- 了解UML在较低抽象水平上的建模特性。
- 认识到某些功能强大的对象技术概念不能根据表面判断而不加选择地使用。
- 认识到各种建模的权衡，尤其是对泛化和聚合的权衡。
- 获得关于如何在设计水平上构建交互模型的实践知识。

5.1 高级类建模

到目前为止，我们所讨论的分析建模概念足以产生完整的分析模型。但这些模型处于一个较高的抽象层次上，没有对分析建模阶段允许的所有可能的细节进行详尽的描述，即那些还没有提出硬件/软件解决方案，但却丰富了模型语义的细节。UML包含着很多附加概念的表示法，这些概念要么在前面只是顺便提一下，要么根本没有涉及。

这些附加的建模概念包括：**构造型**、**约束**、**导出信息**、**可见性**、限定关联、关联类、参数化类等。这些概念是可选的，很多模型没有它们也足够了。使用的时候，必须要小心精确地进行，以使模型将来的读者能够毫无困惑地理解作者的意图。

5.1.1 扩展机制

UML标准提供了一组在软件开发项目中普遍应用的建模概念和表示法。但是，这里所说的"普遍"恰恰意味着UML可能没有满足某些更特殊和非正统的建模需要。同任何标准一样，UML标准是"最小公分母"。那么，将UML复杂化，设法提供奇特的内嵌建模特性以满足特殊应用领域、软件基础设施或编程语言的需要，这种做法也是没有意义的。

不过在使用UML时，还是有超出其固有能力的需要。为了这个目的，UML标准提供了扩展机制，如构造型、约束、**标签定义**和**标签值**。一组相关的扩展可以用UML中的**配置文件**概念来实现。配置文件可为不同目的（如为了不同的应用领域或技术平台），扩展参考**元模型**（即UML）。例如，为数据建模、数据仓库设计或基于Web的系统开发而构造UML配置文件。

5.1.1.1 构造型

构造型对现有的UML建模元素进行扩展，使现有元素的语义多样化。它本身不是一个新的模型元素。它没有改变UML的结构——只是丰富了现有表示法的含义。它还支持模型的扩展和定制。构造型可能的用途有多种。

在模型中，构造型通常用双尖角括号括住的一个名字来表示，如<<global>>、<<PK>>、<<include>>。构造型的图标表示法也是可能的。

一些普遍使用的构造型是内嵌的——它们在UML中已经预先定义。这些内嵌的构造型在CASE工具中很可能有对应的图标表示。大多数CASE工具允许按照分析员的意愿创建新的图标。图5-1给出了用图标、标签构造表示的类以及不带构造型的类的例子。

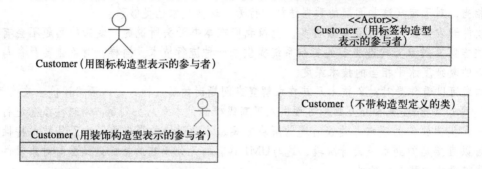

图5-1 构造型的图形表示

构造型扩展的是语义而不是UML的结构，这个限制无关紧要。任何面向对象系统的关键在于，其中的每个事物都是对象——类是对象、属性是对象、方法是对象。因此，通过对类进行构造，我们实际上能够创建一个新的建模元素，来引入一种新的对象类型。

5.1.1.2 注释和约束

注释是从属于一组元素的文本解释……注释提供了给元素添加各种解释的能力。注释对语义没有影响，但可能包含有助于建模者的信息……注释显示为一个右上角卷起的矩形（这也被看做是"注解符号"）。矩形包含着注释内容。与被注释元素用一条单独的虚线连接起来。

(UML 2005:69)

约束是指条件或限制，是对一个元素某些语义的声明，可以用自然语言文本或机器可读语言来表达……约束表示附加给被约束元素的额外语义信息。约束是一个断言，表示必须被正确的系统设计所满足的一个限制……约束显示为一对大括号（{}）中的文本字符串……对于用文本字符串表示的元素（如属性等），约束字符串可以跟在元素文本字符串的后面，写在大括号内……作用于单个元素的约束（如一个类或一个关联路径），约束字符串可以置于元素符号附近，最好在名字旁边（如果有名字的话）……作用于两个元素（如两个类或两个关联）的约束，显示为两个元素之间的一条虚线，虚线上标注着约束字符串（写在大括号内）。

(UML 2005:70-1)

约束也可以用文本字符串来表达，注释和约束的区别不在于表示法，而在于语义结果。注释对模型语义没有作用，它只是对建模决策的附加说明。约束对模型具有语义含意，并且（在理论上）应该用形式化的约束语言来描述。实际上，UML为此提供了一个预定义语言，称为对象约束语言（OCL）。

在模型图中，只显示简单的注释和约束。更详细的注释和约束（因为描述太长不能显示在图形模型上）作为文本文档存储在CASE资源库中。

有些类型的约束在UML中已预先定义，图4-8（4.2.2.2节）给出了一个使用预定义的异或约束的实例。由建模者引入的约束构成了扩展机制。

构造型经常与约束相混淆。确实，这两个概念之间的区别有时很模糊。构造型常用于为模型引入新的约束——对建模者有意义，但不是UML直接支持的约束。

📖例5.1　电话销售

参照例4.7（4.2.1.2.3节），考虑类ECampaign和ECampaignTicket（图4-7）。建立这两个类之间的关系。为ECampaign增加操作，用于计算售出彩票的数量和剩余彩票的数量，以及整个活动的持续时间和离活动结束还剩多少天。

给图加上注释信息：ECampaign与有奖活动不同。图中还要写一个提示：需要为ECampaignTicket添加操作。

回想例4.7中的需求2的那段话："所有的彩票都编了号。同一次活动的所有彩票号都是唯一的。"将这个陈述表示为约束。（在例4.7的方案中（图4-7），CampaignTicket没有将campaignCode（带有ticketNumber）包含进来作为组合主键的一部分，所以没有捕获上述约束。）

为了满足例5.1的要求，对类模型进行了简单的扩展，如图5-2所示。图中定义了两个注释和一个约束。

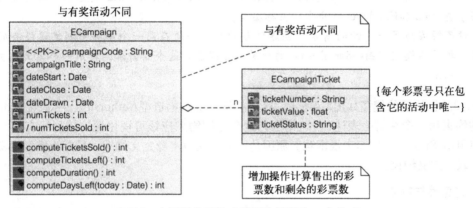

图5-2　电话销售系统中的两个注释和一个约束

📖例5.2　关系管理

参照例4.8（4.2.2.2.1节），假设发现了一个新的需求，系统不处理由雇员进行的对他们自己的事件调度。这意味着创建事件的雇员与安排执行该事件的雇员不能是同一个人。

扩展类模型（图4-8）的相关部分，以包含这个新需求。

例5.2的解决方案（图5-3）是在关联线上增加一个约束。表示为从关联Created到关联Due之间的一个虚线依赖箭头。约束被绑定在该箭头上。

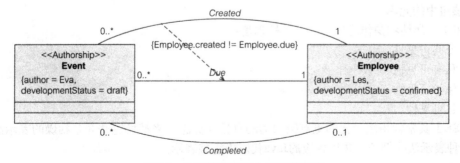

图5-3　关系管理系统中关联的约束

5.1.1.3 标签

理解标签的概念需要区分标签定义和标签值。标签定义是构造型的一个特性,显示为含有构造型声明的类矩形中的一个属性。"标签值是一个名-值对,附属于一个模型元素,该模型元素使用了包含标签定义的构造型"(Rumbaugh 等人 2005:657)。

标签与约束相似,表示模型中的任意文本信息,写在大括号中。形式如下:

```
tag = value
```

例如:

```
{analyst = Les, developmentStatus = confirmed}
```

由于标签只能表示成一个定义在构造型上的属性,所以在将标签值应用到模型元素(如一个包)的特定实例之前,模型元素上必须定义一个带有标签定义的构造型。

同构造型和约束一样,几乎没有标签在UML中预定义。标签的典型应用是提供项目管理信息。

例5.3 关系管理

参照例4.8(4.2.2.2.1节)和前面的例5.2,定义一个叫做Authorship的构造型,并使该构造型可应用于任何模型元素。声明两个叫做author和developmentStatus的标签。将定义的构造型应用于类Event和Employee。指定一些标签值。

假设已经发现了一个新的需求:创建任务的雇员必须在同一个事务中创建该任务的第一个事件。扩展类模型(图4-8和图5-3)的相关部分以包含这个新需求。使用一个定义在类Task上的注释约束。

例5.3的扩展后的模型如图5-4所示。带有标签定义的构造型Authorship显示在左上角。对Task的约束用一个注解来表达。(理论上,这个注解约束应该可视化地连接到所有3个类上,但这使用CASE工具表达起来很困难。原因是不能为注解本身定义约束,只能为模型元素(如类或关联)定义约束。)

5.1.2 可见性与封装

可见性的概念和相应的封装思想在附录有关类内部的可见性,即属性可见性(附录,A.3.1.2节)和操作可见性(附录,A.3.2.2节)中解释。类内部的可见性表示其他类是否能访问该类的元素。在附录中,我们主要关注属性和操作的公共和私有可见性。UML标准预定义了另外两个可见性标志——保护可见性和包可见性。

此外,还能为类、接口、关联或包定义可见性(区别于类元素的可见性——即属性和操作)。关联的可见性应用于角色名上(附录,A.3.1.1节)。因为角色名(在UML 2.0中,称之为关联端名)实现为类属性,所以角色名的可见性表示这个结果属性能否用在跨越关联的访问表达式中。包的可见性应用于包内部的元素上,如类、关联、内嵌的包,表示其他包是否能访问该包中的元素。

应用于类属性和操作的整套可见性标志是:

+   公共可见性

-    私有可见性

保护可见性

~   包可见性

CASE工具常常用图形化的更有吸引力的可见性标志,来替换这些非常枯燥的表示法。图5-5是一种表示法的例子,并用相应的Java代码来完整表示。

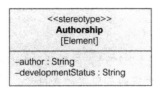

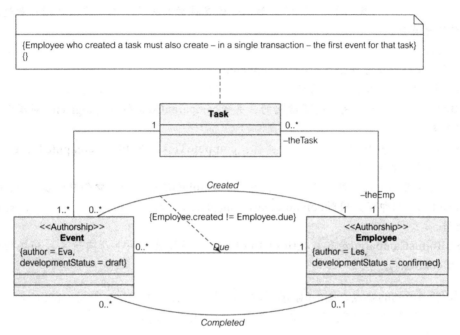

图5-4　关系管理系统中的标签和约束

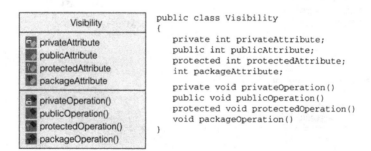

图5-5　CASE工具中的可见性表示法及相应的Java代码

5.1.2.1 保护可见性

保护可见性应用于继承的情形下。如果让基类的私有特性（属性和操作）只能被该类对象所访问，这有时并不方便。在许多情况下，应该允许派生类的对象（基类的子类）访问基类的其他私有特性。

考虑一个类层次，其中Person是（非抽象）基类，Employee是派生类。如果Joe是Employee的一个对象，那么根据泛化的定义，Joe必须能访问（至少是一部分）Person的特性（如操作getBirthDate()）。

为了允许派生类能自由访问基类的特性，这些（其他私有的）特性需要在基类中定义成保护的。（回忆可见性在类之间的应用，如果Betty是Employee的另一个对象，那么她能够访问Joe的任何特性，不管它是公共的、保护的，还是私有的。）

📖 例5.4 电话销售

参照电话销售系统的问题陈述4（1.6.4节）和例4.7（4.2.1.2.3节）。问题陈述4中包含了下述需求："这些计划里包括特定的有奖活动，用于奖励那些大宗购买彩票的支持者，并吸引新的捐助者等。"这个需求还没有被建模。

假设一个有奖活动使用了"票册"。如果一位支持者购买了整本票册，就额外赠送给他一张父活动的免费票。

我们的任务是：

- 更新类模型，让它包含类EBonusCampaign。
- 改变ECampaign中属性的可见性（图5-2），要求除了dateStart以外，其他属性对EBonusCampaign来说都是可访问的，并使campaignCode和campaignTitle对模型中的其他类都是可见的。
- 在类ECampaign中增加下面这些操作：computeTicketsSold()、computeTicketsLeft()、computeDuration()和computeDaysLeft()。
- 观察到在继承层次之外的类对computeTicketsSold()不感兴趣，它们只需要了解compute-TicketsLeft()即可，同时computeDuration()只被操作ECampaign.computeDaysLeft()所使用。
- 类EBonusCampaign存有属性ticketBookSize，并提供了一个访问该属性的操作，称为getBookSize()。

根据例5.4所列的要点，图5-6显示了对应的类模型并产生了Java代码。在ECampaign中，

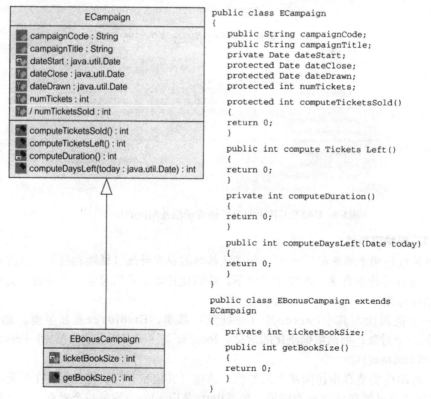

图5-6 在电话销售系统中使用保护可见性

操作computeDuration()是私有的，操作computeTicketsSold()是保护的，其他两个操作是公共的。操作getBookSize()对EBonusCampaign有特别的意义，是公共的。

5.1.2.2 继承来的类特性的可见性

正如上一节提到的，可见性适用于各种粒度水平的对象。通常人们认为，可见性适用于基本对象：属性和操作。然而，也可以指定其他"容器"的可见性。这就引起了重载规则的全面混乱。

例如，考虑这样一种情况：在继承层次的基类层和基类的特性层都定义了可见性。假设，类B为类A的子类，类A包含属性和操作——其中一部分是公共的，一部分是私有的，还有一部分是保护的。问题是：类B中那些继承来的特性的可见性是什么？

对这一问题的回答，依赖于在派生类B中对基类A的声明所赋予A的可见性水平。在C++中，基类可以被定义为公共的（class B：public A）、保护的（class B：protected A），或私有的（class B：private A）。但在Java中，类（除了内部类）只能被定义为公共可见性或包可见性（Eckel 2003）。

在C++情形下，通常的解答如下（Horton 1997）：

- 不管在类B中如何定义基类A，基类A的私有特性（属性和操作）对类B的对象来说都是不可见的。
- 如果将基类A定义为public，那么派生类B中那些继承来的特性，其可见性不变（public仍然是公共的，protected仍然是保护的）。
- 如果将基类A定义为protected，那么派生类B中那些继承来的public特性，其可见性变为protected。
- 如果将基类A定义为private，那么派生类B中那些继承来的public和protected特性，其可见性变为private。

注意上述讨论的上下文，实现继承的概念是指如果特性x存在于基类A中，那么它也存在于任何继承自A的类中。但是，继承一个特性并一定表示这个特性对派生类的对象是可访问的。特别是，基类的私有特性对基类来说仍然是私有的，对派生类的对象来说是不可访问的。图5-7显示了EBonusCampaign在图5-6中继承来的（可访问的）特性，正说明了这一点。ECampaign的私有特性——名为dateStart和computeDuration()——对EBonusCampaign来说，是不可访问的。

5.1.2.3 包可见性和友元可见性

可能有这样的情形，所选的类应该被准许直接访问另一个类的一些特性，但对系统中的其他类来说，这些属性仍然是私有的。Java采用包可见性来支持这种情形。C++采用友元的定义——友元操作和友元类，提供了相似的结果。

包可见性是Java默认的。如果对Java的属性或操作没有指定private、protected或public关键字（或对整个类没有指定public关键字），那么它们默认取得的可见性就是包可见性。包可见性意味着包中所含的所有其他类都可以访问这样一个属性或操作。但是对所有其他包中的类来说，这个属性、操作或类看起来是私有的。

保护的（和公共的）也具有包访问性，但反过来并不成立。这意味着同一包中的其他类能够访问保护特性，但如果派生类和基类处于不同的包中，派生类就不能访问那些具有包可见性的特性。

图5-8是图5-6模型的一个变体。其中，私有方法（computeDuration()）和私有数据成员（dateStart和ticketBookSize）被赋予了包可见性。此外，EBonusCampaign作为一个类，现在具有包可见性（而不是公共的）。

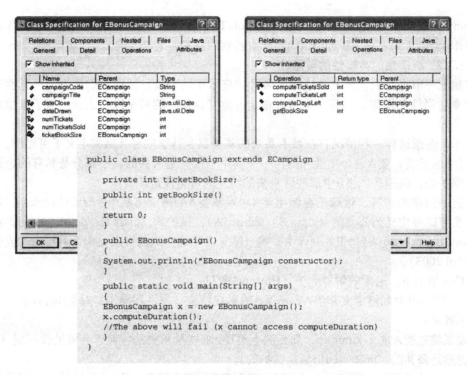

```
public class EBonusCampaign extends ECampaign
{
    private int ticketBookSize;
    public int getBookSize()
    {
    return 0;
    }
    public EBonusCampaign()
    {
    System.out.println("EBonusCampaign constructor);
    }
    public static void main(String[] args)
    {
    EBonusCampaign x = new EBonusCampaign();
    x.computeDuration();
    //The above will fail (x cannot access computeDuration)
    }
}
```

图5-7　电话销售系统中继承来的类特性的可访问性

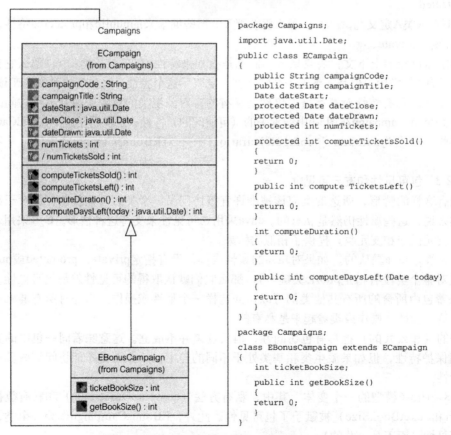

```
package Campaigns;
import java.util.Date;
public class ECampaign
{
    public String campaignCode;
    public String campaignTitle;
    Date dateStart;
    protected Date dateClose;
    protected Date dateDrawn;
    protected int numTickets;

    protected int computeTicketsSold()
    {
    return 0;
    }

    public int compute TicketsLeft()
    {
    return 0;
    }

    int computeDuration()
    {
    return 0;
    }

    public int computeDaysLeft(Date today)
    {
    return 0;
    }
}
package Campaigns;
class EBonusCampaign extends ECampaign
{
    int ticketBookSize;
    public int getBookSize()
    {
    return 0;
    }
}
```

图5-8　电话销售系统中使用包可见性

与Java的包可见性相同，C++友元关系关注这样的情形：两个或多个类交织在一起，并且一个类需要访问另一个类的私有特性。一个典型的实例是两个类Book和BookShelf以及Book中叫做putOnBookShelf()的操作。

对类似上述情况的解决方法是，在类BookShelf中将操作putOnBookShelf()声明为友元，如同：

```
friend void Book::putOnBookShelf()
```

友元可以是另一个类或另一个类的操作。友元关系不是相互的，一个类让另一个类成为友元，但它并不一定是那个类的友元。

友元（操作或类）要在授予友元关系的类中声明。然而，友元操作并不是这个类的特性，所以可见性属性不适用。这也意味着在友元的定义中，我们引用类的属性时不能只用属性名，它们每一个都必须用类名来限定（就像友元是一个常规的外部操作一样）。

在UML中，友元关系显示为一条虚线表示的依赖关系，从一个友元类或操作指向授予友元关系的类。构造型<<friend>>绑定在依赖箭头线上。不可否认，UML表示法没有充分认识和支持友元的语义。

采用支持友元关系的UML表示法表示例5.5中讨论的操作，如图5-9所示。依赖关系，加上构造型<<friend>>，说明ECallScheduled友元依赖于ECampaign。这表明一个事实，ECampaign授予了ECallScheduled友元身份（因为要由ECampaign确定谁是它的友元，所以是在ECampaign中，将getTicketsLeft()声明为友元）。

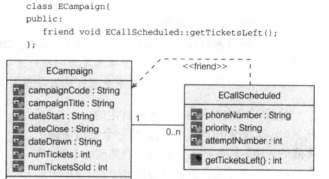

```
class ECampaign{
public:
    friend void ECallScheduled::getTicketsLeft();
};
```

图5-9 电话销售系统中的友元

例5.5 电话销售

参照例4.7（4.2.1.2.3节）。考虑类ECampaign和ECallScheduled之间的关系（图4-7）。

类ECallScheduled的对象非常活跃，当它们执行自己的操作时，需要特殊的权利。尤其是，它们含有一个称为getTicketsLeft()的操作（图5-9），这个操作用于确定是否有剩余的彩票来满足支持者的订单。重要的是，这个操作要直接访问ECampaign的特性（如numTickets和numTicketsSold）。

我们的任务是声明操作getTicketsLeft()，并使它成为ECampaign的一个友元。

5.1.3 导出信息

导出信息是一种（最经常）应用于属性或关联的约束。导出信息从其他模型元素计算得到。严格地说，导出信息在模型中是冗余的——它可以在需要时计算出来。

虽然导出信息并没有丰富分析模型的语义，但它可以使模型具有更强的可读性（因为一些通过计算才能得到的信息在模型中直接表达了出来）。确定是否在分析模型中显示导出信息非常随意，只要在整个模型中保持一致即可。

在设计模型中，需要考虑信息存取的最优化问题，所以了解哪些信息是导出的更为重要。在设计模型中，还可能要对某个导出信息是存储起来（在导出后）还是在每次需要时进行动态计算做出决策。这不是新特性——在老式的网络数据库中，实际（存储）数据和虚拟数据的术语就告诉了我们这一点。

导出信息的UML表示法是在导出属性名或关联名的前面加一条斜线（/）。

5.1.3.1 导出属性

我们曾在几个例子的图中顺便用到了导出属性，但是没有说明。例如，图5-2中的/num-TicketsSold是类ECampaign的一个导出属性。图5-2中属性/numTicketsSold的值由操作computeTicketsSold()来计算。该操作沿着从ECampaign对象到ECampaignTicket对象的聚合链接，检查每个ticketStatus。如果ticketStatus是"售出"，那么就将它加入到售出彩票的数量中。当所有彩票都处理完，就导出了numTicketsSold的当前值。

5.1.3.2 导出关联

导出关联是一个有更多争议的话题。在典型场景中，导出关联出现在已经由两个关联连接起来的，但没有第3个关联来形成回路的3个类之间。为了使模型在语义上正确（这就是人们知道的循环互换性），第3个关联常常是需要的。当没有显式建模时，第3个关联可以从其他两个关联中导出。

📖 例5.6 订单数据库

考虑一个简单的订单数据库，含有类Customer、Order和Invoice。进一步考虑到，一个订单总是由一个客户提出，每个发货单都是为一个订单产生。

画出3个类之间的关系。模型中是否可能有导出关联？

对例5.6提出的问题，回答是肯定的——是的，在类Customer和Invoice之间建模一个导出关联是可能的。图5-10中将这个关联命名为/CustInv。这个关联由一个不太常见的业务规则产生，Order和Invoice之间的关联多重性为一对一。

这个导出关联没有引入任何新的信息。通过查找每个发货单对应的一个订单，然后每个订单又对应着一个客户，我们总能够给发货单指定一个客户。

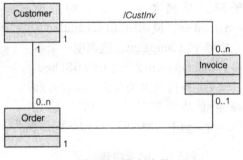

图5-10 导出关联

5.1.4 限定关联

对限定关联这个概念有强烈的争议。有些建模者喜欢它，但另外一些则憎恨它。可以证明，不用限定关联，也可以构造出完整而有充分表现力的类模型。但如果要使用限定关联，就应该全面一致地使用。

限定关联是在二元关联的一端（一个关联可以在两端都被限定，但这非常少见），有一个属性框（限定词），框中包含一个或多个属性。这些属性可以作为一个索引码，用于穿越从被限定的源类到关联另一端的目标类的关联。

例如，Flight和Passenger之间的关联是多对多的。然而，当类Flight被属性seatNnumber和departure限定时，关联的多重性就降为一对一了（如图5-11所示）。由限定词（flightNumber + seatNumber + departure）引入的组合索引码能够被链接到只有零或一个Passenger对象上。

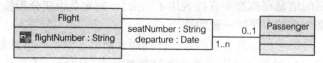

图5-11 限定关联

在正向穿越中，关联多重性表示与组合码（限定对象 + 限定值）相关的多个目标对象。在反向穿越中，多重性描述了被组合码（限定对象 + 限定值）标识的、与每个目标对象相关的多个对象（Rumbaugh等人 2005）。

由限定词引入的唯一性常常提供重要的语义信息，这些信息无法用其他方式（如约束或在目标类中增加额外的属性）有效地捕获。通常，在目标类中复制一个限定词属性是不恰当的，也是不正确的。

5.1.5 关联类与具体化类

在附录（A.5.4节）中，我们解释并举例说明了关联类——是一个关联，也是一个类。如果两个类之间存在多对多的关联，并且每个关联实例（一个链接）都有它自己的属性值，这时通常使用关联类。为了能够存储这些属性值，我们需要一个类——关联类。

虽然关联类的概念看起来很简单，但它却带有一个需要慎重处理的约束。考虑一个在类A和类B之间的关联类C。约束是指，对于每一对链接起来的A和B的实例，只能存在一个类C的实例。

如果对这样的约束不能接受的话，建模者就不得不将关联具体化，用一个普通类D代替类C（Rumbaugh等人 2005）。这个具体化的类D与类A和类B具有两个二元关联。类D独立于类A和类B。它的每个实例都有自己的标识，所以如果需要的话，类D能够创建它的多个实例来链接A和B的相同实例。

在对现时（历史）信息建模的情形下，关联类和具体化类之间的差异表现得最明显。一个实例是维护雇员的当前和过去的工资信息的雇员数据库。

5.1.5.1 带关联类的模型

与任何普通类的对象一样，关联类的对象在实例化时也要指定OIDs（附录，A.2.3节）。除了系统产生的OID外，对象也能用自己的属性值来标识。在关联类的情况下，对象从那些指明它所关联的类的属性中取得它的标识（附录，A.3.1.1节）。其他属性值对对象的标识不起作用。

例5.7 雇员数据库

组织中的每个雇员都被指定一个唯一的empId。雇员的姓名要维护，它包括姓、名和中间名的首字母缩写。

雇用的每个雇员都处在一定的工资级别上。每个级别都有一个工资范围，即最低工资和最高工资。一个级别的工资范围是固定不变的。如果要改变最低工资或最高工资，就要创建一个新的工资级别。每个工资级别的起始日期和终止日期也要保存下来。

每个雇员以前的工资也要保留，包括在每个级别上的开始日期和终止日期。雇员工资在同一级别上的任何变化也要记录。

画出雇员数据库的类模型，要求使用关联类。

例5.7的陈述提出了许多挑战。我们知道，需要有一个类来存储雇员的详细信息（Employee），另一个类来存储工资级别信息（SalaryLevel）。挑战在于要对以前和现在分配给雇员的工资建模。首先，看起来很自然地要使用关联类——SalaryHistoryAssociation。

图5-12展现了一个带关联类SalaryHistoryAssociation的类模型。这个解决方案是有缺陷的。SalaryHistoryAssociation的对象由组合键导出它们的标识，组合键是引用了类Employee和SalaryLevel的主键（即empId和levelId）而创建的。

没有两个SalaryHistoryAssociation对象能拥有相同的组合键（与Employee和SalaryLevel的相同链接）。这也意味着图5-12的设计不满足"雇员工资在同一级别上的任何变化也要记录。"这一需求。图5-12的方案不能继续使用——需要一个更好的模型。

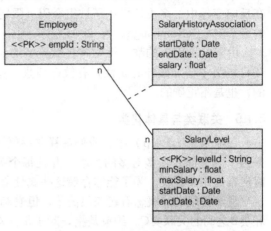

5.1.5.2　带有具体化类的模型

关联类对它所关联的类的对象的引用，不能有完全相同的。而具体化类独立于被关联的类，因此没有这样的限制。具体化类的主键不使用指明相关类的属性。

📖 例5.8　雇员数据库

参照例5.7（5.1.5.1节），画出雇员数据库的类模型，要求使用一个具体化类。

图5-12　不恰当地使用关联类

图5-13展示了例5.8使用具体化类Salary-HistoryReified的类模型。这个类没有显式的标记式主键。然而，我们可以推测，这个主键将由empId和seqNum组合而成。属性seqNum存储着一个雇员工资变化的序列号。每个SalaryHistoryReified对象都属于一个Employee对象，并被链接到一个SalaryLevel对象上。现在的模型能够表达雇员在同一工资级别上的工资变化。

注意，图5-13中的模型需要进一步改进。尤其是"一个级别的工资范围是固定不变的。"这个假定很可能需要放宽。

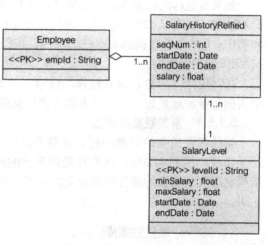

图5-13　使用具体化类的更好的解决方案

复习小测验5.1

RQ1　UML最重要的扩展机制是什么？

RQ2　在UML2.0中，如何称呼角色名？

RQ3　Java默认的可见性是什么，即，如果不指定可见性的话？

RQ4　具体化类能够无语义损失地代替关联类吗？

5.2　高级泛化与继承建模

类之间的关系主要有3种：关联、聚合和泛化。泛化与继承的话题在附录（A.7节）中讨论过了，但细心的读者已经注意到，我们低估了泛化在分析模型中的作用。泛化是一个强有力的实用的概念，但由于复杂的继承机制，它也可能带来很多问题，特别是在大型软件项目中。

泛化和继承这两个术语是相关的，但又不完全相同。了解它们的区别很重要。如果不了解，代价就是会导致理解上的欠缺——文献中经常出现这样的证据。事实上，除非认识到两者的区别，否则我们很容易陷入对泛化与继承的正反两方面的无理性、无根据的讨论中。

泛化是类之间的语义关系，它说明子类的接口必须包含超类的所有（公共的、包的和保护的）特性。继承是"一种机制，通过它，较特殊的元素可以合并较一般元素中定义的结构和行为"（Rumbaugh等人　2005：411）。

5.2.1　泛化和可替换性

从语义建模的观点出发，泛化引入了额外的类，并将它们分为一般类和较特殊的类，在模型中建立超类－子类关系。虽然泛化引入了新的类，但它可以减少模型中关联关系和聚合关系的总数（因为发生在较一般类上的关联和聚合，还意味着存在与较特殊类的对象的链接）。

根据所期望的语义，可以将来自一个类的关联或聚合链接到泛化层次中最一般的类上（参见图3-11和图4-10中的类图）。由于子类可以替换它的一般类，所以子类对象具有超类的所有关联和聚合关系。这就允许我们用较少的关联/聚合关系来表达相同的模型语义。在好的模型中，需要恰当地权衡泛化的深度和由此产生的关联/聚合关系的减少。

如果用得好，泛化能够提高系统模型的表现力、可理解性和抽象程度。泛化的作用源于可替换性原则（4.2.4节）——在代码中任何访问超类对象的地方，都可以用子类对象来替换超类对象。然而，不幸的是，使用继承机制可能会破坏可替换性原则带来的益处。

5.2.2　继承与封装

封装要求，只能通过对象接口中的操作才能访问对象的状态（属性值）。如果强迫进行封装，它将带来高度的数据独立性，这样，所封装数据结构将来的变化就不会导致一定要修改已有的程序。但是封装的概念能在应用中强制实行吗？

现实情况是，封装与继承和查询能力是正交的，它不得不与这两个特性一起折中考虑。实际上，将所有数据都用私有可见性来声明，也是不可能的。

继承允许子类直接访问保护属性，它削弱了封装。当计算涉及不同类的对象时，可能要求这些不同的类彼此是友元或者让元素具有包可见性，这就进一步破坏了封装。人们还必须认识到，封装是针对类的概念，不是对象，而且在大多数的对象程序设计环境中（除了Smalltalk以外），一个对象不能对同一个类的另一个对象隐藏任何东西。

最后，用户依靠SQL访问数据库，期望在查询时直接查阅属性，被证明是有效的，而不是去被迫使用某些数据访问方法，导致查询表达更困难、更易出错。这个需求在数据仓库应用的在线分析处理（OLAP）查询中特别强烈。

因此，设计应用时应该使它们达到期望的封装水平，但还要与继承、数据库查询，以及计算需求相权衡。

5.2.3　接口继承

当以可替换性为目标来使用泛化时，它就同接口继承（子类型，类型继承）概念是同义词了。这不仅是继承的一种"无害"形式，而且实际上是非常令人期望的形式（附录，A.9节）。接口继承除了其他优点外，在不支持多重实现继承的语言（如Java）中，它还提供了一种达到多重实现继承的方法。

子类继承属性类型和操作型构（操作名加上形式参数），子类被说成是支持超类接口。继承来的操作的实现可以留待以后进行。

接口和抽象类的概念是有区别的（附录，A.9.1节）。区别在于，抽象类能提供一些操作的部分实现，而纯粹的接口则推迟所有操作的定义。

图5-14对应于图A-26（附录，A.9.2节）。该图演示了接口的另一种"棒棒糖"式的表示方法，同时还包括生成的Java代码。

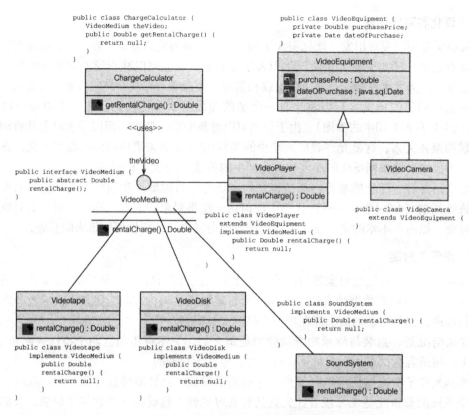

图5-14 接口继承和实现继承

5.2.4 实现继承

正如我们在前一节看到的,泛化可用于隐含可替换性,这一点后来能够由接口继承来实现。然而,泛化还可用于(故意地或不是故意地)隐含代码复用,并且这一点后来由实现继承来实现。这是对泛化非常强大的、强大得有些危险的阐释。这也是对泛化的"默认"阐释。

实现继承——也称为子类化、代码继承或类继承——在子类中组合超类的特性,必要时允许用新的实现重载它们。重载是指在子类的方法中包括(调用)超类方法,并用新的功能来扩展它。它也可以指超类方法被子类方法完全替换。实现继承允许共享特性描述、代码复用以及多态性。

当用泛化来建模时,我们必须清楚其中隐含了哪种继承。接口继承的使用是安全的,因为它只涉及契约部分的继承——操作型构。实现继承涉及代码的继承——实现部分的继承(Harmon 和 Watson 1998; Szyperski 1998)。如果不注意控制和限制,实现继承带来的坏处会比好处多,它的利与弊将在下一节讨论。

5.2.4.1 实现继承的恰当使用——扩展继承

UML在以泛化调整继承以及恰当使用实现继承方面都是非常独特的(Rumbaugh等人2005)。继承的唯一恰当使用就是将继承作为类的增量式定义。子类具有比超类更多的特性(属性和/或方法)。子类是超类的一种。这也就是通常所说的扩展继承。

附录中图A-21(为了方便,这里用图5-15重新给出,但不带构造函数)的例子描述了一个扩展继承。任何Employee对象都是Person对象的一种,一个Manager对象是Employee和Person对象的一种。但这并不是说,一个Manager对象同时是3个类的实例(参见附录A.7.4节中关于多重分类的讨论)。一个Manager对象是类Manager的一个实例。

在Manager对象或Employee对象上都可以调用方法remainingLeave()。依赖于调用的是哪个对象，它的执行也不同。

注意，图5-15中的Person不是抽象类。有一些Person对象只是Person的对象——即它们不是Employee的对象。

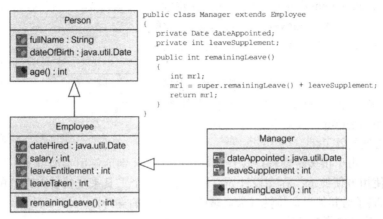

```
public class Manager extends Employee
{
    private Date dateAppointed;
    private int leaveSupplement;

    public int remainingLeave()
    {
        int mrl;
        mrl = super.remainingLeave() + leaveSupplement;
        return mrl;
    }
}
```

图5-15　扩展继承

在扩展继承中，特性的重载要谨慎使用，应该只允许使特性更特殊化（如限制值的范围或使操作的实现更高效），而不改变特性的含义。如果重载改变了特性的含义，则子类对象就不再能替换超类对象了。

5.2.4.2　对实现继承的有问题的使用——限制继承

在扩展继承中，用新的特性扩展子类的定义。然而，有一些继承来的特性在子类中被禁止（被重载），因此使用继承作为一种限制机制也是可能的，这样的继承被称为限制继承（Rumbaugh等人1991）。

图5-16描绘了两个限制继承的实例。因为不能有选择地阻止继承，类Circle从Ellipse中继承了minor_axis和major_axis，并将不得不用属性diameter来代替它们。同样，Penguin从Bird继承了飞的能力（操作fly），并将不得不用操作swim来替换它（也许在负的高度下飞可以说成是游泳）。

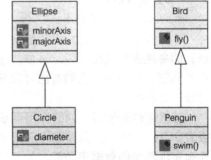

限制继承是有问题的。从泛化的观点看，子类没有包括超类的所有特性。倘若使用对象的人知道被重载（禁止）的特性的话，超类对象仍然能够被子类对象所替换。

图5-16　限制继承

在限制继承中，一个类的特性（通过继承）被用于实现另一个类。如果重载未做扩展，限制继承能够带来益处。但一般来说，限制继承会带来维护上的问题。通过将继承来的方法实现为空，即什么也不做，限制继承将可能完全禁止继承来的方法。

5.2.4.3　实现继承的不恰当使用——方便继承

在系统建模中，一个继承既不是扩展继承也不是限制继承，这是一个坏消息。当两个或多个类具有相似的实现，但在这些类所表示的概念之间没有分类关系的时候，会出现这种继承。任意选择一个类作为其他类的父类，这样的继承称为方便继承（Maciaszek等人 1996a；Rumbaugh等人 1991）。

图5-17提供了两个方便继承的例子。类LineSegment被定义为类Point的子类。很清楚，线
段不是点，因此像以前定义的泛化不适用，但继承仍
然可以使用。实际上，对于类Point，我们能够定义
像xCoordinate和yCoordinate这样的属性和一个操作
move()。类LineSegment将继承这些特性，并将定义
另外的操作resize()，操作move()需要被重载。同样，
在第二个例子中，Car继承Motorbike的特性并加入一
些新特性。

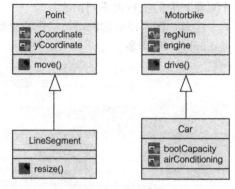

方便继承是不恰当的，在语义上不正确。它导致
了扩展式重载。由于对象不再属于相似的类型
(LineSegment不是Point；Car不是MotorBike)，可替
换性原则通常就无效了。

图5-17　方便继承

遗憾的是，由于很多对象程序设计环境鼓励不加区别地使用实现继承，所以开发人员在
实践中经常使用方便继承。程序设计语言配备了无数个工具来支持针对继承的"强大编程能
力"，但却忽略了对其他对象特性（最显著的是聚合）的支持。

5.2.4.4　实现继承的危害

前面的讨论并不表示，只要我们禁止方便继承就万事大吉了。实现继承按很多标准来说
都是一件有风险的事情。如果不被适当地控制和管理，继承会被过度使用以至滥用而产生问
题，这些问题应该首先解决。这一点对具有几百个类、几千个对象、对象状态动态变化以及
演进的类结构的大型系统（如企业信息系统）开发来说尤其如此。

主要的风险因素与下面这些棘手的概念有关（Szyperski 1998）：

- 脆弱的基类。
- 重载和回调。
- 多重实现继承。

5.2.4.4.1　脆弱的基类

脆弱的基类（超类）问题是指，在允许对超类（或多个超类，如果使用的是多重继承的
话）的实现进行演化的同时，使其子类仍然有效并可用的问题。这在任何情况下都是一个严
重的问题，特别是当我们考虑可以从系统开发团队的控制范围之外的外部资源中获取超类的
时候，更是如此。

考虑这样的情形，你的应用继承了一些超类，而这些超类构成了操作系统、数据库系统
或者GUI的一部分。假设你为应用开发购买了一个对象数据库系统，你实际上是买了一个类
库来实现典型的数据库功能，如对象持久性、事务管理、并发和恢复。如果你的类要从这个
类库继承，那么对象数据库系统的新版本对你的应用的影响是不可预知的（并且如果在为该
应用设计继承模型时，没有采取预防措施的话，就一定会这样）。

除非将公共接口声明为不可变的，或者至少要避免对我们控制范围之外的超类进行实现继
承，否则就很难控制脆弱的基类问题。对超类（我们甚至可能没有它的源代码）的实现的改
变，将对应用系统中的子类具有不可预测的巨大影响。即使超类的公共接口保持不变，也是
如此。如果这种变化还影响到公共接口，情形会进一步恶化。一些例子是（Szyperski 1998）：

- 改变方法的型构。
- 将方法分成两个或多个新方法。
- 联合现有的方法形成一个更大的方法。

控制脆弱的基类问题关键在于，设计超类的开发人员应该预先知道，人们在现在和将来

将如何复用这个超类。但是没有水晶球，这是不可能的。如同一个招贴画上的笑话所说："疯狂是会遗传的，你会从你的孩子那里发现它"（Gray 1994）。在5.3节中，我们将讨论其他一些对象开发方法，它们不基于继承但也交付了所期望的对象功能。

5.2.4.4.2　重载、向下调用和向上调用

实现继承允许对所继承的代码进行有选择的重载。子类方法从其超类中复用代码有5种技术：

- 子类可以继承方法实现，并且对实现不做改变。
- 子类可以继承代码，在自己的方法中用同样的型构包含它（调用它）。
- 子类可以继承代码，然后用一个具有相同型构的新的实现来完全重载它。
- 子类可以继承空代码（即方法声明是空的），然后提供该方法的实现。
- 子类可以只继承方法接口（即接口继承），然后提供该方法的实现。

这5种复用技术中，前两种在基类演化时最麻烦。第3种表现了对继承的轻视。后两种技术是特殊情况，第4种情况意义不大，第5种情况不涉及实现继承。

📖 例5.9　电话销售

参考关于电话销售系统的问题陈述4（1.6.4节），特别是例5.4（5.1.2.1节）。我们的任务是修改类模型以及ECampaign和EBonusCampaign之间的泛化关系（图5-6），包含一些操作来举例说明上面所列的前两种复用技术，并沿着泛化关系显示向下调用和向上调用。

为了说明第一种复用技术以及向下调用，考虑ECampaign中的操作computeTicketsSold()，它被EBonusCampaign无修改地继承。computeTickets()的实现中包含一个对computeTicketsLeft()的调用。操作computeTicketsLeft()存在于ECampaign中以及它在EBonusCampaign的重载版本中。

为了说明第二种复用技术以及向上调用，考虑ECampaign中的操作getDateClose()以及它在EBonusCampaign中的重载版本。当在ECampaign上调用时，getDateClose()返回ECampaign的结束日期。但当在EBonusCampaign中调用时，它比较ECampaign和EBonusCampaign的结束日期，并返回较大（更靠后）的日期。

图5-18显示了模型和代码，组成了对例5.9的一种可能答案。类CActioner在ECampaign和/或EBonusCampaign上调用操作。CActioner有一个对子类EBonusCampaign的引用（theECampaign），但是它将该引用定义为超类ECampaign类型。实际上，将EBonusCampaign实例赋值给ECampaign引用很可能是在运行时完成的（Maciaszek 和Liong 2005），而不是如图5-18所示的作为一个静态赋值。

当调用CActioner的getTickets()时，它执行ECampaign的computeTicketsSold()。这使用了可替换性原则——被theECampaign引用限制的EBonusCampaign对象替换为ECampaign对象（因为EBonusCampaign没有它自己的对computeTicketsSold()的重载版本）。

接下来，computeTicketsSold()调用了computeTicketsLeft()。但是在EBonusCampaign中，computeTicketsLeft()已经被重载，因此被替代调用的是这个重载操作。这就是一个由超类到其子类的向下调用的实例。结果是EBonusCampaign中的所剩彩票数被返回给CActioner。

注意，theECampaign引用的初始化及后续的向下调用已经引入了一个从CActioner到EBonusCampaign的运行时继承依赖。这个依赖没有在编译时于程序结构中被静态地合法化。CActioner是与ECampaign有关联，而不是与EBonusCampaign有关联。这样的运行时依赖难于管理，它们违反了PCBMER框架的EAP（4.1.3.2节）。

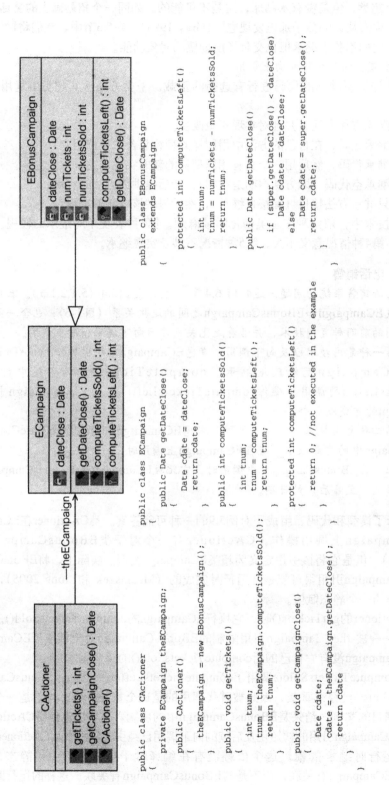

图5-18 电话销售系统中的重载、向下调用和向上调用

当在CActioner中调用getCampaignClose()时，它在-theECampaign变量指向的对象上执行getDateClose()，这里是EBonusCampaign对象。因此，EBonusCampaign中的getDateClose()被调用。有趣的是，getDateClose()对ECampaign中定义的该方法提供了一个扩展——它包含了对super的调用。这是一个由子类到其超类的向上调用（回调）的例子。

尽管这种对super的调用可以理解，但是向下调用和向上调用的结合引入了难以处理的对有关类的循环依赖。另外，这些依赖是在运行时创建的，因此对类的任何变化都难以管理。

上文中的例5.9展示了重载如何引起脆弱的基类问题。它也证实了实现继承会引入类似网络的计算路径，我们认为这在大型系统中是不可支持的（4.1节）。带实现继承的消息传递到处出现。除了简单的沿着继承方向的向下调用外，还出现了回调（向上调用）。

正如Szyperski（1998:104）所观察到的："在与可观察的状态的联合中，回调导致了与并发系统语义相近的再进入语义，由相互交互的对象的网形成的随意调用图废除了典型的层次，并使再次进入变成了正常行为。"

公正地评价继承，只要有对象间的引用，就可能有回调。再次引用Szyperski（1998:57）的话："带有对象引用……每个方法调用潜在地都是向上调用的，每个方法潜在地是一个回调。"继承只会增加麻烦，而且是增加相当大的麻烦。

5.2.4.4.3　多重实现继承

在附录A.7.3节中，讨论了多重继承。在A.9节中，确定了多重接口继承（多重超类型）和多重实现继承（多重超类化）之间的差别。多重接口继承考虑了接口协议的合并。多重实现继承允许实现片段的合并。

实际上，多重实现继承并没有给实现继承带来新的"危害"，它只是放大了由脆弱的基类、重载和回调所引发的问题。除了需要终止一些多重实现片段的继承外（如果两个或多个超类定义了相同的操作），每当多重名字一致的时候，它还可能强迫修改操作的名字（应该让它们真正表示独立的操作）。

在这种情形下，值得记住的是多重继承引起的复杂性的内在增长——这种增长是由于对象系统对多重分类（附录，A.7.4节）缺乏支持而产生的。任何根植于同一个超类的正交继承分支不得不通过特别创建"联合"类在继承树较低层次上结合在一起（附录，A.7.3节中的图A-22）。

多重实现继承带来的问题使它在一些语言里被禁止——最著名的是Java。在需要多重实现继承的地方，Java推荐使用多重接口继承（附录，A.9节）来提供解决方案。

复习小测验5.2

RQ1　什么相关原则使泛化成为有益的？

RQ2　继承是如何与封装相折中的？

RQ3　什么概念能用来替代多重实现继承？

5.3　高级聚合与委托建模

聚合是分析模型中第3种用来链接类的技术（附录，A.6节）。与其他两种技术相比（传统的关联和泛化），人们对聚合的关注最少。然而，聚合是我们所知道的通过将类分配到抽象继承层次以控制大型系统复杂性的最强大的技术。

聚合（及其更强的变体——复合）是一种包含关系。一个复合类包含一个或多个构件类。构件类是其复合类的元素（虽然这些元素具有其自身存在）。尽管人们已经认识到，聚合至少与泛化一样，是一个基本建模概念，但是在对象应用开发中，只给予它最低限度的关注（"完美匹配"的应用领域除外，如多媒体系统）。

在程序设计环境中（包括大多数对象数据库），聚合是采用与常规关联相同的方式来实现的——通过获取复合对象和构件对象之间的引用。尽管聚合在编译时的结构与关联相同，但运行时的行为却不同。聚合的语义更强，确保运行时结构服从这些语义（不幸）是程序员的职责。

5.3.1 给聚合增加更多的语义

现在的程序设计环境普遍忽略聚合。在这种情况下，虽然对象应用开发方法将聚合结合进来作为一个建模选择，但却很少重视它。此外（或者是由于缺乏程序设计环境的支持带来的后果），对象应用开发方法没有努力加强对聚合结构的严格的语义解释，经常将它作为关联的一种特殊形式来对待。

如同4.2.3节中所讨论的，聚合可以分为4种可能的语义（Maciaszek等人1996b）：
- "ExclusiveOwns"聚合。
- "Owns"聚合。
- "Has"聚合。
- "Member"聚合。

UML只识别两种聚合语义——即聚合（引用语义）和复合（值语义）（附录，A.6节）。我们现在将展示，如何使用构造型和约束扩展现有的UML表示法，来表示上面标识出的4种不同类型的聚合。

5.3.1.1 ExclusiveOwns聚合

在UML中，可以用具有关键字<<ExclusiveOwns>>的复合构造型，再加上具有关键字frozen的约束来表示ExclusiveOwns聚合（Fowler 2003）。frozen约束应用于构件类，它说明一个构件类对象（在它的生命周期中）不能被再连接到另一个复合对象上。构件对象可能被完全删除，但不能将它转换给另一个所有者。

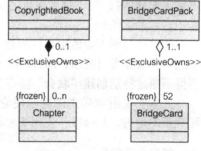

图5-19给出了两个ExclusiveOwns聚合的例子，左边这个例子用UML值语义（一个实心菱形）建模，右边这个例子用UML引用语义（一个空心菱形）建模。

一个Chapter对象最多属于一个CopyrightedBook的一部分。一旦它（通过值）被结合到一个CopyrightedBook对象中，就不能再被连接到另一个组合对象中。这个连接被冻结了。

一个BridgeCardPack精确包含52张牌，我们使用UML引用语义来建模这个所属关系。任何一个

图5-19 ExclusiveOwns聚合

BridgeCard对象都正好属于一个BridgeCardPack，并且不能再被连接到另一副牌中。

5.3.1.2 Owns聚合

如同ExclusiveOwns聚合一样，在UML中，可以用复合的值语义（一个实心菱形）或者用聚合的引用语义（一个空心菱形）来表达Owns聚合。在任何时刻，一个构件对象最多属于一个复合对象，但它能够被再连接到另一个复合对象上。当一个复合对象被删除时，它的构件对象也被删除。

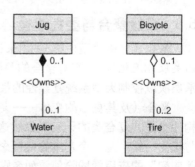

图5-20展示了Owns聚合的两个例子，一个Water对象能够从一个Jug再连接到另一个Jug上。同样，一个Tire对象能够从一辆Bicycle调换到另一辆Bicycle上。由于存在

图5-20 Owns聚合

依赖性，一个Jug或一辆Bicycle的损坏会向下扩散到它们的构件对象上。

5.3.1.3 Has聚合

在UML中，通常用聚合的引用语义（一个空心菱形）来建模Has聚合。Has聚合不具有存在依赖性——复合对象的删除不会自动向下扩散到构件对象上。Has聚合只拥有传递性和非对称性的特点。

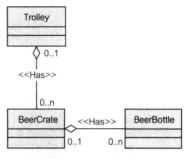

图5-21 Has聚合

Has聚合的例子如图5-21所示。如果一个Trolley对象拥有多个BeerCrate对象，并且一个BeerCrate对象包含多个BeerBottle对象，那么Trolley对象就拥有这些BeerBottle对象（传递性）。如果Trolley拥有BeerCrate，那么BeerCrate就不能拥有Trolley（非对称性）。

5.3.1.4 Member聚合

Member聚合考虑到聚合关系中多对多的多重性。而对于存在依赖性、传递性、非对称性或冻结特性都没有做特定的设想。如果需要，这4种特性中的任何一种都可以表达为UML约束。由于Member聚合具有多对多的多重性，在UML中只能用聚合的引用语义（空心菱形）来建模。

图5-22展示了4个Member聚合关系。一个JADSession（2.2.3.3节）对象由一个仲裁人员和一个或多个文书、用户和开发人员组成。每个构件对象能够参加一个以上的JADSession对象。

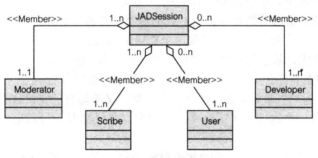

图5-22 Member聚合

5.3.2 作为泛化的可选方案的聚合

泛化是超类-子类的关系，聚合更接近超集-子集的关系。尽管存在这样的差别，泛化还是能够表示为聚合。

考虑图5-23，还没有供货的客户订单可能是在等待某个进一步的活动。这个悬而未决的订单可能是一个延期交货订单，一旦有了足够的库存，这张订单就要供货。如果这个悬而未决的订单要按用户指定的后期时间供货的话，它就是一个未来订单。

左边的模型是客户订单的泛化。类GOrder可以是一个GPendingOrder。GPendingOrder可以是一个GBackOrder或是一个GFutureOrder。继承保证了对属性和操作沿着泛化树向下的共享。

类似的语义也可以用聚合来建模，如图5-23右图所示。类ABackOrder和AFutureOrder包括了类APendingOrder的属性和操作，类APendingOrder反过来结合了类AOrder。

虽然图5-23中的两个模型表达了相似的语义，但还是有区别的。主要的区别来自这样一个观察，即泛化模型是基于类的概念，而聚合模型实际上是以对象概念为核心的。

一个特定的GBackOrder对象也是GPendingOrder和GOrder的一个对象。GBackOrder有一个对象标识符（OID）。另一方面，一个特定的ABackOrder对象是由3个独立对象组建起来的，每个对象都有它自己的对象标识符——ABackOrder自身、被包含的APendingOrder对象和AOrder对象。

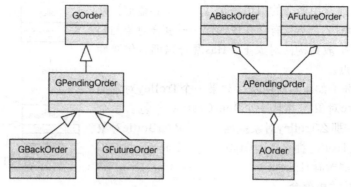

图5-23 泛化与聚合

泛化用继承来实现它的语义。聚合用委托来复用构件对象的实现。这将在下一节讨论。

5.3.2.1 委托和原型系统

继承的计算模型是基于类的概念。然而，基于对象概念的计算模型也是可能的。以对象为中心的计算模型将对象组织为聚合层次。每当复合对象（外部对象）自身不能完成一项任务时，它能够访问它的构件对象（内部对象）中的方法，这称为委托（附录，A.6.3节）。

在基于委托的方法中，系统的功能由包括（克隆）在所需的新功能中存在的对象的功能来实现，这些已有的对象被看做是创建新对象的原型。其基本思想是在已有对象（内部对象）中搜索功能，然后在一个外部对象中实现这个期望的功能。外部对象按照需要请求内部对象的服务。采用这种方式，从已有的原型对象中构造出来的系统称为原型系统。

一个对象与系统中任何其他可标识的及可见的对象之间都可以有委托关系（Lee和Tepfenhart 1997）。当一个外部对象接收到一个消息，又不能自己完成这个服务时，它将把这个服务的执行委托给一个内部对象。这个内部对象，如果需要，可以进一步将这个消息传送给它自己的内部对象。

内部对象的接口对外部对象以外的其他对象来说，可以是可见的，也可以是不可见的。5.3.1节中确定的4种聚合都可以用于控制内部对象的可见性水平。例如，在较弱形式的聚合（如典型的Has聚合或Member聚合）中，外部对象可以原样暴露内部对象的接口。在较强形式的聚合中，外部对象可以对外部世界隐藏它内部对象的接口（因而就使用更强的封装形式）。

5.3.2.2 委托与继承

能够说明一点，委托可以对继承建模，反之亦然。这意味着继承或委托可以用来表达相同的系统功能。1987年，在佛罗里达州奥兰多市召开的一次会议上，关于这个问题第一次达成了一致意见，称为Orlando条约（Stein 等人 1989）。

前面，我们讨论了实现继承的危害。一个紧迫的问题由此产生，即委托是否避免了实现继承的缺点。对这个问题的回答并不是直截了当的（Szyperski 1998）。

从复用的观点出发，委托与继承非常相近。外部对象复用了内部对象的实现。所不同的是，在继承的情况下，服务完成后总是将控制返回给接收原始消息（对服务的请求）的对象。

在委托的情况下，一旦将控制从外部对象传给了内部对象，它就停留在那里。任何自递归都必须明确地计划并设计成委托。在实现继承中，自递归总会出现——它是无计划的、临时接入的（Szyperski 1998）。脆弱的基类问题只是这种无计划的/临时接入的复用产生的一个不受欢迎的结果。

委托的其他潜在优点是，共享和复用可以在运行时动态地确定。在基于继承的系统中，共享和复用一般是在对象创建时静态地确定。在安全性和继承的预先共享的执行速度以及委托的非预先共享的灵活性之间需要权衡。

支持委托的论点是，非预先共享更自然、更接近于人们的学习方式（Lee和Tepfenhart 1997）。对象被自然地组合，形成更大的解决方案，能够按非预定的方式演化。下一节对同样的问题提出了另一种观点。

5.3.3 聚合与整体构件——一些仅供思考的材料

用Maciaszek等人（1996a;1996b）的话说，为了控制对象模型的复杂性，我们基于Arthur Koestler对自然分类系统的结构的阐释（Koestler 1967；1978），提出了一种描述软件体系结构的新方法。其中的核心概念是"整体构件"思想，整体构件被解释为既是部分对象又是整体对象。更精确地说，它们被认为是自调节的实体，既表现出部件的相互依赖特性，又表现出整体的独立特性。

生命系统是分等级组织的。在结构上，它们是半自治单元的聚合，这些半自治单元既显示了整体的独立特性，又显示了部分的相互依赖特性。就像Arthur Koestler指出的那样，它们是整体构件（holon）的聚合，holon来自希腊语单词holos，意指整体，再加上变为on的后缀指一个粒子或部分（如同质子或中子一样）（Koestler 1967）。

绝对意义上的部分和整体，在生命有机体中或者甚至在社会系统中都是不存在的。整体构件按复杂性进行等级分层。例如，在一个生物有机体中，我们可以识别出由原子、分子、细胞器官、细胞、组织、器官和器官系统组成的层次，这样的整体构件层次称为合弄结构。

合弄结构的每一层都对它上面的层隐藏其复杂性。向下看，一个整体构件在某种程度上是完整和唯一的，是一个整体。向上看，一个整体构件是一个基本构件，是一个部分。合弄结构的每一层都包含很多整体构件，如原子（氢、碳、氧等）、细胞（神经、肌肉、血细胞等）。

向内看，一个整体构件为其他整体构件提供服务。向外看，一个整体构件请求其他整体构件的服务。合弄结构是开放的，除了那些为了方便理解而标识的以外，没有绝对的"叶"整体构件或"顶点"整体构件。由于这个特性，复杂系统可以从简单系统演化而来。

因此单个的整体构件由4个特性来表示：
- 内部契约（它们之间的交互能够形成唯一的模式）。
- 下属整体构件的自断言聚合。
- 与上级整体构件的集成倾向。
- 与其他同等整体构件的关系。

成功的系统被安排在合弄结构中，这个结构隐藏了后续较低层的复杂性，并在较高层次中提供了更高的抽象水平。这个概念与聚合的语义相匹配。

聚合提供了关注点的分离——允许每个类保持封装，它关注类的特定行为（协作和服务），使其不受父类实现的约束（如同在泛化中那样）。同时，聚合还考虑到运行时在划分的层次之间自由移动的问题。

对象（整体构件）的集成和自断言之间的平衡，通过聚合对象必须"遵守彼此的接口"这个需求来达到（Gamma等人 1995）。由于对象只通过它们的接口来通信，所以没有打破封装。因为对象通信没有采用类似继承的实现机制——没有在实现中硬编码，所以系统的演化非常容易。

在结构上，通过将对象分组为各种集合，并建立它们之间的整体－部分关系，聚合能够对大量对象建模。从功能上，聚合允许对象（整体构件）"向上"看或"向下"看。然而，聚合不能对同级整体构件之间使它们能够"向内"看或"向外"看的必要的互操作建模。这种结构和功能上的缺陷可以由泛化关系和关联关系来成功地弥补。

在我们推荐的方法中，聚合为对象应用开发提供"纵向的"解决方案，泛化提供"横向的"解决方案。聚合成为支配性的建模概念，决定系统的整体框架。通过提供一组特别支持整体构件方法以及利用4种聚合的设计模式（Gamma 等人 1995），这个框架能够进一步形式化。我们希望上述讨论提供了一些思考素材，供读者自己去探索（参见Maciaszek 2006）。

复习小测验5.3

RQ1　在典型的程序设计环境中，聚合是怎样实现的？

RQ2　哪一种聚合需要用"frozen"（冻结）约束来指定？

RQ3　聚合使用什么方法来复用构件对象的实现？

5.4　高级交互建模

在第3章（3.4节）和第4章（4.3.3节）中，已经讨论了基本的交互建模。这里，我们将说明一些更高级的交互图特性，展示它们的适应性和精确性是如何允许向详细设计要求的抽象水平平滑过度的。

在这两种类型的交互图中，顺序图比通信图更常用。虽然它们表达了相似的信息，但顺序图关注消息的顺序，而通信图则强调对象的关系。CASE工具倾向于为顺序图的可视化提供更好的工具，更好地支持顺序图中的复杂交互。而对于通信图，就未必如此了。但通信图有一个显著的优点，它们能够在开会和讨论时用作手绘的草图。在这种面对面的情形下，通信图比顺序图具有更高的空间效率，更容易修改。

5.4.1　生命线和消息

在交互图中，最明显的两个概念是生命线和消息。一条生命线代表一个交互参与者；它表示在交互过程中一个特定时间段内，对象是存在的。消息表示在交互的生命线之间的通信。接收到消息的生命线/对象激活了相关的操作/方法。当控制流聚焦到一个对象上时，在UML 2.0中称为执行规格说明（以前称为激活）。

图5-24演示了生命线和消息的UML表示法。生命线显示为命名的矩形框加上延伸的垂直直线（通常是虚线）。生命线矩形框能够被命名来表示：

- 一个类的未命名实例——:Class1。
- 一个类的命名实例——c2:Class2。
- 一个类，即元类的一个实例——:Class 3——显示对类自身的静态方法调用。
- 一个接口——:Interface1。

图5-24显示了交互建模中允许的多种消息类型：

- 同步消息，其中调用者阻塞，即它等待响应，用实心箭头表示——doX、doA、doC、doD。
- 异步消息，其中调用者不阻塞，因此允许多线程执行——用开放箭头表示，如doB。
- 对象创建消息——常常（但不是必须）用关键字（如new或create）来命名，表示为带开放箭头的一条直线——new(a,b)，其中a和b是提供给Class2构造函数的参数。
- 回复消息，将交互的输出值传递给发起动作的调用者——用一条带有开放箭头的虚线表示，常常标注有返回值的描述——dValue。

注意，回复消息只是用来显示消息返回结果的两种方法中的一种。另一种是在消息语法中指明返回变量，如Class3 = doA(a) 或int = doC （Larman 2005）。依赖于所画图的抽象级别，消息的返回和回复可以显示，也可以不显示。

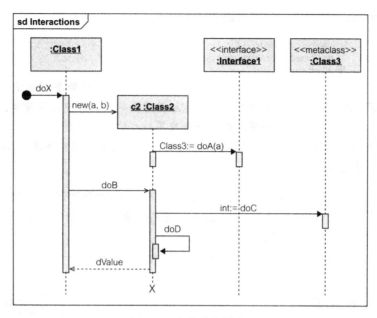

图5-24 生命线和消息

图5-24还显示了一个所谓的*发现消息*——doX——它表示没有指定发送者的消息。换句话说，发现消息的来源在模型表示的范围之外。

*对象销毁*在图上用大X来表示。通常假定，在交互模型中创建的对象也将要在同一个交互模型中被销毁（如c2:Class2）。对于不具备自动垃圾回收的语言（如C++），应该由模型中的另一个对象用一个单独的<<destroy>>消息来发起销毁。

在生命线代表的是接口（:Interface1）或抽象类的情况下，很显然，被调用的方法是从一个实现了接口的类或一个继承了抽象类的具体类执行。在这两种情况下，推荐的做法是为接口的相关实现或者每个多态的具体类，都提供单独的交互图（Larman 2005）。

5.4.1.1 说明基本技术

即使在相对较高的抽象水平上进行交互建模，也需要考虑开发项目的软件技术选择。现代程序设计语言，或者说是*程序设计环境*（编程环境），都带有随时可用的构件、类库、XML配置文件、定制标签、数据库连接等。因此，应用要完成的许多工作并不真正是定制编程，而是复用或者要由环境来完成。

使用UML交互建模来提供定制代码与环境之间的交互是困难的，然而某些这样的细节对"跨越模型的鸿沟"是必要的。至少，或者作为起点，我们参考所使用的技术，对顺序图中的生命线进行适当的构造型表示是非常重要的。对于熟悉技术的读者，这样构造表示的生命线能够提供充分的连接信息。（本书假定读者熟悉基本的软件技术，不过为了完整性和确定性起见，我们还是对实例、案例研究、练习等所使用的技术进行简要的介绍。）

在Java世界中，用于Web应用的基本技术总是使用Java Server Pages（JSP）、servlet和JavaBean。servlet是在Web服务器中部署并运行的Java程序。通常，Servlet不具有图形用户界面（GUI），因此能够完全属于控制器层。GUI由servlet的客户端提供，如一个服务器页面或一个applet。

Java Server Pages（JSP）是嵌入了Java代码段的HTML页面。为了运行应用程序，参与者通过输入类似www.myserver.com/myJsp.jsp这样的URL，来请求一个JSP页面。JSPs属于表现层。

JavaBean是能够存储数据并遵循预定义规则允许用户get()和set()数据的Java类。Java提供了一种机制给bean，允许JSP表单值自动从Bean加载，或自动卸载到Bean中。JavaBean属于Bean层。

📖 例5.10　货币兑换

参考关于货币兑换的问题陈述7（1.6.7节）。假定该应用包含两个Web页——一个用于输入计算请求数据，另一个用于显示计算结果。该应用需要从数据库中取得货币汇率。

为货币兑换器应用画一个顺序图。设计一个应用Java技术的模型，包含Java Server Pages（JSP）、servlet和JavaBean。遵照PCBMER体系结构，但不需要使用实体层（4.1.3.1节），不需要显示参数或返回类型。

图5-25是一个符合例5.10描述的实现场景的顺序图。设计中使用了PCBMER的类命名原则（CNP）。依照该原则，每个类的名字以包/子系统名的第一个字母作为前缀。那么，例如，PRequest就表示该类属于表现包/子系统。

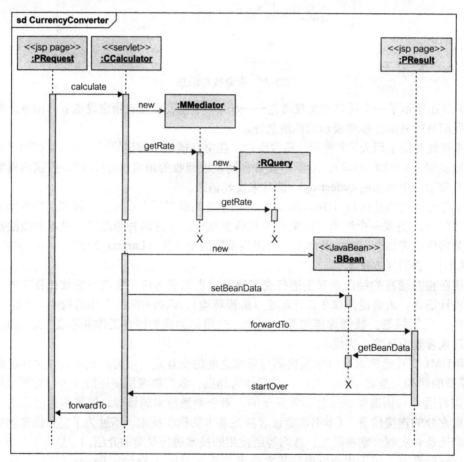

图5-25　货币兑换系统的顺序图，使用JSP/servlet/JavaBean技术

对图5-25中的顺序图叙述如下。PRequest.jsp发送一个post（或get）请求给servlet——在我们讨论的例子中是CCalculator类。CCalculator请求MMediator去getRate()，MMediator将这个请求委托给RQuery。RQuery从数据库中取得汇率，并将汇率值一直返回给CCalculator。CCalculator现在能够实例化和组装一个BBean对象。CCalculator也知道（声明）响应信息应该传送到的一个JSP页面（在我们讨论的例子中是PResult）。然后，PResult能够访问BBean数据

并将它呈现在Web浏览器中。最后，CCalculator收到PResult发送的startOver()消息，并直接将它们传送给PRequest。

设置响应信息和其他细节，如访问和使用用户会话以及首先取得请求的详细信息，都是Web容器的职责。因此，实际上，CurrencyConverter仅仅是与Web容器通信，PResult需要得到详细的响应信息，并且当用户想要重新开始时，控制权需要返回给PRequest。

5.4.1.2 有助于交互建模的可视化技术

对应于软件技术来构造表示的生命线是有帮助的，但它没有精确显示出定制代码和技术代码是如何合作使应用得以执行的。就像以前提到的，只为定制代码构造交互模型而不考虑技术的贡献，会给模型留下缺口，并使这些模型变得毫无使用价值。另一方面，有助于交互建模的可视化技术是一个真实的挑战，因为UML的意义在于它的技术独立性。即使存在（或在项目内开发）一个技术相关的UML配置文件（5.1.1节），但技术的丰富和持续变化会使得它很难在可视化模型中显示代码执行过程中正在（或将要）发生什么。

在上述限定条件下，我们考虑一个简单的应用案例，只有一个JSP页面提供HTML表单，一个servlet负责应用逻辑并在Web浏览器中呈现计算输出结果。使用JSP/servlet技术，利用称为javax.servlet.*的类库。它还要使用一个叫做web.xml的配置描述符文件，开发者需要在这个文件中提供专门用于特定Web应用的配置指令。其中，web.xml包含一个servlet的名字，当遇到特定的统一资源定位器（URL）模式时要调用它。URL地址是用户调用的或为了显示初始的JSP页面而在Web浏览器中输入的。因此，当用户提交该页面时，Web服务器（容器）就知道要激活哪一个servlet。

然后，这个servlet参与获得JSP输入并产生输出。这样做时，servlet依赖于javax.servlet.*中称为HttpServletRequest（用于输入）和HttpServletResponse（用于输出）的接口的实现。在很多情况下，servlet类只包含一个方法——doGet()或doPost()——能够取得输入、引导运算和产生输出。doGet()用于获得请求，其中，请求信息是作为URL的一部分来传递的。而doPost()用于发送请求，其中，数据是作为消息体而不是作为URL的一部分来传递的。当需要将HTML表单中的字段值提交给servlet时，通常使用POST请求。

📖 例5.11 货币兑换

参考关于货币兑换的问题陈述7（1.6.7节），以及前一节中的例5.10。考虑货币兑换的一个过分单纯化的实现，只从一种货币（如澳大利亚元）兑换成另一种货币（如美元）。用户需要输入要兑换的货币金额以及两种货币之间的当前汇率。在提交这些信息时，应用程序计算目标货币的金额并在3个字段里显示结果——要兑换的金额、汇率和兑换得到的金额。

画一个顺序图显示货币兑换应用的上述场景。设计一个用于Java技术的模型，只包括一个JSP和一个servlet。为显示用户的交互，创建一个称为The User的参与者。使用另一个称为web.xml的参与者，为JSP和servlet之间的映射关系建模。还要显示HttpServletRequest和HttpServletResponse的生命线。如果不是void的话，显示消息参数和返回类型。

为例5.11描述的实现场景画一个顺序图，如图5-26所示。尽管该图非常清楚，可以说是不言自明的，但是对一些建模元素不得不持保留态度。例如，与The User的交互用异步消息建模，尽管除了submitForm以外，其他"消息"只表示数据的提供。类似地，web.xml中编制的从JSP到servlet的可视化映射是相当随意的，如果没有争议的话。对HttpServletRequest和HttpServletResponse的调用展示了Java/J2EE API（或者是Web服务器或应用服务器提供的关于它的实现）是如何促进Web应用编程的。

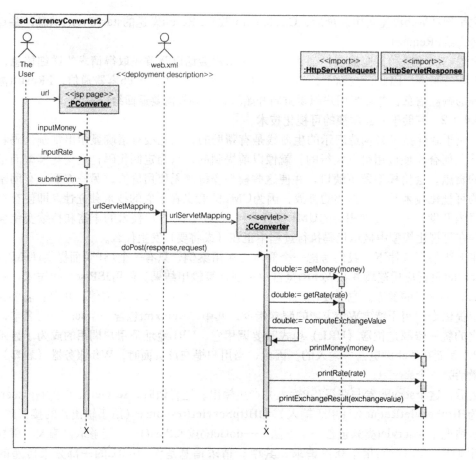

图5-26 货币兑换系统的详细顺序图，使用JSP/servlet技术

5.4.2 片段

一段交互称为**交互片段**。交互可以包含更小的交互片段，称为组合片段。组合片段的语义由交互操作符确定。UML 2.0预定义了很多操作符，其中最重要的是（Larman 2005; UML 2005）：

- alt：可选片段，在守卫条件中表达if-then-else条件逻辑。
- opt：选择片段，如果守卫条件为真，执行该片段。
- loop：循环片段，服从循环条件而重复多次的片段。
- break：中断片段，如果中断条件为真，就执行中断片段，而不执行外围片段剩余的部分。
- parallel：并行片段，允许所包含行为交替执行。

图5-27介绍了在顺序图中如何表示片段。该模型显示了一个可选片段——alt，进而，它又包含了一个选择片段——opt。选择片段只在可选片段的else条件内执行，并且只有当它自己的守卫条件y<=0为真时，才执行。

📖 例5.12 货币兑换

参考关于货币兑换系统的问题陈述7（1.6.7节）。考虑货币兑换的一个桌面GUI实现，用于在两种货币之间（如澳元和美元之间）的双向兑换。这个应用包含一个称为Currency-Converter 的Java类。

　　框架中有3个字段，用于接受澳元、美元和汇率的数值。它还拥有3个按钮（btn），叫做USD to AUD、AUD to USD以及Close（用于退出应用）。类中包含一个actionPerformed()方法。当单击3个按钮中的一个时，这个方法被调用，带有一个ActionEvent对象。在ActionEvent对象上调用getSource()方法，它允许系统确定单击的是哪个按钮，应该进行什么计算。

　　画一个顺序图显示货币兑换应用的上述场景。确定单击的是哪个按钮时需要if-then-else条件逻辑，使用可选片段来表达。

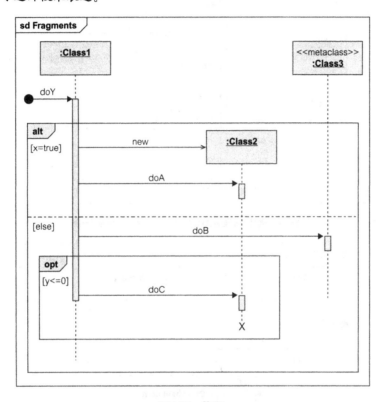

图5-27　片段

　　图5-28是一个符合例5.12描述的实现场景的顺序图。采用3分支的可选片段来为3个按钮激活的互斥条件处理进行建模（[else]条件通过执行exit方法，对Close事件做出反应）。整个应用包含一个类——CurrencyConverter。ActionEvent是Swing库提供的一个对象。

5.4.3　交互使用

　　交互除了包含组合片段外，还能包含其他交互。一个外围交互对另一个交互的引用称为**交互使用**。外围交互用标签sd（顺序图）标注，在图5-24～图5-28中可以看到。交互使用用标签ref（引用）标注，它指的是另一个单独创建的sd交互。

　　交互使用的概念考虑了公共行为的提取和共享。它是一个复用工具。通过将一个复杂交互分成多个单独定义的交互使用，有助于简化复杂的交互模型。图5-29是一个交互使用如何建模的简单例子。

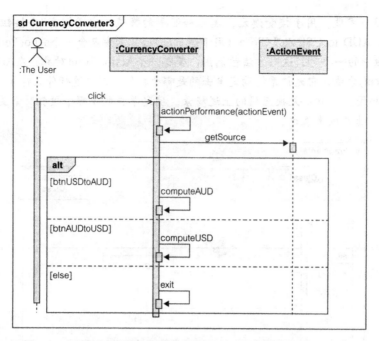

图5-28　货币兑换系统使用Swing技术的顺序图

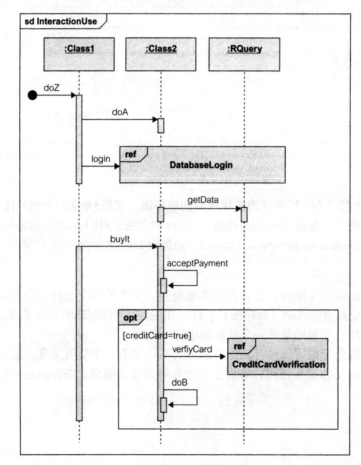

图5-29　交互使用

复习小测验5.4

RQ1　要说明多线程执行，需要使用什么交互建模概念？

RQ2　要说明一个来自未知发送者的交互，需要使用什么交互建模概念？

RQ3　servlet属于什么体系结构层？

RQ4　使用什么标签来标注交互使用？

小结

在本章中，我们完成了对需求分析以及从分析过渡到系统设计的讨论，仔细考察了对象技术对大型系统开发的支持。本章有些地方在技术上有难度，但提供了对对象技术的深入观察，这在有关系统分析和设计的书中是难以见到的。其中许多观点揭示了对象技术的显著弱点和不利方面。

构造型是UML主要的扩展技术。在完成扩展任务时，它们需要约束和标签的辅助。扩展机制允许在UML预定义特性之外建模。由于本章内容丰富多样，UML的扩展机制——尤其是构造型——被频繁地使用。

上一章讨论的公共可见性和私有可见性，对封装这样的重要概念只给予了基本支持。保护可见性允许在继承结构内对封装进行控制。友元概念和包可见性允许我们"削弱"封装来处理特殊的情况。类的可见性（相对于单个属性和操作的可见性）是另一个与继承有关的重要概念。

UML提供了许多附加的建模概念来提高类模型的表达能力，包括导出属性、导出关联和限定关联。关于类建模最困惑的方面是在关联类和具体化类之间做出选择。

泛化与继承的概念在系统建模中是一把双刃剑。一方面，它支持软件复用，提高了表达能力、可理解性和系统模型的抽象。另一方面，如果使用不当的话，它又具有破坏自身所有这些优点的可能性。

聚合与委托概念是一种重要的对泛化和继承的建模替代品。委托和原型系统具有支持层次体系结构这一优势。整体构件抽象对复杂系统应该如何构造的方式提供了令人感兴趣的观点。

顺序图是人们更愿意采用的一种交互建模的可视化工具，给深层次的技术相关的建模任务提供了很好的支持。在UML 2.0中，为交互模型增加了组合片段，来说明详细的程序设计逻辑，如循环和条件声明。复杂模型可以借助交互使用来构造。

关键术语

Comment（注释）　从属于一个模型元素或一组模型元素的解释。它不是直接定义或改变模型的语义。

Constraint（约束）　"一个条件或限制，用自然语言文本或机器可读语言来表达，目的是对一个元素的某些语义进行声明"（UML 2005:70）。

Derived information（导出信息）　"能够从其他元素计算得到的元素，出于清晰性或设计目的，即使它没有增加语义信息，也被包含进来"（Rumbaugh 等人 2005:315）。

Interaction fragment（交互片段）　"交互的一个结构段"（Rumbaugh等人 2005:409）。

Interaction use（交互使用）　"在一个交互的定义中对另一个交互的引用"（Rumbaugh等人 2005:412）。

Metaclass（元类）　"一个类，它的实例是类……通常用于构造元模型"（Rumbaugh等人 2005:458）。

Metamodel（元模型）　"一个模型，它定义了用来表达其他模型的语言"（Rumbaugh等人 2005:459）。

Profile（配置文件）　"为了使元模型适合于特定的平台或领域，而对参考元模型进行的有限扩展"（UML 2005:642）。

Stereotype（构造型）　"定义可以如何扩展现有的元类，使得平台或特定领域术语或表示法的使用能够替代扩展的元类，或在扩展的元类基础上增加"（UML 2005:649）。

Tag definition（标签定义）　"构造型的一个特性，显示为含有构造型声明的类矩形中的一个属性"。

Tagged value（标签值） "一个名－值对，附属于一个模型元素，该模型元素使用了包含标签定义的构造型"（Rumbaugh等人 2005:657）。

Visibility（可见性） "一个列举，它的值（公共、保护、私有或包）表示所指的模型元素在其封闭名字空间之外是否能够可见"（Rumbaugh等人 2005:678）。

选择题

MC1 哪一个不是UML的扩展机制？
    a. 约束   b. 构造型   c. 导出属性   d. 标签值

MC2 下面哪一个是接口继承的别名？
    a. 子类型   b. 可替换性   c. 多态性   d. 以上都不是

MC3 子类中一些继承来的特性被覆盖，这种继承称为：
    a. 扩展继承   b. 方便继承   c. 限制继承   d. 以上都不是

MC4 自递归总是发生在：
    a. 委托   b. 接口继承   c. 推进   d. 实现继承

MC5 当控制流聚焦到一个对象上时，UML 2.0称之为：
    a. 交互使用   b. 执行规格说明   c. 生命线   d. 以上都不是

MC6 下面哪一个操作符是定义并行片段的，考虑了所包含行为的交替执行。
    a. Opt   b. Loop   c. Alt   d. 以上都不是

问题

Q1 什么是UML中的配置文件？使用单词"UML配置文件"在Internet上查询，列出一些已发布的能为软件开发者所用的配置文件。

Q2 有时，一个类只允许实例化为不可变对象，即在实例化后不能改变的对象。在UML中如何为这样的需求建模？

Q3 解释约束和注释之间的区别。

Q4 封装与可见性是一回事吗？请解释。

Q5 派生类中继承来的特性的可见性依赖于派生类的声明中赋予基类的可见性水平。如果将基类声明为私有的，那么可见性是什么？对于模型的其余部分结论是什么？给出一个例子。

Q6 友元的概念应用于类或者操作。解释它们的不同。给出一个例子（不同于书中的），其中友元的使用是人们需要的。

Q7 导出信息有什么建模意义？

Q8 什么时候应该用一个具体化类替换一个关联类？给出一个例子（选择一个不同于书中使用的例子）。

Q9 什么是可替换性原则？解释你的答案。

Q10 解释接口继承和实现继承之间的不同。解答时，参考从接口、抽象类和具体类进行继承的相关问题。

Q11 什么是脆弱的基类问题？引起脆弱的基类问题的主要原因是什么？

Q12 解释ExclusiveOwns聚合和Owns聚合之间的区别。区分这两种聚合能带来什么建模上的益处？

Q13 比较继承和委托。相似的是什么？不同的是什么？

Q14 集合（如数组或列表）中的所有对象都要完成公共的处理逻辑，给每一个对象发送同样的消息。这种情况在顺序图中如何建模？给出一个例子。

Q15 将活动图和顺序图组合起来创建一个有用的建模表示法，会有益处吗？解释你的答案。

练习

E1 参考图A-14（附录，A.5.2节），假设管理课程设置的教师也必须教这门课。修改图A-14来捕捉这一事实。

E2 参考图A-20（附录，A.7节）和图A-21（附录，A.7.1节），将这两个图合并成一个类模型。设计类模型中的可见性。解释你的答案。

E3 参考图A-16（附录，A.5.4节），假设系统不得不在同一门课的多个课程设置中监控对学生的评价。这是因为有这样的限制，即一名学生只能在同一门课上不及格3次（不允许第4次注册）。扩展图A-16来对上述约束建模，使用一个具体化类，建模并/或解释所有假设。

E4 参考例4.10（4.2.4.3节）。用聚合代替泛化重画图4-10，解释新模型的利与弊。

E5 参考例4.18（4.3.3.3节），利用组合片段和其他高级交互建模概念来改进图4-18中的顺序图。

E6 参考例4.18（4.3.3.3节），利用组合片段和其他高级交互建模概念来改进图4-19中的顺序图。

练习：时间记录

附加信息

参考关于时间记录工具的问题陈述6（1.6.6节）。考虑这个功能：一名员工使用时间记录工具的秒表设备来创建一个新的时间记录。这个功能是一个称为"创建时间记录－秒表登录"的用例子事件流的职责。支持这个子事件流的GUI窗口显示在图5-30中。

秒表登录窗口是一个非模态对话框。这就允许用户当秒表运行时，在时间记录工具主窗口的行浏览器、菜单和其他界面特征中访问时间记录。图5-30的显示表明，从Stopwatch菜单启动秒表后，秒表处于"运行"状态。

该窗口有启动/停止秒表的按钮。当秒表正在运行时，人们可以使用下拉列表框以及Description框来填写关于他所做事情的信息。当按下Stop按钮时，时间记录器在行浏览器中增加一条新的事件记录。

Duration是根据Start、Now和Pause Duration字段的内容来计算的。Now字段不可编辑。按钮Pause和End Pause用来控制暂停时间。

Reset按钮用来取消秒表，不把时间记录存储到数据库中。Hide按钮隐藏秒表，使它在后台运行。从Stopwatch菜单上可以将隐藏起来的秒表再显示出来。

图5-30 时间记录系统的秒表窗口

图标按钮——加号、铅笔和减号——提供相应下拉框的创建、更新和删除功能。

F1 为"创建时间记录－秒表登录"子事件流设计一个高层的通信图。图中应该只显示主要的程序类以及它们之间的消息流。消息不需要编号，不需要指定消息型构。设计应该遵从PCBMER框架，但不需要中介者类和Bean类。解释设想和潜在不清晰或不确定的消息。

F2 基于练习F1的解决方案，为"创建时间记录－秒表登录"子事件流设计一个类图。该图应该显示操作，但不需要显示属性。用必要的静态关系将类连接起来。没有静态关系就应该使用依赖关系，但依赖关系是在运行时通信的。解释设想和模型中潜在不清晰或不确定的部分。

练习：广告支出

附加信息

参考关于广告支出度量系统的问题陈述5（1.6.5节）。还要参考第2章末尾的练习的解决方案：AE。考虑这个功能：员工维护类别及其相应广告产品的列表。该功能是一个称为"维护类别－产品的链接"的用例子事件流的职责。支持这个子事件流的部分GUI窗口显示在图5-31中。

"维护类别－产品的链接"窗口包含两个窗格，分别称为Categories和Products for [Active Category]，在本案例中，产品是综合贷款。Categories窗格是一个树浏览器。点击加号或减号，类别视图可以相应地展开或折叠。含有子类别的类别用一个文件夹图标来标识。处于树的最底层的类别（没有子类别）用一个注释图标来表示。

当选择（高亮）一个没有子类别的类别时，右边的行浏览器窗格就显示出该类别下的产品列表。当选择一个含有子类别的类别时，对产品窗格没有影响。

尽管不是练习的一部分，也描述一下。在任何一个类别上双击，都打开一个"更新类别"窗口。在弹出菜单中包含一个Reassign From项，用于为产品重新指定一个不同的类别。

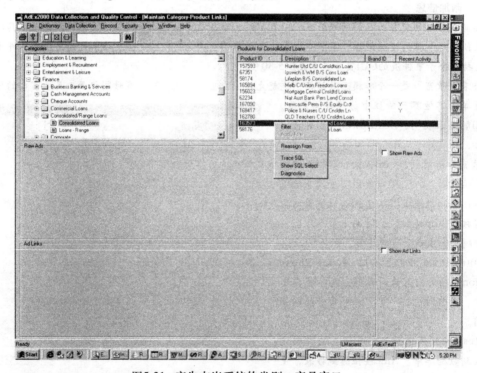

图5-31　广告支出系统的类别－产品窗口

来源：Courtesy of Nielsen Media Research, Sydney, Austraia.

G1　为子事件流"维护类别－产品的链接"设计一个高层通信图。图中应该只显示主要的程序类以及它们之间的消息流。消息不需要编号。不需要指定消息型构。设计应该遵从PCBMER框架，但不需要中介者类和Bean类。解释你的设想和潜在不清晰或不确定的消息。

G2　基于练习G1的解决方案，为子事件流"维护类别－产品的链接"设计一个类图。该图应该显示操作，但不需要显示属性。需要用必要的静态关系将类连接起来。没有静态关系就应该使用依赖关系，但依赖关系是在运行时通信的。解释你的设想和模型中潜在不清晰或不确定的部分。

复习小测验答案

复习小测验5.1

RQ1　构造型。

RQ2　关联端名。

RQ3　包可见性。

RQ4　是的，一个具体化类总是能够代替关联类而没有任何语义上的损失（但反过来就不是这样了）。

复习小测验5.2

RQ1　可替换性原则。

RQ2　通过允许子类直接访问保护属性。

RQ3　接口继承。

复习小测验5.3

RQ1　通过获得复合对象和构件对象之间的引用，它是用与常规关联相同的方式来实现的。

RQ2　ExclusiveOwns聚合。

RQ3　委托。

复习小测验5.4

RQ1　异步消息。

RQ2　发现消息。

RQ3　控制器层。

RQ4　ref（引用）标签。

选择题答案

MC1　c	MC2　a	MC3　c
MC4　d	MC5　b	MC6　d（该操作符称为parallel）

奇数编号问题的答案

Q1　"配置文件采用UML的一部分，并为了特定的目的，如业务建模，用一组构造型来扩展它"（Fowler 2003：63）。配置文件构造型通常引入新的图标来可视化地表现领域特定的概念。在设计建模中，常常需要配置文件；在分析建模中很少这样。Conallen（2000）发布的用于构建Web应用的配置文件是一个很好的例子。

为了将配置文件引入软件开发，人们共同努力着。www.jeckle.de/uml spec.htm#profiles提供了各种UML配置文件规格说明文档的链接。

在撰写本书时进行了一次快速的Internet查询，产生了以下方面的UML配置文件的链接（没有特定顺序）：

• 数据建模。

www.agiledata.org/essays/umlDataModelingProfile.html

• CORBA（公共对象请求代理体系结构）。

www.omg.org/technology/documents/formal/profile corba.htm

• Web建模，XSD schema，业务处理建模。

www.sparxsystems.com.au/uml profiles.htm

MOF（元对象机制）——用于模型驱动工程的对象管理组织（OMG）标准。

mdr.netbeans.org/uml2mof/profile.html

• 用于业务建模和软件服务的配置文件。

www-128.ibm.com/developerworks/rational/library/5167.html

www-128.ibm.com/developerworks/rational/library/05/419 soa/

• 基于模型的风险评估。

coras.sourceforge.net/uml profile.html

• 实时嵌入式系统。

www-omega.imag.fr/profile.php

Q3 约束是置于UML建模元素上的一个语义条件或限制。约束可以图形化地表示为括在花括号或注解符号（一个右上角向上弯曲的矩形）里的一个文本字符串。

通常，将较复杂的约束表示为注解。因为注解是一个独特的图形元素，能可视化地——通过关系——被链接到其他UML建模元素上。

注解只是一个能够用于表达约束的图形媒介。注解符号本身没有语义影响。同样，注解能够用于包含没有语义声明的信息。例如，注解符号可以包含注释。

Q5 在面向对象语言中，可见性的执行有相当大的不同（Fowler 2004；PageJones 2000）。关于这个问题，类的私有特性对该类来说仍然是私有的，对派生类的对象来说是不可访问的（不管使用的是哪一种类的继承——私有、保护或公共）。

如果在子类B中将基类A声明为私有（class B:private A），那么B中那些从A继承来的特性的可见性将变为私有。即，A中那些公共或保护特性将在B中变成私有。结果是B的进一步具体化（如class C:public B）将使得C不可能访问A的任何特性。即，尽管类C继承了A的特性，但类C的对象不能访问A的私有特性（以及B的私有特性）。尽管C中一些特性的定义是从A中它们的父特性导出的，但对于类C的对象来说，类A的特性已经是不可见的。

图5-32中的例子大概是基于Meyers(1998)中的C++例子。Person中的保护特性tax_file_number变成Student的私有属性。如果std是Student的一个对象，那么像x=std.tax_file_number这样的赋值是不允许的。类似地，调用std.sing()将会出错。

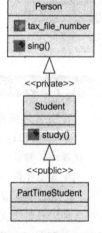

图5-32 私有类可见性

相应于上面模型的C++代码如下：

```
class  Person
{
protected:
    int  tax_file_number;
public:
    void  sing(){};
};
class Student : private Person
{
};
void main()
{
    Student std;
    int  x = std.tax_file_number;    //编译错误
    std.sing();                      //编译错误
}
```

引用Meyers（1998）的话："如果两个类之间的继承关系是私有的，那么与公共继承相比，编译器通常不会将派生类（如Student）转变成基类对象（如Person）。"

令人不愉快的结论是，私有继承与本书提倡的"是一种"（is a kind of）继承（如4.2.4.1节）相对立。一个Student不再是一个Person。"私有继承方法按照这样来实现：如果你使类D私有继承自类B，那么你这样做是因为有兴趣利用类B中已经写好的代码，而不是因为B类型的对象和D类型的对象之间有什么概念上的关系"（Meyers 1998）。

私有类继承在许多方面与方便继承是相同的。在本书的5.2.4.3节中将方便继承作为实现继承的不恰当变种讨论过。

Q7　导出信息并没有真正给UML模型提供新的信息，但它丰富了模型的语义。它将直接观察不到的信息明确地表现出来，使得模型更清晰易懂。

在分析模型中，导出信息可能用于为一个值得关注的概念或用户需求提供一个名字或定义。在设计模型中，使用导出信息可能意味着，一旦它依赖的数据值改变了，导出信息的值需要重新计算。

在大多数实际情况中，导出信息指定了对现有特性的一个约束，例如，能够基于现有数据计算出来的某个值。明智而审慎地使用导出信息，即使它是"多余的"，也有可能会简化模型。

Q9　可替换性原则规定"如果给定一个变量或参数的声明，将其类型声明为X，则X的派生元素的任何实例都可以用作实际值，而不会违反该声明的语义及使用。换句话说，一个派生元素的实例可以替换一个祖先元素的实例"（Rumbaugh等人 2005:632）。

"is a kind of"（是一种）泛化关系（4.2.4.1节）支持可替换性。而且，既然"is a kind of"关系是用公共类继承（参见Q5）实现的，那么可替换性原则就需要公共继承。公共继承声称，适用于超类对象的每个事务也适用于子类对象（子类不能拒绝或修改其超类的特性）。

Q11　脆弱的基类问题是指超类（基类）的演进对包含其子类的所有应用程序产生的不良影响。因为超类的设计者不知道子类将如何复用超类的特性，所以这种变化的影响是不可预知的。

除非要求基类的设计者是一个先知，否则脆弱的基类问题在面向对象的实现中是不可避免的。基类中的公共接口的任何改变将迫使对子类进行调整。改变那些已经被子类继承了的操作的实现甚至可能产生戏剧性的结果，虽然这常常很微妙，难以认识到（这尤其是在默认实现已经被子类任意地重新定义的情况下）。

在多重继承（5.2.4.4.3节）中，出现了一种特殊的脆弱的基类问题。甚至是在修改超类之前，子类就遇到了多重继承冲突，它本质上是脆弱的基类问题的变种。

Q13　继承是泛化关系中的复用技术。委托是聚合关系中的复用技术。在大多数情况下，决定使用继承（泛化）还是委托（聚合）非常简单——"is a kind of"语义要求泛化；"has a"语义要求聚合。

但是，本书用一个精心设计的实例（5.3.2节中的图5-23）证明了，泛化可以用聚合来实现。如果要阻止这样强有力的建模实践，继承应该用于"is a kind of"语义，而委托应该用于"has a"语义。

总体上说，这两种技术之间的相似性在于两者都是复用技术这一事实。不同点产生于这个事实：继承是类之间的复用技术，而委托是对象之间的复用技术。这使得委托比继承更有效力。

首先，委托可以模仿继承，但反过来不可以。第二，委托是一个运行时概念，支持系统的动态演进，而继承是一个编译时静态概念。第三，委托（外部）对象能够复用被委托（内部）对象的行为（操作实现）和状态（属性值），而继承不能继承状态。

Q15　活动图和顺序图合并在一起有益于表达较复杂程序的控制逻辑。实际上，这种组合建模的需要在UML 2.0中已经被认识到，并引入了交互纵览图。

交互纵览图将问题空间分为交互使用和组合片段（来自顺序图），以及流控制结构（判定和分叉的表示法来自活动图）。控制结构对控制流进行综述，而将特定的计算结点建模为交互使用和组合片段。利用交互使用和组合片段提供交互细节是可能的。

奇数编号练习的解决方案

E1　这个问题的容易的解决方案可以这样获得：在两个关联上加一个约束（图5-33）。约束命名为

{subset}，表明管理课程的教师必须是教授该课程的教师之一。

E3 将图A-16（附录，A.5.4节）中的关联类转变成一个独立的、完备的类Assessment，就获得了图5-34中的解决方案。图中加上了约束注解（捕获"最多评价3次"规则），并将它链接到了Assessment及其与另外两个类的关联上。

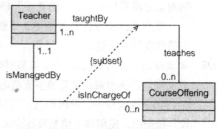

图5-33 关联上的约束

E5 针对大学注册系统例子的"集中式"解决方案，图5-35展示了一个改进后的顺序图。这个模型使用了3个组合片段——一个可选片段、一个循环片段和一个选择片段。

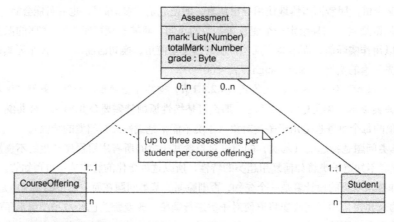

图5-34 约束建模

练习的解决方案：时间记录

F1 图5-36包含一个秒表登录子事件流的通信图。当用户从:CMenuItem激活秒表时，就启动了子事件流。对话框:PStopwatch打开，需要填充数据。为了这个目的，它实例化一个:CStopwatchInitializer，接管职责给refreshView()。

实体对象:ETimeRecord被指示要getTimeRecord()，显示在对话框中。这个动作引发很多消息给其他实体对象——去getDate()、getTime()、getPerson()、getClients()、getProjects()、getSubprojects ()和getActivities。

这些消息的目标对象将涉及:RReader来访问数据库中的信息。这在我们的模型中没有精确地显示出来。我们的模型被简化了，只显示了:ETimeRecord使用:RReader的服务。

一旦对话框填充了数据，用户就可以编辑很多字段。要编辑下拉列表框字段，用户涉及:CMouseEvent对象。用鼠标选择一项，在相应的容器对象（:EClientList、:EProjectList或者:EActivityList）上就会产生一个pickCurrent()消息。同前面一样，:RReader封装了对数据库的访问。

最后，从:CButton到:CStopwatchInitializer的stop()请求导致一个saveTimeRecord()消息传给:ETimeRecord。产生SQL更新声明来修改数据库的任务被赋予了:RUpdater。

F2 图5-37包含了一个秒表开始子事件流的类模型。该模型是从上面F1的解决方案得到的。这个图例证了PCBMER方法。控制类CStopwatchInitializer位于设计的中心，但取得和保存时间记录的主要任务由实体类ETimeRecord来协调。ETimeRecord在它的构件类的辅助下，执行它的很多服务。ETimeRecord依赖于RReader和RUpdater与数据库通信。

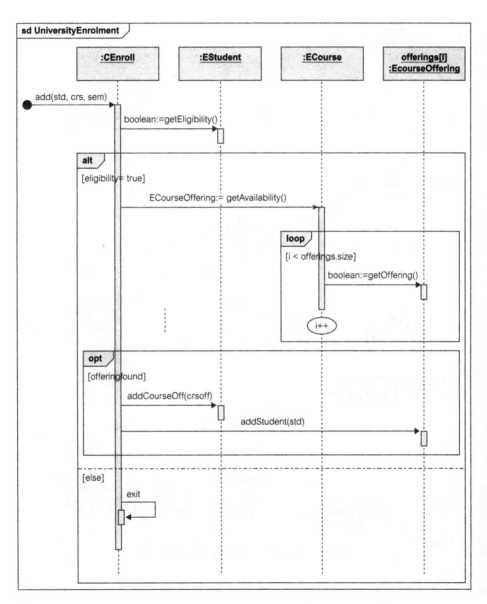

图5-35　带有组合片段的顺序图

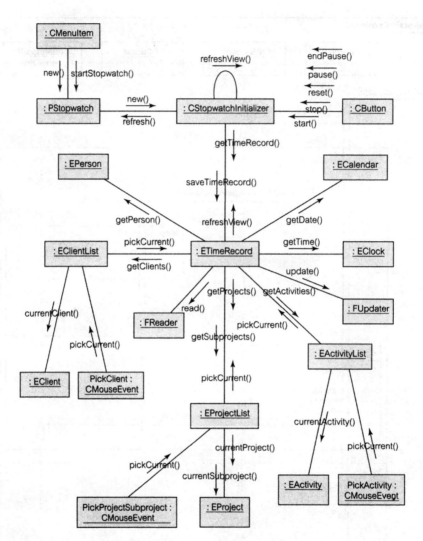

图5-36　时间记录系统中秒表的通信模型

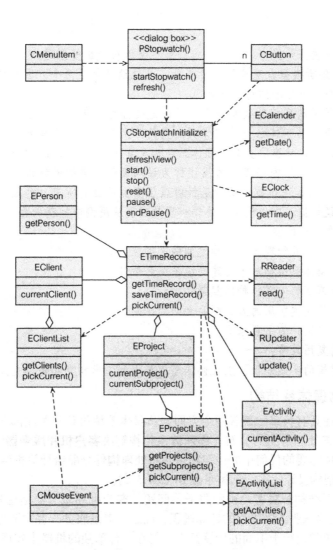

图5-37 时间记录系统中秒表的类模型

第6章 系统体系结构与程序设计

目标

在迭代与增量软件开发中，使用技术细节不断地对分析模型进行"细化"。一旦技术细节考虑软件/硬件，分析模型就变成了设计模型。**系统设计**包括两个方面的主要问题——系统的体系结构设计和系统中程序的详细设计。

体系结构设计是从系统的模块方面对系统进行描述，包括确定系统的客户机构件和服务器构件的解决方案策略。体系结构定义类与包的分层组织、将进程分配给计算设施、复用和构件管理。体系结构设计解决多层物理体系结构及多层逻辑体系结构的有关问题。

对每个模块（用例）内部工作的描述称为**详细设计**。详细设计为每个模块开发完整的算法和数据结构。这些算法和数据结构是针对底层实现平台的所有（加强的和明显的）约束专门设计的。**详细设计**描述协作模型，协作模型是实现从用例中捕获的程序功能所需要的。

通过阅读本章，你能够：

- 理解典型的分布式物理体系结构之间的区别。
- 了解多层逻辑体系结构对于构建高级系统是最最重要的。
- 学会如何计算逻辑体系结构的复杂性。
- 理解体系结构建模所用的人工制品之间的区别。
- 清楚良好程序设计的主要原则。
- 熟悉不同的复用策略。
- 获得协作建模的实践知识，以及协作建模与用例建模和交互建模是如何关联的。

6.1 分布式物理体系结构

体系结构设计具有物理和逻辑两个方面。物理体系结构设计关注部署方案的选择以及系统的工作负荷在多处理器上的分布。物理**体系结构**解决**客户机**和**服务器**问题，以及"粘结"客户机和服务器所需要的任何中间件问题。它将处理**构件**分配给计算机**结点**。从UML建模的角度，物理体系结构设计使用结点和部署图（3.6.3节）。

虽然物理体系结构解决客户机和服务器问题，客户机和服务器是逻辑概念（Bochenski 1994）。客户机是请求服务器进程的计算进程，而服务器是服务于客户请求的计算进程。客户机和服务器进程通常运行于不同的计算机上，但在一台单独的机器上实现客户机/服务器系统是完全可能的。

在典型情况下，客户进程负责控制在用户屏幕上的信息显示，并处理用户事件。服务器进程是任何带有数据库的计算机结点，客户进程可能会请求数据库的数据或处理功能。

可以对客户机/服务器（C/S）体系结构进行扩展来表示任意的分布式系统。分布需求可能来自很多因素，如：

- 在指定机器上做专门处理的需求。
- 从不同的地理位置访问系统的需求。
- 经济上的考虑——使用多台小机器会比使用一台大型、昂贵的机器更便宜。
- 适应性需求——确保将来对系统的扩展能够很好地按比例增加。

在分布式处理系统中，客户机能够访问任意多台服务器。然而，在同一时间，只允许客户机访问一台服务器。这就意味着，在一个请求中不可能将来自两个或更多数据库服务器的数据组合起来。如果这是可能的，则这种体系结构就支持分布式数据库系统。

6.1.1 对等体系结构

具有数据库的任何计算机结点在某些业务交易中可以是客户机，而在其他交易中却是服务器。通过通信网络将这些结点连接起来就形成了一种称为对等（peer-to-peer）的体系结构，即经常所说的P2P（图6-1）。

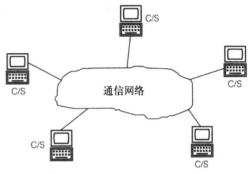

在对等体系结构中，系统中的任何过程或结点都可能既是客户机，又是服务器。相应地，"这种体系结构定义了一种单独类型的系统元素（**同位体**）和网络连接的连接器（同位体间连接）……系统的中心组织原则是任何同位体都可以自由地直接与任何其他同位体通信，而不需要使用中间服务器。同位体之间一般通过自动交换已知同位体的列表来彼此定位（虽然在某些情况下也使用中心同位体列表）"（Rozanski和Woods 2005:147）。

图6-1 对等体系结构

显然，需要根据同位体间的网络通信所要求的负载，对同位体机器的卸载工作进行估计。在对等网体系结构中，当总的系统吞吐量达到最大时，就要特殊考虑网络流量最小化的问题。不得不关注进程之间的潜在死锁问题（当两个或更多的进程陷入僵局，不能前进，因为它们占用了其他进程正在等待的资源）。另外，确保对等系统具有一致的反应时间是一种挑战。

从好的方面看，对于网络故障和单个同位体故障，对等系统易于快速恢复（因为动态重定向处理是可能的）。另外，由于在同位体之间统一分配处理，这种体系结构风格更易于扩展和适应。

6.1.2 分层体系结构

大多数企业信息系统使用多层体系结构，相对于对等体系结构，分层体系结构定义计算层次。像同位体的情况一样，层次结构中间的每一**层**既是客户机又是服务器。然而，每一层只能作为层次结构中下一层的客户机，也只能作为体系结构中更高层调用者的服务器。

在开发大型数据库为中心的企业系统时，一种最重要的公认做法是至少划分出3种实现问题——GUI表示问题、企业范围内的业务规则和数据服务。这种问题划分与三层体系结构是一致的，在三层体系结构中，单独的业务逻辑中间层位于GUI客户机和数据库服务器之间。

在实践中，问题的划分可以不局限于这3种，如可以包括Web处理、网络通信或打印等其他服务。分层体系结构不同于对等体系结构，因为它在硬件层与软件层之间采用层次依赖方法。从本质上讲，这种依赖与逻辑体系结构框架所建议的软件模块层次非常一致。逻辑体系结构框架的例子有J2EE体系结构（4.1.2节）或PCBMER体系结构（4.1.3节）。

图6-2给出了PCBMER层与潜在的部署层之间的可能对应关系。此图中，在Web服务器中实现了表示层、控制层和bean层，在应用服务器中实现了其余的PCBMER层，而将数据库服务器与资源子系统相衔接。

讨论最多的层是**应用服务器**。这也许是多层体系结构中了解最少的概念。这种混淆与没有正确理解应用服务和业务服务的概念有关。对于数据库社区，这两个概念显然是不一样的。*应用服务是每一个运行在数据库上的单独程序所做的。业务服务是数据库强迫所有运行程序*

都要遵循的业务规则。这种业务规则的强制执行通常是通过编程实现的（运用数据库触发器和存储过程）。

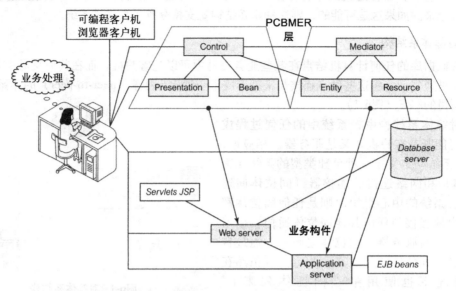

图6-2　PCBMER层和部署层之间的对应

　　结果，可以将三层体系结构描述为由应用服务、业务服务和数据服务组成。遗憾的是，上面所讲的应用服务和业务服务之间的区别通常得不到遵循。例如，经常使用术语应用服务器来指处理业务构件并负责业务规则（对每个程序还提供应用服务的单独线程）的那一层。同时，给Web服务器分配的任务是处理应用程序的控制事件，并负责GUI表示。这就是图6-2中所描述的应用服务器和Web服务器。

　　这就是说，应用进程是逻辑概念，它可以由专用的硬件支持，也可以不由专用的硬件支持。应用逻辑在客户机和服务器结点上都能够很好地运行——它可以被编译成客户机进程或服务器进程，并被实现为动态链接库（DLL）、应用程序接口（API）、远程过程调用（RPC）等。

　　当应用逻辑被编译到客户机时，我们说它是胖客户体系结构（类固醇客户机，"a client on steroids"）。胖客户机相当于用户－程序交互的工作站。通常，胖客户机体系结构只用到两层（胖客户机和数据库服务器）。

　　当应用逻辑被编译到服务器时，我们说它是瘦客户体系结构（干瘦客户机，"a skinny client"）。瘦客户机相当于用户－程序交互的网络计算机，也可以假设这种客户机是Web浏览器，访问HTML页面、Java applets、beans、servlets等。

　　中介者体系结构也是可能的，在这种体系结构中，一部分应用逻辑被编译到客户端，一部分应用逻辑被编译到服务器。

6.1.3　数据库为中心的体系结构

　　本书主要关注业务应用程序和企业信息系统的开发。数据库软件在这样的系统中扮演着重要的角色（第8章）。相应地，数据库影响物理的软件体系结构。

　　独立于应用逻辑所在的位置，程序（客户端）与数据库（服务器）交互，获得显示信息和用户的操作信息。然而，也可以同时对现代数据库编程。我们说这些现代数据库是活动的。

　　数据库程序被称为存储过程。一个存储过程存储在数据库本身（它是持久对象）之中。

通过一般的过程/函数调用语句，可以从客户端程序（或从另一个存储过程）调用它。

一种特殊的存储过程（称为**触发器**）不能被显示地调用。当试图更改数据库内容时，触发器自动触发。触发器用于实现企业范围内的业务规则，这些业务规则需要以独立于客户端程序（或存储过程）的方式强制执行。触发器强制执行数据库的完整性和一致性，不允许单个应用程序破坏数据库设置的业务规则。

我们需要确定将系统的哪些部分编程到客户端，哪些编程到数据库。需要考虑的"可编程"部分包括：

- 用户界面。
- 表示逻辑。
- 应用（控制）功能。
- 完整性逻辑。
- 数据访问。

程序的用户界面部分知道如何以特定的GUI显示信息，如Web浏览器、Windows或Macintosh。表示逻辑按照应用程序功能的需求负责处理GUI对象（表单、菜单、动作按钮等）。

应用功能包括程序的主要逻辑。它捕获应用程序做什么，是将客户机和服务器粘贴在一起的黏合剂。从PCBMER方法的角度看（4.1.3节），应用功能被实现为控制子系统中的类。

完整性逻辑负责企业范围的业务规则。这些业务规则应用于所有的应用程序，即，所有程序都要遵守。数据访问知道如何访问磁盘上的持久数据。

图6-3显示了典型的场景。用户界面和表示逻辑属于客户端。数据访问和完整性逻辑（触发器）是数据库的责任。在早期的开发阶段，通常在客户端实现应用功能（作为SQL查询），但在软件产品的最后部署阶段被移到数据库中（作为存储过程）。

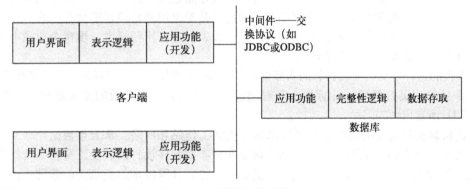

图6-3 应用程序-数据库交互

复习小测验6.1

RQ1   哪一种体系结构风格只定义了一种单一的系统元素？

RQ2   三层体系结构中的中间层是什么？

RQ3   通过哪种编程手段在数据库中实现了企业范围的业务规则？

6.2 多层逻辑体系结构

软件开发者知道创建小系统的困难是不能与大型解决方案的困难相比的。小系统通常易于理解、实现和部署。大型企业系统由响应随机事件的大量对象组成，这些随机事件会引发相互关联的操作（方法）的混乱。没有清晰的体系结构设计和严格的过程，大型软件项目注定要失败。

著名的认知心理学原则（7±2规则）指出人脑的短期记忆能够同时处理的事物上限为9（7+2）件（图形元素、想法、概念等），下限为5（7−2）件，指明少于5件事情产生的问题是微不足道的。

认知心理学原则并不能改变这样的事实：我们不得不创建大型系统，而大型系统是复杂的。这种复杂性的大部分是人为造成或偶然的，不是必然存在的（1.1节）。不必收集偶然困难，偶然困难有可能将内在难懂的系统转变成可以避免的复杂系统。一个复杂的系统，同时也是足够难懂的系统，是没有适应能力的。

主要问题出自允许对象之间不受限制地通信的系统建模。这样的系统中的对象构成了网络——交叉引用的对象网络。在系统中允许任意两个地方之间进行信息传递。向下调用和向上调用都是可能的。在网络中，随着新对象的增加，对象之间通信路径的数量呈指数增长。正如Szyperski（1998:57）所指出的那样："对象引用引入了跨越任意抽象域的连接，因此，系统体系结构的适当分层位于挑战和不可能之间的某个位置。"

成功的系统是分层组织的——这种层次中的任何网络子结构都要被严格和小心地控制。层次结构将复杂性从指数级降为多项式级。层次结构引入了对象的层次，并限制不同层之间的相互通信。如在4.1节已经讨论的那样，几乎所有企业系统的逻辑体系结构框架都是多层的层次体系。如同使用PCBMER框架生动显示的例子那样（4.1.3节），这种层次体系并不严格，是很放松的，也就是说，在层次体系中，较高层可以依赖下面的多个层（Buschmann等人1996）。

在接下来的节中，我们将复杂性定义为一个概念，并说明为什么层次体系优于网络。我们还将讨论以降低复杂性为目标的最重要的体系结构模式。

6.2.1 体系结构的复杂性

为了讨论对象系统的**复杂性**，我们需要在度量方面达成一致。我们如何度量复杂性？复杂性具有不同的种类和形态，一种简单明了的度量是类之间通信路径的数量。我们将通信路径定义为类之间存在的持久或暂时连接（附录，A.2.3节）。用行话说，现代企业或电子商务的复杂性是"用连线数量来度量的"。

复杂性的这种定义与现代计算的实际情况是一致的，现代计算已经经历了所有类型的变更，从基于算法的图灵机模型（计算能力没有超过可计算函数）到开放的交互模型。如Wegner（1997: 80）所意识到的那样。

模式从算法到交互的转变引起了技术从主机到工作站和网络、从大量数据处理到嵌入式系统和图形用户界面、从面向过程到基于对象和分布式程序设计的转变。交互系统比算法的解题能力更强大的关键概念是围绕统一的交互概念建立计算技术的新模式的基础……算法得到的结果完全由其输入确定，而交互系统（如PCS、航空订票系统和机器人）则提供了与历史相关的服务，能够从经验中学习并能够适应经验。

简言之，复杂性在观察者的眼中，这个概念确实具有多种含义。Fenton和Pfleeger（1997）给出了复杂性的4种解释：

- 问题复杂性　问题域本身的复杂性，也称为计算复杂性。问题复杂性是Brooks所谈到的软件本质特性（1.1.1节讨论）的一个分支。
- 算法复杂性　目标是度量软件算法的效率。具有降低相关性的这种复杂性（至少从软件适应性的角度）应归于从算法到交互计算模式的转变，如上面所解释的那样。
- 结构复杂性　目标是建立软件结构之间的关系及易于维护和易于演化。度量被应用到软件对象之间的**依赖**。
- 认知复杂性　度量理解软件所需要的努力，即捕获程序的逻辑流，并度量逻辑流的各种特性。

从适应能力的角度，认知复杂性度量可以增强可理解性质量，结构复杂性度量可以增强可维护性和可伸缩性质量。这两种度量是有关系的，对于低结构复杂性，认知复杂性的较小（好）值虽然不是充分条件，但它是必要条件。这与修改代码的需求是一致的，在修改之前首先要理解它。

6.2.1.1　空间认知复杂性

按理，计算现代程序的可认知复杂性的最合适的度量就是空间复杂性度量（Gold等人2005）。其目标是度量软件工程师为了构造软件的智力模型而必须在代码中移动的距离。空间复杂性度量体现出不同的特点。

作为例子，Douce等人（1999）介绍了两种空间复杂性度量——函数的（过程的）和面向对象的。两者都有弱点，面向对象公式的基础很差，并且是非常错误的。因此，这里介绍函数程序设计的公式。

导出复杂性的值需要两步。第一步，计算程序中每个函数的复杂性值；第二步，将这些值累加得到整个程序的复杂性值。

$$FC = \sum_{i=1}^{totalcalls} dist_i \qquad\qquad (6\text{-}1)$$

其中：*totalcalls*是调用函数的次数；*dist*是距离，指从函数调用到函数定义的代码行数；*FC*是函数空间复杂性。

$$PC = \sum_{i=1}^{totalfunctions} FC_i \qquad\qquad (6\text{-}2)$$

其中：*totalfunctions*是程序中函数的数量；*PC*是程序的空间复杂性。

上面公式的主要弱点是以代码行计算距离。对于更现代的程序设计方法，代码行测量缺少相关性，当进行分析时也缺少将程序代码可视化的方法。另外，在这种情况下，代码行曲解了“空间”的含义——它们的含义是，跳过这些代码行去取得函数的定义。（要问的问题是，在程序的理解方面，是“跳过”了一个决定性的因素吗？）虽然如此，关于空间复杂性测量，所介绍的度量确实给了我们一种想法。

6.2.1.2　结构复杂性

如果认知复杂性关注程序的逻辑流，结构复杂性的度量则强调程序对象之间的依赖。我们还记得，从第4章，如果更改提供服务的对象，则有必要修改要求此服务的客户对象，那么这两个系统对象之间就存在依赖（Maciaszek和Liong 2005）。这个定义与UML标准是一致的（UML 2005: 74），UML标准声明：“一个依赖在模型元素之间指定了一种供应者/客户关系，对供应者的修改可能会影响客户模型元素。依赖意味着没有供应者，客户的语义是不完整的。”

如果系统中的所有依赖都被标识和理解，则说系统有适应能力——也就是说，它具有可理解性、可维护性和可伸缩性。适应性的一个必要条件是依赖是可追踪的。因此，软件工程师的任务是减少依赖。

在软件系统中，可以根据不同粒度对象（构件、**包**、类、方法）来识别依赖。位于低层次粒度上的较特殊对象的依赖会向上传播，在高层次粒度上产生依赖。相应地，依赖管理有必要更详细地研究代码，识别数据结构之间的所有关系及软件对象之间的代码调用。下面解释有关对象间依赖的结构复杂性。这些问题的更详细讨论可以在Maciaszek（2006）和相关的出版物中找到。

6.2.1.2.1　网络的结构复杂性

每条通信路径一般都允许类之间的双向交互——从A到B和从B到A。图6-4给出了7个类的网络复杂性。复杂性可用下面的公式给出：

$$_{net}CCD = n(n-1) \tag{6-3}$$

其中：n是对象（图中的结点）的数量；$_{net}CCD$是在完全连接的网络中累计的类依赖（假设对象指的是类）。

这个公式应用到7个类，给出的CCD值是42。显然，在网络系统中，复杂性的增长是指数级的。对象之间的实际依赖感觉并不是指数级的，但由于平坦的网络结构，如图6-4（对象之间的通信路径没有限制）所示，在系统中的任意（所有）对象之间都可以产生潜在的依赖。一个对象内部的更改会潜在地影响（可能造成连锁反应）系统中的任何其他对象。

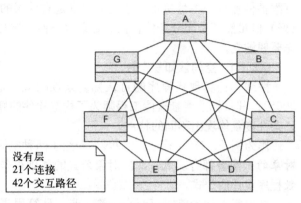

没有层
21个连接
42个交互路径

图6-4　网络的复杂性

值得注意的是，我们以类的数量而不是对象的数量来测量复杂性。在程序中，是对象而不是类发送消息给相同类或不同类的其他对象。这对于负责移交应用程序逻辑和管理程序变量和其他数据结构的程序员来说又引入了另外的困难。然而，这种困难在这种情况下不重要，是可以不考虑的。

只有两个对象之间存在持久或瞬态连接，一个对象才可以向另一个对象发送消息。瞬态（运行时）连接是在单个程序调用中解决的，在程序结构中可以直接可见，也可以不直接可见。而只有在类模型中定义了连接（如关联），持久（编译时）连接才存在。

6.2.1.2.2　层次的结构复杂性

复杂性控制的解决方案是通过将类组织成类的合并结构（或简称holarchy（5.3.3节））来减少网络结构。用这种方法，类可以很自然地形成层，强调层之间的层次体系分解，而在层的内部则允许类似网络的交互。

分等级的层次组织通过限制类之间潜在交互路径的数量而使复杂性降低了。这种降低具体是通过这样的方法取得的：将类分到层中，只有同一层的内部及一层与层次体系中下面的"相邻"层之间才允许直接的类交互。

实际上，通过强制执行不同的体系结构原则，如在4.1.3.2节中所描述的那些原则，层次结构的复杂性得到了进一步改进。其中一个原则是DDP（向下依赖）原则，是指层之间的依赖只能是向下的。换句话说，层之间的通信路径是单向的，意味着层之间的交互路径数量与连接数量相同。层之间任何向上的通信由"依赖最少"的松散**耦合**来实现。通过放置在较低层但在较高层实现的接口，或通过事件处理而非消息传递，或通过元－层技术（如Java程序设计的Struts框架）促进了这种松散耦合。

DDP限制也应用于层间通信。对于层间通信，应用CEP（循环消除）原则也可以取得类似的效果。通过使用接口，并使用重构技术将循环依赖功能抽取到单独的对象/构件中，就能够消除层中的循环（4.1.3.2节，更详细的介绍参见Maciaszek和Liong 2005）。

假设层间的依赖只能是向下的，并且层内的依赖没有循环，图6-5显示了将7个类组织到4层的层次结构的复杂性。与图6-4的网络结构相比，复杂性从42条交互路径减少到13条。

设层为$l_1, l_2, \cdots, l_n$。对于任一层l_i，令

- $size(l_i)$为第l_i层的对象数。
- l_i为第l_i层的双亲数。

- $p_j(l_i)$为第l_i层的第j个双亲。

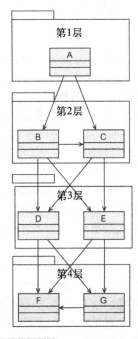

图6-5　层次结构的复杂性

然后，根据式(6-4)计算一个合并结构的累计类依赖CCD（即允许多个双亲层的层次体系，如在PCBMER框架中一样）：

$$_{holarchy}CCD = \sum_{i=1}^{n} \frac{size(l_i) \times (size(l_i)-1)}{2} + \sum_{i=1}^{n} \sum_{j=1}^{l_i} (size(l_i) \times size(p_j(l_i))) \tag{6-4}$$

其中，n是每一层i（即第1层、第2层、第3层等）中类的数量，$_{hier}CCD$是层次体系中的累计类依赖。

式(6-4)中的第1部分计算每一层内所有类之间的潜在（所有可能的）单向路径的数量，第2部分计算每一对相邻层的类之间的潜在（所有可能的）单向路径的数量。

即使在仅有7个类的情况下，在网络（图6-4）和层次结构（图6-5）之间的复杂性降低也是显著的。前者的复杂性呈指数级增长，而后者的复杂性按几何级数增长。此公式计算CCD的最坏可能值，因此，图6-5的CCD是13，不是12。图中所示的特定情形（因为D和E之间没有依赖），CCD的值为12。相应地，值13是如下计算出来的：

- 第1层的连接数为0。
- 在第2、3、4层加1个连接（即共3个连接）。
- 在第1层和第2层之间加2个连接。
- 在第2层和第3层之间加4个连接。
- 在第3层和第4层之间加4个连接。

层次结构的复杂性公式随着在层次上所增加的特定约束不同而不同。在图6-5中没有使用的一个约束来自Facade模式，将在6.2.2.1节中解释。Facade模式对层次中的层/子系统/包定义单一的入口点（专用接口或类），因此，进一步减少了层之间的可能依赖。

Maciaszek(2006)为某些层次的变形提供了结构化复杂性公式。如已经看到的那样，层次的所有公式的复杂性都随着在系统中增加更多的类呈几何级数增长。

6.2.2 体系结构模式

当在第4章介绍PCBMER体系结构框架（或元体系结构）时，我们列出了框架必须遵守的几项原则（4.1.3.2节）。每个框架必须具有所定义的这些原则。然而，这些原则在任何具体系统设计中的实现需要遵循更具体的设计**模式**。

"设计模式提供了精化软件系统的元素或它们之间关系的方案，它描述通常重复出现的交互设计元素的结构，解决具有特定环境的一般设计问题"（Rozanski和Woods 2005:138）。当设计模式被用于体系结构设计环境时，就可以将其称为体系结构模式。

在下面的小节中，我们描述对于体系结构设计的特定值的设计模式。这些模式被称为四人帮（GoF）模式（以一本书的4位作者（Gamma等人 1995）命名，他们推广了模式训练，并且定义了目前使用最广泛的一些模式）。下面的体系结构模式的解释借用了Maciaszek和Liong（2005）中体系结构模式的更详细的讨论和应用。

6.2.2.1 外观

Gamma等人（1995:185）将外观（Façade）模式定义为"使子系统更易于使用的高层接口"，目标是"减少子系统之间的通信和依赖性"。

"高层接口"不足以充分描述接口的概念（附录，A.9节）。它可以是具体类（被称为域类）或抽象类（附录，A.8节）。关键的问题在于高层接口封装了层（子系统，包）的主要功能，并向该层的客户提供主要的甚至是唯一的入口点。一般情况下，一个层会针对更高层的不同客户定义多个外观。

如图6-6所描述的那样，客户对象通过实现了接口EFacade的外观对象EFacadeImpl与层通

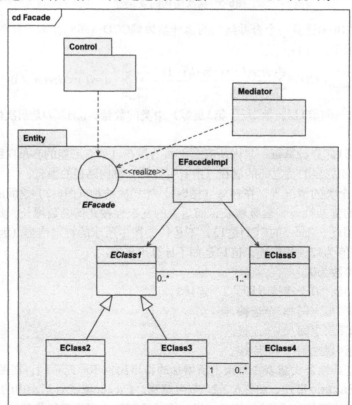

图6-6 外观模式

信。EFacadeImpl保存相应层对象（EClass1和EClass5）的引用（关联），并将客户请求委托给它们。此层的类处理外观分配的工作，但它们不保存外观的引用。外观没有必要保存对该层所有类的引用，因为某些类为该层的其他类完成辅助性工作。在对抽象类（如EClass1）特殊化的情况下，此模型显示对抽象类的引用，但在已实现的系统中，EFacadeImpl将具有对具体子类EClass2和EClass3的引用。

虽然允许外观对象做一些自己的工作，它通常将这些工作委托给层中的其他对象。其结果是降低了层间的通信路径及此层客户处理的对象数量，另外一个结果是层中的类隐藏在外观对象的后面，但这是外观模式的副作用，而非外观模式的目标。其目标是对层提供简单的接口并降低对层的依赖，但需要更复杂选择的客户仍然可以直接与层中的类通信（Stelting and Maassen 2001）。

📖 例6.1 大学注册

考虑大学注册系统的问题陈述1（1.6.1节），参考第4章中实例研究的例子，特别是要参考例4.18（图4-18）及例4.19（图4-20）中的"集中"交互。将外观模式应用到整个层并画出类图。显示出外观需要定义的操作。给出模型的解释。对于"分布式"模型（图4-19和图4-21），讨论此图可能有什么变化。

对于例6.1，图6-7显示EFacade对象如何创建Entity包的单入口点。它定义CEnroll需要直接调用的4个操作（按照图4-18的顺序图）。EFacade会将这些操作的运行委托给合适的实体类。

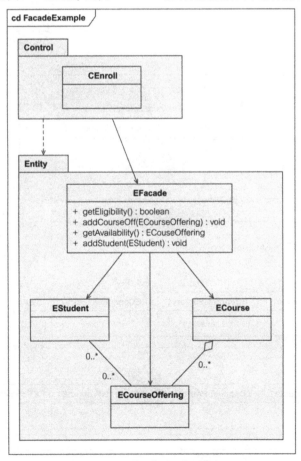

图6-7 大学注册系统的外观模式

在"分布式"模型的情况下，将对EFacade做进一步简化，使其仅包括addCrs (crs, sem)操作（图4-19和图4-21）。此操作的运行将被委托给EStudent，此对象负责与ECourse和ECourseOffering会话，并完成注册过程。

6.2.2.2 抽象工厂

抽象工厂（Abstract Factory）模式提供"一个接口，创建相关的或依赖的对象，而不需要说明它们的具体类"（Gamma等人 1995: 87）。在外观模式中，"高层接口"将意味着一个具体类，而抽象工厂中的接口或者是一个真正的接口（更合适）（附录，A.9节），或者是一个抽象类（附录，A.8节）。

通过访问隐藏在抽象工厂接口后面的几个对象家族之一，抽象工厂使得应用的表现行为不同。配置参数的值可以控制将访问哪个家族。抽象工厂的典型功能表现在当一个应用需要根据运行时环境使用不同资源时，例如，使用不同的文件，启用不同的GUI窗口或以不同的语言显示信息。

图6-8是抽象工厂模式的一种设想。EAbstractFactory是一个接口（但可以是抽象类），为几个产品对象（不同资源）定义创建方法。EAbstractProductA和EAbstractProductB是抽象类

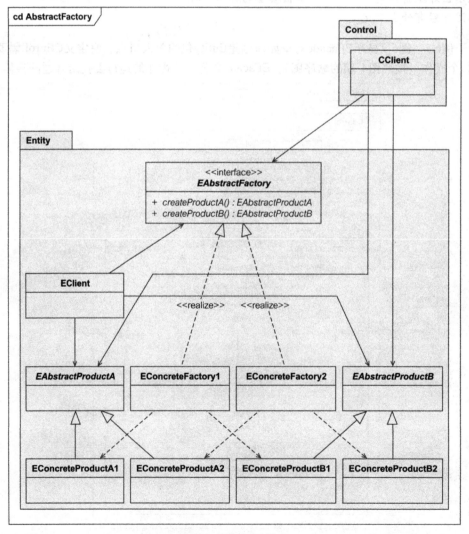

图6-8　抽象工厂模式

（但可以是接口），定义产品（资源）的一般行为，这些行为可以被应用系统所使用。抽象工厂由具体的工厂类实现。抽象产品由具体的产品类扩展（实现）。客户对象保持对抽象工厂及抽象产品接口（或抽象类）的引用。

"抽象工厂有利于增强应用系统的整体灵活性。这种灵活性在设计期间和在运行期间都有体现。在设计期间，你没有必要预测应用系统将来的所有用途，只需要创建一般框架，然后独立地开发实现。在运行期间，应用系统可以容易地集成新的特性和资源"（Stelting 和 Maassen 2001:14）。

由于抽象工厂是一个接口，可以在整个类家族中实现此接口，对接口进行扩展以支持新的家族会对已经存在的具体类造成间接影响。Gamma等人（1995）讨论了几种实现方案来解决这个问题。

更进一步的研究发现，可以将抽象工厂模式看作是外观模式的一种变体。可以将抽象工厂接口当成一种"高级接口"使用，通过此接口引导与包的通信，并将包中做实际工作的类封装起来。

📋 例6.2　电话销售

考虑电话销售系统的问题陈述4（1.6.4节），参考实例研究的例子，解释常规（专用）电话销售活动和有奖活动之间的区别（2.5.3节中的例2.5和5.2.4.4.2节中的例5.9）。

电话销售的特性是活动可以有不同的种类，可以包括有奖活动，也可以不包括。新种类的活动会不断出现，随着时间的推移，某些活动会被启动，某些活动会被关闭。

在实体层中将抽象工厂模式应用到活动中，并画出类图。显示出工厂操作（不需要在产品中显示操作），还要显示出称为MCampaignLauncher的中介类，此中介类需要访问抽象工厂对象。对模型进行解释。

对于例6.2，图6-9中的设计引用了两种活动产品——常规活动和有奖活动，并显示了每个抽象种类的两个具体产品。MCampaignLauncher不受具体类变更的影响，因为它只通过抽象工厂及抽象产品中所定义的操作与这些类进行通信。

这种通用的抽象工厂框架使得增加新的活动很容易，只需要创建一个新的具体产品的类即可。对系统进行扩展以支持其他种类的活动也比较容易。对于每一种增加的活动，我们只需要定义额外的具体工厂类、一个匹配的抽象产品接口和任何具体的产品类。

6.2.2.3　责任链

责任链模式的目的是"通过将处理问题的机会给多个对象来避免问题的发送者和接收者之间的耦合"（Gamma等人 1995:223）。可以将责任链看成是委托概念的变体，可以理解为消息的引用链（附录A.6.3节及5.3.2.1节）。

消息链开始于产生消息的对象，如果对象本身（"this"或"self"对象）不能对此消息做出回应，它会将此消息委托给某个其他对象，此对象可以再进行委托。当某个对象回应了此消息或到达终止条件（在这种情况下，或者返回缺省对象，或者返回某个缺省结果，指明此链是成功还是失败）时，此过程结束。

在其最常见的形式中，"责任链用双亲-子或容器-被包含模型实现。运用这种方法，没有被子对象处理的消息被发送给双亲，也可能是双亲的双亲，直到到达一个合适的处理对象。责任链非常适合多种面向对象的GUI活动。GUI帮助功能、构件布局、格式编排及定位都可以使用此模式。在业务模型中，有时将此模式与整体-部分模型一同使用。例如，订单上的一个行条目可以给它所在的订单（订单复合）发送一条消息来执行动作"（Stelting和Maassen 2001:36）。

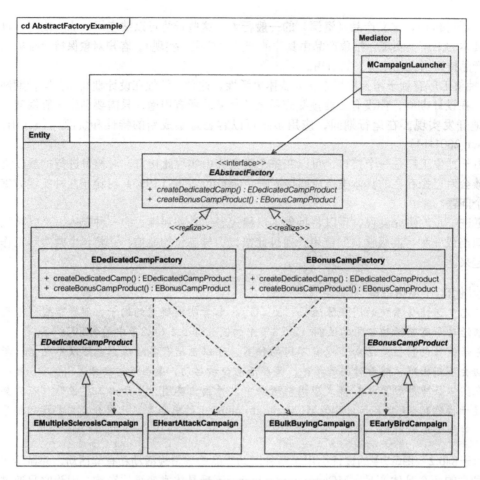

图6-9 电话销售系统的抽象工厂模式

当可能处于不同的体系结构层的类集合要对特定的初始消息做出响应时，责任链模式也是有利的。在PCBMER框架中，责任链使得NCP（相邻通信原则）的实施成为可能，在体系结构较高层的客户类需要位于非相邻的较低层中类的方法所提供的服务。如果使用责任链，发送消息的客户对象不需要具有最终提供服务的对象的直接引用。

图6-10是考虑责任链模式的可能方式，图中显示表示客户端PClient发送handleClient-Request()消息给实现接口CHandler的一个类。如果这个具体的处理者能够为此请求提供服务，它就会这样做。如果不能，则会委托给另一个对象。这个另外的对象可能是实现CHandler的另一个具体类，或者可能是相邻体系结构层的一个类。在委托给较低层的情况下，可以不需要CHandler接口。

📖 例6.3 关系管理

考虑关系管理系统的问题陈述3（1.6.3节），查阅第4章实例研究的例子，参考图4-11（4.2.5.3节中的例4.11）来理解类EContact的信息内容。

考虑这样的场景：需要一个表示对象（PWindow）来显示特定的联系信息。为了获得数据，PWindow需要与控制对象（称为CActioner）通信。CActioner（是一个控制类）不包括所需要的数据，需要进一步委托该请求。如果关系信息不得不从数据库中获取的话，这个责任链可以一直传递到资源层。

　　将责任链模式应用到上面的场景。考虑PCBMER框架的所有层。没有必要如图6-10所表示的那样使用CHandler接口。对模型进行解释。

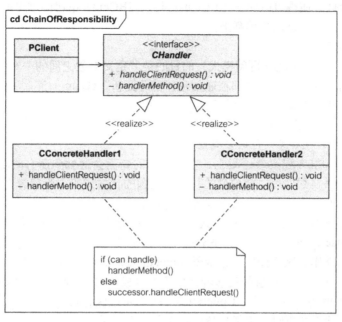

图6-10　责任链模式

　　图6-11表示例6.3中显示关系信息的责任链场景。PWindow发送原始请求给CActioner。假设CActioner不知道具有最新关系数据的EContact对象的存在，它将retrieveContact()委托给

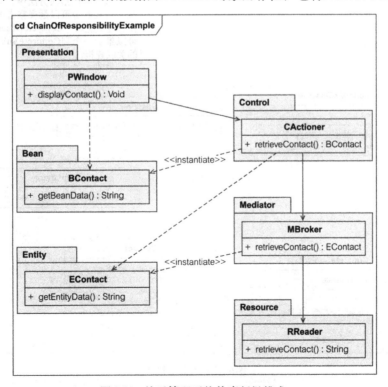

图6-11　关系管理系统的责任链模式

MBroker，MBroker继续将其委托给RReader，使得能够将数据从数据库中检索出来。一旦检索出来并返回给MBroker，就可以创建EContact实例并返回给CActioner。CActioner现在可以向EContact请求数据，使得可以实例化BContact并返回BContact的引用给PWindow。PWindow就可以取得BContact数据显示在屏幕上。

6.2.2.4 观察者

观察者模式（也称为出版—订阅模式）的目的是"定义对象之间的一对多依赖，使得当一个对象变更状态时，其所有依赖者都被通知到并自动更新"（Gamma等人 1995: 293）。

此模式关系到两类对象：

- 被观察对象，称为主题或出版者。
- 观察对象，称为观察者、订阅者或监听者。

一个主题可以有很多观察者订阅它。主题状态的变更会通知到所有的观察者，然后所有的观察者都会执行必要的处理，使它们的状态与主题的状态同步。观察者之间并不互相关联，并且可以做不同的处理来响应主题状态变更的通知。

图6-12描述了观察者模式的工作方式（改自实现此模式的一个向导，来自Sparx系统的CASE工具Enterprise Architect）。抽象类Subject保存对其观察者的引用，并为相连、分离及通知观察者对象定义操作。这些操作在继承于Subject的ConcreteSubject中实现。ConcreteSubject管理它的状态，当状态改变时通知观察者。抽象类（或接口）Observer定义onUpdate()操作，此操作在ConcreteObserver中实现。ConcreteObserver可以保存对ConcreteSubject对象的引用，当被通知主题中的状态变更时，更新自身的状态以与主题保持一致。

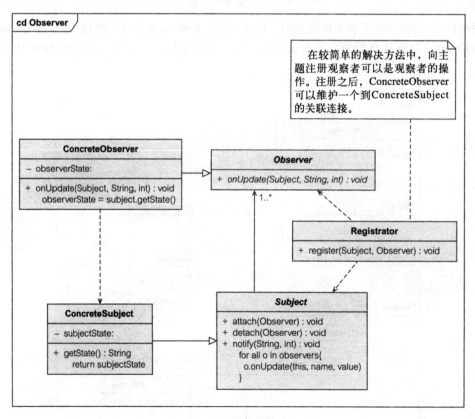

图6-12 观察者模式

虽然GoF对观察者模式的定义提到了依赖，但此模式促进了主题与观察者之间的低耦合。通过Observer接口，主题间接地知道了观察者。观察者的注册和取消注册是自动完成的，也可以通过单独的"握手"Registrator对象完成。主题中状态变更的通知自动广播给观察者。主题和观察者在分离的线程中运行，因此进一步增强了低耦合。

观察者模式由于在诸如Java Swing的GUI事件处理库中的广泛使用而流行起来。例如，当一个Swing JmenuItem被选中时，它就是一个发布"动作事件"的主题，需要知道菜单项被选中的任何关察者都应该订阅JmenuItem事件。在观察者的Java和C#.NET实现中，将事件的数据作为事件类（例如，PMenuItemEvent）的一个对象存储，然后将事件对象作为事件消息中的一个参数传递给观察者（Larman 2005; Maciaszek和Liong 2005）。在层次体系结构框架中，可以利用观察者模式的弱耦合优势来支持层之间的向下通信及向上通信——特别是当主题和观察者不在相邻的层中。PCBMER框架建议在UNP（向上通知）原则（4.1.3.2节）中使用观察者模式。这本身又产生了4.1.3.2节所定义的APP（相识包）原则，但目前没有直接在本书中使用（Maciaszek和Liong 2005）。

APP原则向6个PCBMER层中增加了相识包/子系统。相识包与这6个层是垂直的，即它并没有扩展层次结构。此包只包括允许在任何PCBMER层中实现的接口。其他层可以通过使用接口访问这些实现。根据"使用"层是位于"实现"层的上面还是下面，相识包允许向上或向下通信，包括与非相邻层的直接通信。

📖 例6.4 关系管理

参考关系管理系统的问题陈述3（1.6.3节）及例6.3（6.2.2.3节）。

考虑这样的场景：EContact是一个主题，需要将其状态的变化通知它的观察者。为了达到本例的目的，可以只考虑一个观察者——PContact（显示此关系的当前信息的表示窗口）。EContact通过给PContact发送onContactChange()消息来发布其变更事件。PContact实现位于Acquaintance包的观察者接口。

将观察者模式应用于上面的场景，并画出类图。对模型进行解释。

图6-13显示出了根据例6.4中所描述的观察者模式所构造的类图。CRegistrator用于为主题（Econtact）订阅观察者（PContact）。AObserver是Acquaintance包中的一个接口，由PContact实现，EContact使用它来通知其状态的变更。当被通知变更时，PContact可以直接与EContact通信获得状态信息（通过发送消息getState()）。displayContact需要状态数据来执行其功能。

6.2.2.5 中介者

中介者模式定义类来封装其他类之间的相互通信，这些类可能来自不同层。此模式"通过使对象之间不显示引用来降低耦合，并允许独立地改变它们的交互"（Gamma等人 1995: 273）。

中介者模式允许我们将复杂的处理规则，包括复杂的业务规则，组织到专门的中介者类中。从而使其他复杂的对象（称为模式中的成员）不需要交换很多消息就可以做这种处理。结果，成员对象会变得更内聚，也更简单。它们更加独立于业务规则，因此，可复用性也更强。

如大多数其他模式一样，至于将中介者模式应用到什么程度，架构师/设计者则不得不取得合适的平衡。正如Gamma等人（1995）所描述的那样，面向对象设计承诺将行为均匀地分布在对象中间，中介者模式似乎与此相矛盾。然而，过于分布也就意味着对象模型的类之间具有太多的连接和依赖。

图6-14显示了中介者模式的概念模型。Mediator接口定义coordinate()操作来做涉及Colleague对象的工作。当一个Client对象调用某个coordinate()方法时，ConcreteMediator对象使用它对ConcreteColleague对象的引用来做协调工作，而不需要强迫它们与其他成员通信

（也就是说，此工作由ConcreteMediator策划）。然而，如果必要，为了实现调停行为，ConcreteMediator可以在ConcreteColleague对象之间发送请求。

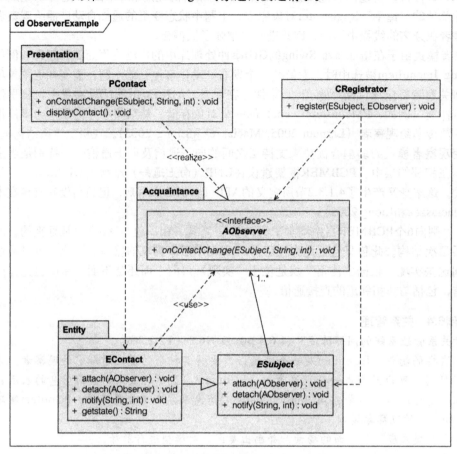

图6-13　关系管理系统的观察者模式

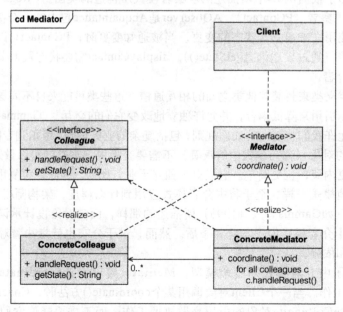

图6-14　中介者模式

注意，每个ConcreteColleague对象都知道它的中介者，但这是通过Mediator接口间接知道的。这就是说，在只需要一个中介者的简单系统中，没有义务定义Mediator接口。在这种情况下，从成员到中介者之间的通信可使用观察者模式（即，成员可作为主题，当它们改变状态时就通知中介者，中介者将做出回应，将变更的效果传递给其他成员）。在观察者模式中，位于主题和观察者之间的封装复杂的更新语义的中介者对象被称为变更管理者（Gamma等人1995）。

📖 例6.5 电话销售

考虑电话销售系统的问题陈述4（1.6.4节），并查阅它的类模型（4.2.1.2.3节中的例4.7，图4-7）。

电话销售系统的主要责任是能够为每一位刚刚完成会话的电话销售员动态安排下一个呼叫，这包括发现每一个当前电话会话的状态，并创建一个新的呼叫实例。

将中介者模式应用到上面的场景。画出符合PCBMER框架的类图。使用CNP（类命名）原则（参考4.1.3.2节）。对模型进行解释。

在PCBMER中，按照中介者模式对单独的层命名。中介层消除了控制层、实体层和资源层之间的相互影响。中介者接口或类对于中介层也可以起到外观的作用（6.2.2.1节），控制层是中介者模式的应用，因为它具有在表现层、bean层、实体层和中介者层之间进行调停的能力。

在图6-15中，对例6.5的设计假设控制对象CActioner是一个客户，它发起电话呼叫计划给电话销售者，并通过接口IMMediator将这项任务传给具体的中介者MMediator。MMediator包括支配计划活动的业务逻辑的实现（在scheduleNextCall()中，也可能在模型中没有显示出来的其他方法中）。IMMediator维护对所有当前活动的ECallScheduled对象的引用集合，使得能够获得它们的状态、确定服务支持者、计划下一个呼叫的活动，并创建ECallScheduled的一个新实例与所关心的ETelemarketer相关联。

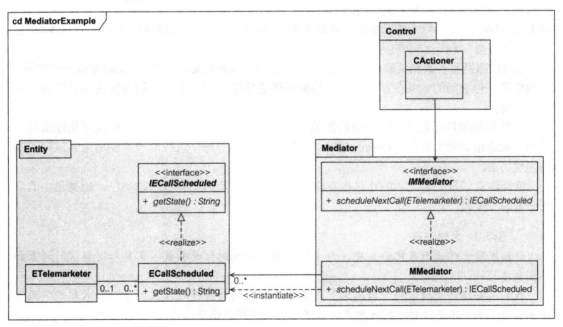

图6-15　电话销售系统的中介者模式

复习小测验6.2

RQ1　两种主要的、有差别的计算模型是什么？

RQ2　结构复杂性的计算与程序的类有关，还是与对象有关？

RQ3　定义较高层接口使子系统易于使用的模式名称是什么？

RQ4　哪一种模式可能使NCP（相邻通信）原则得到增强？

6.3　体系结构建模

在UML中，实现建模的设施支持体系结构建模（3.6节）。实现模式是以结点、构件、包和子系统等概念为中心的。除了实现模型，UML通过给类图增加设计约束支持体系结构建模。这种设施所采用的主要形式是在类及其他模型中可视化依赖关系。依赖是体系结构框架的基石（4.1节）。它们还决定体系结构复杂性（6.2.1节）。

6.3.1　包

UML提供包的概念（3.6.1节），用于表示一组类（或其他建模元素，如用例）。包用于划分应用程序的逻辑模型。包是高度相关的类的聚合，这些类本身是内聚的，但相对于其他聚合来说又是松散耦合的（Lakos 1996）。

包可以嵌套。外层包可以直接访问包括在它的嵌套包中的任何类。一个类只能属于一个包。这并没有禁止一个类可以出现在其他包中或与其他包中的类通信。通过声明包中一个类的可见性，我们可以控制位于不同包中的类之间的通信和依赖（5.1.2.2节）。

包用文件夹图标来显示（图6-16）。将嵌套包画在外层包的里面。每个包都具有自己的类图，定义包所拥有的所有类。图6-16描述了将类赋给包的不

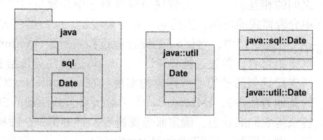

图6-16　包和类

同方式（Fowler 2004），并反映出这样的事实：Java程序员可以选择从java.sql包或java.util包中引入Date类。

包可以以两种关系相关联：泛化和依赖。从包A到包B的依赖说明：对B的变更可能需要A中的变更。包之间的依赖在很大程度上是由于消息传递，即一个包中的类发送消息给另一个包中的类。

UML详细说明了很多不同种类的依赖关系（例如，使用依赖，访问依赖或可见性依赖）。然而，确定依赖种类并没有特别的帮助。实际上，可以将每个依赖的本质说明为系统模型的描述性约束。

值得注意的是，包之间的泛化也意味着依赖。依赖是从子类包到超类包。超类包中的变更会影响子类包。

📖 例6.6　大学注册

仔细观察大学注册系统会发现，为了使班级中学生的注册有效，需要知道班级时间表和学生成绩。

我们不知道"成绩"和"时间表"是否作为单独的软件模块存在，可以插入到我们的注册系统中。如果不是这样，则注册系统不得不包括这样的模块。

我们在此例中的任务是为大学注册提供包模型，在其范围内符合上面的观察。模型还应该捕获这样的需求：时间表的安排基于格林威治日历的java.sql.Date类。然而，根据其他日历（如儒略）实现时间表安排的可能性也需要在模型中反映出来。

　　图6-17显示了例6.6的包及包之间的关系。注册依赖于Grades和Timetable。Timetable依赖于Calendar。可能有4种不同的日历，由泛化关系表示。Gregorian Calendar依赖于java::sql::Data。

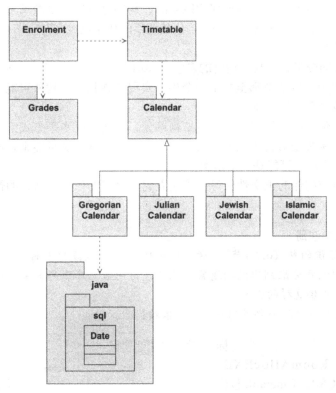

图6-17　大学注册系统的包

6.3.2 构件

　　构件（3.6.2节）是系统的物理部分、实现的一个片断或一个软件程序（Booch等人1999；Lakos 1996；Rumbaugh等人 2005；Szyperski 1998）。一般将构件理解为系统的二进制可执行（EXE）部分。然而，构件也可以是系统中的不可直接运行的部分（如源代码文件、数据文件、DLL（动态链接库）或数据库中的存储过程）。

　　包的表示法如图6-18所示（也可参考3.6.2节中的图3-19）。UML允许使用"棒棒糖"表示法对构件接口建模。如果构件之间的依赖可以通过接口来协商，那么实现同样接口集合的构件可以用另外一个构件来替代。

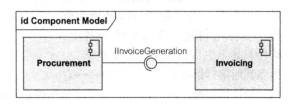

图6-18　构件表示法

　　构件具有如下特性（Runbaugh等人 2005；Szyperski 1998）：

- 构件是独立的部署单元——不可以部属构件的一部分。
- 构件是第三方组装单元——也就是说，它是充分文档化和自包含的，可以被第三方插入到其他构件中。
- 构件没有持久状态——不能与它的拷贝区分开来，在任何给定的应用系统中，一个特定的构件最多有一个拷贝。

- 构件是系统的可替换部分——它可以被符合相同接口的另一个接口替换。
- 构件完成清晰的功能，并且是逻辑耦合和物理耦合的。
- 可以嵌套在其他构件中。

构件图显示构件及它们之间是如何相联系的。构件可以通过依赖关系相联系。依赖构件需要依赖关系所指向的构件的服务（构件的依赖关系的使用已经在3.6.2节中讨论）。

6.3.2.1　构件与包

包是建模元素的分组，并具有指定的名字（3.6.1节）。在逻辑层上，每个类都属于一个单一的包。在物理层上，每个类都至少由一个构件实现，并且一个构件可能只实现一个类。抽象类和接口经常被多个构件实现。

通常情况下，包是比构件更大的体系结构单元，倾向于以水平方式组织类——在应用域中静态接近的类。构件是对行为相近的类的垂直组织——这些类可能来自不同的域，但贡献于一个单一的业务活动，可能是一个用例。

上面所讲的包与构件的正交性使得很难建立它们之间的依赖。通常的情况是逻辑包依赖几个物理构件。

📋例6.7　大学注册

参考例6.6所标识的包（6.3.1节）。考虑Timetable包，假设此包将被实现为一个C#程序，此程序包括将大学教室分配到班级的逻辑。此程序访问数据库取得教室和班级信息。使用两个存储过程为程序提供这样的服务。

画一个构件图显示包和必要的构件之间的依赖。

图6-19显示例6.7的构件模型。标识了3个构件——RoomAllocEXE、RoomUSP和ClassUSP。Timetable包依赖于这些构件。

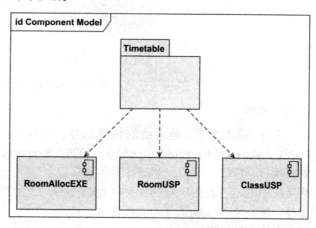

6.3.2.2　构件与类和接口

与类一样，构件也实现接口。其区别是双重的。首先，构件是部署在某个计算机结点上的物理抽象。类表示逻辑事务，为了起到物理抽象的作用，不得不将其实现为构件。其次，构件只显示它所包含的类的某些接口，很多其他接口都被封装在构件中——它们只被协作的类在内部使用，对于其他构件是不可见的。

图6-19　大学注册系统的包与构件

📋例6.8　大学注册

参考例6.7所标识的3个构件（6.3.2.1节）。假设构件RoomAllocEXE通过提供带有类标识的构件RoomUSP将教室分配给课程。为达到这样的目标，RoomUSP实现了称为Allocate的接口。

构件ClassUSP通过从构件ClassUSP获得教室的详细信息完成剩下的工作。为了提供此服务，ClassUSP实现称为Reserve的接口。

图6-20显示了与例6.8中所给定的需求相对应的构件图。它描述了两种方式来表示提供的接口和需要的接口。

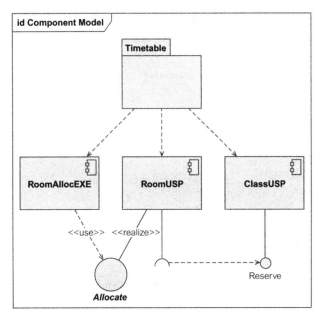

图6-20 大学注册系统构件图中的接口

6.3.3 结点

在UML中，分布式物理体系结构（6.1节）或系统的任何其他体系结构都被描述为部署图（3.6.3节）。部署图中的计算资源（运行时的物理对象）被称为结点。结点至少具有内存和某些计算能力。结点也可能是数据库服务器。这表明现代数据库是活动的服务器（它们是可编程的）。

在UML中，将结点图形化地描述为立方体。可以对立方体使用构造型，也可以增加约束。使用了构造型的立方体可以是一个图标。给每个结点指定一个唯一的名字（文本字符串）。

部署图显示结点及它们之间的联系。结点可以通过关联相联系，可以给这些关联命名来指明所使用的网络协议（如果合适的话），或者以某种其他方式表示连接的特色。另外，使用任何关联时，可以对结点之间的关联建模表明典型的关联特性，如度数、重数和角色。

图6-21显示部署图中的4个结点。连接关系指明结点之间的通信形式。

结点是构件得以运行的硬件位置。结点运行构件。构件被部署在结点上。有时将结点和其上的构件称为分布单元（Booch等人 1999）。

图6-22显示了两种图形符号表示带有部署构件（或包含构件）的结点。称

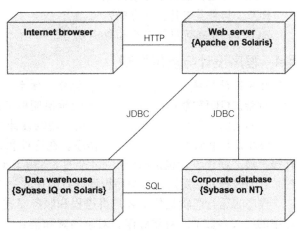

图6-21 结点

为Corporate Database的结点运行两个存储过程，这两个存储过程被表示为构件CustomerUSP和InvoiceUSP。可以对包含符号进行扩展，使得整个构件图可以被放置在部署图上。

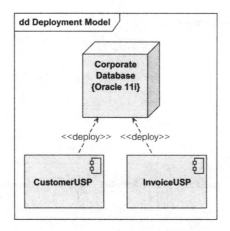

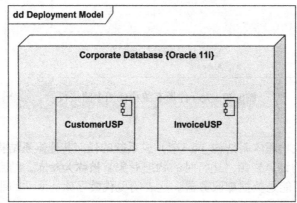

图6-22 带有部署/包含构件的结点

复习小测验6.3

RQ1　哪些关系用于相联的包？

RQ2　构件具有持久状态吗？

RQ3　一个类可以被多个构件实现吗？

6.4 程序设计与复用原则

　　程序设计是整个系统设计的固有部分。体系结构设计（4.1节及6.1～6.3节）建立通用的运行框架。GUI和数据库的详细设计明确说明框架的前端和后端。详细设计填补了这种通用框架中的空白，并得到可以交给程序员实现的设计文档。

　　程序设计有时专注于一个应用程序。在这种意义上，它是第7章所讨论的用户界面设计的直接扩展。程序设计也是第8章所讨论的数据库设计的扩展。特别是数据库设计的过程方面，包括存储过程和触发器，与程序设计具有内在的关系。

　　程序的运行逻辑是位于客户机进程和服务器进程之间分离的部分。客户机进程包括了程序中的绝大多数动态对象协作。对象内聚和耦合之间的适当平衡可以限制协作的复杂性。在其他事务当中，服务器进程关心由客户进程引起的执行业务交易。

6.4.1 类的内聚与耦合

　　到目前为止，我们已经标识了良好程序设计的主要原则，虽然更多地集中在整个系统的设计和体系结构设计方面。类分层是编写可理解、可维护和可伸缩程序的基石。正确使用继承和委托是有必要的，可以避免交付的面向对象程序在部署给利益相关者之后成为遗留系统。

良好的程序设计可以确保类的**内聚**和耦合之间的良好平衡。术语"内聚"和"耦合"是由结构化设计方法创造的。然而，这些术语在面向对象设计中具有相似的含义和重要性（Larman 2005；Page-Jones 2000；Schach 2005）。

类内聚是一个类内部自确定的程度。它测量类独立的强度。一个高度内聚的类执行一个动作或者取得一个单一的目标。内聚越强越好。

类耦合是类之间连接的程度。它测量类的相互依赖性。耦合越弱越好（然而，为了协作，类不得不"耦合"）。

内聚和耦合是彼此相关联的。更强的内聚会导致更弱的耦合，反之亦然。设计者的任务是在两者之间取得最好的平衡。Riel（1996）提出了一些启发规则来阐述这个问题：

- 两个类或者不彼此依赖，或者一个类只依赖另一个类的公共接口。
- 属性和相关的方法应该保存在一个类中（这项启发规则经常被某些类破坏，这些类具有很多在它们的公共接口中定义的存取（get, set）方法）。
- 一个类应该只捕获一个抽象——当方法的子集在适当的属性子集上操作时，应该将非相关信息移到另一个类中。
- 系统功能应该尽可能均匀分布（使类可以均匀地分担此工作）。

4.3.3.3节中的大学注册系统提供了内聚和耦合之间权衡的很好例子。这个例子描述了两种不同的顺序图——一个是"集中式"解决方案的顺序图（图4-18），另一个是"分布式"解决方案的顺序图（图4-19）。

从适当的内聚／耦合平衡的角度，分布式解决方案显然是胜利者，其结果使从CEnroll到实体类具有更好（更低）的耦合（而没有影响实体层内部的耦合度，因为在4.3.4.3节中可以将其看成是两种解决方案的类图——图4-20和图4-21）。这种解决方案还导致了更好（更强）的内聚，因为它避免了CEnroll做不相关的任务和过多的工作而变成所谓肿胀的控制器（Larman 2005）。

6.4.1.1 类耦合的种类

两个类为了通信，就需要"耦合"。如果类X直接引用类Y，类X和类Y之间的耦合就存在。Larman（2005：30）列出了耦合的6种常见形式：

- X包含Y，或者X具有指向Y的实例的属性。
- X具有引用Y的实例的方法，如使用类型Y的参数或局部变量，或者一个消息返回类型Y的对象给X。
- X调用Y的服务（给Y发送消息）。
- X是Y的直接子类或非直接子类。
- X具有输入参数是类Y的方法。
- Y是一个接口，而X实现了此接口。

6.4.1.2 Demeter法则

类耦合对于对象通信是必要的，但它应该尽量被限制在类的层次内，即层内耦合。层间耦合应该被最小化并小心引导。在Demeter法则中提供了限制类间任意通信的指南——如"不要与陌生人讲话"及"只与你的朋友讲话"等我们所知道的流行规则（Lieberherr和Holland 1989）。

Demeter法则说明了在类方法中允许什么样的消息目标。消息的目标只能是下面对象之一（Larman 2005；Page-Jones 2000）：

- 方法的对象本身——即C#和Java中的this，Smalltalk中的self和super。
- 方法型构中作为参数的一个对象。

- 此对象的属性所引用的对象（包括属性的集合中所引用的对象）。
- 此方法创建的对象。
- 全局变量引用的对象。

为了限制继承带来的耦合，可以将第3条规则限制在类本身定义的属性上。此类继承来的属性不能被用于标识消息的目标对象。将此约束称为Demeter增强法则（Page-Jones 2000）。

在实践方面，Demeter法则只是强迫执行良好体系结构设计（6.2节）和体系结构框架原则（4.1.3.2节）的建议。特别是，通过对相邻层中的类应用Demeter法则，NCP（相邻通信）原则得到了实现。这里的相邻层指的是"朋友"，"陌生人"是非相邻层。然而，要记住，在很多体系结构（包括PCBMER）中，一个层可以有多个相邻层。

6.4.1.3 存取方法和机械类

如6.4.1节提到的那样，属性和相关的方法应该放在一个类中（Riel 1996）。一个类应该决定自身的命运。通过在其接口中限制存取（访问）方法，一个类能够限制其他类访问自身的状态。**存取方法**定义**观察者**（get）或**改变者**（set）操作。

存取方法通过其他类"打开了"一个类的内部操作。而耦合是指访问其他类，一个过分可用的存取方法可能导致智能在类中间的非均匀分布。一个具有很多存取方法的类有成为机械类的风险——其他类决定什么对它是好的。

这就是说，一个类不得不打开其他类，这种情形是存在的。只要在两个或多个类之间实现一个策略时，这种情况就发生了（Riel 1996）。这样的例子很多。

设想有两个类Integer和Real，我们需要为整数和实数的转换实现一个"策略"。要在这两个类中的哪一个中实现这个策略呢？我们需要Converter类来实现这个策略吗？无论采用哪种方法，这两个类中至少有一个类必须允许存取方法，而且对于此策略，它将成为"机械的"。

来自Page-Jones（OOPSLA'87）的著名引用是很恰当的：

在面向对象的农场里，有面向对象的牛奶。面向对象的母牛是否应该给面向对象的牛奶发送uncow_yourself消息，或者面向对象的牛奶给面向对象的母牛发送unmilk_yourself消息？

📖 例6.9 大学注册

假设我们需要给一个课程任务增加一名学生。为此我们需要做两项检查，首先，我们需要找出那个课程任务的先修课程。其次，我们需要检查学生的学业记录，弄清楚此学生是否满足先决条件。了解了这种情况，我们才能决定是否能够将此学生加到这个课程任务中。

考虑消息enrol()被控制对象CEnroll发送。考虑3个类——ECourseOffering、ECourse和EStudent——协作完成此项任务。EStudent知道如何取得学业记录，ECourse知道如何找到它的先修课程。

我们的任务是设计一系列可能的交互图来解决这个问题。讨论不同解决方案的利弊。

图6-23通过使用顺序图和通信图说明例6.9中所描述任务的第一种解决方案。控制对象CEnroll通过给ECourse发送enrol()消息来触发此事务。ECourse向EStudent询问学业记录，并检查其先决条件。ECourse决定EStudent是否能够注册，如果能够注册，就请求ECourseOffering将EStudent加到其学生列表中。

图6-23中的场景赋予类ECourse的权力太多。ECourse是策略的制定者，而EStudent是机械的。这种解决方案是不平衡的，但没有更清晰的方法。

我们可以将重点从ECourse移到EStudent，获得图6-24所描述的解决方案。现在CEnroll请求EStudent来做主要的工作。EStudent调用ECourse的观察者方法getPrereq()。EStudent决定是否可能注册，如果可能，就命令ECourseOffering注册此学生。

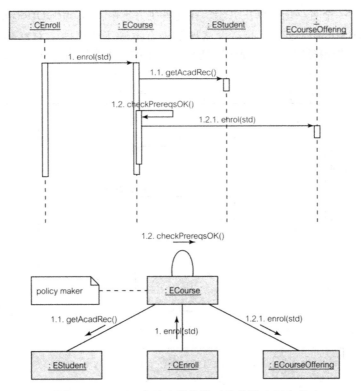

图6-23　ECourse作为大学注册系统的策略制定者

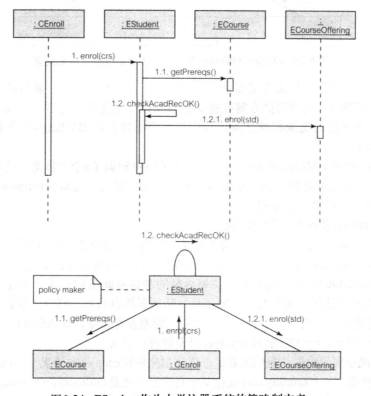

图6-24　EStudent作为大学注册系统的策略制定者

图6-25描述了一个更平衡的解决方案，在此解决方案中，ECourseOffering是策略制定者，对于ECourse和EStudent是中立的，但这种解决方案确实使这两个对象非常休闲和机械。ECourseOffering的作用类似于"主程序"（Riel术语中的"上帝"类（1996））。

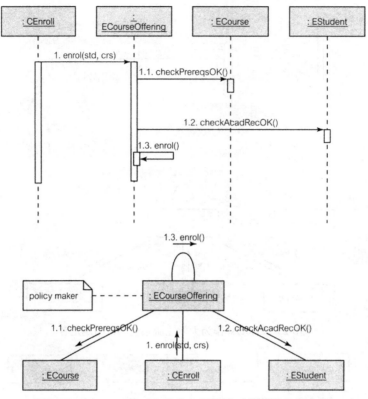

图6-25　ECourseOffering作为大学注册系统的策略制定者

到目前为止，所有的解决方案都是自然分布式的，正如4.3.3.3节建议的那样。集中式的解决方案也是可能的。这种解决方案可能依靠CEnroll作为策略制定者。然而，更好的解决方案应该是有一个单独的类承担此任务。可以将这个类放在PCBMER的中介者层，并称其为MEnrolmentPolicy。

图6-26的中介者类MEnrolmentPolicy从注册策略中解耦了3个实体类，这是有意的，因为注册策略的任何变化都被封装在了单独的中介者类中。然而，类MEnrolmentPolicy可能成为"上帝"类，这样的风险是存在的。

6.4.1.4　动态分类和混合实例内聚

在附录的A.7.5节中，我们提出了动态分类的问题，并观察到流行的面向对象编程环境不支持动态分类。缺乏这种支持的代价通常反映在用混合实例内聚设计类上。

Page-Jones(2000)谈到"具有混合实例内聚的类具有此类的某些对象没有定义的一些特性。"此类的某些方法仅应用于类的对象子集，某些属性也只对一部分对象有意义。例如，类Employee可能定义"一般"员工和管理者对象。管理者有津贴，如果Employee对象不是管理者，将消息payAllowance()发送给Employee对象就没有意义。

为了消除混合实例内聚，我们需要扩展泛化层来标识Employee子类，如OrdinaryEmployee和Manager。然而，一个Employee对象在某个时间点可能是OrdinaryEmployee，而在另外的时间可能是Manager，或者相反。如果不支持动态分类的话，为了消除混合实例内聚，我们就需要允许对象在运行时动态地改变类。

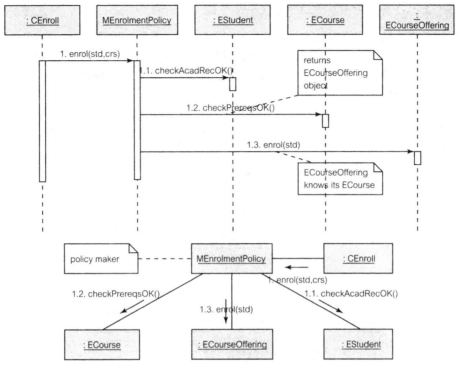

图6-26　MEnrolmentPolicy作为大学注册系统的策略制定者

　　为了消除例6.10提到的混合实例内聚，我们需要将Student特殊化为两个子类——PartTimeStudent和FullTimeStudent（图6-27）。如果每个学生必须或者是兼职或者是全职，那么类Student则是抽象的。消息payExtraFee(crsoff)绝对不会被发送给类FullTimeStudent的对象，因为FullTime-Student没有与此消息所对应的方法。

　　不错，我们还有一个问题。兼职学生可能喜欢白天课程——即eveningPreference = 'false'，且不另外付费。换句话说，在Part-

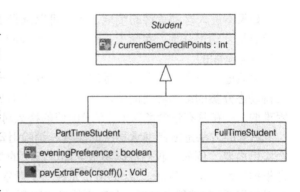

图6-27　消除了混合实例内聚的大学注册系统的类模型

TimeStudent中，仍然存在混合实例内聚。如果学生选择白天的课程，将消息payExtraFee(crsoff)发送给PartTimeStudent并没有意义。

📟 例6.10　大学注册

对于例6-9，考虑下面的变化：

- 只有兼职学生可以选择晚上的课程。
- 全职学生只能注册白天的课程。
- 如果兼职学生想注册晚上的课程，则要付少量的额外费用。
- 在一个学期内，如果兼职学生注册的课程学分超过6学分（例如，如果每门课程3学分，超过两门课程）时，则被自动认为是全职学生，反之亦然。

我们的任务是提出高度内聚、但没有混合实例内聚的类模型。然后对此模型进行严格评估，并建议和讨论避免动态分类问题的可选方案。

图6-28对消除混合实例内聚的第2个例子进行了扩展。类DayPrefPartTimeStudent没有方法payExtraFee(crsoff)。然而，如果白天开设的课程没有更多的位置，DayPrefPartTimeStudent被迫选择晚上的课程怎么办？也许会交纳某些其他的费用。我们是否应该进一步特殊化，导出类UnluckyDayPrefPartTimeStudent？

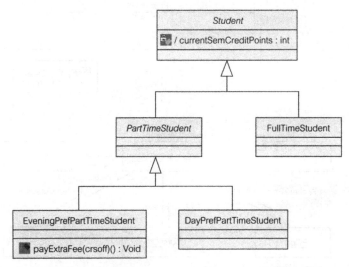

图6-28 消除了混合实例内聚的另一方面的大学注册系统的类模型

如果不进入这种荒谬的境地，我们可以选择放弃进一步消除混合实例内聚的想法。我们还没有提及动态分类。实际上，属性currentSemCreditPoints的当前值就决定了一个学生是兼职的还是全职的。

类似地，一个学生在任何时候都可以改变他或她对晚上课程或白天课程的偏爱。在缺少支持动态分类的编程环境的情况下，允许一个对象在运行时改变类是程序员的职责。这是很困难的——在具有包含类标识符的OID值的持久对象的情况下，会变得非常困难。

另外的方法是限制继承层次的深度，消除对动态分类的需要，并再次引入一定数量的混合实例内聚。例如，我们可以不放弃图6-27中的类模型，并解决喜欢晚上课程的问题，办法是根据属性eveningPreference的值，允许一个对象对消息payExtraFee(crsoff)做出不同的反应。可以使用if语句编程来实现，如下面的伪代码所示：

```
method payExtraFee(crsoff) for the class PartTimeStudent
if eveningPreference = 'False'
    return
else
    do it
end method
```

虽然在面向对象代码中使用if语句就表示放弃了继承和多态，从单纯的语法方面，可能是不可避免的。程序员不再坚持动态分类，而是将动态语义引入到类中。一个对象根据它的当前局部状态对同样的消息给出不同的反应。应该使用状态机图为类设计动态语义。不可否认，在此过程中，类的内聚受到了影响。

6.4.2　复用策略

UML将**复用**定义为"已有人工制品的使用"（Rumbaugh等人 2005:575）。过去，我们为了软件复用而讨论面向对象技术，如继承和委托（5.2节和5.3节）。我们还指出将实现继承作为面向对象不可或缺的特性和主要复用技术是一种危险的做法。再次引用Rumbaugh等人（2005:575）的话："记住，除了继承，还可以通过其他方式进行复用，包括代码拷贝。在建模中的最大错误之一就是为了获得复用而强迫使用不适当的泛化，这种做法通常会造成混乱。"

在这一节中，我们讲述软件复用的策略。策略还意味着复用的粒度。*粒度可能是*：

- 类。
- 构件。
- 解决方案。

与粒度相关联，有3种对应的复用策略（Coad等人 1995；Gamma等人 1995）：

- 工具包（类库）。
- 框架。
- 分析与设计模式。

6.4.2.1　工具包复用

工具包强调在类一级的代码复用。在这种复用中，程序员通过调用某些类库中的具体类在程序中"填补空隙"。程序的主体不是复用的——它是由程序员编写的。

有两种（级）工具包（Page-Jones 2000）：

- 基础工具包。
- 体系结构工具包。

基础类由对象编程环境广泛提供，包括实现原始数据类型的类（如String）、结构化数据类型（如Date）与集合（如Set、List或Index）。

体系结构类通常作为系统软件的一部分，如操作系统、数据库软件或GUI软件。例如，当我们购买对象数据库系统时，我们真正得到的是一个体系结构工具包，实现了所期望的系统功能，如持久性、事务和并发。

6.4.2.2　框架复用

框架强调构件级的设计复用（3.6.2节和6.3.2节）。与工具包复用不同，一个框架提供程序的骨架。程序员通过编写框架需要调用的程序代码在程序骨架中"填补空隙"（定制程序）。除了（框架本身的）具体类，一个框架提供了大量抽象类由程序员实现（定制）。

一个框架是可定制的应用软件。框架的最好例子是ERP（企业资源规划系统），如SAP、PeopleSoft、Baan或J.D.Edwards。然而，这些系统中的复用并不是基于纯粹的面向对象技术。

IS（信息系统）开发的面向对象框架是在分布式构件技术（如J2EE/EJB和.NET）中提出的。它们被称为业务对象——满足特定业务或应用需求的"可上市"产品。例如，一个业务对象可能是具有可定制类（如Invoice或Customer）的会计框架。

虽然框架是一种有吸引力的复用建议，但也有很多缺点。也许最重要的是，框架所交付的通用的、最低公共分母解决方案不是最满意的，或者甚至是过时的。结果，框架并没有给其采纳者带来竞争优势，当追求最新式的解决方案时，还可能产生维护负担。

6.4.2.3　模式复用

模式强调在开发方法过程中的复用（6.2.2节）。它们提供对象交互的思想和例子来表示好的开发实践，得到可理解和可扩展的解决方案。模式可以应用于开发生命周期的分析阶段、体系结构设计或详细设计阶段。因此，就有了分析模式、体系结构模式和设计模式（在更一般的意义上，设计模式包括体系结构模式）。

模式是已被证实的解决方案，在很多情况下都适用。这些情况已经被标识，并可以用于开发者寻找问题解决方案的线索。一个模式的任何已知的不利条件或副作用都被列出来，以使开发者做出明智的决定。

虽然很多设计模式包括样例代码，使程序员可以复用，但模式复用在很大程度上是概念性的。设计模式的范围（例如，Gamma等人 1995）处于一个互动的序列中——通常比类大，但比构件小。分析模式的范围（例如，Fowler 1997）依赖于模式所应用的建模抽象的层次。

复习小测验6.4

RQ1　哪个术语用于定义类的内部自主的程度？

RQ2　面向对象编程环境的特定弱点造成了混合实例内聚，这里的弱点指的是什么？

RQ3　可以将构件级的设计复用称为什么？

6.5　协作建模

体系结构设计会对详细设计产生影响，因为体系结构设计确定目标硬件/软件平台，详细设计必须与此平台保持一致。此外，详细设计是分析的直接继续，其目标是将分析模型转换成详细设计文档，程序员能够根据详细设计文档实现系统。

在分析中，我们通过抽象将影响系统的特定视点表示的细节去除掉，从而简化了模型。在设计中，则恰好相反。我们每次提取系统体系结构的一部分，并给模型增加技术细节，或在更低的抽象级别上创建新的设计模型。

过去，我们很随意地使用术语**协作**，有时使用术语交互，来指为完成一项任务相互协作的对象集合。在UML的早期版本中，术语"协作"的含义并不确切，并随版本的不同而不同。从UML2.0开始，协作的概念变得更准确，并被放在了称为**复合结构**的环境中。术语复合结构是指"相互连接的元素组合，表示运行时的实例协作，通过通信连接取得某些共同的目标"（UML 2005:157）。可以在单独的复合结构图中对复合结构建模。

6.5.1　协作

协作描述相互协作的元素（角色）的结构，每个元素执行特定的功能，这些元素共同完成某项期望的功能。其主要目的是解释一个系统如何工作，因此，通常只具体表现那些被认为与解释相关的真实方面……一个协作被表示为一种分类器，并定义了一个协作实体集合及一个连接器集合。其中，协作实体由实例（其角色）扮演，连接器定义参与实例之间的通信路径。

（UML 2005:164）

如图6-29显示的那样，协作被形象地表示为一个带有协作名字的虚椭圆，矩形图标表示协作的实体（角色）。角色由连接器连接。虽然协作本身是分类器，它通常描述某些其他分类器的结构和行为，如用例、类、交互片断、活动。在协作名字的后面可以写上分类器的名字，如图6-29所示。

一个角色可以有一个类型，角色的实例被绑定到此类型。类型是一个分类器，通常是一个类。角色类型的显示是可选的。只有在协作中，角色才是有意义的，同一个对象/实例可以在不同的协作中扮演不同的角色。

类似地，只有在协作中，连接器（两个角色

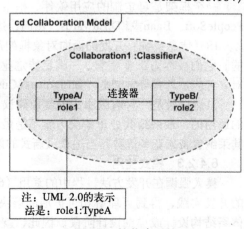

图6-29　协作表示法

之间的关系）才是有意义的。连接器"可以是关联的实例，或者它可以表示能够通信的实例的可能性，因为我们可以知道这些实例的标识符，这些标识符可以作为参数传入、可以保存在变量中，或者由于通信实例是同一个实例。其连接可以由某种东西实现，可以简单到指针，也可以复杂到网络连接。与关联不同，关联表示相关联的分类器的任何实例之间的连接，而连接器表示只扮演连接部分的实例之间的连接"（UML 2005:170）。

例6.11 大学注册

考虑6.4.1.3节的例6.9，参考将一名学生注册到一门课程的活动，方法是将这名学生加入到此门课程开设的班中。考虑在例6.9中所标识的业务（实体）对象。通过指定业务对象扮演的角色及这些角色之间的连接器，为注册活动画一个协作模型。

图6-30表示名为Enrolment的协作，用来回答例6.11中的任务集。此协作包括3个角色——/student、/course to enroll和/class to attend。最后两个角色具有指定的类型（类）。每个角色都被连接到其他两个角色。

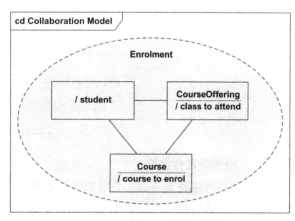

图6-30 大学注册系统的协作模型

6.5.2 复合结构

对于角色的类型（分类器）明确的情形，UML 2.0提供了另外的表示法对协作建模。这种表示法如图6-31所示。虽然UML 2.0中的标注只是一种可供选择的表示法，对类的明确表示导致了一种类图的创建，在UML 2.0中称为复合结构图。

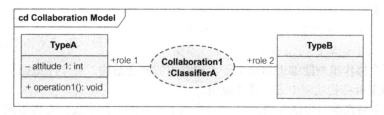

图6-31 复合结构表示法

例6.12 大学注册

考虑6.5.1节的例6.11，此例表示注册活动的协作。画出对应的复合结构图。

对于例6.12，将协作转换成复合结构非常简单，将所有的角色从协作椭圆中抽取出来放在类中（因此需要为角色定义任何缺失的类型），将协作连接到类上，并为所有的连接器定义角色名。由于复合结构的建模通常与交互图并行进行，可以在类/接口中对特性（特别是方法）命名。图6-32是将这种转换应用到图6-30的结果。

复合结构对于将协作表示为可复用的模式特别有用（6.2.2节和6.4.2.3节）。换另外一种方式，可以使用复合结构来记录模式。协作是模式的名字。类/接口与它们的特性一同定义模式结构。描述模式行为的任何其他规则都可以用约束来表示（也可能写在注解中）。

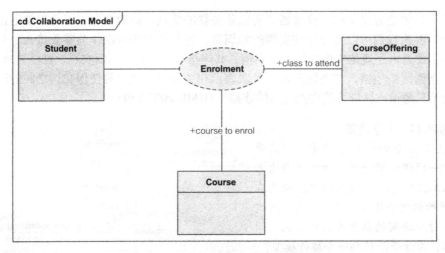

图6-32 大学注册系统的复合结构

6.5.3 从用例到复合协作

可以将协作描述为不同抽象级别的分类器，因此，协作既可以表示分析模型，也可以表示设计模型。相应于连续的协作层，将协作建模为其他协作的复合是可能的。复合协作由下级协作组成（实现）。每个下级协作还可以是其他下级协作的复合协作。复合协作的表示如图6-33所示。

在复合协作的一个最有用的化身中，一个复合协作可以表示一个用例，而下级协作可以表示此用例的需求。如3.1节和4.3.1节所解释的那样，用例从事件流的文本描述中提取其长处，而不是从可视化的用例图中提取。在没有动摇这样的事实

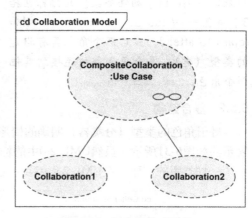

图6-33 复合协作表示法

的情况下，复合协作模型能够表示用例子流和需求的嵌套结构。每个下级协作又可以在其自身的协作和/或复合结构模型中进行详细说明。

可能有很多格式编写用例文档。3.1.4节介绍了其中的一种格式。先将格式放在一边，用例文档必须足够详细，能够回答编程者的绝大多数问题，即使不能回答全部问题的话。为了支持这项任务，有时用GUI设计的草图来补充用例文档。

例6.13 广告支出

参考第2章和第5章最后广告支出测量的练习，特别是，图5-31中的category-product GUI窗口有助于理解本例的背景。

AE系统测量通过不同媒体为不同的产品做广告的支出（成本）。为此，AE系统必须要维护一个连贯的产品列表，将产品分类，并识别产品的不同商标名。

表6-1是AE系统中维护产品信息的用例文档。由于典型的维护活动包括4个操作——创建、读取、更新和删除产品数据——将此用例命名为CRUD Product。由于有很多用例文档，用GUI窗体的设计来补充表6-1中的文档。

在本例中，我们的任务是为用例CRUD Product绘制复合协作。只需要显示出一级协作嵌套。

表6-1 广告支出系统中CRUD Product的用例文档

用　　例	CRUD Product
简要描述	此用例使AE系统的用户维护有关产品的信息。它包括查看（读取）产品清单、创建新的产品、删除产品及更新产品信息的功能
参与者	Data Collection Employee, Data Verification Employee, Valorization Employee, Reporting Employee
前置条件	角色拥有维护产品的系统权限。任何Employee都可以查看产品清单，只有Data Collection Employee和Data Verification Employee可以创建、更新或删除产品
主事件流	**1 基础事件流** 当一个Employee选择AE系统的Maintain Products选项来选择Products工作时，此用例开始 系统在浏览器窗口中检索并显示所有产品的以下信息。执行Read Products子流 Data Collection Employee或Data Verification Employee可以选择创建、更新或删除产品。相应的对话框窗口被显示出来，由一组字段组成。不可编辑字段变灰，光标不能放置在上面 大多数的字段都有名字（提示），字段显示下面的信息：product_id, product_name, category_name, brand_name, product_status, created_by, last_modified_by, created_on, last_modified_on, notes 对话框窗口没有相关联的菜单——事件由命令按钮"ok"和"cancel"激活。"ok"按钮将窗口中的值应用到数据库中，并关闭窗口。"cancel"按钮忽略所有的变更，取消用户选择的操作，并关闭窗口 对话框窗口有3种操作方式：Insert Product、Update Product和Delete Product 主菜单条中的Record菜单是以特定方式打开对话框窗口的主要途径。使用对应的工具条按钮可以快速打开对话框窗口 对话框窗口是模态的——用户必须在此窗口之内完成交互，在进行窗体外的任何进一步交互之前，必须关闭此窗体 在键盘上按"tab"（下一字段）和"shift + tab"（前一字段）可以实现字段之间的导航。按"enter"可以导航到缺省的命令按钮——"ok"按钮 如果Data Collection和Verification Supervisor选择创建新的产品，则执行Create Product子流 如果Data Collection和Verification Supervisor选择修改产品的信息，则执行Update Product子流 如果Data Collection和Verification Supervisor选择删除产品，则执行Delete Product子流 如果Quality Control Person选择了退出，此用例结束 **2 子流** **2.1 Read product（读取产品）** 在AE行浏览器窗口中显示了以下信息：product_name, category_name, notes, created_by, last_modified_by, created_on, last_modified_on 信息以表格（列和行）形式显示，如果必要的话，带有垂直和水平滚动条 此显示的名称为Products，所有列都有名称 屏幕上列的顺序是可以改变的（使用拖放动作） 用户可以向浏览器增加更多的列（在列栏使用右击弹出菜单），可以增加的可选列是product_id, category_id, brand_id, brand_name, product_status 用户可以从浏览器中移去除product_name的任何列（在列栏使用右击弹出菜单） 行中显示的值不可编辑，在行上双击打开Update Product窗口 可以将行存储在两个指定的列——product_name和product_id。排序列在外表上不同于其他列。当前的排序列也明显不同 **2.2 Create product（创建产品）** 系统显示CreateProduct对话框窗口 不可编辑字段是product_id, created_by, last_modified_by, created_on, last_modified_on。这些字段有提示，但没有值 当一个产品被插入到数据库中时，product_id字段的值由数据库的标识符创建功能自动赋值 可编辑字段是product_name, category_name, brand_name, product_status, notes 允许输入值的字段是product_name和notes

用　　例	CRUD Product
	允许从数据库选择列表（点击向下的箭头按钮打开）中选择值的字段是category_name, brand_name, product_status
	可选事件流是AF1, AF2
	2.3 Update product（更新产品）
	系统显示Update Product对话框窗口，并在标题栏显示产品名称
	不可编辑字段是product_id, created_by, last_modified_by, created_on, last_modified_on。这些字段有提示和值
	可编辑字段是product_name, category_name, brand_name, product_status, notes
	允许输入新值的字段是product_name, notes
	允许从数据库选择列表（点击向下的箭头按钮打开）中选择新值的字段是category_name, brand_name, product_status
	可选事件流是AF1, AF2, AF4
	2.4 Delete product（删除产品）
	系统显示Delete Product对话框窗口，并在标题栏显示产品名称
	所有的字段都不可编辑，且系统在所有的字段都显示值
	可选事件流是AF3, AF4
可选事件流	AF1　系统不允许创建/更新在数据库中已经存在的product_name产品
	AF2　系统不允许创建/更新没有category_name和brand_name值的产品
	AF3　系统不允许将一个产品链接到将要被删除的链上
	AF4　系统不允许多个用户为同样的产品打开任何两个更新/删除对话框窗口
后置条件	一个产品被成功创建/更新后，浏览器窗口高亮度显示此产品信息所在的行
	一个产品被成功删除后，浏览器窗口被刷新，并高亮度显示第一个可见行
	用户退出此用例后，Products窗口关闭

为上面所给出的详细用例描述构造复合协作是一项简单的练习，将用例当成复合协作，并抽取子流到下级协作中，如图6-34所示。

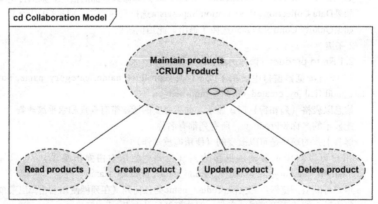

图6-34　广告支出系统的复合协作模型

6.5.4　从协作到交互

协作定义连接器，角色通过连接器交换信息，但它并没有标识每条消息。协作内消息流的详细说明是交互模型的任务。因此，协作可以被用于生成顺序图和通信图的手段。为此，协作角色成为了顺序图上的生命线，连接器被交互中的消息代替。

例6.14 广告支出

参考例6.13（6.5.3节）和图6-35中的更新产品窗口。再考虑表6-1用例文档中的Update Product子流。为Update Product子流假设场景，限制以下动作：①从产品浏览器窗口（列出产品的主要窗口）打开一个新的更新产品窗口；②在窗口中初始化可编辑字段（忽略不可编辑字段）；③假设只更新categoryName字段；④用户点击"ok"按钮保存更新。

为所描述的更新产品场景创建协作模型。使用角色的构造型来标识角色所属的PCBMER体系结构层。假设此协作只在3个层（表示层、控制层和实体层）需要角色。在连接器上使用依赖箭头表示PCBMER体系结构的向下通信原则（DCP）。

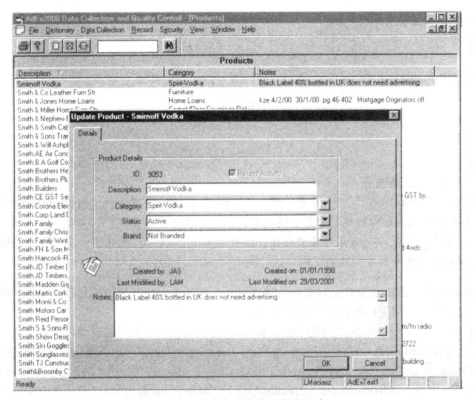

图6-35 广告支出系统的更新产品窗口

图6-36表示例6.14的协作模型。此模型标识了7个角色——2个在表示层，2个在控制层，3个在实体层。此协作显示Product browser角色（产品浏览窗口）实例化single product角色（更新产品窗口）。从/single product到/data getter角色的连接器位于更新产品窗口，此窗口具有来自类型Product、Brand和Category的业务对象信息。

在更新产品窗口中修改了产品的categoryName后，从/single product到/data setter角色的连接器用于更新业务对象Product和Category。由于categoryName标识了此Product对象连接的一个新的Category对象，categoryName的变更实际上意味着Product和Category的重新连接——Product需要连接到另一个Category，反之亦然，现在，所关注的Category一定要有一个到Product的连接。

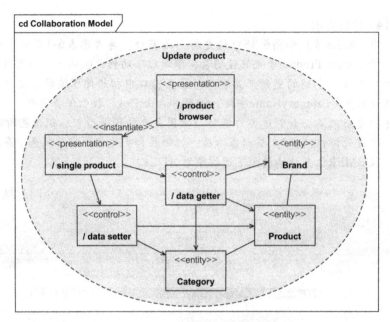

图6-36　广告支出系统的协作模型

📖 例6.15　广告支出

参考上面的例6.14（6.5.3节）和图6-35中的更新产品窗口（不需要关心Status和Notes字段）。为图6-36所示的及例6.14的答案中所描述的更新产品场景考虑协作模型。

使用协作模型为同一场景开发顺序图。解释你的交互模型，并说明如果允许一个bean对象，应该如何修改（改进）此模型。

例6.15中所要求的更新产品场景的顺序图如图6-37所示。协作模型的角色现在作为顺序图的生命线。此图使用流行的符号表现表示、控制和实体对象。

/product browser生命线实例化/single product生命线——更新产品窗口没有数据内容。然而，构造器在new()消息中传递了Product对象。/single product需要取得数据显示在其窗口中。它要求/data getter以3个独立的消息返回ProductName（为Description字段）、categoryName（为Category字段）和BrandName（为Brand字段）。/data getter通过访问3个实体对象取得数据予以响应。在取得categoryName和BrandName之前，/data getter从Product对象对Category和Brand对象的引用获得这两个属性的值。

从/single product到/data getter发送3条单独的消息显然不是合格的解决方案。为了改进，需要引入一个bean对象保存更新产品窗口需要的所有数据。这样的bean对象可以由/single product初始化为空，传递给/data getter，然后由/data getter赋给数据。/single product获得这个bean对象来显示数据。

当用户按下Category字段旁边的向下箭头（图6-35）时，populateCategoryList()自身消息被激活。这允许用户从下拉列表中选择产品的另一个种类。下拉列表是种类名字的集合（列表）。此集合由/data getter返回给/single product。用户可以从此列表中选择期望的CategoryName。此列表由showSelected()消息显示。

点击ok按钮激活saveChanges()消息，此消息包括updateLink()调用/data setter。此调用传递Product对象和categoryName值。基于categoryName，Product对象可以获得Category对象的引用，并用它设置到Category的连接（没有显示究竟是如何发现引用的）。设置Category对象到Product的引用很简单，因为Category在setProductLink()消息中传递了Product对象。

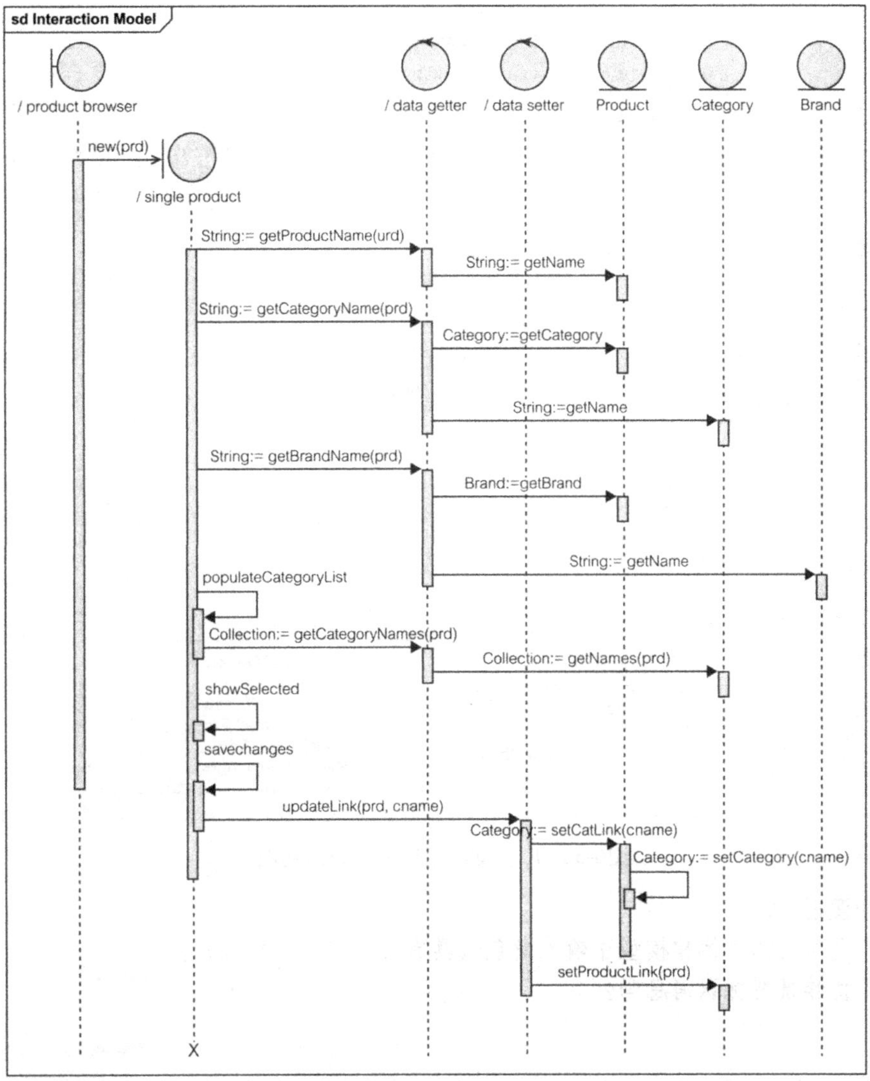

图6-37 广告支出系统的顺序图

6.5.5 从交互到复合结构

交互具有行为和结构部分。结构部分表示协作的静态方面，可以在复合结构图中表示结构部分，复合结构图是与协作范围所对应的一种类图。在典型的表示中，类之间的关系不在复合结构图中描述。然而，这些图通常与其他实现细节一同"详细描述"。特别地，也可以说明类/接口操作的型构。这些操作可以很自然地从为交互设计的交互模型中获得。

📖 例6.16 广告支出

参考例6.15和图6-37中的顺序图。使用顺序图构造相应的复合结构图。

图6-38是一个复合结构图，在此图中，给类以合适的命名，并在这些类中显示了操作型构。这些操作是从图6-37中的顺序图识别出来的。另外，这个复合结构是图6-36中协作的增强版本，但没有显示出关系。

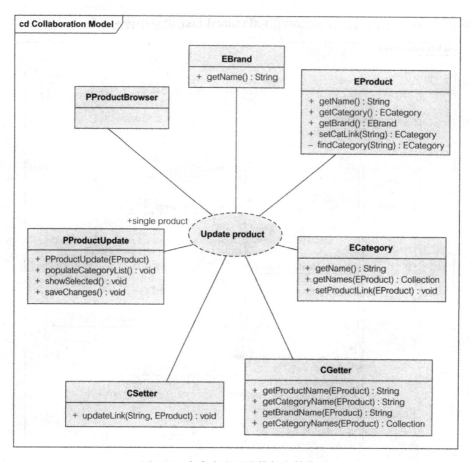

图6-38　广告支出系统的复合结构图

复习小测验6.5

RQ1　通常在哪种协作模型中输入角色（具有明确定义的类型）？

RQ2　协作模型标识消息吗？

小结

如果前面的章节使我们从分析转到了设计，通过本章的学习，使我们清楚设计是关于系统实现。本章讲述了设计的两个主要（不同）方面——系统的体系结构设计和系统中程序的详细设计。

典型的IS应用系统基于客户机/服务器体系结构原则。正如C/S原则有时被描述为旧帽子那样，实际上，在几乎所有的分布式物理体系结构（包括对等体系结构）中，它都是主要的概念。通过将应用/业务逻辑和Web服务放置在单独层，多层系统扩展了基本的C/S体系结构。数据库技术为现代系统体系结构做出了重要贡献。

现代软件系统非常复杂。建模方案尽量简化和降低这种内在的复杂性非常重要。处理软件复杂性的最重要机制是系统体系结构的分层组织。按照PCBMER或类似的框架，将类合理地组织到层（包，子系统）中，这是最重要的体系结构目标。分层的体系结构能使我们将软件的结构复杂性增长从指数降低到多项式。体系结构模式对于强制执行软件的体系结构原则非常关键。

体系结构建模包括将软件元素（类、接口等）分配给包、构件和结点。这些概念之间具有复杂的依赖和交互——很大程度上是由于它们与逻辑、物理程序和数据结构相交叉。

良好设计的程序使类内聚最大化，而使类耦合最小化。如果设计遵循Demeter法则，就能够实现耦合和内聚原则。Demeter法则指明在类方法中，此消息的哪些对象目标是允许的。存取（访问）方法的过度使用会导致机械类。虽然不期望混合实例内聚，偶尔也是允许的，因为编程环境不支持动态分类。

复用是主要的设计考虑，它对体系结构和详细设计都有影响。可以在工具包复用、框架复用和模式复用之间进行选择，这种选择不是互斥的——建议采用混合复用策略。

详细设计关注协作。协作模型详细描述为了完成期望的功能所需要的协作元素（角色）和角色之间的通信路径（连接器）。可以用复合结构图对协作进行可视化描述。在用例和协作之间、协作和交互之间、交互和复合结构之间存在确定的映射。

关键术语

Abstract Factory（抽象工厂） 模式定义"创建相关的或依赖对象家族的一个接口，而不需要指明它们的具体类"（Gamma等人 1995: 87）。

Accessor method（存取（访问）方法） 一个类方法，使一个对象的状态可以从程序的其他对象（修改者方法）访问（观察者方法）或修改。

Application server（应用服务器） 体系结构层，处理业务构件及业务规则。

Architecture（体系结构） 见第1章关键术语architecture。"系统的组织结构，包括分解为多个部分、各个部分的连接、交互机制，以及系统设计的指导原则"（Rumbaugh等人 2005:170）。

Chain of Responsibility（责任链） 模式"通过给多个对象处理请求的机会，避免请求的发送者和接收者相耦合"（Gamma等人 1995:223）。

Client（客户机） 一个计算进程，它请求服务器进程。

Cohesion（内聚） 见第4章关键术语cohesion。类的内部自主的程度。

Collaboration（协作） "实例之间的上下文关系规格说明，这些实例在实现所期望功能的环境中交互"（Rumbaugh等人 2005:227）。

Complexity（复杂性） 软件特性，是指理解和管理软件解决方案的困难程度，由于软件有很多不同但相关的部分。

Component（构件） 见第1章和第3章关键术语component。"系统设计的模块化部件，将实现隐藏在外部接口集合的后面"（Rumbaugh等人 2005:253）。

Composite structure（复合结构） 一种结构，"描述在构成具有总体目标的实体环境中对象之间的相互连接"（Rumbaugh等人 2005:264）。

Coupling（耦合） 见第4章关键术语coupling。类之间连接的程度。

Dependency（依赖） 见第4章关键术语dependency。系统部件之间的关系，如一个部件需要另一个部件继续操作。

Deployment（部署） "在运行期间，将软件制品分配给物理结点"（Rumbaugh等人 2005:312）。

GoF Gang of Four patterns（四模式帮/四人帮）。

Facade（外观） 模式，定义"使子系统易于使用的高层接口"，并定义"子系统之间通信和依赖最小化"的目标（Gamma等人 1995:185）。

Law of Demeter（Demeter法则） 一个设计指南，详细说明在类方法中，对于消息，哪些目标是允许的。其目的是限制对象之间允许的通信。

Layer（层） 体系结构层次中若干级别中的一个。类似于tier，但一般指逻辑体系结构中的级别。

Mediator（中介者） 模式，"通过使对象彼此之间不显示引用，从而降低耦合，此模式可以让你改变它们的独立交互"（Gamma等人 1995:273）。

Mutator（修改者） 类方法，更改它所调用的对象的状态。也称为setter（安装者）。

Node（结点） 见第3章，关键术语，node。"一个运行时的物理对象，它表示计算资源，一般至少有内存，通常具有处理能力"（Rumbaugh等人 2005:479）。

Observer（观察者） 类方法，获取对象的状态，但不更改它的状态。也称为getter（获取者）。

Observer pattern（观察者模式）　"在对象之间定义一对多的依赖，使得当一个对象更改状态时，所有依赖它的对象都得到通知，并自动更新"（Gamma等人 1995:293）。

Package（包）　见第3章，关键术语，package。"一种通用机制，能够将元素分组，建立元素的所有权，并为引用元素提供唯一的名字"（Rumbaugh等人 2005:504）。

Pattern（模式）　"参数化协作，表示参数化的分类器、关系和行为的角色集合，通过把来自模型（通常是类）的元素绑定到模式的角色，可以应用于多种情形"（Rumbaugh等人 2005:517）。

P2P　Peer-to-peer（对等）。

Peer（同位体）　一个计算进程，它可以自由地直接与任何其他进程（peer）通信，而不需要使用中央服务器。

Persistent object（持久对象）　程序运行结束之后仍存在的对象，因为在程序退出之前，它将被持久地存储在数据库中。也可将已在数据库中存在的任何对象称为持久对象。

Reuse（复用）　见第2章关键术语reusability。"预先存在的人工制品的使用"（Rumbaugh等人 2005:575）。

Server（服务器）　服务于客户机请求的计算进程。

Tier（层）　体系结构层次中若干级别中的一个。类似于layer，但一般指物理体系结构中的级别。

Trigger（触发器）　一段过程代码，在响应数据库中执行的修改时自动调用并运行。

Web server（Web服务器）　负责处理应用程序的控制事件和GUI表示的体系结构层。

选择题

MC1　下面哪一种体系结构风格承认客户机和服务器进程的概念？
　　a. 对等体系结构　　　　　　　　　　　　b. 分层体系结构
　　c. 以数据库为中心的体系结构　　　　　　d. 上面所有的

MC2　理解软件所需要的工作量的测量被称为（　　　）。
　　a. 结构复杂性　　　b. 认识复杂性　　　c. 算法复杂性　　　d. 问题复杂性

MC3　"通过使对象彼此之间不显示引用，从而降低耦合，此模式可以让你改变它们的独立交互"，将这种模式称为（　　　）。
　　a. 观察者　　　　　b. 外观　　　　　　c. 抽象工厂　　　　d. 以上都不是

MC4　下面哪些是观察者模式中观察者对象的另外名称？
　　a. Listener　　　　b. Spectator　　　　c. Watcher　　　　d. Viewer

MC5　根据Demeter法则，下面哪些不能是类方法中消息的目标？
　　a. 全局变量引用的对象　　　　　　　　b. 在方法的型构中作为参数的对象
　　c. 相关联的类的对象的一个属性所引用的对象　　d. 由类方法创建的对象

MC6　下面哪一个不是合法的可复用人工制品？
　　a. 对象　　　　　　b. 类　　　　　　　c. 解决方案的想法　　d. 构件

MC7　协作中的角色沿着（　　　）通信。
　　a. 关联（associations）　　　　　　　b. 连接符（connectors）
　　c. 连接（links）　　　　　　　　　　d. 关系（relationships）

问题

Q1　解释分布式处理系统和分布式数据库系统之间的区别。

Q2　什么是三层体系结构？它的优点和缺点是什么？

Q3　主动的数据库是指什么？

Q4　具有9个类的网络的结构复杂性是什么？对于这9个类，划出具有4个层的层次体系。假设层之间只向下依赖。在你的4层体系中，取得了复杂性的哪些降低？

Q5 假设银行应用系统的类模型包括一个名为InterestCalculation的类。此类属于哪个PCBMER层？给出解释。

Q6 外观模式的优势是什么？应该在什么环境下使用此模式？

Q7 中介者模式的优势和不足是什么？

Q8 解释如何使用责任链模式为下拉的级联菜单实现帮助系统（使得可以为菜单项提供帮助信息）。

Q9 构件和包是如何彼此关联的？

Q10 类内聚和耦合原则是如何影响设计的？

Q11 什么是"机械类"？

Q12 解释动态分类和混合实例内聚之间的相互关系。

Q13 我们如何分类消息/方法的类型（除了构造器和析构器）？

Q14 消息的发送者可能发送，也可能不发送自身（它的OID）给目标对象。此陈述可以应用于异步消息吗？对你的答案进行解释。

Q15 重写和重载之间的区别是什么？

Q16 比较工具包复用和框架复用。

Q17 哪些UML图可以用于设计协作的行为方面？

Q18 对象系统通过某些引用集合（set, list）实现关联连接的多重性。在Java中，这种实现通常使用来自Java库java.util.Collection的Collection接口。在C++中，这种实现通常使用参数化类型的概念，也就是所说的类模板。讨论在图5-12和图5-13（5.1.5.1节）中，类模型中的关联是如何在Java和C++中实现的。

练习：音像商店

附加需求

考虑下面对音像商店系统的附加需求（取自第4章末尾，为了方便，在这里重复一下）。

- 延期归还娱乐制品要再支付等价于一个额外租期的租金。每个娱乐制品都有唯一的标识码。

- 娱乐素材从一般能够在一周内交付音像制品的供应商处订购。在给供应商的订购单中，一张订购单一般订购多个娱乐素材。

- 对已经订购的娱乐素材，如果所有拷贝都被借出，则可接受预约。对那些商店里没有的、也没有订购的娱乐素材也可以接受预约，但会要求客户支付一个租期的押金。

- 客户可以预约多个娱乐素材，但要给每个娱乐素材准备一个单独的预约请求。预约可以因为客户没有响应而取消。确切地说，是在客户被通知这个娱乐素材可以租借的那天起的一个星期内。如果客户已经付了押金，则这些钱将转入客户的账户。

- 数据库存储关于供应商和客户的有用信息，如地址、电话号码等。给供应商的每个定单要指明定购的素材、媒体格式、数量，以及期望的送货日期、购买价格、适当的折扣等。

- 当音像制品被客户归还或者由供应商送达时，应首先满足预约。这涉及联系做预约的客户。为了保证正确地处理预约，通知客户"预约的娱乐素材已经到了"以及随后租借给客户，这两件事都要反过来关联到预约上。这些步骤能保证预约得到正确的处理。

- 一个客户可以租借许多娱乐制品，但每个借出的娱乐制品都要创建一个独立的租借记录。每次租借都要记录借出、到期和归还的日期和时间。这个租借记录以后还要更新，指明该娱乐制品已被归还并且最终的租金已经支付（或者退还）。被授权办理该租借的职员也要记录下来。关于客户和租借的详细信息要保留一年，以便能够基于历史信息确定客户的等级。保留以前的租借信息还出于年度审计的目的。

- 所有的交易用现金、电子现金转账或者信用卡支付。在娱乐制品借出时要求客户付租金。
- 当娱乐制品过期归还（或者由于某种原因不能归还）时，要从客户账户支付费用，或者直接由客户支付费用。
- 如果娱乐制品过期两天以上，向客户发送一张过期通知单。一旦对同一盘录像带或光碟发过两张过期通知单，客户就被记为拖欠，下一次租借就需要经理决定去掉拖欠等级才可以。

F1   参照上述附加需求以及第3章和第4章中音像店系统的各种例子——特别是图4-15中的用例模型（4.3.1.2节）。

     F1a 为"Reserve video"用例设计复合协作图。

     F1b 为"Reserve video"用例设计协作图。只考虑业务对象（实体类）。

     F1c 为"Reserve video"用例设计交互图。假设业务对象已经被预装到实体子系统，且交互只涉及表示层、控制层和实体层。使用所需要的体系结构模式。

F2   参照上述需求以及第3章和第4章中音像店系统的各种例子——特别是图4-15中的用例模型（4.3.1.2节）。

     F2a 为"Return video"用例设计复合协作图。

     F2b 为"Return video"用例设计协作图。只考虑业务对象（实体类）。

     F2c 为"Return video"用例设计交互图。假设业务对象已经被预装到实体子系统，且交互只涉及表示层、控制层和实体层。使用所需要的体系结构模式。

F3   参照上述附加需求以及第3章和第4章中音像店系统的各种例子——特别是图4-15中的用例模型（4.3.1.2节）。

     F3a 为"Order video"用例设计复合协作图。

     F3b 为"Order video"用例设计协作图。只考虑业务对象（实体类）。

     F3c 为"Order video"用例设计交互图。假设业务对象已经被预装到实体子系统，且交互只涉及表示层、控制层和实体层。使用所需要的体系结构模式。

F4   参照上述附加需求以及第3章和第4章中音像店系统的各种例子——特别是图4-15中的用例模型（4.3.1.2节）。

     F4a 为"Maintain customer"用例设计复合协作图。

     F4b 为"Maintain customer"用例设计协作图。只考虑业务对象（实体类）。

     F4c 为"Maintain customer"用例设计交互图。假设业务对象已经被预装到实体子系统，且交互只涉及表示层、控制层和实体层。使用所需要的体系结构模式。

练习：广告支出

附加需求

考虑下面对AE系统的需求。为了更进一步分析，参照图6-39中的屏幕拷贝，此图描绘了需求，并为需求提供了直观的背景。

- AE系统维护广告、维护做广告的产品、维护为广告播出支付费用的广告客户，以及维护负责预约播出的代理。这些关联被称为广告链接（ad links）。已经播出广告的经销店可以从广告的实例描述中导出。
- AE系统允许更改一个ad link的业务关系——也就是说，更改与一个广告相关联的广告客户、代理或产品。当需要改正时（例如，当发生了人为错误时），用一个简单的更新就完成了。这种更改也可以像业务更新那样来完成（例如，当不同的代理开始预订此广告时）。在后面的情况下，会保留历史的业务关系（历史的ad links）。

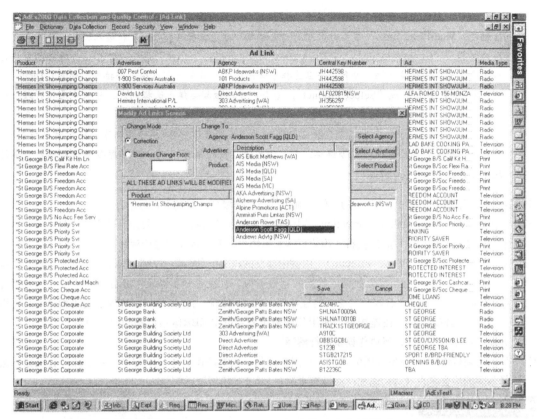

图6-39　广告链接行浏览器（Ad Link Row Browser）和修改广告链接（Modify Ad Links）窗口

- 用例"Relink ad link as correction"使用户通过更改它的广告客户、代理或产品来修改一个广告链接（"relinking an ad"和"modifying an ad link"在概念上是相同的功能）。当用户在Ad link浏览器窗口中选择了一个广告链接，使用鼠标右击打开弹出菜单，并激活"Modify ad link"菜单项时，此用例开始。

- 结果对话框窗口，称为"Modify ad links"，服务于作为更改重新链接广告和作为业务变更重新链接广告的双重目的。在一个时间，这两个选择中只有一个能够被激活（方法是用户在对话框中提供的两个选择按钮中选择其中的一个）。

- "Modify ad links"窗口显示了广告链接信息（拷自浏览器窗口中所选中的广告链接），并允许用户更改此广告链接的代理、广告客户和/或产品。只有当前在数据库中存储的代理、广告客户及产品可以被用于广告链接修改。代理、广告客户或产品的更改在"Modify ad links"窗口立即可以看到，但只有用户按下"save"按钮之后，才对数据库进行更改。在用户启动"save"动作之前，随时都可以取消更改。

- 在大多数情况下，作为一个改正来修改一个广告链接将定义此广告到广告客户、代理和产品的新关联，而广告客户－代理链接是以前定义的（在一个已经存在的广告链接中）。在已经创建了广告客户与代理之间的新关系的情况下，只有具有执行此任务的系统权限的用户才能创建新的广告客户－代理链接，除非与此代理的关联对于此广告客户是第一个（即它是新广告客户，还没有被链接到代理）。

- 图6-39中的"Modify ad links"窗口与背景中的广告链接行浏览器窗口一同显示。对两个窗口的分析表明一个广告可以被多次链接到相同的广告客户/代理/产品。有几种原因会发生这种情况，但此联系并没有解释这些原因（历史的广告链接应被保存在数据库中的需求除外）。因此，并不期望练习的解决方案允许一个广告可能被多次链接到相同的广告客户/代理/产品。

- 当打开"Modify ad links"窗口时，所有命令按钮（除"cancel"之外）和输入域都不可用，直到用户选择了"Change mode"和"Correction or Business Change"按钮。带有广告链接的窗格包括要修改的广告链接详细信息行。一旦选择了修改模式，用户就可以按命令按钮"Select Agency"、"Select Advertiser"或"Select Product"。每个命令按钮都会弹出选择列表，可从中选择代理、广告客户或产品到相应的域。

- 按"Save"修改广告的广告链接，将它与新的代理、广告客户和/或产品相连，然后对话框关闭，主窗口高亮度显示已修改的广告链接，并显示已经改正的信息。"Cancel"按钮关闭对话框，不修改广告链接。

G1　对于上面需求所描述的AE系统的部件，画出复合协作模型。对模型进行解释。

G2　标识在"Relink ad link as correction"用例中涉及的业务（实体）对象。通过指定业务对象所扮演的角色和这些角色之间的连接符，为此用例画出协作模型。对模型进行解释。

G3　标识在"Relink ad link as correction"用例中涉及的PCBE（表示、控制、bean和实体）对象，即假设实体层的业务对象是持久数据库状态的精确影像，且没有必要涉及中介者和资源层。通过指定PCBE所扮演的角色和这些角色之间的连接符，为此用例画出协作模型。对角色使用构造型来标识角色所属的PCBE层。在连接符上使用依赖箭头表示PCBMER体系结构的向下通信原则（DCP），并显示对象的实例化。对协作模型进行解释。

G4　使用练习G3的协作模型（图6-42）为相同的场景开发顺序图。为简单起见，考虑此广告链接只选择不同的广告客户（对代理和产品没有更改）。对交互模型进行解释。

复习小测验答案

复习小测验6.1

RQ1　对等体系结构风格。一个同位体（peer）只是一个系统元素。

RQ2　业务逻辑和企业范围的业务规则。

RQ3　通过触发器。

复习小测验6.2

RQ1　图灵机模型，基于算法和开放交互模型。

RQ2　类。

RQ3　外观模式。

RQ4　责任链模式。

复习小测验6.3

RQ1　泛化和依赖关系。

RQ2　不，构件没有持久状态（不能将构件与它的拷贝区别开，在任何给定的应用系统中，最多有一个特定构件的拷贝）。

RQ3　是，一个类可以被多个构件实现。

复习小测验6.4

RQ1　类内聚。

RQ2　缺少动态分类的支持。

RQ3　框架复用。

复习小测验6.5

RQ1　复合结构图。

RQ2　不，协作模型不标识消息。交互模型标识消息。

选择题答案

MC1 d　　　　　　MC2 b　　　　　　MC3 d（称为中介者模式）　　　　MC4 a

MC5 c　　　　　　MC6 a　　　　　　MC7 b

奇数编号问题的答案

Q1　分布式数据库系统是分布式处理系统的超集。在分布式处理系统中，一个客户机程序可以连接到多
　　个数据库，但此程序中的每个数据库访问/更新语句只能被编址到这些数据库中的一个。

　　　　分布式数据库系统解除了上面的限制。这就意味着一个客户机程序可以包含联合多个数据库
　　数据的访问语句，以及修改多个数据库中数据的更新语句（Date 2000）。理想情况下，访问/更新语
　　句应该"透明地"操作数据，即用户不必知道数据存放在哪里。数据库可以是"异质的"，即它们
　　可以由不同的数据库管理系统来管理。

　　　　实现分布式数据库系统很困难。这种困难很大程度上来自对事务管理和查询处理的苛刻需求。

Q3　主动数据库不仅能存储数据，还能够存储程序。这种存储的程序可以通过它们的名字调用，也可以
　　由试图更改数据库的事件触发。

　　　　现代商业数据库管理系统都是主动的。它们提供了对SQL的可编程扩展（如Oracle中的
　　PL/SQL、Sybase或Microsoft SQL Server中的Transact SQL），允许编写程序，并将其存储在数据库
　　字典中。这些程序可以从应用程序调用，也可以由数据库的修改事件触发。

　　　　主动数据库中的程序是"计算完全的"，但不是"资源完全的"。它们能够执行任何计算，但不
　　能访问外部资源，如不能与GUI窗口或Internet浏览器会话，不能发送e-mail、SMS或监测工程设备。

Q5　这样的类自然属于控制层。这个类包括由用户事件激活的逻辑（这是控制层的主要目的）。类
　　InterestCalculation提供了用户事件（表示层）和数据库内容（在运行时由实体层的类来表示）之间
　　的间接层。利息计算方式（程序逻辑）的更改局限在类InterestCalculation中，并不影响表示类或实
　　体类。

Q7　持久的实体对象往往具有复杂的关联和费解的业务逻辑。在这种实体对象集合上的业务处理操作本
　　身难于编程，对于这些困境，中介者模式提供了简化的解决方案。它的主要优势是它负责处理应用
　　逻辑，这种应用逻辑处理实体对象之间的通信，以实现业务处理。一个相关的优势是对业务处理和
　　实体对象之间通信策略的任何更改都局限在中介者中。将特定的应用行为集中在中介者中改进了系
　　统的适应性，因为业务处理从业务（实体）对象中独立出来了。

　　　　中介者模式的一个明显缺点是，当实体对象的数量增加及业务处理变得更复杂时，中介者本
　　身的复杂性显著增加。这可以违背面向对象原则，保证智能在系统的所有类之间均匀分布。克服这
　　种缺点的办法是创建多个中介者，专注于业务处理组和/或实体类组。

Q9　在典型的情况下，构件和包表示类的集合。然而，这些表示是在不同的抽象水平上，并且通常是正
　　交的。

　　　　包是逻辑概念，没有直接的实现含义，也不是软件复用单元（虽然可以为复用来设计包中的
　　单个类）。

　　　　构件是物理概念，通常作为运行时的可执行单元，是为复用而发布的。构件以契约的方式
　　"发布"它的外部接口（它的服务），构件接口中操作的内部实现是不发布的。构件可以通过它们的
　　接口相互连接，即使它们是以不同的编程语言实现的。

　　　　构件是编译单元。构件可以包括很多类，但这些类中只有一个类可以是公共的（即具有公共
　　可见性）。构件编译单元的名字（如Invoice.java）一定要与公共类（Invoice）的名字相对应。当公
　　共类的Java代码产生后，某些可视化建模工具（如Rational Rose）可以自动创建构件（每个公共类

一个构件）。

包是类的体系结构组织，是将应用域中静态相似的类组织在一起。构件对其运行的环境提供操作集合。这种操作集合抓住了类的行为上的相似性，并可在多个应用领域中使用。

Q11　设计良好的类为其他类提供服务，而不仅仅显示它的属性值。设计良好的类还负责控制它的状态空间，并不允许其他类设置它的属性值。设计不好的类是机械的。

如果一个类的公共接口主要由存取（访问）方法组成，即由观察者（get）方法和修改者（set）方法组成，则此类是机械的。在实际中，大多数的类都提供存取（访问）方法，允许其他内聚的类之间存在足够的耦合。

Q13　可以用多种方式对消息分类。主要分类可以将消息划分为（Page-Jones 2000）：

• 读消息（read messages）——疑问的，面向现在的消息。

• 更新消息（update messages）——信息的，面向过去的消息。

• 协作消息（collaborative messages）——命令的，面向未来的消息。

读消息的发送者从消息的接收者（目标对象）请求消息。一个方法的运行是以读消息作为结果，有时将这样的方法称为观察者（get）方法。

更新消息的发送者向接收者提供信息，使得接收者能够用所提供的信息更新它的状态。有时将被更新消息调用的方法称为修改者（set）方法。

读消息和更新消息也就是我们所称的访问者（accessor）消息。相关的观察者和修改者方法被称为存取（访问）方法。

协作消息被发送给负责更大任务的对象，此任务要求多个对象的协作。协作消息是消息链上的一个消息。每个协作消息都可以是读消息或更新消息。

另外，我们注意到UML将消息划分为信号和调用（Rumbaugh等人，2005）。信号（signal）是从发送者到接收者的单向异步通信，使得信号的到达对于接收者是一个事件。调用（call）是双向同步通信，在此通信中，发送者调用接收者的一个操作。读取、更新和协作消息的分类与调用相关。

Q15　重写和重载都是指几个方法具有相同的名字。其区别如下：

• 重写（Overriding）与继承和多态有关。超类中的一个方法可以被子类中的一个方法重写。重写方法不仅与超类方法具有相同的名字，而且两个方法的型构必须相同。（一个抽象方法一定是多态的，并且一定要在子类中提供它的实现。并不认为这种情况是重写，因为在超类中，这个抽象操作没有方法）。

• 重载（Overloading）与在同一个类中存在具有相同名字的多个方法有关。显然，重载方法的型构是不同的。

Q17　协作的行为方面的设计关注于捕获方法调用的动态性或导致行为实现（通常是用例的实现）的事件。协作本身用协作图建模，包括已知的复合结构图这种特殊形式。虽然协作图中角色之间的连接符表示完成行为所走的通信路径，原则上协作图与类图相似（类图首先抓住了系统的所有结构，然而只表示类操作中的行为）。

相应地，行为设计需要附加的模型表示没有被协作图捕获到的这些协作细节。这些附加的模型主要是交互图，即顺序图和通信图。

当在顺序图和通信图之间选择时，我们需要考虑顺序图不显示用于消息传递的静态关系连接（主要是关联）。然而，协作图通过连接符表示关系语义。相应地，可以在已有的协作图基础上很好地构建顺序图。另一方面，通信图显示关系连接。因此，也可以用通信图代替协作图。

行为设计的另一个重要工具是状态机图。状态机能够补充其他行为模型，显示一个对象或交互所处的状态，这种状态是在对象或交互上所执行的行为（事件）所导致的。

练习的解决方案：广告支出

G1　图6-40显示了复合协作模型。此模型区分了与两个用例所对应的两个协作，这两个用例已由图6-39中的主窗口和次窗口表示出来了。Modify ad link复合协作由两个可选但相似的协作组成——Modify ad link as correction和Modify ad link as business change。这两个协作是可选的，因用户必须选择这些协作中的一个去执行。它们又是相似的，因为除了业务变更重链接不删除旧的广告链接并记录变更日期外，它们执行相似的功能。

G2　仅有业务对象的协作模型如图6-41所示。这是一个一般的静态模型，在此模型中，角色直接映射到数据库中的持久数据结构（表或类）上。没有显示关联数量，但角色的名字说明一个广告具有多个广告链接。每个广告链接与一个代理、广告客户和产品相连。代理、广告客户和产品是相互连接的。

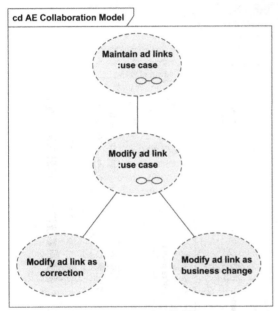

图6-40　广告支出系统的复合协作模型

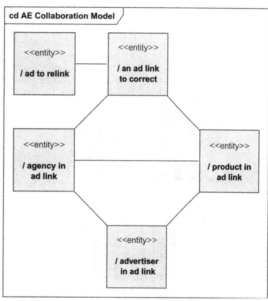

图6-41　广告支出系统业务对象的协作模型

G3　PCBE对象的协作模型如图6-42所示。此模型的主要内容如下：

- PAdLinkBrowser用它已经具有的数据初始化Modify ad links screen（图6-39）（也就是说，我们不去确认数据是否正确，如果不正确，我们不重新检索数据）。

- 当用户选择3个下拉列表箭头中的任何一个时，/a picklist就打开了。为了填充此列表，/a picklist涉及/data getter，它根据需要访问/agencies、/advertisers和/products。这使得访问者初始化/picklist suppliers，并向它提供/agencies、/advertisers和/products的名字，使得能够创建相应的beans。/picklist用这些beans按要求将下拉列表显示给用户。

- 当用户在下拉列表中选择了期望的条目之后，一个/ad link after correction就变成待保存的。这涉及/data setter，使得能够创建/new ad link for the ad，具有到代理、广告客户和产品的相应链接。

G4　与图6-42中的协作模型相对应的顺序图如图6-43所示。当与它的协作模型一同分析时，这个图是不需加以说明的。原则上，它只定义在角色之间的连接符上流动的消息。

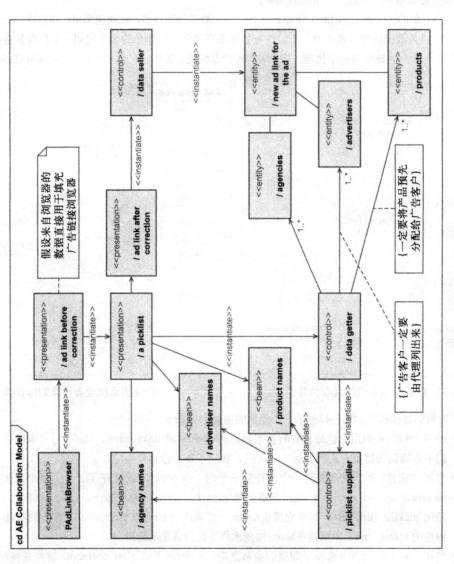

图6-42 广告支出系统涉及PCBE层的协作模型

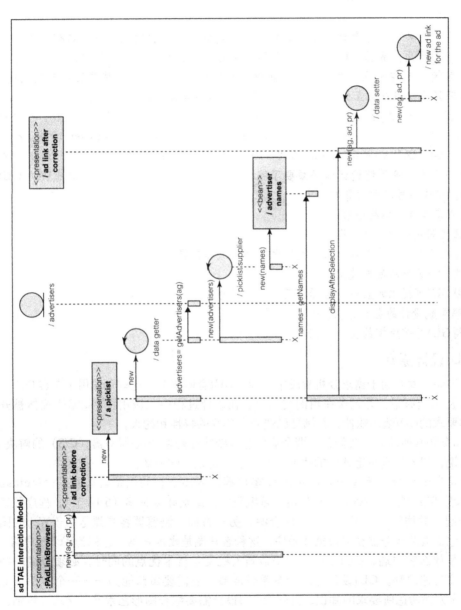

图6-43 广告支出系统涉及PCBE层的顺序图

第7章 图形用户界面设计

目标

用户界面的屏幕没有声音、颜色泛绿，并且键盘是唯一的输入设备，这样的时代已经过去了。现代图形用户界面（GUI）的屏幕不仅色彩丰富，而且互动。用户配备了鼠标（先不提声音和触摸）来控制程序的执行。还能够将程序设计成不允许出现非法或未授权的事件，控制从程序算法向用户交互的转变已经改变了设计和实现GUI系统的方式。

GUI设计是一项综合性很强的工作，需要从视觉艺术到软件编程的多种技能。已经有很多书强调GUI设计的不同方面（例如，Constantine 和Lockwood 1999；Fowler 1998；Fowler和Stanwick 2004；Galitz 1996；Olsen 1998；Ruble 1997；Sklar 2006；Windows 2000）。在这一章中，我们重点讨论系统设计师必须要了解什么，才能协作设计成功的桌面或Web GUI，并指定GUI窗口或网页之间的导航。

通过阅读本章，你将能够：

- 知道良好的GUI设计原则。
- 知道桌面GUI设计与Web GUI设计之间的相似和差异。
- 熟悉GUI设计的使能技术。
- 了解GUI可视化元素——容器、菜单、控件等。
- 了解导航设计的各种方法。
- 获得GUI导航建模的实用知识。

7.1 GUI设计原则

用户界面开发开始于需求分析阶段中早期的GUI窗体草图。这些草图用于在客户研讨会上收集需求及构造原型，并包含在用例文档中。在设计过程中，应用程序的GUI窗体被开发成符合基本要求的GUI演示软件，并满足已选开发环境的特性和约束。

在第6章和其他地方，我们曾强调企业信息系统往往是客户机/服务器（C/S）的解决方案。可以这么说，服务器端决定软件的构造，客户端决定软件的销售。

GUI客户端可分为桌面平台的可编程客户端和Web平台的浏览器客户端(Maciaszek和Liong 2005; Singh等人 2002)。典型地，**可编程客户端**是胖客服端（6.1.2节），程序驻留和执行于客户端，并访问客户端机器的存储资源。另一方面，**浏览器客户端**是基于Web的图形用户界面，它需要从服务器获取数据和程序，这种客户端是瘦客户端，也称为Web客户端。

无论是什么客户端，GUI设计在利用最新人机交互技术优点的同时，必须遵循一些良好GUI设计的普遍原则。GUI设计是一个多学科活动。它需要团队能力——一个人不可能具有GUI设计多方面考虑所要求的知识。良好的GUI设计需要综合图形艺术家、需求分析师、系统设计师、程序员、技术专家、社会和行为科学家的技能，也许还有其他一些与系统特性相关的专业人员的技能。

7.1.1 从GUI原型到实现

IS应用系统GUI设计的典型过程是从用例开始的。描述用例事件流的分析师具有某种GUI的视觉想象，来支持人机交互。在某些情况下，分析师可以选择在用例文档中插入图形描绘用户界面。只用文本不能充分描述复杂的人机交互。有时，收集和协商客户需求的过程需要制作GUI草图。

详细说明用例实现中协作的设计师必须对GUI屏幕具有清晰的视觉想象。如果之前的分析师没有做到这一点，设计师就是第一个进行用户界面描绘的人。设计师的描绘必须符合基本的GUI技术——窗口和窗口小部件工具包、因特网浏览器等。这可能需要咨询技术专家以成功地利用技术上的特点。

在将协作设计（6.5节）交给程序员实现之前，需要先构造一个"用户友好"的GUI屏幕原型。这个任务应该结合图形艺术家和社会及行为学家，他们一起合作能够提供既有吸引力又可用的GUI。

程序员的任务不仅仅是盲目地实现这些屏幕界面，对于程序设计环境引发的变更，还要给出建议。在某些情况下，这些变更可能是改进。而在其他情况下，由于程序设计或性能的限制，这些变更可能会使设计变得更糟。

GUI设计的中心问题是用户控制式（条件是系统的完整性、安全性由系统而不是由用户来控制）。现代面向对象程序是事件驱动的。对象对事件和消息做出响应。对象之间的内部通信由外部用户激活的事件来触发。

是GUI的外观和感觉将软件产品卖给客户。GUI原型有双重目的：评价GUI屏幕的感觉并展现它的功能。然而，屏幕真正的外观要到实现阶段才能完成。

📖 例7.1   关系管理

参照关系管理系统（1.6.3节）的问题陈述3和接下来在第4章中的例子。特别考虑例4.6（4.2.1.2.3节）和例4.8（4.2.2.2.1节）中类Organization的设计。

本例的目的是展示Organization更新信息的GUI屏幕从初始原型到最后实现要经历的变化，我们假设基本的GUI技术为Microsoft Windows。

例7.1中Organization类的GUI原型开发于早期需求分析阶段，如图7-1所示。它的主要目的就是在窗口内将数据可视化并且控制对象，从用户和GUI开发小组取得的反馈不仅会改变这个窗口的外观和感觉，还会改变它的内容。

图7-2表示"Maintain organizations"窗体在系统设计阶段可能被展现的形式。就像我们所看到的，设计者选择了一个有标签页的对话框，还改变了许多外观和感觉。这些改变符合Microsoft Windows GUI的设计原则，并容纳了初始原型中的功能性需求。

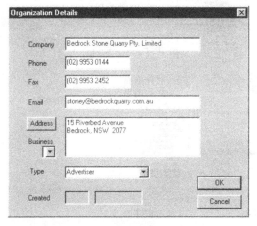

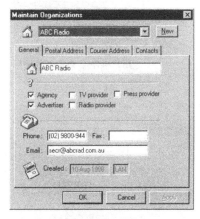

图7-1 关系管理系统分析阶段窗口原型   图7-2 关系管理系统设计阶段窗口原型

考虑到外观和感觉、实现约束和要满足的功能性需求，图7-2中的设计仍然有问题。因此，最后实现的窗体再次变更，如图7-3所示。

在图7-3中实现的窗口禁用下拉列表选择单位名称（以辅助窗口的形式打开一个对话框，以允许更新某个特定单位）。单位分类的编辑功能被禁用了（因为在这个应用程序中单位的分类不能被用户更改）。其他变化包括窗口区域的放大、变更历史的显示等。

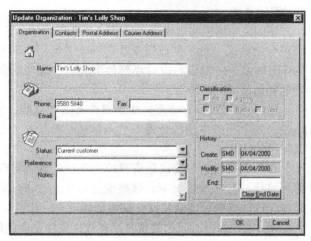

图7-3 关系管理系统实现窗口

7.1.2 良好GUI设计指南

GUI设计以用户为中心。与此相关的是许多针对软件开发者的指南。这些指南由GUI厂商（如Windows 2000）发布，同时在许多书中也有讨论（如Galitz 1996；Ruble 1997）。

GUI指南构成了开发者构建界面的基础。在所有的GUI设计决策中，它们应该深深嵌入在开发者的脑海中。一些设计指南看起来就像是古老的、普遍存在的至理名言，其他一些则是由现代GUI技术激发的。

7.1.2.1 用户控制式

用户控制式是主要的GUI指南。它其实应该称为用户对控制的掌管，有些称它为非母亲式原理——程序不应该像母亲一样为你做事（Treisman 1994）。基本的意思是，用户启动行为，因此，如果程序取得控制权的话，用户也要获得必要的反馈（一个沙漏、一个等待的指示器或其他类似的东西）。

图7-4展示了人机交互中一个典型的控制流。用户事件（菜单动作、鼠标点击、屏幕光标移动等）可以打开一个GUI窗口或调用一个程序——典型地，程序访问数据库并利用其SQL过程的优势。程序暂时从用户处取得控制权。

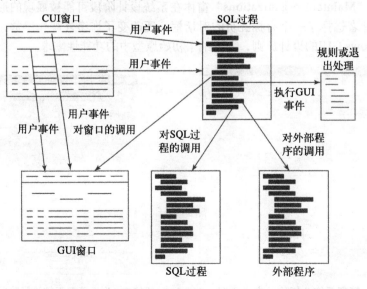

图7-4 GUI程序控制流

程序的执行可以将控制返回给同一个或另一个窗口。另外，它可以调用另一个SQL模块，或者调用一个外部程序。在某些情况下，程序实际上可以为用户做一些事情。例如，当程序需要做与外部用户事件相关联的计算时，或者当程序将光标移动到屏幕上的另一个域，且离开原始域的事件已经退出与其相关的处理时，这种情况就发生了。

7.1.2.2 一致性

一致性作为良好界面设计的第二条最重要的指南是有争议的。一致性的意思实际上是遵循标准和做事情的常规方式。至少有两方面的一致性：

- 符合GUI供应商的标准。
- 符合组织内部开发的命名、编码和其他与GUI相关的标准。

这两方面都很重要，而且第二个方面（开发者对其具有影响力）不应该与第一个方面相矛盾。如果应用系统是为Windows开发的，就必须展现Windows的外观和感觉。如果是在Macintosh上开发，用一个袋鼠式菜单来代替著名的苹果菜单并不是一个好主意，就像本书的作者曾试图做的那样。

GUI的开发者在界面设计上不需要有太多的创造力和创新意识，否则就会破坏用户的信心和能力，应该让用户处于一个熟悉的和可以预见的环境中。就像Treisman（1994）所观察到的那样，如果一款新车将加速器和刹车的踏板换了一下位置，想象一下这个汽车设计会给汽车界带来什么！

与命名、编码、缩写及其他内部标准的一致性也不能低估。这包括菜单、活动按钮、屏幕区域等的命名和编码，也包括对象在屏幕上处于什么位置的标准，以及在整个内部开发的应用系统中其他GUI元素的一致使用。

7.1.2.3 个性化和客户化

个性化和客户化（理解成适应性）是两个相互关联的指导方针。简单地说，GUI的个性化是为个人使用的简单客户化，而客户化——我们这里所理解的——是按不同的用户组对软件进行裁剪的管理任务。

个性化的例子：用户重新排序和在一个行浏览器（网格）的显示中调整列的大小，并将这些变更保存起来作为他的个人偏爱。下一次程序激活时就可以考虑这个偏爱。

客户化的例子：程序可以对新用户和高级用户执行不同的操作。例如，对新用户可以提供清楚的帮助，以及为探测到的危险用户事件提供额外的警告信息。

在许多情况下，个性化和客户化的区别比较模糊，甚至可以忽略。如改变菜单项、创建新的菜单等就是这样的情况。如果是为个人用户做的，就是个性化；如果是为大的用户群并由系统管理员做的，就是客户化。

与互联网时代相关的个性化和客户化是用户的现场信息（(Lethbridge和Laganière 2001）。应用程序应能通过查询程序所在的操作系统来适应用户现场（如用户的口语语言、字符集、货币和日期格式）。

另一个重要的适应能力问题是应用程序适应残疾人。例如，盲人要求应用程序使用盲人点字法或语音传递信息。聋人要求用可视的输出来代替声音。其他残疾人可能有自己的特别措施要求。

7.1.2.4 宽容

一个好的界面应该以一种宽容的态度允许用户进行实验和出错。宽容鼓励探索，因为它允许用户选择错误的路径，并在需要的时候能"回滚"到开始点。宽容隐含了多级取消操作。

这一点说起来容易，做起来难。在多用户数据库的应用中，在界面上实现宽容是一项特殊的挑战。从银行账号中取款（并花费）的用户无法取消这次操作！他只能够通过在另一次事务中将钱存回账户的方式来改正这个问题。宽容型界面是否应该警告用户取款的后果？这是一个有争议的问题（并且与个性化指南相关）。

7.1.2.5　反馈

反馈指南是由第一条指南——用户控制式派生出来的。要实现控制，就意味着要知道当控制暂时交给程序时将会发生什么。开发者应该在系统中为每个用户事件建立视听提示。

在大多数情况下，一个沙漏或一个等待指示器就提供了足够的反馈来显示程序正在做事情。对那些可能偶尔出现性能问题的程序，就需要一个更生动的反馈形式（如显示说明信息）。另一方面，开发者绝不能假设应用执行得很快而使反馈成为不必要的。应用中任何负载的增长都将证明这是个令人痛苦的错误。

7.1.2.6　审美和可用性

审美是系统视觉上的吸引力。可用性是与使用界面有关的方便性、简单性、有效性、可靠性和生产率。总之，两者都关系到用户满意度。这就是为什么GUI开发者需要图形艺术家和社会及行为专家的辅助。

有许多关于审美和有用设计的黄金规则（Constantine和Lockwood 1999；Galitz 1996）。要考虑的问题包括：人类眼睛的凝视和移动、颜色的使用、平衡和对称的感觉、元素的排列和间隔、比例的感觉、相关元素的分组等。

审美和可用性的方针将GUI开发者转变为一个艺术家。在这里我们应该记住"简单即是美"。事实上，简单性常常作为另一条GUI方针来考虑，但与审美和可用性方针非常相关。在复杂的应用系统中，最好用"分而治之"方法来获得简单性——逐步显现信息，使得只在需要的时候显示出来，也许在单独的窗口中显示。

复习小测验7.1

RQ1　GUI客户端如何分类？

RQ2　主要的GUI设计指南是什么？

RQ3　哪些用户指南与用户控制指南最相关？

7.2　桌面GUI设计

桌面可编程应用系统的GUI设计有两个主要方面：窗口的设计、窗口输入以及编辑控件的设计。二者都依赖于GUI环境。在下面的讨论中，我们集中于Microsoft Windows环境（Maciaszek 和Liong 2005；Windows 2000）。

典型的Windows应用系统包括一个单独的主应用窗口，即**主窗口**。这个主窗口有一组弹出窗口——**辅窗口**支持。辅窗口支持用户在主窗口或其他辅窗口中的活动。辅窗口支持的许多活动都是对数据库的CRUD（创建、读取、更新和删除）操作。

从编程的角度，窗口是GUI**容器**。这些都是在GUI屏幕上包含了其他容器、菜单和控件（如动作按钮）的矩形区域。容器可以是主窗口，也可以是对话框（辅窗口）、**窗格**和**面板**。

容器、菜单、控件一起构成了GUI组件。Java提供了一套GUI组件工具箱，用于创建应用程序或小程序，称为**Swing**。它是一个类和接口库，其具体类的命名都用字符"J"开头，如JDialog、JButton等。

7.2.1　主窗口

主窗口有一个边界（**框架**）。框架包含窗口的标题栏、菜单栏、工具栏、状态栏以及窗体上可浏览和修改的内容区。如果需要的话，可用水平和垂直滚动条在内容区域滚动。

窗体可浏览和修改的内容可以组织成**窗格**，窗格中允许查看和操作不同但相关的信息内容。图7-5展示了一个主窗口，它显示了成功登录到一个应用系统之后的情景。图中窗口左边的窗格包含Windows Explorer风格的应用图。File菜单或窗格右上角的close按钮告诉用户，如果不想要这个窗口（应用程序）可以关闭。图中的注释形象地说明了Windows的特性。

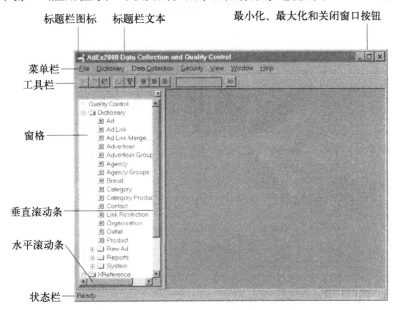

图7-5 广告支出系统主窗口的主要组件

主窗口区别辅窗口的一个典型特征是，主窗口有菜单栏和工具栏而辅窗口没有。工具栏包含最常用的菜单项的行为图标。工具栏图标重复显示这些菜单项，它们提供了执行常用行为的快捷方式。

例7.2 广告支出

参考广告支出系统（1.6.5节）的问题陈述5和例6.13～例6.15（6.5节）。特别考虑图6-35（6.5.4节），显示主窗口设计，从这个主窗口可以启动产品更新对话框。在设计中包括一个类似于图7-5左边的窗格。

图7-6展示了例7.2中的主窗口。左边的窗格包含了一个树型浏览器（7.2.1.2节）。树型浏览器允许选择显示于右边窗格的特定的"数据容器"。右边的窗格是行浏览器（7.2.1.1节）。

7.2.1.1 行浏览器

在IS应用系统中，经常使用主窗口提供行浏览器，显示数据库记录，如雇员记录。有时将这样的窗口称为行浏览器。用户可以用垂直滚动条或键盘上的键（向上翻页、向下翻页、页头、页尾以及向上和向下键）向上向下浏览这些记录。

图7-7是行浏览器的例子。主窗口中的文档——标记为Ad Link——是子窗口，子窗口有它自己的窗口按钮集——最小化、恢复、关闭，放在菜单栏的右上角。浏览器网格的列是可调的，它们的位置可以重排。紧跟着名字的圆形凹槽指出本列是可排序的，点击此列将按此列值的升序或降序对记录排序。

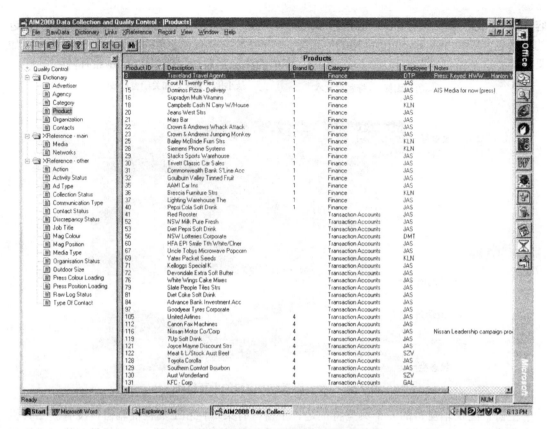

图7-6 广告支出系统中显示产品列表的主窗口

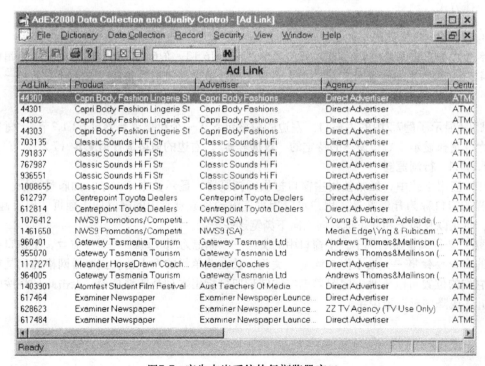

图7-7 广告支出系统的行浏览器窗口

在任何特定的时刻，在浏览器中只有一行（记录）是活动的。在这个活动的记录上双击，一般会显示具有该记录详细信息的编辑窗口，此编辑窗口允许修改记录的内容。

可以用窗格在水平方向、垂直方向、或者同时在两个方向上对窗口进行划分。图7-8展示了一种水平划分。就像该窗口标题所示，有3个窗格用来显示广告客户和代理的产品。中间的窗格显示当前选择的代理（在顶层窗格中高亮显示）所属的广告客户，最下面的窗格显示已选广告客户做的广告产品。

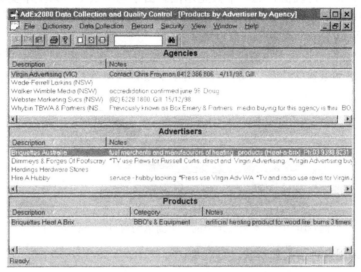

图7-8　广告支出系统的多窗格行浏览器窗口

7.2.1.2　树型浏览器

另一种使用主窗口的流行方式是树型浏览器。树型浏览器用锯齿状的列表显示相关的记录，这个列表包含控件，允许展开或折叠树。树型浏览器最熟悉的例子就是Windows Explorer中的计算机文件夹的显示。

与行浏览器不同的是，树型浏览器允许在当前位置上修改，即它不用激活编辑窗口就可以修改窗口的内容，树型浏览器的修改通过"拖曳"操作完成。

图7-9在窗口的左窗格中显示了一个树型浏览器，右窗格是一个行浏览器。从树型浏览器中选择一个代理组，在行浏览器中就显示该代理组中的代理。

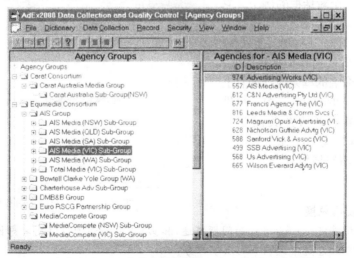

图7-9　广告支出系统中带有树型浏览器和行浏览器窗格的窗口

7.2.2 辅窗口

辅窗口忽略一些不重要的IS应用，对主窗口起到补充的作用。它扩展了主窗口的功能，特别是修改数据库的操作（即插入、删除和更新操作）。

相对于主窗口来说，辅窗口通常是模态的。用户在与任何其他的应用窗口交互之前必须响应并关闭辅窗口。非模态的辅窗口也是可能的，但不建议这样。

技术上，登录窗口是辅窗口的一个典型示例。由于它不从主窗口上下文链接出来，在概念上它是一个独立的窗口。事实上，在成功登录后，它将展示应用程序的主窗口。一般来说，简单的应用程序可以由一个或多个辅窗口组成。

图7-10中的登录例子说明了主窗口和辅窗口的主要视觉区别。辅窗口没有任何"条"——菜单栏、工具栏、滚动条或状态条。用户事件用命令按钮（动作按钮），如"OK"、"Cancel"、"Help"等来实现。

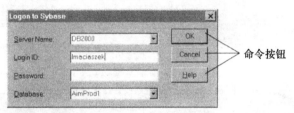

图7-10　广告支出系统中的一个简单辅窗口——登录窗口

辅窗口可以采用各种形式和形状，可以是：

- 对话框。
- 标签夹。
- 下拉式列表。
- 消息框。

7.2.2.1 对话框

对话框与辅窗口的概念几乎是同义的。它捕获了辅窗口所需的最常用的特性，支持用户与应用程序之间的对话。"对话"一词用于表示用户要输入的将在应用程序中考虑的信息。

图7-11包含一个对话框的例子，它是一个插入窗口，用于在数据库中插入新的电视广告实例。用户可以插入/修改白色区域框中的任何可编辑域的值。有些区域放在被命名的框架内（如右上角的Ad Instance Attributes）。窗口提供各种选择，如插入新值并关闭窗口（"Save and Close"按钮），或插入新值并为下一次插入清空域值（"Save and Next"按钮）。

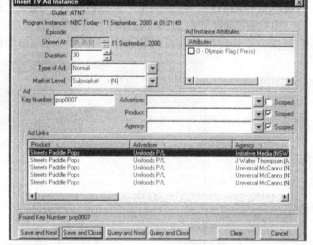

图7-11　广告支出系统的对话框

📖 例7.3　货币兑换

参照货币兑换系统（1.6.7节）的问题陈述7和第5章中的例子，特别考虑例5.12（5.4.2节）的规格说明，特别注意规格说明中的以下部分：

考虑货币兑换系统中桌面GUI的实现，用于两种货币互相转换（如澳大利亚元和美元）……框架包含3个域：接收澳元的数值、美元的数值和兑换率。还包含3个按钮：USD to AUD、AUD to USD和Close（用于退出应用系统）。

如上面描述的那样，为桌面货币兑换设计一个对话框。

图7-12展示了例7.3货币兑换系统的对话框，它包含3个输入域和3个动作按钮。窗口显示了货币兑换动作的结果。

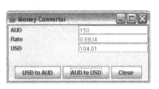

图7-12 货币兑换系统对话框

7.2.2.2 标签夹

当要在辅窗口中显示的信息数量超出了窗口的"实际区域"，并且信息的主题可以逻辑地划分为信息组时，就要用到标签夹。在任何时候，标签页栈顶的标签信息是可见的（Microsoft Windows把标签夹命名为带标签的特性页，每个标签称为一个特性页面）。

图7-13展示了一个标签夹，用于插入新的联系人信息。3个标签将用户需要输入的大量信息分为3组。屏幕底端的命令按钮不仅适用于当前可见的标签页面，还适用于整个窗口。

图7-13 关系管理系统的一个标签夹

7.2.2.3 下拉列表

在某些情况下，下拉列表（或者一组下拉列表）可以方便地替代标签页。下拉列表提供了一个有候选值的选择列表，用户可以从中选择一个合适的选项。对插入操作，用户可以键入一个新值，下次打开下拉式列表时，这个新值就被增加进去了。

通常，一个下拉式列表不需要被限制为如图7-14所示的值的简单列表，它可以是值的树浏览器。

7.2.2.4 消息框

消息框是一个向用户显示消息的辅窗口。消息可以是一个警告信息、一条解释、一个异常条件等。消息框中的命令按钮给用户提供一个或多个回复选择。

图7-15显示了一条消息，这条消息请求得到用户的确认（"OK"按钮）。

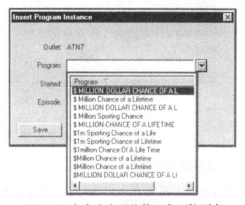

图7-14 广告支出系统的一个下拉列表

7.2.3 菜单和工具栏

GUI组件包括菜单和工具栏。例如，在Java Swing类库中，类的名字就意味着菜单所提供的功能——例如，JMenuBar、JMenu、JMenuItem、JCheckBoxMenuItem和JRadioButtonMenuItem。

菜单项被组织到列表中，列表通过下拉、级联或弹出（通过按下鼠标右键激活）动作

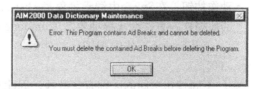

图7-15 广告支出系统的一个消息框

打开。

菜单项有责任响应用户事件并做一些处理。通常菜单项通过鼠标点击触发事件，常用的菜单项可能还带有快捷键，快捷键使得可以在不打开菜单列表的情况下从键盘触发菜单项。此外，在打开菜单列表的情况下，通过菜单项名称的首字母（带下划线）可以更快地使用菜单项。

图7-16显示了多种菜单（Maciaszek和Liong 2005）。它也引用了一些Swing类来实现。

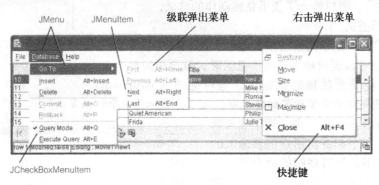

图7-16 菜单

从菜单列表选择和使用快捷键仍然不是激活菜单动作的最有效方式。对于最常用的菜单项，GUI设计者必须提供工具栏按钮。工具栏包含动作和控件，它们重复最常用的菜单项的功能。

工具栏可以放在窗口框架上的固定位置，也可以浮动——也就是说，它可以从框架中浮动出一个小的分离的窗口，并停放在屏幕上的任何地方（Maciaszek和Liong 2005）。Swing的JToolBar类支持实现工具栏。图7-17显示了工具栏的例子。

图7-17 工具栏

7.2.4 按钮及其他控件

菜单和工具栏是在用户界面中实现事件处理的表现形式。类似的事件处理表现形式由GUI控件提供。将控件设计为拦截、理解和实现用户事件。通常可以将控件分为以下两类：

- 动作按钮：在Swing中继承抽象类AbstractButton。
- 其他控件：直接继承根抽象类JComponent。

图7-18是Swing控件的视图，控件的名字就是用于实现这些控件的类名（Maciaszek和Liong 2005）。

各种不同按钮之间的区别有些微妙，因此有些解释要结合具体情况。JButton一旦被按下，马上处理事件并重新弹起（除非事件导致弹出新窗口或隐藏按钮）。相反地，JToggleButton被鼠标点击后将保持被按下状态，直到它再次被点击。

JRadioButton和JCheckBox是两种特殊的JToggleButton。JRadioButton用于实现在一组按钮中只能选择一个按钮。JCheckBox是互相独立的控件，可以选择true（打钩）和false（不打钩）。

JList、JTree和JComboBox都是控件，可以直接应用于前面讨论的一些容器的实现。JList用于实现行浏览器（7.2.1.1节），JTree用于实现树型浏览器（7.2.1.2节），JComboBox用于实现下拉列表（7.2.2.3节）。

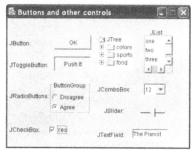

图7-18　按钮及其他控件

复习小测验7.2

RQ1　主窗口和辅窗口之间最主要的区别特征是什么？

RQ2　哪些GUI组件是属性页的一部分？

RQ3　哪些GUI组件与快捷键相关？

7.3　Web GUI 设计

"Web应用程序是允许用户通过Web浏览器执行业务逻辑的Web系统"（Conallen 2000:10）。业务逻辑可以驻留在服务器和/或客户端。因此，Web应用程序是一种在Internet浏览器上使用的分布式C / S系统（6.1节）。

Internet客户端浏览器在电脑屏幕上显示网页。Web服务器将网页传送到浏览器上。网页文档可以是静态的（不可修改的），也可以是动态的。网页文档可以是用户填写的表单。可以在应用程序中使用框架对屏幕进行分割，使用户可以同时浏览多个页面。

当一个网页作为Web应用系统的入口时，可以将其看成是一种特殊的主窗口。与桌面IS应用系统不同的是，网页上的菜单栏和工具栏不用于特定的应用任务，它们用于通用的网络冲浪活动，但也可用于某些与应用系统的网页内容有关的一般任务（如打印或复制）。Web应用程序中的用户事件是通过菜单项、动作按钮和活动链接（超链接）实现的。

图7-19是一个网站中的网页例子，而不是Web应用程序的一部分。即使在这个简单的页面上，它也包含各种调用网站中其他页面的方法（如右上角的Search按钮，允许用户输入关键字搜索其他网页）。链接到其他网页的方式有：

- 网页标题下的菜单栏（About the Book、Readers Area和Instructors Area）。
- 菜单栏下面的面包屑区域（这个页面上只有一个面包屑项Main）。
- 左边和右边的菜单面板（使用向下导航和侧面导航可以到达其他菜单列表）。

7.3.1　Web应用系统的使能技术

大多数Web应用系统的核心使能技术是Web服务器，它给浏览器提供网页。然而，应用服务器通常承担着繁重的处理任务（6.1.2节），应用服务器管理着应用逻辑（业务处理和业务规则）。应用服务器是如此重要，以至于频繁执行具有副作用的Web服务器的功能（Web服务器变成了应用服务器的一个功能）。

应用服务器维护应用系统的状态，以跟踪在线用户的动作。一个简单的监测状态的技术是在浏览器端保存缓存（cookie）——代表在线用户状态的一个短字符串。由于web服务器或应用服务器要监测的在线用户数量任意大，需要对在线用户的活动添加会话超时功能。假如用户在15分钟（典型的超时设置）内没有动作，服务器与客户端断开连接。cookie本身可能会从客户端的机器删除，也可能不删除。

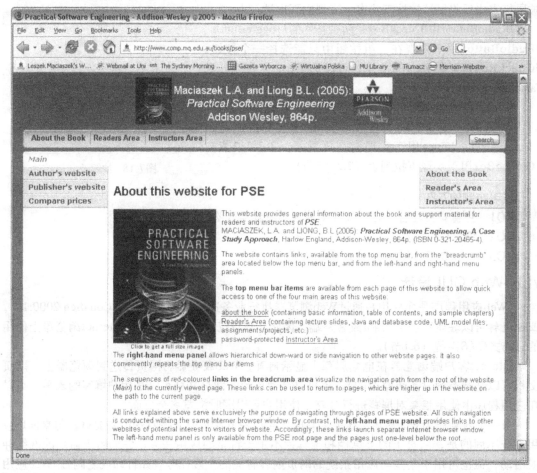

图7-19 一个网站中的网页

脚本和小程序（applet）用于创建动态的**客户端页面**。脚本（例如使用JavaScript编写）是一个由浏览器解释执行的程序。**applet**是一个编译好的组件，在浏览器环境中执行，只是限制访问客户端计算机的其他资源（出于安全原因）。我们说applet在沙袋中执行。

网页的脚本也可以在服务器执行，这样的网页称为**服务器页**。服务器页可以访问数据库服务器的所有资源。服务器页管理客户端的会话、放置cookie到浏览器、创建客户端页（从服务器的业务对象创建页面文档并发送给客户端）。

服务器页中的脚本使用**标准数据访问库**来访问数据库。典型的使能技术包括开放数据库连接（ODBC）、Java数据库连接（JDBC）、远程数据对象（RDO）和ActiveX数据对象（ADO）。在一些特定的数据库系统的组织规范中，调用数据库类库（DBLib）的低层功能可以更直接地访问数据库。

Web服务器的使能技术一般有超文本标记语言（HTML）页、动态服务器页（ASP）或Java服务器页（JSP）。网页的使能技术有客户端脚本（JavaScript或VBScript）、可扩展标记语言（XML）文档、Java applet、JavaBean或ActiveX控件。

客户端通过超文本传输协议（HTTP）从服务器获得网页。页面可以包含脚本，或已编译好的直接执行的动态链接库（DLL）模块，如Internet服务器应用程序编程接口（ISAPI），Netscape

服务器应用程序编程接口（NSAPI），通用网关接口（CGI）或Java servlet（Conallen 2000）。

cookie是保持客户端和服务器之间连接的原始机制，称为无连接互联网系统。保持客户端和服务器连接的更先进技术使Internet成为了分布式对象系统。在这个系统中，对象使用OID唯一标识（附录，A.2.3节），通过获得彼此的OID进行通信。主要机制有CORBA、DCOM和EJB。通过这些技术，对象间的通信可以不使用HTTP或Web服务器（Conallen 2000）。

部署体系结构支持更先进的Web应用系统，包括4个层次的计算节点（6.1.1节）：

1) 浏览器客户端。

2) Web服务器。

3) 应用服务器。

4) 数据库服务器。

客户端节点的浏览器可以用于显示静态或动态网页。可以下载脚本和小程序，并在浏览器上运行。通过使用对象，如ActiveX或JavaBeans，可以在客户端浏览器上执行附加的功能，可以在客户端运行浏览器外的应用代码，以满足其他GUI需求。

Web服务器处理来自浏览器的页面请求，并动态生成页面和要在客户端执行和显示的代码。Web服务器也处理与用户会话的客户化和参数化。

当系统实现涉及分布式对象时，应用服务器是不可或缺的，它处理业务逻辑。业务构件通过构件接口（如CORBA、DCOM和EJB）向其他节点提供接口。

业务构件封装存储在数据库（可能是关系数据库）中的持久数据。它们通过数据库连接协议（如JDBC，ODBC）与数据库服务器通信。数据库节点提供可扩展的数据存储，并支持多用户访问。

7.3.2　内容设计

网页内容设计是这个领域的一个主题，以至于产生了一个新的"热门"专业——网站内容设计师。内容设计必须思考如何将网站或web应用系统的可视内容展现在用户的Web浏览器上。与桌面GUI设计一样，网页内容设计需要综合技能，一方面需要视觉艺术，另一方面需要软件开发技能。良好的GUI设计原则同样适合Web内容设计（7.1.2节）。

桌面设计和Web内容设计的区别似乎是设计师不一定认识网站或Web应用系统的观众。因此，设计必须更具有适应性，并考虑到不同用户的需要、兴趣、技能和偏好。这使得7.1.2节讨论的所有指南更加重要。

内容必须与网站或应用系统的性质和宗旨相匹配。Sklar（2006)区分定义了从网站到Web应用的不同内容的目标：

- 广告牌——为组织建立Web展现。
- 出版——出版报纸和期刊。
- 门户网站——发布自己的信息内容。作为一个门户，包括Web服务和资源，如购物、搜索、电子邮件（广告内容是其主要的收入来源）。
- 特殊利益、公共利益和非营利组织——根据目的，它包含新闻、联系信息、链接、下载文件等。
- 博客——网络博客的简称，它包含私人或有限范围内的页面，反映博客作者的独特兴趣或努力，并邀请其他"博客作者"的参与。
- 虚拟画廊——包含作家、艺术家、摄影师、音乐家等的文字、视觉和视听作品的例子（通常是有加数字水印版权的材料）。
- 电子商务、产品目录和网上购物——（无疑是一个应用系统，不仅仅是一个网站）使得通过互联网开展业务成为可能。

- **产品支持**——传播信息、操作说明、升级、咨询、文档、指南和其他对产品用户和消费者的支持。
- **企业内联网和外联网**——允许员工通过私有局域网访问组织的软件应用系统，包括文件、政策、电子邮件等（所有这一切也能以外联网的形式通过互联网访问）。

7.3.2.1　网站到Web应用系统的统一

本书是关于应用程序的建模，但是，在Web应用系统中（如过去所观察的那样），网站和应用系统之间的界限是模糊的。我们暂且不对这两者进行区分，而是讨论基于Web的开发的统一，因为网站可以比较透明地转换成应用系统。例如，考虑在7.3节开头讨论的图7-19中的书店网站。难道Search（查询）功能（在网页的右上角）不能使这个网站成为一个应用系统吗？假如网站为学生提供在线测验呢？

与网站和Web应用系统的统一相联系的是另一种统一——桌面应用系统与Web应用系统的统一。毕竟，许多应用系统一开始是在桌面平台开发的，只是到后来才在Internet上运行。一个基于Web的交易业务应用系统，至少要求与相应的桌面应用系统有同样稳健的建模和工程。此外，Web应用系统访问的简单性和未知的用户群意味着它们需要更严谨的工程（例如，安全领域）。

不幸的是，从软件开发的角度来看，这两者的统一存在很大冲突。改造一个网站成为一个Web应用系统带来的一个风险是，在所产生的应用系统里可能无处可见音响工程。最严重的危险是，出现了一种应用系统，它不基于音响体系结构，因此不适应（见4.1节、6.2节和这本书的其他地方）。

不管所讨论的一致性，Web应用系统的定义可以非常鲜明。在7.3节的开头给出了这样的定义——"Web应用系统是允许用户通过Web浏览器执行业务逻辑的Web系统"（Conallen 2000:10）。最著名的Web开发工具之一——Macromedia Dreamweaver——是这样定义Web应用系统的："一个允许访问者互动的网页集合，且Web服务器上拥有各种资源，包括数据库"。

上述两个Web应用系统的定义明确表示，提供给用户和Web浏览器的互动功能的性质确定一个网站何时成为一个应用程序。从软件的角度来看，不同的是静态网页还是动态网页。Macromedia Dreamweaver是这样阐述的：

Web应用系统是一个包含部分或全部未确定页面内容的网站。只有当访问者从Web服务器请求网页后，其内容才最后确定。因为最后的网页内容根据访问者的行动请求变化，这种网页称为动态网页。

顺便提一下，静态和动态网页之间的区别还源于Web服务器和应用服务器之间的区别。Web服务器管理静态网页。它找到浏览器请求的页面并将它们发送到浏览器。应用服务器管理动态网页。它从Web服务器接收不完整的页面，扫描网页代码，与数据库通信并请求需要的信息，在网页上插入新的信息，并把网页传给Web服务器。

7.3.2.2　表单

Web应用系统在浏览器的总体框架内执行，框架包括标题栏、菜单栏、按钮栏和URL地址栏（图7-20）。应用系统的内容又构成其自身的框架，包括导航框架、动作按钮和表单。

表单在页面中显示信息给用户，允许输入数据或发送信息组合给服务器处理并显示结果。在图7-20中可以看到，表单由可以输入信息的域组成。与桌面应用系统类似，使用各种控件可以使数据输入简单，例如下拉或可输入列表框、多选或单选按钮。表单也可以由标签夹、自制表格和消息显示框等构成。

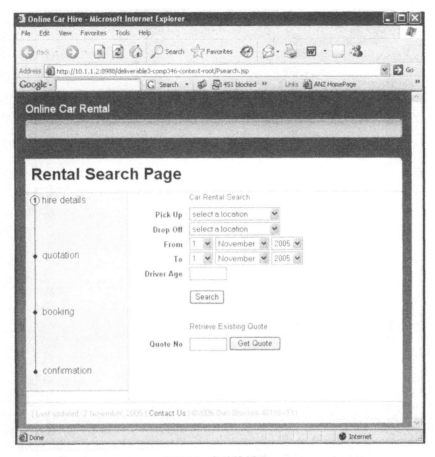

图7-20 表单的例子

Web表单域的设计指南也与桌面应用系统的设计指南类似。Fowler和Stanwick（2004）列出并讨论了以下指南：

- 决定域类型。（是否允许使用任意文本？是否只限于预定义的值？是否为必填值？）
- 确定域的适当大小——通常情况下，域框架或盒子的大小与域的长度相同，但请记住，域可以横向滚动，因此对于大的域，其大小可以小于域长度。
- 尽可能制定域值的应用格式——文本居左，数字居右。
- 在区域内提供键盘和鼠标导航（但请记住，数据录入者宁愿通过键盘输入数据，讨厌被迫切换到鼠标，所以不要那么做）。
- 如果应用程序逻辑允许，保留浏览器上对域值的剪切、复制和粘贴功能。
- 对域进行标记，并且要么左对齐，要么右对齐（左对齐适合域长度不同和/或用户很可能会从一个域跳到另一个域输入数据——见图7-21）。
- 将长表单改成多个分割的表单或（如单个交易表单的例子）确保没有"假底部"——也就是说，在域之间没有任何可视的指示，这种指示会使我们以为已经到达了表单底部。
- 用视觉上有吸引力的方式对域分组（不一定用盒子或框架）。
- 确保对任何有限制值和所需要的域有明确的视觉提示，包括为视障人士提供的文本。
- 尽可能使用下拉列表，但当列表项中的内容太多，以至于在下拉列表中无法显示时，用带有滚动条的弹出列表来代替下拉列表。
- 如果可能，请使用复选框和单选框（这些还有助于防止数据输入错误）。

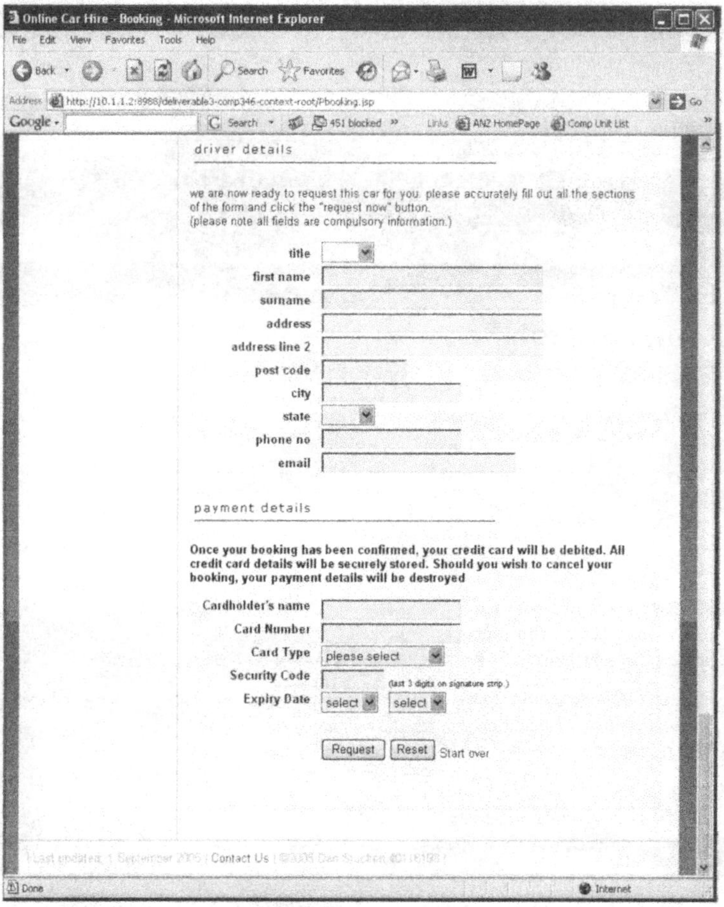

图7-21 表单域

例7.4 货币兑换

参照货币兑换系统（1.6.7节）的问题陈述7、第5章中的例子和例7.3（7.2.2.1节），假设货币兑换应能把澳大利亚元转换成任意主要的货币。同时允许其他不同货币形式的转换，包括现金和钱币转换。假设转换结果显示在单独页面的单独表单中。

如上所述，设计一个基于Web的货币兑换的Web表单。

作为例7.4的答案，图7-22展示了货币兑换的Web表单，此表单是澳大利亚国家银行（National Australia Bank，NAB）为客户提供的服务。表单由3个域和2个动作按钮组成，其中有2个域提供了下拉列表来选择相关项。

例7.5 货币兑换

参照上面的例7.4，为货币兑换结果设计一个Web表单。表单应显示使用的兑换率，转换后的钱数和兑换日期。同时也必须让用户能返回到数据输入表单操作下一次转换。

图7-23显示了例7.5中NAB货币兑换的结果表单。

Web窗体在浏览器内运行，除非Web应用系统限制，一些标准的浏览器菜单和工具栏功能也可以在表单上起作用。可能需要限制的功能包括（Fowler和Stanwick 2004）：

- 不受应用系统控制的、在页面间导航的向前向后按钮（这样的导航会引起用户输入的丢失或中断业务的传输）。

- 能关闭浏览器并因此导致以非控制方式退出应用程序的按钮和菜单项。
- 应用程序中必须对合法用户严格限制的信息编辑、下载和打印功能。

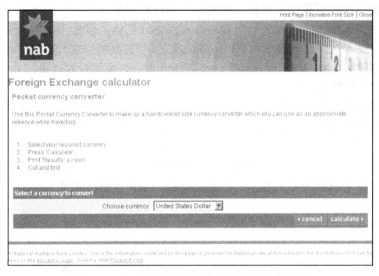

图7-22 货币兑换系统中输入数据的表单设计

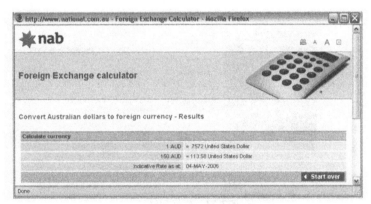

图7-23 显示货币兑换结果的表单设计

7.3.3 导航设计

GUI屏幕（窗口、网页）之间的导航既涉及用户的动作，又涉及应用程序的代码。在桌面应用系统中，有菜单项、工具栏按钮、命令按钮和键盘支持用户在窗体之间的导航。Web应用系统中存在类似的功能，虽然看上去可能会有所不同，特别是菜单项和工具栏按钮。事实上，在Web应用系统中，不存在桌面上的菜单栏和工具栏的感觉。另一方面，桌面上不存在Web应用系统中为用户导航的活动链接（超链接）。

如果有什么区别的话，Web应用系统中的导航往往比桌面中的用户界面更友好。它没有主窗口和辅窗口的区别——每个网页都可以表现出混合的导航能力；各种各样的菜单可以与按钮、链接和导航（导航面板）共存。图7-19显示了一个有许多菜单（在页面的内容面板中说明）和一些活动链接（内容面板中加下划线的文本）的网页。图7-20显示了一个网页，有动作按钮，左上角有菜单显示租车工作流程中的当前步骤。

应用程序网页之间的导航要精心策划。无论是直观的还是页面上的导航面板，导航必须有明确的用户可以理解的逻辑，使用户不会在网页的"超空间"中迷失。

导航风格应根据Web应用系统的复杂性不同而不同。基于交易的商业应用（如图7-20所示）倾向于加强页面中工作流程的活动顺序。在初始阶段，当用户查找产品或服务时，允许用户进行探索，但在后期则引导用户付款。数据输入的应用倾向于尽量少的导航，由少量的较长的页面组成，以方便快速的输入，而不需要在页面之间切换。以检索操作为目标的应用，如图书馆系统，提供不同标准的搜索功能，线性浏览检索的项目，扫描选择的项目内容，等等。一些应用程序提供站点地图，可以从地图连接到所有页面，或从页面返回。

7.3.3.1　菜单和链接

菜单和链接是网页之间导航的2个主要工具。图7-24是图7-19页面的一个片段，带有菜单和链接指示。菜单和链接有类似的功效（affordance）。功效是一个术语，指用户期望GUI项具有的行为（Fowler和Stanwick 2004）。链接的功效是进入另一个页面。菜单的功效也是移动到另一个页面，但偶尔菜单项可以在呈现另一个页面时做一些附加的处理。此外，菜单可以分层，因此一些菜单项事实上并不进入一个新的页面，而是展现一个子菜单项的下拉列表（见图7-25）。

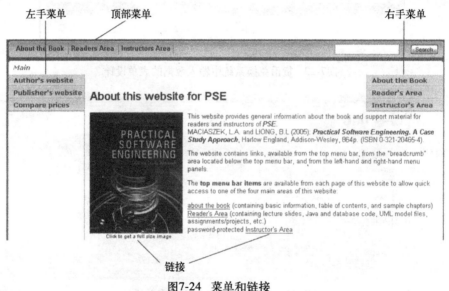

图7-24　菜单和链接

我们可以区分：
- 顶部菜单。
- 左手菜单。
- 右手菜单。

顶部菜单通常用于整个网站的导航。左手菜单和右手菜单的设计原则更灵活。在图7-24中，左手菜单用于导航到达网站控制之外的网页，而右手菜单显示网站范围内的网页。一种观点是可以把这两个菜单颠倒过来，至少有两个理由支持这种观点。许多应用程序（与网站相反）仅有一个退出设施，且不允许向后或向前移动到网站或应用程序以外。此外，对人们浏览页面的方式进行研究，发现通常用户查看页面的左边，然后看上边，最后从中间到右边（Fowler和Stanwick 2004）。因此，把网站或应用系统的关键要素集中放在用户首先看到的左手边更为明智。

7.3.3.2　面包屑和导航面板

有些特殊的菜单，主要功能是报告信息，而不是方便页面间的移动。它们是面包屑和其他导航面板——它们提供了当前页所在位置的可视化，并用于导航到此页。

面包屑（breadcrumb）区域通常放在页面的顶部，刚好在顶部菜单下面（图7-25）。该区域由一组链接标签组成，用于告诉用户他们的当前位置（它们当前工作的页面）。因此，导航项随用户在页面之间的导航而改变。通常情况下，它们还允许用户后退到以前访问过的页面。

导航面板（图7-26）与面包屑类似，但是它们更有可能应用于交易应用系统，显示一个交易工作流程的所有步骤，且除非取消交易的进行，否则不允许移动到以前的步骤。通常，由前面页面的动作按钮导致工作流程中页面的向前移动，而不是点击导航面板。此外，导航面板在页面上的位置取决于设计师的判断，有可能不在页面的顶部。

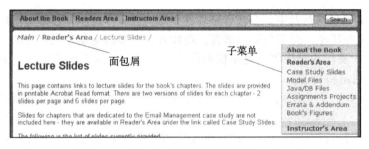

图7-25　面包屑和子菜单

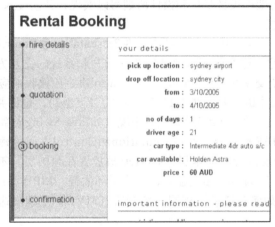

图7-26　导航面板

7.3.3.3　按钮

在桌面应用系统中，计算动作的调用有些时候可以在菜单项和按钮之间互换。在Web应用系统中，*按钮*（图7-27）是调用动作的主要工具，而菜单项只用于导航目的。*按钮的功效是按下之后做一些事情*（Fowler和Stanwick 2004）。

在桌面应用系统中，按钮的设计原则同样也适用于网页中的按钮。按钮的设计原则如下（Fowler和Stanwick 2004）：

图7-27　按钮

- 如果按钮被放置在一个相关的按钮组中，且它们的文字数量没有明显不同，则它们的大小相同。
- 把它们一起放在页面的按钮区域上，与输入数据的区域分开。
- 如果网页比窗口长，则在顶部和底部重复放置相同的按钮。
- 谨慎放到框架标签上，区分应用于个别标签的动作和应用于整个框架标签的动作。
- 编程时忽略不耐心用户的多次点击。

- 准确命名以显示将触发的动作（特别要表明，某些动作会保存到数据库，而某些只是暂时保存，用户可以撤销）。

7.3.4　利用GUI框架支持Web设计

开发者使用系统软件来构建应用软件。作为一个典型的和长期存在的例子，开发者往往依赖于数据库管理系统来持久化存储数据。除了特殊情况，甚至连建立特定应用系统持久化机制的打算也没有。同样，企业资源规划（ERP）系统为会计、人力资源和制造系统提供标准的解决方案。

同样，在GUI端应用开发中，存在各种软件框架支持GUI设计。程序员使用的集成开发环境（IDE）就是这种环境，而不是编程语言。现代开发更多的是使用已存在的可重用构件来组装软件，而不是开发新的源代码。这不仅对程序员，而且还对系统设计师、架构师甚至分析师提出了特别的期望和要求。

通过GUI框架，我们认识到，开发者可以使用任何技术、软件库和其他面向GUI的系统软件支持GUI设计。这类典型的框架包括Swing库、Java Server Faces、Struts、Spring等。框架利用应用程序代码执行一些响应，从而降低了应用软件的复杂度。一个特定的开发目标不仅要使用技术来减轻编程，而且要允许选择架构设计来构造系统。接下来，与原来所讨论的一样，要确保一些最重要的架构设计目标和设计原则得以实现，某些技术不可或缺。

7.3.4.1　MVC的困境

在可编程客户端和基于Web的应用系统中，在Presentation和Control之间分离和消除循环是架构中的一个棘手问题。这个问题棘手是因为在用户和系统的交互方式中产生了自然的处理循环——Presentation提交请求给Control服务，Control决定应接收响应的Presentation对象。

将相关技术划分为集中的（称为模型1）和分散的（模型2），也许并不奇怪。在模型1中，每个Presentation对象都与一个Control对象成对出现（如Java Swing或微软基础类 MFC ）。在模型2中，核心的PCBMER框架提倡在Presentation和Control之间物理隔离。因此，在基于Web的应用系统中，JSP被放置在表示层，servlets被放置在控制层。不过，只是隔离并没有取得多大成效，除非servlets和JSP相互独立，消除循环依赖。JSP作为HTML页面，不能实现接口或订阅事件，我们如何在模型－视图－控制器（MVC）下解决这个问题面临两难局面（4.1.1节）。

📖 例7.6　货币兑换

参照例7.4和7.3.2.2节中的例7.5，假设为了实现货币兑换器的功能，你需要一个Request求网页和Result网页分别对应图7-22和图7-23，Calculator对象进行转换，Query对象获得兑换率，Bean对象包含Result页面中表现的结果。

设计以上情景并用顺序图来说明。

如图7-28所示，在例7.6任务集的答案中，处理开始于请求页面接收用户的输入，创建一个Calculator对象，并请求此对象计算（执行calculate()方法）兑换数量。为了能处理计算，Calculator需要getRate()函数读数据库。这个任务被提交给Query对象执行。获得兑换率后，Calculator实例化一个Bean对象，并将其内容设置为要在Result网页中显示的内容。Calculator实例化一个Result对象，并将Bean的引用传给它。这使Result网页可以获得Bean的数据并展现到屏幕上。用户对startOver()的请求导致传回控制到Request网页。

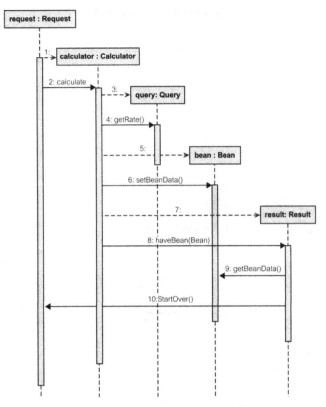

图7-28 为货币兑换初步设计的顺序图

例7.7 货币兑换

参照上面的例7.6，为图7-28中的顺序图设计一个类依赖图。你能观察出什么？这个设计的结构复杂性是什么？

对于图7-28的顺序图，图7-29是与之对应的类依赖图。从这张图可以看到，在Request、Calculator和Result之间有一个令人忧虑的循环依赖。对于图7-28的特定情况，源/目标通信连接的实际数量是6。然而，实际测量不能作为结构复杂性的指标（6.2.1.2节）。此设计是网络结构，其累计类依赖度（CCD）由公式(7-1)给出（基于6.2.1.2.1节的公式(6-3)）。

$$_{net}CCD = n(n-1) = 5 \times 4 = 20 \tag{7-1}$$

7.3.4.2　使用Struts技术

显然，上面设计的货币兑换是不理想的。可以使用GUI框架来辅助设计，如Jakarta Struts（Sam-Bodden 和 Judd 2004）。

图7-30显示了如何在简单的Web应用程序中使用Struts。应用程序开始于JSP页面（PX）。在配置文件web.xml中，Struts定义了Action-Servlet类，它在开始时被载入及配置，来接收提交的请求。作为Controller包的中心，Servlet执行动作，并将特定应用功能委托给Action类。

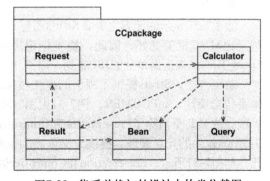

图7-29　货币兑换初始设计中的类依赖图

Struts将请求信息封装在ActionForm对象中，此对象被实现为JavaBean。JSP、actions和forms

之间的对应在Struts的主要配置文件struts-config.xml中维护。

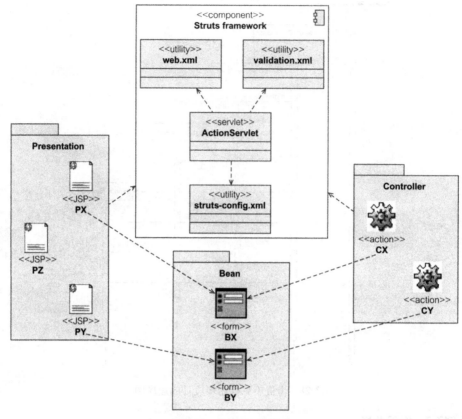

图7-30　使用Struts技术

　　Struts还为验证用户的输入提供了支持。验证代码可以放在validate()方法中，此方法在Action的execute()方法之前调用。当validate()方法发现输入错误时，配置文件validation.xml通知Struts将控制传到哪里，以显示错误信息（如PZ）。

　　对验证成功的用户输入，ActionServlet传递控制到一个动作类。struts-config.xml映射把Action类和ActionForm类联系起来。例如，BY通过CY包含数据集并为在JSP页面中显示做准备。当CY结束并返回，其运行结果成功则决定让JSP页获得控制（如PY），若失败则决定让JSP报告错误（如PX）（返回到ActionServlet，它查阅struts_config.xml以决定将请求转交到哪个表现组件）。

　　除图7-30显示的元素之外，Struts还包括许多其他特征，使Web开发更简单，且最终结果甚至比MVC框架更好。因此，提供标记库取代JSP中的Java代码及由servlets实现的功能。Struts Tiles框架提供单独的JSP布局，以简化普通的视觉元素和页面布局。

　　总而言之，Struts提供了强大的框架技术，解决了涉及依赖的MVC和与MVC思想对应的体系结构设计，如PCBMER。图7-31由图7-30衍生，显示了从应用程序构件到Struts的"技术管理"依赖几乎消除了Presentation和Controller之间的依赖。准确地说，依赖仍存在，但它们由Struts软件的元层管理，提供定义依赖的说明性方法，并负责管理应用程序逻辑的流程。因此，如图7-31所示，Presentation和Controller依赖于Struts，但彼此不互相依赖。

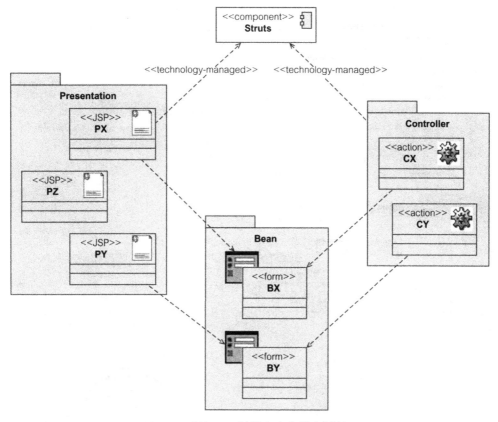

图7-31 通过Struts消除向上依赖和循环

例7.8 货币兑换

参照例7.6和例7.7。使用Struts技术设计一个遵从PCBMER体系结构的货币兑换器，并设计相应的类依赖图。参考Struts构件，如图7-31所示。将类分配给适当的PCBMER层（但不需要使用实体层）。设计的结构复杂性如何？

图7-32展示了货币兑换器应用的遵从PCBMER的Struts设计，作为例7.8的答案。Struts在Presentation和Controller之间提供了回调服务，它可以用技术管理依赖有效代替体系结构管理依赖。

使用Struts技术设计的结果CCD由公式(7-2)给出（基于6.2.1.2.2节的公式(6-4)）：

$$_{holarchy}CCD = \sum_{i=1}^{n} \frac{size(l_i)*(size(l_i)-1)}{2} + \sum_{i=1}^{n}\sum_{j=1}^{l_i}(size(l_i)*size(p_j(l_i))) = 2+8 = 10 \tag{7-2}$$

复习小测验7.3

RQ1 在Web应用系统中，有哪些GUI组件用于用户事件编程？

RQ2 维护Web客户端和服务器之间连接的最原始机制是什么？

RQ3 链接的功效是什么？

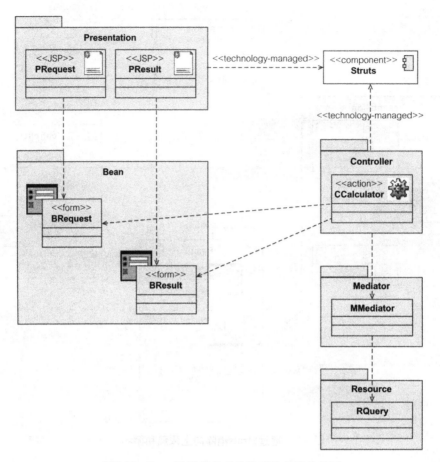

图7-32 Struts设计的货币兑换系统的类依赖图

7.4 GUI导航建模

通常，对于桌面应用系统和Web应用系统来说，它们在GUI导航建模方面涉及的问题类似，区别在于细节。因此，下面用桌面应用系统中的术语进行讨论。

对于用户，应用系统似乎是一组相互协作的屏幕（窗口或网页）。GUI设计者的任务是把互相依赖的屏幕组织在一起，使结构容易理解，用户不至于在打开的屏幕中迷失。

理想情况下，从主窗口到顶层辅窗口的链接应是一个路径，而不是一个层次。这可以通过在先前窗口中使用模态辅助窗口来实现。

GUI设计应方便用户通过界面探索。一个设计得好的菜单和工具栏结构仍然是说明应用程序功能的主要技术。为用户提供的下拉和滑动菜单上的菜单命令间接说明窗口之间的依赖。

GUI窗口的图形描述——使用原型或GUI布局工具——不能告知窗口如何为用户导航。我们仍然需要设计窗口导航。窗口导航模型应该由可视的屏幕容器和构件的图组成，并显示用户如何才能从一个窗口浏览到另一个。

7.4.1 用户体验故事情节

有时将结构的构造、应用程序背后逻辑的展现和导航选择称为故事情节（storyboarding）（Sklar 2006）。UML缺乏对直接情节的建模能力，但UML的配置文件正在努力克服这个缺点。用户体验（UX）故事情节就是一个这样的配置文件（Heumann 2003）。

在没有UX故事情节或类似导航窗口模型时，设计师可能别无选择，只能将窗口原型作为用例文件来不断丰富用例说明。到现在为止，当我们认为不展现屏幕原型会使对用例描述的理解缺乏精确性时，本书也采用这种方法。

UX故事情节建模包括5个步骤（Heumann 2003）：

1）在用例中添加参与者。这其中包括定义参与者（用户）的计算机应用能力、领域知识和用户进入系统的频率（3.1.1节）。

2）为用例添加可用性特点。可用性（7.1.2.6 节）是一个非功能性需求，通常被定义为补充规范类的系统限制（2.6.4节）。可用性包括有用的提示（例如如何使GUI更容易使用或实施起来更容易）和必须满足的要求（例如，系统响应时间，可接受的误差率，学习时间等）。

3）定义UX元素。其中包括确定GUI容器和构件。一个特殊的固定格式的类模型用来展现UX元素。

4）用UX元素为用例流程建模。这是UX驱动下的行为性协作建模（7.4.3节）。UML顺序图和类图是描述用户和GUI屏幕展现、GUI屏幕之间的相互作用关系的。

5）为用例建立屏幕导航模型。这是UX驱动下的结构性协作建模（7.4.4节）。构造型的UML类图用于描述关联，UX元素之间的导航就是沿着这些关联发生的。

总而言之，UX 故事情节的目的是作为系统设计的内在部分对GUI设计给予评估。它们代表GUI设计的建模观点并且与以下问题相关，如（Kozaczynski和Tharío 2003）：

- 用户的屏幕展现。
- 系统必须响应的用户触发的屏幕事件。
- 系统展现在屏幕上的数据。
- 用户在屏幕上输入的待进一步处理的数据。
- 屏幕分解为较小的区域并且被其他区域分开管理。
- 屏幕之间的过渡（导航）。

UX故事情节剖面介绍了几个传统的类模型。主要的传统模型有<<screen>>、<<input form>>和<<compartment>>。这些传统模型属于相对较高的抽象模型。更加完整的固定模型的列表可以参考其他UX元素，或许可以分类为结构性和行为性协作。一种可能的列表如下：

1）结构性UX元素。
- 主窗口
  －主窗口中的窗格。
- 行浏览器。
- 树浏览器。

2）辅窗口。
- 对话框。
- 消息框。
- 标签夹。

3）窗口数据。
- 文本框。
- 组合框。
- spin框。
- 列。
- 行。
- 字段组。

4）行为性UX元素。

- 下拉菜单项。
- 弹出菜单项。
- 工具栏按钮。
- 命令按钮。
- 双击。
- 选择列表。
- 键盘按键。
- 键盘功能按键。
- 键盘快捷按键。
- 滚动按钮。
- 窗口关闭按钮。

7.4.2 UX元素建模

UX配置文件只提供了几种构造型作为基本UX建模元素。最普及的是包的构造型，称为<<storyboard>>。这个构造型定义了一个包含UX故事情节的包。

UML类可以被构造为：

- <<screen>>——屏幕抽象定义为输出到屏幕的窗口。
- <<input form>>——这种构造型代表了窗口的容器形式，用户可以通过它输入数据或者激活一些动作与系统互动。输入窗体属于屏幕的一部分。此类可以从Java Swing类库中派生，例如，JInternalFrame、JTabbedPane、JDialog或JApplet。
- <<compartment>>——这个构造型可以在屏幕的任何区域展现，可以被多个屏幕复用。例如，工具栏。

UX类元素包括GUI动态内容（屏幕上的域）和与屏幕、输入表单和容器相关联的任何动作。UX的配置文件事先定义好了一些标签（5.1.1.3节），这些标签与域相关联（Kozaczynski和Thario 2003），其他标签可以由UX的设计者添加进来。下面是一个域最有趣的3个标签：

- Editable说明这个字段是否能被用户修改。
- Visible说明字段在用户的视野中是否可见（但是程序仍然可以访问）。
- Selectable意味着字段是否可以选择（高亮或其他，表明是活动的）。

例如，一个域具有标签值，如{editable = true, visibility = visible}或{editable = false, visibility = hidden}。相应地，可以利用一个公共可见性的图标来标记一个域的可见性（在名字的前面有加号"＋"）。对于隐藏性的，可以使用一个私有可见的标记（减号"－"）。

UX类中有两类动作列表——用户动作和环境动作（Heumann 2003）。用户动作是来自用户的GUI事件。环境动作是来自系统的GUI事件。导航到新的屏幕是最值得注意的环境动作之一。UX的配置文件建议在动作名字的前面加美元符号作为前缀来区分环境动作。

📖 例7.9 广告支出

参考图7-5（7.2.1节）。我们的任务是确认主要的UX建模元素（类级的构造型）来代表图中屏幕上的内容。

图7-33展示了一个UX类模型，它展现了例7.9的图7-5中的屏幕内容。屏幕由4个容器和一个输入表单组成。

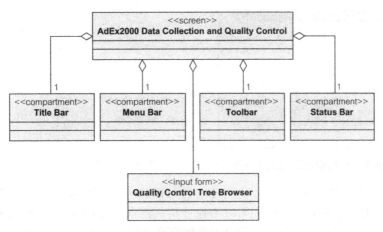

图7-33　广告支出系统主窗口的UX元素

7.4.3　行为性UX协作

只要知道了类级的UX元素，就有可能开始为元素间的事件建立UX流程模型。事件的UX流程图捕获了UX交流的行为方面。因此，UML交互图（顺序图和/或协作图）用于表示事件的UX流程。

例7.10　关系管理

参考图7-3（7.1.1节）和图7-6（7.2.1节）。图7-3是"Update Organization"窗口。这个窗口的特色是有一个域（下拉列表）"Status"。这个域是从关系管理观点来定义组织的状态的（也就是说这个组织是个潜在客户、以前的客户或现在的客户）。

组织状态列表简短且相对固定（图7-34），但是仍然偶尔需要修改列表（插入，更新或者删除列表项）。在图7-6左手侧窗口的树型浏览器中的"Organization Status"按钮上，用户可以双击显示当前的列表（可能为了更新或者删除）。然而，如果需要插入一个新的组织状态，用户需要选中（高亮）树型浏览器中的"Organization Status"选项，然后从菜单栏（图7-6中"Record"项）或者工具栏（图7-6中的小方块图标）中使用"Insert"动作。

在这个例子中，我们的任务是确定UX元素，并且为插入新的组织状态设计行为性UX协作。一般而言，用UX故事情节建模代替窗口原型，但是，为了对这个例题有所帮助，图7-35展示了"Insert Organization Status"窗口。

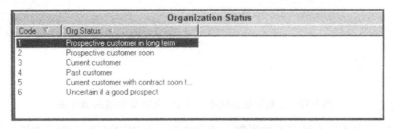

图7-34　关系管理系统中的组织状态

从图7-33可以看出，例7.10中的UX元素包括3个类，即Quality Control Tree Browser，Menu Bar和Toolbar。图7-36中的UX类模型表示出例7.10需要的其他类。为了插入新的组织状态数据，这些类需要与窗口关联（图7-35）。

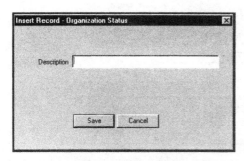

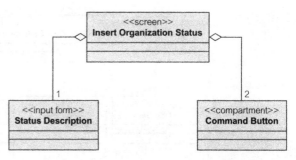

图7-35 关系管理系统的插入新组织状态的窗口   图7-36 关系管理系统中对话框的UX元素

为了满足例7.10的需要，图7-37是一个行为性UX协作的顺序图。该模型根据一些用户的动作进行了分支。举例来说，他们可以不通过菜单栏（事件2）或工具栏（事件3）而获得"Insert Organization Status"屏幕。该分支事件流可以在某个点（如在活动4和5）进行汇合 。需要注意，按下Save或Cancel按钮后，用户可以看到包括Quality Control Tree Browser（质量控制树型浏览器）的主画面。

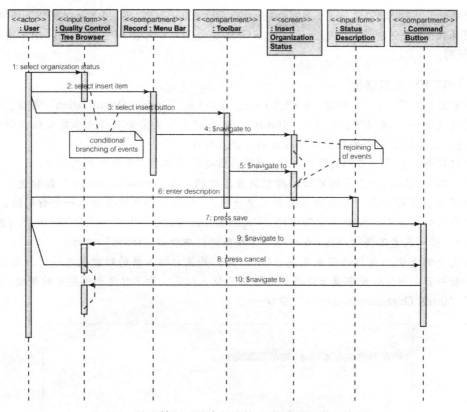

图7-37 关系管理系统中行为性UX协作模型的顺序图

UX的协作模式受到人机交互的限制。这意味着，从PCBMER的角度来看，所涉及的类来源于表示层。因此，举例来说，图7-37没有显示任何有关保存新组织状态到数据库和在"Organization Status"行浏览器（图7-34）中显示新状态的处理进程。

同样地，这个模型没有涉及保存一个状态描述时数据库为它产生新代码（图7-34）的操作。事实上，将代码显示在"Organization Status"行浏览器上是另一个UX的协作模型（但这种模型已经超越了例7.10）。

7.4.4 结构性UX协作

UX协作的结构性方面大多是从行为性UX协作中派生出来的。结构性UX协作产生UX-构造型类图。每个类的属性框展现了屏幕、输入窗口或容器的动态内容。每个类的操作框展现的是用户和环境事件。

结构性UX协作模型可以作为用例的导航图，它是UX故事情节的基础。为此，结构性UX协作模型用箭头表现类之间的关系，以说明屏幕、输入窗口和容器之间可能的导航关系。

📖 **例7.11 关系管理**

参考例7.10（7.4.3节）。我们的任务是根据图7-37中的行为性UX协作模型产生结构性UX协作模型。

图7-38中显示了例7.11所要求的模型。从图7-37中的顺序图可以直接派生出类和类之间的事件。类的动态内容根据图7-6和图7-35中的窗口进行指定（然而，我们再次强调，在大多数情况下，UX故事情节减少了开发窗口层次或原型的需要）。

图7-38中UX类的动态内容用标签值进行注解。标签指定了该域的可编辑性和可选择性。该域的可见性由它们名字前的加号标记（意思是这个域是可见的）。

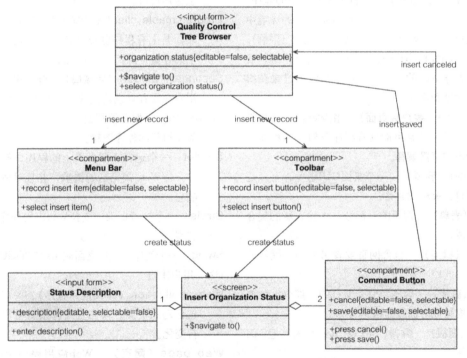

图7-38 关系管理系统中结构性UX协作的类图

图7-38中的导航图应该适用于系统的所有用例。也有可能为活动图中的动作建立导航图。可能也需要高层次的导航图，来显示系统中所有屏幕之间的主要导航路径。

复习小测验7.4

RQ1 用于展现屏幕区域的UX故事情节的名称是什么？

RQ2 UX故事情节中，如何对隐藏域建模？

RQ3 哪种UML图可以用于行为性UX协作建模？

小结

GUI开发涉及软件的整个生命周期——开始于分析阶段并且延伸到实现阶段。在这一章中，我们介绍了桌面客户端和Web客户端的GUI开发。关于桌面客户端，重点介绍了微软的Windows环境。我们还讨论了GUI的可视化元素和GUI窗口或网页之间的导航。我们还介绍了UML配置文件，称为UX故事情节，它为描述窗口设计和导航提供了图形符号。

GUI设计是一项多学科活动，需要联合不同专业的专家。良好GUI设计的指南提倡"用户控制"原则、一致性、个性化、客户化、宽容、反馈、审美和可用性。

设计GUI需要熟悉特定客户平台下的各种容器和组件。容器定义了在应用程序中使用的各种窗口和网页。可以将容器看成是一种GUI组件。菜单、工具栏、链接、按钮等是其他种类的组件。用于桌面设计的Java Swing类库和用于Web设计的Jakarta Struts框架都是为GUI设计提供定制解决方案技术的例子。

单个窗口的可视化设计只是GUI开发的一个方面。GUI开发的第2个方面是关于窗口导航方面的，它捕获应用程序的GUI容器之间可能的导航路径。在这一章中，我们介绍了UML的配置文件（剖面）——UX故事情节——来说明这个问题。

关键术语

Applet（小应用程序） 运行于客户机上的程序，并且在另一个程序（Web浏览器）的环境中运行，其处理能力受到浏览器的控制（限制）。

Browser client（浏览器客户端） 瘦客户端，展现基于Web的GUI，并且需要服务器来获得其数据和程序。

Client page（客户端页面） 由Web浏览器提供的网页，并且可能具有程序逻辑，其程序逻辑由浏览器解释。

Container（容器） 一个桌面GUI组件，可以是窗口、面板或窗格。

Form（表单） 网页的一部分，由输入域的集合组成。

Frame（框架） 包含网页或者另外一个框架的矩形区域。

Pane（窗格） 容器，它是窗口的一部分，如滚动窗格或者标签窗格。

Panel（面板） 容器，可以在其中插入其他GUI组件。

Primary window（主窗口） 桌面应用程序中的主应用窗口。

Programmable client（可编程客户端） 胖客户端，其上有程序驻留并执行，并且对客户机上的存储资源拥有访问权限。

Secondary window（辅窗口） 弹出窗口，支持用户在主窗口或其他辅窗口中的活动。

Server page（服务器页面） 一个网页，具有服务器执行的程序逻辑。

Servlet 一个运行于服务器上的程序，能够接收客户端Web浏览器的请求，并且对请求产生响应。

Struts 一个技术框架，支持Web应用程序的GUI实现。

Swing 一个类库，支持桌面应用程序的GUI实现。

UX 用户体验

Web application（Web应用程序） 一个网站，包含动态页面，其内容可以根据用户请求进行变化。

Web page（网页） Web应用程序中的一个"窗口"。

选择题

MC1　哪个GUI指南与现场概念相关？
　　　a. 个性化　　　　　b. 适应性　　　　　c. 客户化　　　　　d. 上面所有的

MC2　一个GUI桌面窗口可以被划分为：
　　　a. 框架　　　　　b. 表单　　　　　c. 窗格　　　　　d. 面板

MC3　GUI Web屏幕的实体可以被划分为：

	a. 网页	b. 表单	c. 框架	d. 窗格

MC4 沙袋概念与什么有关？

	a. Web应用程序	b. 桌面应用程序	c. applet	d. 服务器页面

MC5 JSP属于PCBMER的哪个层？

	a. bean	b. 表示	c. 控制	d. 实体

MC6 Struts的动作表单属于PCBMER的哪个层？

	a. bean	b. 表示	c. 控制	d. 实体

MC7 哪个不是UX构造型？

	a. 窗口	b. 输入表单
	c. 屏幕	d. 区域（compartment）

问题

Q1 参考图7-4（7.1.2.1节）和图7-15（7.2.2.4节）。图7-15出现了一个消息框，通知我们当试图删除一个Program（"节目"是指TV或者收音机节目）的信息时，与一个业务规则相矛盾。图7-4表明从SQL过程中调用业务规则进程，而不是从GUI窗口调用。为什么？类似图7-15中的业务规则能否作为GUI窗口事件直接激活？

Q2 根据自身情况，在从面向过程到面向对象程序设计的转变中，哪一种GUI设计指南最基本？验证你的观点。

Q3 一个可编程客户端或者浏览器客户端可能代表应用程序GUI。这些客户端是什么？它们提供了什么部署选项？

Q4 主窗口与辅窗口的区别是什么？

Q5 接口（interface）的概念在软件工程的许多上下文中使用，并且具有不同的意义。"interface"在软件开发中最普遍的用法是什么？

Q6 什么是窗格？它是如何在Windows GUI设计中起作用的？

Q7 Java的 Swing类库主要是由所谓的轻量级组件构成的，但有些Swing组件是重量级的。查找文献和/或上网了解这两种Swing组件，并描述它们之间的差异。

Q8 JavaServer Faces（JSF）是一项新技术，目的是为基于Web的用户界面定义一些类似于Swing的类库。上网了解JSF的现状。描述你查到的结果。

Q9 Java的Web应用联合使用了servlet和JSP两种技术。这两种技术之间是什么关系？

Q10 解释为什么UX配置文件推荐用标签来描述UX类的动态内容的属性？标签可以被约束代替吗？

练习：关系管理

F1 参考关系管理系统（1.6.3节）的问题陈述3和第4章中的后续例子。用户要求关系管理应用程序以Microsoft Outlook的日历窗口功能（图7-39）为蓝本。

　　主窗口显示系统使用者当日的活动日程。Calendar（日历）控件可以显示过去和将来的活动。为某天特定时间计划的事件（定时事件）显示在Microsoft Outlook左窗格中。不过，同样需要显示和处理没有定时的、重要的（安排在过去的）和已完成的事件。

　　为关系管理设计符合上述需求的主窗口。

F2 参考关系管理系统（1.6.3节）的问题陈述3和第4章中的后续例子。同时参考练习F1及给出的解决方案。

　　假设关系管理的主窗口不允许事件的某些特定操作。例如，输入新的事件或者更新已有事件必须通过辅窗口——对话框。

　　双击主窗口中的一个事件，会出现一个显示该事件全部详细信息的对话框。这个对话框不仅显示了事件信息，还显示了此事件包含的任务信息以及与此事件有关的组织和联系人。

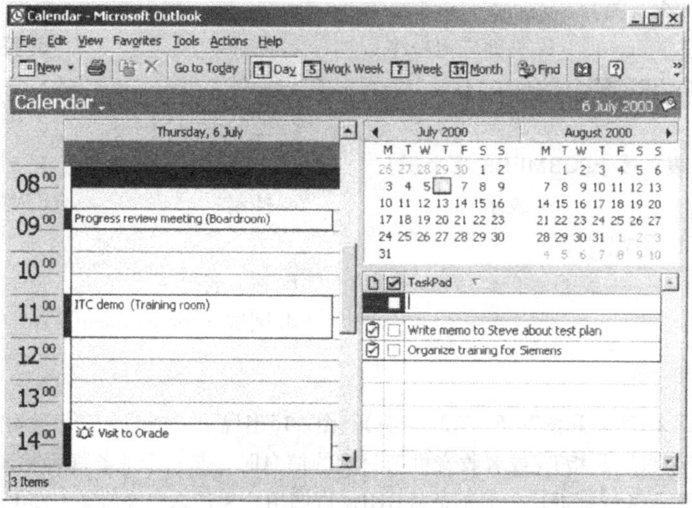

图7-39 Microsoft Outlook日历窗口

可以显示和修改的事件详细信息有：事件类型（称为动作）、较长描述（称为备注）、日期、时间、创建事件的用户（职员）、事件的计划时间、到期事件和完成时间。

为事件操作设计一个符合上述需求的对话框。

F3 参考关系管理系统（1.6.3节）的问题陈述3和第4章中的后续例子。同时参考练习F1和F2及给出的解决方案。

考虑图7-3（7.1.1节）中的标签夹"Update Organization"。其中一个标签称为"Contacts"，其目的是允许访问并修改此标签夹中的联系数据（EContact类）。否则，用户不得不回到主窗口，并为"Contacts"激活一个单独的辅窗口。

设计"Contacts"标签的内容。

F4 参考例7.10（7.4.3节）和例7.11（7.4.4节）。参考图7-6（7.2.1节），如同例7.10所讲的那样，用户可以在树型浏览器中双击"Organization Status"选项以显示当前组织状态列表。这个动作将在窗口的右侧窗格中显示状态列表（以行浏览器的形式）。列表显示如图7-34所示（7.4.3节）。

如果用户想更新任何状态，他将先选中（高亮显示）列表中的状态记录。这里有3种途径可以获得"Update Status"对话框：①双击选中的记录；②从菜单栏（图7-6中的"Record"项）选择Update动作；③单击工具栏按钮（图7-6中带有重叠矩形的正方形）。

为更新组织状态的过程设计行为性UX协作图。确保成功的更新可以反映在状态列表中（图7-34）。对于到"Update Status"窗口的导航，只显示第3个选项（工具栏按钮）。

F5 参考练习F4及其解决方案（图7-43）。对于图7-43中的行为性UX协作模型，生成相应的结构性UX协作模型。

练习：电话销售

附加需求

考虑以下电话销售系统的附加需求。

• Telemarketing Control窗口是电话销售应用系统的主控界面。这个窗口向电话销售人员显示当前队列中要拨打的电话列表。当电话销售人员从队列中请求一次电话呼叫时，系统建立这个连接，并且电话销售人员能够处理一个已连通的呼叫。Call Summary（通话摘要）信息显示在屏幕上——它显示当前通话的开始时间、结束时间及持续时间。

- 一旦连通，Telemarketing Control窗口显示当前通话的信息——与谁通话，是关于哪次活动的，采用的是哪种通话方式。如果对于当前这个电话号码有多个呼叫安排，电话销售人员可以选择循环进行这些呼叫。

- 在通话过程的任何阶段，电话销售人员都可以浏览支持者有关前面活动的历史（Supporter History窗口）。同样，也可以浏览当前通话相关的活动细节（Campaign窗口）。

- GUI提供了呼叫结果的快速记录。可能的结果有预订（即彩票已预订）、回呼、不成功、无应答、占线、机器（应答机器）、传真、错误（错误号码）以及未接通。

- Campaign窗口显示活动细节以及这次活动的彩票和奖品细节。活动细节包括：标识码、标题、开始日期、结束日期和抽奖日期。彩票细节包括：此次活动的彩票数量、卖出数量及剩余数量。奖品细节包括：奖项描述、奖项数额及奖项排名（第一、第二或第三）。

- Supporter History窗口显示过去的通话历史和支持者过去参加活动的历史。通话历史列出近期的通话，这些通话的类型、结果、活动标识及电话销售人员。活动历史给出彩票预订和该支持者所赢得的奖项。

- 选择Placement动作时，Placement窗口被激活。Placement窗口允许用户给支持者分配彩票并记录付款。

- 选择No Answer或者Engaged动作时，"no answer"（无应答）或"engaged"（占线）就作为当前呼叫的结果被记录在系统中。系统将这样的呼叫安排到明天的另一时间进行，假设每次呼叫都是在呼叫类型所确定的限制下进行。

- 选择Machine动作时，结果"machine"（机器）被记录在系统中。只对当前这些电话号码的第一次呼叫设置通话时间。这些结果为"machine"的电话号码由系统重新安排在明天呼叫，假设每次呼叫都是在呼叫类型所确定的限制下进行。

- 选择Fax或Wrong动作时，结果"fax"（传真）或"wrong"（错误）被记录在系统中。只对当前这些电话号码的第一次呼叫设置通话时间。对于具有当前电话号码的每个支持者，其数据便被修改为"bad phone"。

- 选择Disconnected动作时，结果"disconnected"（未接通）被记录在系统中。对于具有当前电话号码的每个支持者，其数据便被修改为"bad phone"。

- 选择Callback动作时，结果"callback"（回呼）被记录在系统中。只对当前这些电话号码的第一次呼叫设置通话时间。Call Scheduling窗口被激活来获得安排回呼的日期和时间。然后系统按照Call Scheduling窗口获得的日期和时间重新安排这些呼叫（按新的优先级），将新呼叫的类型设置为"callback"。

- 退出Placement窗口时，如果这次活动中所有剩下的彩票都已经分配，则再呼叫本次活动的支持者是毫无意义的。所有这样的电话必须从呼叫队列中移除。

G1 参考电话销售系统（1.6.4节）的问题陈述4及第4章和第5章的例子。考虑例4.7（4.2.1.2.3节）中类图。

　　　修改和扩展图4-7中的类图来支持以上所附加的需求。

G2 参考电话销售的需求，包括以上附加的需求，并且考虑你对练习G1的解决方案。

　　　设计电话销售系统的主窗口，并画出草图。窗口应包含一个行浏览器，显示当前计划的呼叫列表。一些呼叫会明确地安排给特定的电话销售员——也许是来自支持者的一项特殊需求。窗口应提供队列的刷新显示功能（通过对数据库服务器进行轮询）、请求对队列中的电话号码进行下一轮呼叫功能及切换到下次活动。

G3 参考电话销售的需求，包括以上附加的需求，并且考虑你对练习G1、G2的解决方案。

　　设计电话销售系统的主要辅窗口，并画出草图。这个窗口称为"Current Call"。在自动拨号系统正尝试连通或者已经建立了到支持者的连接时，此窗口向电话销售员显示主要信息和可以从事的活动。窗口中的命令按钮可以被归为3类：呼叫信息、呼叫结果和两个通用按钮（Next Call和Cancel）。

G4 参考电话销售的需求，包括以上附加的需求，并且考虑你对练习G1、G2、G3的解决方案。

　　设计Supporter History窗口，并画出草图。这个窗口应显示5组域：这次活动中的呼叫，地址/电话号码，历史/成功，喜欢时段和支付状况。

G5 从你对练习G2的解决方案中标识展现主窗口内容的主要UX建模元素（类级构造型）。

G6 从你对练习G3的解决方案中标识展现主要辅窗口内容的主要UX建模元素（类级构造型）。

G7 从你对练习G4的解决方案中标识展现辅窗口内容的主要UX建模元素（类级构造型）。

G8 对于上面附加需求列表中的第3项需求中定义的过程，设计行为性UX协作。需求陈述如下：

　　在对话的任何阶段，电话销售员能够浏览支持者以前活动的历史（Supporter History 窗口）。同样，也可以浏览与当前通话相关的活动详细信息（Campaign 窗口）。

G9 作为练习G8的解决方案，你已经开发了行为性UX协作。针对此行为性UX协作，设计相应的结构性UX协作。

复习小测验答案

复习小测验7.1

RQ1 在桌面平台上，将GUI客户端归为可编程客户端，在Web平台上，将其归为浏览器客户端。

RQ2 用户控制式。

RQ3 反馈。

复习小测验7.2

RQ1 在主窗口中存在菜单栏和工具栏。

RQ2 属性页是标签夹中标签的窗口名称。

RQ3 菜单项。

复习小测验7.3

RQ1 菜单项、按钮和链接。

RQ2 Cookie。

RQ3 链接的功效是移动到另一个网页。

复习小测验7.4

RQ1 <<compartment>>。

RQ2 通过标签值visible。

RQ3 顺序图。

选择题答案

MC1 d	MC2 c	MC3 c	MC4 c
MC5 b	MC6 a	MC7 a	

奇数编号问题的答案

Q1 业务规则是针对整个系统而不是个别窗口或个别应用程序定义的。一个删除程序的动作可能由用户从GUI窗口触发，但其结果必定是导致调用数据库环境（而不是客户端代码）的SQL程序。数据库程序会试图从数据库中删除程序信息。此时，数据库将检查删除事件是否符合业务规则，这通常通过数据库内部的触发器（trigger）程序实现。图7-15中的消息就来自这样的触发器。触发器不能显式调用。它们通过事件进行触发，如删除事件。

在技术上，删除事件可以直接来自于客户端程序。如果用户的删除事件由一个SQL Delete命令（从客户端直接到数据库）提供，而不是通过调用一个SQL程序（存储过程），则删除事件直接来自于客户端程序。不过，这并不是一个建议的做法。其他的弊端暂且不说，客户端发出SQL命令会迫使客户端代码处理由服务器返回的任何错误信息（而不是使用存储过程为客户端说明这些错误）。

Q3　客户机和服务器是逻辑概念。它们不是指物理机器本身，而是指在机器上执行的逻辑进程/计算。因此，客户/服务器应用程序可以驻留在单台机器上——唯一的要求是客户和服务器是单独的进程。

从用户的角度和从开发者角度来描述客户和服务器，其含义稍有不同。"从用户的角度来看，客户端是应用程序。它必须是可用的、实用的和响应性的。因为用户对客户端的期望很高，请务必审慎选择您的客户端策略，并请务必考虑技术力量（如网络）和非技术力量（如应用程序的特性）"（Singh等人 2002:51）。

"从开发者角度来看，J2EE应用可以支持多种类型的客户端。J2EE的客户端可以在便携机、台式机、掌上电脑和手机上运行，它们可以通过企业内联网或万维网来连接，通过有线网络或无线网络或两者相结合连接。它们的覆盖范围很广，从瘦的、基于浏览器的、在很大程度上依赖于服务器的客户端，到胖的、可编程的、在很大程度上自给自足的客户端"（Singh等人 2002:51）。

可编程客户端是一种应用程序，它在用户的机器上驻留并执行，并可访问该机器的资源（文件和程序）。这样的客户端可以从服务器数据源下载数据，进行必要的计算，向其GUI提供一些输出和报告。可编程客户端也称为厚客户端或胖客户端（"类固醇客户端"）。

浏览器客户端也是一种应用程序，为用户GUI提供视图，但视图的逻辑很显然是根据需要从服务器端下载的（虽然有些逻辑可被编程到客户端）。浏览器客户端可以验证用户的输入，与服务器通信请求服务器的功能，并管理应用程序的会话状态。当用户经过业务处理的步骤时，后者对信息进行跟踪（虽然会话状态可能——而且经常——要在服务器上管理）。浏览器客户端也称为Web客户端或瘦客户端（"希望不要有厌食症"）。

可编程客户端和浏览器客户端之间的区别并不鲜明。有不同级别的厚度或薄度。然而，根据最典型的理解，浏览器客户端是非常薄的——它显示数据给用户，并依赖于服务器端应用程序。也就是说，浏览器客户端的应用程序部署在服务器上，通常是Web服务器。

另一方面，可编程客户端是很厚的，且直接安装（部署）在客户端机器上。不过，根据需要部署可编程的客户端是可能的，例如，使用Java Web Start技术。一旦根据需要下载并缓存，可编程客户端不需要重新下载信息，就可以再次启动。

Q5　接口（Interface）概念至少有4种含义。

第一，GUI（图形用户界面）——显示信息的计算机屏幕。

第二，API（应用编程接口）——是一套软件程序和开发工具，为应用程序提供函数调用，使程序可以访问一些级别较低的模块所提供的服务（如操作系统、设备驱动程序、JVM——即Java虚拟机）。

第三，公共接口——是一项协议或一套公共可见的操作（方法），其他软件构件可以使用这些操作，来访问提供此接口的类中所定义的支持函数。公共接口的范围可以是单个类、一组类（例如，包或子系统）或整个应用程序。

第四，UML或Java接口——即具有属性（也许只限于常数）和方法的语义类型的定义，但没有操作的声明（即没有实现）。UML/Java接口是一种定义公共接口的建模/编程方式。在这样的环境下，我们可以区分提供接口和依赖接口。

Q7　Maciaszek和Liong（2005）为此问题提供了直接答案，摘录如下：

Swing组件工具包使交付的应用程序具有可插拔的外观和感觉。"可插拔"有几种含义。它可以是指与执行程序的GUI平台（Windows，Unix等）相符合。它可以是指统一的跨平台的外观和感觉，在任意执行平台上有相同的表现。Swing称这是Java的外观和感觉。最后，它可能意味着对于一个应用程序，程序员定制的独特外观和感觉。

为了实现可插拔性，大多数Swing构件是独立于平台或轻量级的，有时也称为独一无二的。轻量级构件的编程无需使用任何特定平台的代码。不幸的是，并非所有的Swing构件都是轻量级的——有些是重量级的。在使用重量级构件的大多数情况下，Swing提供了工作区来隐藏特定的代码，使得仍然可以获得可插拔的外观和感觉。

（Maciaszek和Liong 2005:514）

Swing具有多种类能够创建容器对象。其中4个类是重量级的：JWindow、JFrame、JDialog和JApplet。在大多数情况下，程序的高层容器是重量级容器的实例。轻量级容器类需要重量级构件进行屏幕绘制和事件处理。轻量级类包括：JInternalFrame、JDesktopPane、JOptionPane、JPanel、JTabbedPane、JScrollPane、JSplitPane、JTextPane和JTable。

（Maciaszek和Liong 2005:515）

Q9 servlet是动态创建HTML页面的（Java）代码。它是具有嵌入的HTML元素的Java代码。服务器页（Java服务器页面，JSP）却正好相反——它是具有嵌入的Java代码（标签和脚本）的HTML页，来管理页面的动态内容和给它提供数据（Maciaszek和Liong 2005）。

如果我们认为servlet代码受Java服务器页面支持，且JSP在运行之前被编译成servlet，那么两者之间的差异是很小的。重要的是，一旦servlet被加载到Web服务器，它就可以连接数据库，并可以保持连接一个以上的客户端。这就是所谓的servlet链锁作用。它允许servlet将客户端请求传递到另一个servlet。

通常的做法是使用JSP查询servlet，将数据显示在屏幕上。这样做的原因是JSP编程简单，它允许Java代码嵌入一套HTML标记，因此，程序员现有的HTML知识能重用。

JSP中也可以调用另一个JSP，甚至包括另一个JSP的输出作为自身输出的一部分。这使得JSP与输出（HTML）相结合提供更丰富的展示。另一方面，当servlet调用另一个servlet时，通常是为了进行数据检索而非数据显示。

练习的解决方案：关系管理

F1 图7-40显示关系管理的主窗口。Calendar控件被设计成一个可分离的"浮动"窗口，以节约空间。

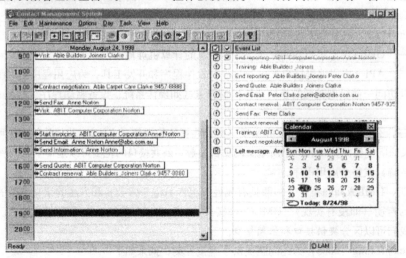

图7-40 关系管理系统的主窗口

它可以根据需要关闭。对于每项活动，在左边窗格中都有显示事件的简短描述以及组织或联系人姓名。有些事件可能需要显示额外的信息，如该组织或联系人的电话号码、传真号码或地址。虽然重现时在黑白状态下看不清楚，但左窗格中颜色是用来标识给事件分配的优先级（红色表示高，黑色表示一般，蓝色表示低）。

右边窗格有3个目的。它会显示3种事件。已完成事件将从左边窗格中删除，并放置在右边窗格的顶部。文本为蓝色且带中间划线。不将已完成事件从显示列表中完全删除的最主要原因是，它可能需要被标记为"未完成"（也许我们过早地认为这个事件完成了，但后来发现，它并没有完成）。

重要事件在右窗格中列出，它们为红色。最后，非紧要事件以黑色显示，并且位于右窗格底部。窗格左边的列是为色盲用户设计的。那里的图标清楚地表示出可能在右窗格中出现的3种事件。

F2   图7-41是本例的建议解决方案。请注意，Organization和Contact域是不可编辑的，因为事件的"target"是不能改变的。同样，提示Created旁边的域值也是不可编辑的。

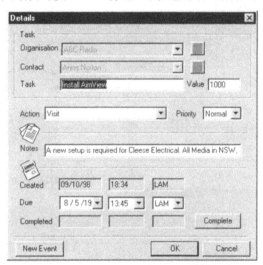

图7-41　关系管理系统的对话框

提示Completed旁边的域值不可编辑，就意味着用户不能在这里输入。不过，按下Complete按钮后，日期、时间和用户的值将被自动地插入到这些域中。完成事件后，用户仍然可以把它设成"未完成"，因为此时Complete按钮被更名为Uncomplete。

用户可能需要将变更保存到数据库，并返回到主窗口，此时按一下OK按钮即可。另外，用户可以取消更改，并停留在该对话框。最后，用户可以按下New Event按钮，这将保存更改（用户确认后），清空所有对话框中的域，并允许用户创建一个新事件（不返回到主窗口）。

F3   如图7-42所示，Contacts标签仅显示组织中联系人的姓名。然而，标签有自己的一套命令按钮以新增、编辑或删除目前高亮显示的联系人。添加或编辑联系人的动作将在Maintain Organizations窗口上打开一个辅窗口Maintain Contacts。对于Maintain Organizations窗口，Maintain

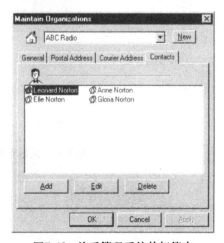

图7-42　关系管理系统的标签夹

Contacts窗口是模态的。

F4   图7-43显示了F4练习的解决方案。这个解决方案应该是很清楚的，不需要再解释。

F5   图7-44展示了练习F5的解决方案。解决方案应该是很清楚的，但与图7-36中的插入新状态的结构性
      UX协作进行比较，可能具有教学价值。请注意，例如，状态码现在是Update Organization Status的
      动态内容，而描述是Status Description的动态内容。但是，由于Status Description包含在Update
      Organization Status中，描述也包含在Update Organization Status的动态内容中。

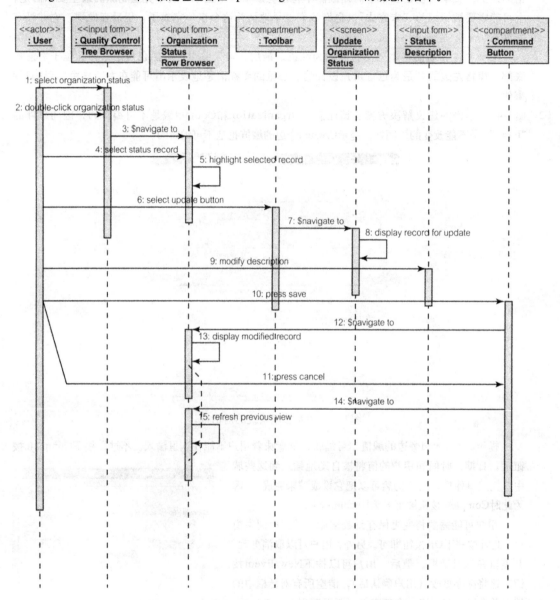

图7-43 关系管理系统中行为性UX协作模型的顺序图

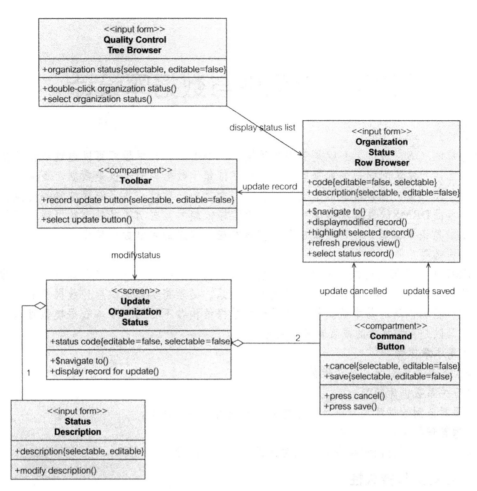

图7-44 关系管理系统中结构性UX协作模型的类图

第8章 持久性与数据库设计

目标

信息系统（IS）从定义上就是多用户系统。多个用户和应用程序可以通过数据库管理系统（DBMS）并发访问同一个数据库。应用程序依赖于数据库的不仅是数据，还有数据库提供的解决并发冲突、保证数据的安全访问、保证数据的一致性、事务错误恢复等功能。这些功能中有些是DBMS软件本身具有的，而应用程序依赖的某些功能必须由数据库程序员自己编码实现。结论很明显——可以适应和支持所有应用程序的可靠数据库设计是信息系统交付指定功能的必要条件。

在UML中，采用类图来定义应用所需要的数据结构。将数据库中持久保存的数据结构建模为实体类（"业务对象"）以及实体类之间的关系。必须将实体类映射为数据库能够识别的数据结构。根据不同的基本数据模型所得到的数据结构各不相同，基本数据模型可以是关系型的、也可以是面向对象的或者对象－关系型的。

阅读完本章你将：
- 全面了解业务对象和持久性的关系。
- 学习关系数据库模型。
- 获得对象到数据库映射以及数据库到对象映射的实用知识。
- 熟悉管理持久对象的主要模式。
- 学习与数据库访问和事务处理相关的设计与实现问题。

8.1 业务对象和持久性

本书从头到尾都仔细区分了客户端应用程序的开发和服务器端数据库的设计。我们已经强调了类模型和PCBMER子系统中只包含应用类，而不包含数据库结构的存储。

实体类表示应用程序中的持久数据库对象，但实体类不是数据库中的持久类。称它们为持久的是因为在应用程序终止之前，实体对象的最新映射将会持久保存在数据库中。这样就使得同一个应用程序或其他应用程序的后续活动可以再次获得这些实体对象，只需从数据库中重新装载实体对象到程序内存中即可。因此，必须谨慎设计业务对象和持久数据库之间的关系。

8.1.1 数据库管理系统

数据库可以是关系型（如Sybase、DB2、Oracle）、对象－关系型（如UniSQL、Oracle）或者面向对象型（如ObjectStore、Versant）。当代新系统的存储模型不可能会采用层次型（如IMS）、网络型（如IDMS）、倒排型或类似模型（如Total、Adabas）。在某些情况下，但不是真正的现代IS应用中，可以用一个简单的平面文件来实现持久性。

绝大部分数据库软件是关系数据库（RDB）模型，它已经替代了早期的层次和网络数据库模型。但是，在20世纪90年代后期，关系数据库管理系统（RDBMS）供应商发布了对象数据库（ODB）模型、对象数据库管理组（ODMG）标准以及很多种对象数据库管理系统（ODBMS）产品。

结果就出现了混合的对象－关系数据库管理系统（ORDBMS），并且ORDBMS注定要在将来占主导地位。传统的RDBMS供应商，如Oracle和IBM，提供了现今最具影响力的产品，而微软进入这个行业后的成长也值得注目。同时，单一的ODBMS产品并没有扩大它们的市场份额——它们已经转变成对象存储API以支持客户端应用程序与任何服务器端数据源之间的协同工作，尤其是关系数据库。

虽然长远的将来可能不再属于RDB模型，但业务的惯性使大型系统移植到ORDB或ODB技术的过程还要经历10年或更长的时间。将来还会有更多新的应用系统在RDB技术上开发，原因很简单，就是因为业务不需要复杂而难以管理的对象解决方案。

这就是说，最新的数据库标准，即SQL:1999，自称是对象－关系数据库的标准（Melton 2002），同时也是传统关系数据库的标准（Melton和Simon 2001）。SQL:1999在保证关系模型概念上完整的同时，在关系模型中加入了面向对象的特性。虽然面向对象的特性达不到面向对象软件开发者的要求，但是它们朝着正确的方向迈出了一步。

由于关系模型在业务系统中占主导地位，所以本章只详细介绍关系模型。说来也怪，本书第1版中还曾介绍过对象数据库和对象－关系数据库。我们只能希望这两种模型在企业信息系统中的地位不仅仅只是存在而已，这样才有理由在本书以后的版本中再介绍这两种模型。

8.1.2 数据模型的层次

数据库界对建模已经提出了自己的观点，那就是数据库存储数据。过去，数据库界主要把精力放在数据模型（UML中称为静态模型）上。当今数据库存储和执行程序的功能已经扩展到行为模型（以**触发器**和**存储过程**为中心），但是数据建模与数据库开发仍然是"密不可分"的。

数据模型（也称为**数据库模式**）是用比原始的位和字节更易于理解的词来表示数据库结构的一种抽象。通常数据模型可分为3个层次：

- 外部（概念）数据模型。
- 逻辑数据模型。
- 物理数据模型。

外部模式是指单个应用系统所需要的高层概念数据模型。由于一个数据库通常要支持多个应用系统，因此需要构造多个外部模式，然后将这些外部模式集成为一个概念数据模型。

最流行的概念数据建模技术是实体关系（ER）图（如Maciaszek 1990）。虽然数据库设计人员仍然很喜欢采用ER建模，但是也可以采用UML类建模来实现所有的概念建模，即应用系统和数据库的概念建模。

逻辑模式（有时也称为全局概念模式）是一种能够反映系统实现时所采用的数据库模型的逻辑存储结构（表等）的模型（一般是关系模型）。逻辑模式是全局集成模型，可以支持所有需要从数据库中获取信息的当前应用系统和预期应用系统。

物理模式专门针对特定的DBMS（如Oracle或SQL Server）。它定义了数据是如何真正存储在持久存储设备上的，通常指磁盘。物理模式定义了诸如索引的使用和数据的聚类等与有效处理相关的问题。

低端工程CASE工具（针对系统设计和实现的CASE工具）通常都提供适用于各种特定DBMS的数据建模技术。实际上，它们可以构造出组合的逻辑/物理模型，而且能够立即生成相关的SQL代码。

8.1.3 集成应用系统与数据库建模

应用程序建模与数据库建模是可以分离的活动，前者由应用系统开发人员完成，后者由数据库管理员或数据库设计人员完成。这样分开的原因是数据库开发必须独立于应用程序。（但不是"不顾"应用程序！）单个数据库应该能够为多个不同的应用程序提供服务，折中的解决办法就是由应用程序解决数据访问需求中的所有冲突和重叠情况。

通常需要将应用程序所要访问的数据库模型提供给应用程序开发人员，这样的话，应用程序开发人员只需要设计程序模型与数据库模型之间的映射。

图8-1说明了一个应用程序的UML模型是如何与持久数据库模型进行关联的，箭头表示建模元素之间的依赖关系。PCBMER体系结构框架（4.1.3.2节）中的向下依赖原则（DDP）扩展了应用程序与持久数据库之间的通信。

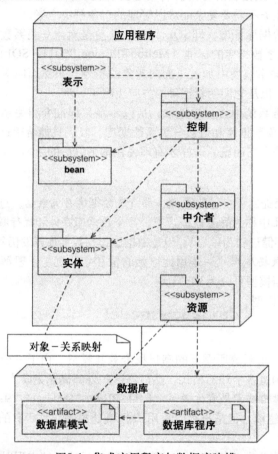

图8-1　集成应用程序与数据库建模

资源子系统专门负责与数据库通信。所有来自应用程序的SQL查询和对存储过程的调用由资源类产生并传递给数据库服务器，数据库服务器返回的所有数据和结果在传送到实体子系统之前首先要送到资源类。

实体子系统表示应用程序内存中的业务对象，必须仔细定义业务对象与对应的数据库表记录之间的映射规则。

映射规则由中介者子系统使用，中介者子系统负责管理应用程序的内存以及对象在内存与数据库之间的任何移动。也就是说，当控制类需要访问一个业务者对象而事先没有该对象的句柄（引用）时，中介者子系统就是调用的第一个端口。这也就意味着中介者子系统必须管理执行数据库访问和修改的**业务事务**。

8.1.4　对象－数据库映射基础

应用程序和数据库之间的映射是错综复杂的。映射困难有两个主要的原因：一是数据库的存储结构处理不了面向对象范型；二是数据库几乎都不是为单个应用程序设计的。

第1个原因实际上是非面向对象结构（通常是关系表）到实体子系统中类的转换。即使目标数据库就是一个对象数据库，数据库的特性也使得这个转换需要经过仔细的考虑。

第2个原因需要有能够满足所有应用程序的最优数据库设计，而不仅仅是只针对所考虑的应用程序。所有与该数据库相关的应用程序都应该按业务重要性进行排序，使得那些对组织来说最重要的应用程序具有与它们一致的数据库结构。同样重要的是，数据库设计人员应该考虑未来，预测将来的应用程序对数据库的需求，并设计出满足这些需求的数据库。

现在的差别是持久数据库层是关系数据库。对大型企业数据库来说，如果可能，转变为面向对象数据库技术的过程将是渐进的，并且要经过对象－关系数据库技术的中间阶段（如果不是最后阶段的话）。目前，我们这里只讨论关系数据库模型，就对象－数据库映射来说，它是语义上最受限制的模型，因此也是最难映射的模型。

复习小测验8.1

RQ1　实体类和持久类的概念是一样吗？

RQ2　哪一种数据库模型可以用作客户端应用程序与服务器端数据源之间协同工作的对象存储API？

RQ3　最流行的概念数据建模技术是什么？

8.2　关系数据库模型

数据库，就像程序设计语言一样，为建模和程序设计提供了固有数据类型作为基本构造块。我们将这些固有数据类型称为**原始类型**。在原始类型上的数据库操作是最快的数据库程序设计结构，程序员可以使用原始类型来创建用户自定义的组合类型。

RDB原始类型是非常基本的。RDB模型的简洁性来源于数学的集合概念，这既是优点也是缺点。数学的基础使这个模型是描述性的（而不是过程性的）。用户需要声明想从数据库中得到什么，而不是告诉系统怎样找到需要的信息（RDBMS知道如何在它自己的数据库中找到需要的信息）。

然而，当求解的问题变得复杂时，在开始时简单的事情也变得相当复杂。对复杂问题没有简单的解决办法。要解决复杂问题，我们需要复杂的机制。首先，我们需要复杂的原始类型。

也许刻画RDB模型的最好方式就是说明它不支持什么。从ODB和/或ORDB模型中主要的原始类型来看，RDB不支持：

- 对象类型及相关的概念（如继承或方法）。
- 结构化类型。
- 集合。
- 引用。

RDB模型的主要原始类型是由多列组成的**关系表**。表的列只能取原子值——结构化值或值的集合是不允许的。

RDB模型中完全消除了用户可见的所有表间的导航链接，而是通过比较各列的值来维护表间关系，没有持久的链接。ORDB维护表间预定义关系的功能称为**引用完整性**。

图8-2说明了RDB原始类型以及它们之间的依赖关系。虽然所有概念都用名词的单数来命名，但是有些依赖关系可以适用于多个概念实例。比如说，引用完整性就可以定义在一个或多个表上。图8-2中的相关概念将在本章下面部分讨论。

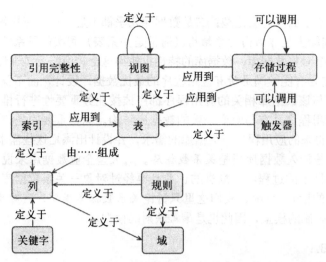

图8-2　数据库原始类型之间的依赖关系

8.2.1　列、域和规则

关系数据库采用由**列**和**行**组成的表来定义数据。存储在任何列和行交叉处的数据值必须是简单的（不可分割的）和单一的（不重复的）值，我们说这样的列具有原子域（数据类型）。

域定义了一个列可以取值的合法集。域可以是匿名的（如gender char(1)），也可以被命名（如gender Gender）。在后一种情况中，已经提前定义了域Gender，因此可以在这个列的定义中使用。可以这样来定义域：

```
create domain Gender char(1);
```

一个命名域可以用在不同表的多个列定义中，这就迫使这些列定义必须是一致的，对域定义的改变会自动地反映在列的定义中。虽然乍看这个特点很有吸引力，但是，一旦数据库中已经有了数据，即装载了数据，就会妨碍域的使用。

可以为列和域设置业务规则来约束它们，业务规则中可以定义：

- 默认值——例如，如果没有提供city的值，就假设它为"Sydney"。
- 取值范围——例如，age的取值范围是18～80。
- 值的列表——例如，color所允许的取值为"green"、"yellow"或"red"。
- 值的大小写——例如，值必须用大写或小写。
- 值的格式——例如，值必须以字母"K"开头。

只涉及单个列或域的较简单的业务规则可以在规则机制中定义，涉及多个表的更复杂的规则可以定义为引用完整性约束，定义业务规则的最佳机制是触发器。

8.2.2　表

关系表定义为固定列的集合。列可以是固有类型或用户自定义类型（域）。表中行（记录）的数量没有限制。由于表是一个数学上的集合，所以表中不允许有重复的行。

特定行中有的列值可以为null。null值指下面两种情况之一："目前此值未知"（例如，我不知道你的生日）或者"值不适用"（例如，假如你是一位男性，那么你不可能有结婚前的娘家姓）。null值不是0或空格（空）字符，而是表示null值的一种特殊位串。

由于RDB模型中要求"不允许有重复行"，因此每个表都要有一个**主关键字**（或主键）。关键字是列的最小集合（可以是一列），而这些列的值能够唯一确定表中的一行。一个表可以有多个关键字，从关键字中选出对用户来说最重要的一个——这就是主关键字，其他关键字称为候选关键字或替换关键字。

实际上，RDBMS表并不一定要有关键字。这意味着表（没有唯一的关键字）中可以有重复的行，这在关系数据库中没有任何用处，因为对所有的列都具有相同值的两行是无法区分的。这与ODB和ORDB系统是不同的，在ODB和ORDB系统中可以通过OID来区分（两个对象可以相同但不可能完全相等，就像本书的两本拷贝一样）。

虽然可以采用UML来为关系数据库建模，但是采用专门针对关系数据库逻辑建模的图表技术更为方便。图8-3就采用了这种方法，目标数据库是DB2。

表Employee由9列组成。列dept_id以及最后面的3列可以为null值，列emp_id是主键，列dept_id是**外键**（下节介绍），列{family_name，date_of_birth}组成候选（替换）关键字，列gender在域Gender上定义。

Employee			
emp_id	CHAR(7)	\<pk\>	not null
dept_id	SMALLINT	\<fk\>	not null
family_name	VARCHAR(30)	\<ak\>	not null
first_name	VARCHAR(20)		not null
date_of_birth	DATE	\<ak\>	not null
gender	Gender		not null
phone_num1	VARCHAR(12)		null
phone_num2	VARCHAR(12)		null
salary	DEC(8,2)		null

图8-3　RDB中表的定义

由于RDB规定每一列只能取原子值，我们在对雇员的名字和电话号码建模时遇到了困难。对于名字，我们使用了family_name和first_name两列，在这个模型中并没有将这两列组合或关联起来。对于电话号码，我们也采用了两列（phone_num1和phone_num2）来解决——允许每个雇员最多有两个电话号码。

一旦在CASE工具中定义了表，就能够自动生成创建这个表的代码，如图8-4所示。产生的代码中包含了Gender域的定义以及该域上业务规则的定义。

```
--================================================================
-- Domain: "Gender"
--================================================================
create distinct type "Gender" as CHAR(1) with comparisons;
--================================================================
-- Table: "Employee"
--================================================================
create table "Employee" (
    "emp_id"             CHAR(7)                        not null,
    "dept_id"            SMALLINT,
    "family_name"        VARCHAR(30)                    not null,
    "first_name"         VARCHAR(20)                    not null,
    "date_of_birth"      DATE                           not null,
    "gender"             "Gender"                       not null
        constraint "C_gender" check ("gender" in ('F','M','f','m')),
    "phone_num1"         VARCHAR(12),
    "phone_num2"         VARCHAR(12),
    "salary"             DEC(8,2),
primary key ("emp_id"),
unique ("date_of_birth", "family_name")
);
```

图8-4　为表定义生成的SQL语句

8.2.3　引用完整性

RDB模型通过引用完整性约束来维护表间关系。关系并不是指固定的行与行的连接（通过指针、引用或类似的导航链接），而是当用户请求系统查找一个关系时，由RDB"发现"行与行的连接，这种"发现"是通过将一个表中的主键值与同一个或另一个表中的外键值进行比较来完成的。

外键是指表中的一组列，它的值要么是NULL，要么必须与同一个或另一个表中的主键值匹配。主键与外键的这种对应关系称为引用完整性。引用完整性中的主键和外键必须定义在同一个域上，但名字可以不同。

图8-5中通过图例说明了引用完整性。为了画出表Employee和Department之间的关系，表Employee中增加了外键dept_id。对于表Employee中的每一行，这个外键的值要么为null，要么与表Department中dept_id值中的一个匹配（否则一个雇员将为一个不存在的部门工作）。

关系线上的说明描述性地定义了与引用完整性相关的行为。有4种可能的描述性引用完整性约束与删除和更新操作相关。问题是如果删除或更新了Department中的某一行（即更新了dept_id），那么怎样处理Employee中相关的行。这个问题有4种可能的答案：

- Upd(R)；Del(R)：限制更新或删除操作（即如果Employee中还有行链接到这个Department行，就禁止操作）。
- Upd(C)；Del(C)：级联操作（即删除所有链接的Employee行）。
- Upd(N)；Del(N)：设置为空值（即更新或删除Department行，然后将链接的Employee行的dept_id设置为null）。
- Upd(D)；Del(D)：设置为缺省值（即更新或删除Department行，然后将链接的Employee行的dept_id设置为缺省值）。

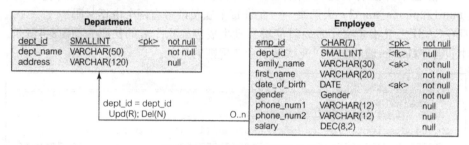

图8-5　引用完整性的图形表示

虽然图8-5中没有标明，但是也可将引用完整性定义为修改父表允许（cpa）约束。cpa约束规定可以将子（外）表中的记录重新指派到父表中另一个记录上。例如，cpa约束可以定义在图8-5中的关系上，事实上，就像通常期望可以将一个Employee重新分配到另一个Department一样。cpa约束与冻结约束是相反的，排己（ExclusiveOwns）聚合中强制执行冻结约束（5.3.1.1节）。

图8-6中列出了图8-5中的图形模型自动生成的SQL语句。第一条alter语句删除了表Employee的外键，然后第二条alter语句中重新创建了外键。注意这里的引用完整性中只说明了delete操作，但是没有说明update操作。原因是update操作所允许的描述性约束只有restrict，所以默认按restrict处理。

```
alter table "Employee"
    drop foreign key "RefToDepartment";

alter table "Employee"
    add foreign key "RefToDepartment" ("dept_id")
    references "Department" ("dept_id")
    on delete set null;
```

图8-6　为引用完整性生成的SQL语句

当表间的关系为多对多时，如Student和CourseOffering之间的关系（4.2.3.3节中图4-9），引用完整性的建模就非常复杂。在RDB限制每列都不能取多个值的情况下要解决这个问题，我们就需要引入交叉表，如图8-7中的StdToCrsOff所示。这个表的最终目的就是为这个多对多的关系建模，并说明描述性的引用完整性约束。

从图8-7可知，由于CourseOffering中的主键是由两列（crs_name和semester）组成的复合键，所以StdToCrsOff中对应的外键也是复合的。虽然在模型中没有说明，但StdToCrsOff中的主键也是由表中的3列组成的复合键。

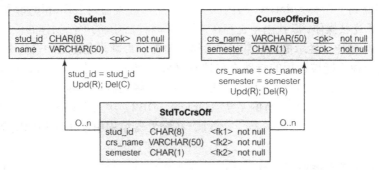

图8-7　多对多关系的引用完整性

8.2.4　触发器

规则和描述性引用完整性约束允许在数据库中定义简单的业务规则，但用来定义更复杂的规则或定义规则的异常，那就不够了。RDB对这个问题的解决方案（在SQL:1999中被标准化）就是触发器。

触发器是一个小程序，用扩展的SQL语句编写，当定义了触发器的表发生修改操作时自动执行（触发）。修改操作可以是任何SQL修改语句——insert、update或delete。

触发器可以用来实现超出SQL rule语句（8.2.1节）能力的业务规则。例如，禁止在周末修改表Employee的业务规则可以编写成触发器。在周末企图对这个表执行SQL 的insert、update或delete操作的任何尝试都将引发该触发器，从而使数据库拒绝执行这些操作。

触发器还可以用来实施更复杂的引用完整性约束。例如，我们的业务规则可以定义为：在删除一条Department记录时，作为该部门经理的Employee记录也应该被删除，但其他所有该部门的Employee应该将dept_id设置为null。描述性引用完整性无法实施这样的业务规则，我们需要一个过程性的触发器来实施它。

当使用触发器来实施数据库中的引用完整性时，一般就不再使用描述性的引用完整性约束。同时使用过程性和描述性的约束是很糟糕的，因为它们之间偶尔会有复杂的关联。因此，当前在企业级数据库中主要的实际应用都是只用触发器来编写引用完整性。这一点并不像看上去那么令人气馁，因为好的CASE工具能够自动生成大部分代码。例如，图8-8中列出了由Sybase RDBMS的CASE工具生成的触发器代码。这个触发器实现Del(R)的描述性约束，即如果还有Employee的行与其关联的话，就不允许删除这个Department行。

```
create trigger keepdpt
    on Department
    for delete
    as
    if @@rowcount = 0
    return /* avoid firing trigger if no rows affected */
    if exists
    (select * from Employee, deleted
    where Employee.dept_id =
        deleted.dept_id)
    begin
        print 'Test for RESTRICT DELETE failed. No deletion'
        rollback transaction
        return
    end
    return
go
```

图8-8　从数据模型定义生成的SQL触发器

if语句检查SQL的delete操作（引发触发器的操作）是否想要删除某些行。如果没有，不执行触发器——不会有任何影响。如果可以删除这些Department行，那么Sybase将这些（将要被删除的）行存储到一个称为deleted的内部表中，然后触发器对表Employee和表deleted中的dept_id进行相等连接操作，以找出是否存在为这些即将被删除的部门工作的任何雇员。如果有，触发器拒绝delete操作，显示提示信息并回滚这个事务。否则，允许删除这些Department行。

触发器是一种不能被调用的特殊存储过程（8.2.5节），当对一个表执行insert、update或delete操作时自我触发。这就意味着每个表可以有3个触发器。实际上在一些系统中就是这样的（如Sybase、SQL Server）。有的系统（Oracle、DB2）中可以识别事件的附加变量，这样使得每个表可以有3个以上的触发器。（不过，在触发器编程中使用多种触发器并不意味着表达能力更强。）

触发器可以用来实施适用于数据库的所有业务规则，而且这些业务规则不受客户端程序或交互的SQL数据操纵语言（DML）语句的影响。客户端程序的用户甚至可能不知道触发器正在"监视"数据库中所做的修改。如果修改不影响业务规则，程序感觉不到触发器的存在。当不允许执行DML命令时，用户才知道触发器的存在，触发器在应用程序屏幕上给出提示信息以通知用户所出现的问题，并拒绝执行这个DML操作。

8.2.5　存储过程

存储过程最早由Sybase RDBMS提出，现在所有主要的商业DBMS中都有存储过程。存储过程使数据库变成了主动可编程系统。

存储过程用扩展的SQL编写，支持变量、循环、分支以及赋值语句等这样一些程序设计元素。存储过程必须指定名字，可以有输入和输出参数，并且编译后存储在数据库中。客户端程序可以像调用内部子程序一样来调用存储过程。

图8-9说明了客户端程序调用存储过程比向服务器发送完整查询更有优势。客户端程序创建的查询通过网络发送给服务器端数据库。查询中可能存在语法上的或其他的错误，但客户端没有能力消除这些错误——数据库系统是唯一可以做这类验证的地方。验证通过后，DBMS检查调用者是否有权限执行这个查询。如果有，则优化这个查询以确定最优的数据访问规则。只有到那时，才能编译、执行，并将结果返回给客户端。

另一方面，如果将一个查询（或所有查询）编写成存储过程，那么它就会被优化并编译进服务器端数据库中。客户端程

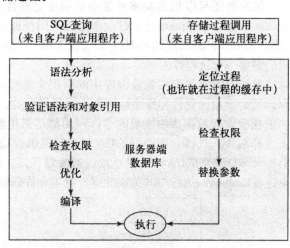

图8-9　客户端SQL与存储过程调用的比较

序不必通过网络发送（可能较大的）查询。相反，它只需通过过程名以及实际参数表发送一个短小的调用。如果幸运的话，这个过程可能就驻留在DBMS的缓存中。如果不在，再将它从数据库调入内存。用户权限的检查与SQL查询的过程一样。用所有的实际参数替换对应的形式参数，然后执行存储过程，将结果返回给调用者。

以上可以看出，存储过程为客户端程序访问数据库提供了更有效的方式。性能的优势在于缓解了网络堵塞，而且事实上不需要每次收到客户端请求时都进行语法分析和编译。更重

要的是，存储过程是在一个地方进行维护，而且能被多个客户端程序调用。

8.2.6 视图

关系视图是被存储和命名的SQL查询。由于SQL查询的结果可以是一个临时表，所以可以用视图来代替其他SQL操作中的表。视图可以从一个或多个表和/或一个或多个视图中导出（见图8-2）。

图8-10列出了视图EmpNoSalary的图形表示以及所生成的代码——视图中显示了表Employee中除salary列的所有信息。图下面的create view语句说明了视图实际上是一个命名的查询，每当对这个视图执行SQL查询或更新操作时都执行这个查询。

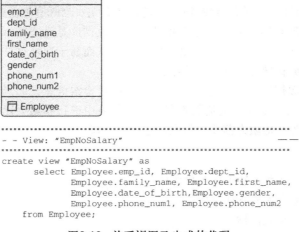

```
- - View: "EmpNoSalary"                           ——
create view "EmpNoSalary" as
        select Employee.emp_id, Employee.dept_id,
                Employee.family_name, Employee.first_name,
                Employee.date_of_birth,Employee.gender,
                Employee.phone_num1, Employee.phone_num2
        from Employee;
```

图8-10 关系视图及生成的代码

理论上，视图是一种非常强的机制，用途很广。它可以通过限制用户看到表中的数据来支持数据库安全。它可以从不同角度向用户展示数据。如果表定义中发生变化的部分不属于视图的话，它可以将应用程序与表定义的变化隔离开来。视图易于表示复杂的查询——这样的查询可以利用多级视图以"分而治之"的方式来建立。

在实践中，RDB模型不支持视图更新，视图概念的使用受到严格的限制。视图更新是指对一个视图执行修改操作（SQL的insert、update或delete）后，其结果使原始的基表发生改变的可能性。SQL对视图更新的支持是非常有限的，要利用特殊的触发器实现，即替代触发器。

8.2.7 范式

可以证明，RDB设计中最重要的但同时也是最难理解的概念就是**范式化**。一个关系表必须满足某种范式（normal form, NF）。一共有6种范式：
- 第1范式。
- 第2范式。
- 第3范式。
- BCNF（Boyce-Codd）范式。
- 第4范式。
- 第5范式。

满足较高范式的表同时也满足所有较低的范式。一个表至少要满足第1范式。非结构化的或多值列的表就属于第1范式（而且这是RDB模型的基本要求）。

低范式的表会表现出所谓的**更新异常**。更新异常是对表进行修改操作（insert、update、

delete）所引起的意外的连带后果。例如，如果相同的信息在同一表的同一列中出现了多次，那么更新这个信息时就必须更新所有的位置，否则数据库将处于不正确的状态。可见，更新异常可以随着达到更高的范式而逐步消除。

那么，我们怎样将一个表范式化到较高的范式呢？我们可以将一个表按列垂直划分成两个或更多较小的表以达到较高的范式。这些较小的表很可能满足更高的范式，并且它们可以代替RDB设计模型中的原始表。不管怎样，原始表可以通过SQL的join（连接）操作将这些较小的表连接来重构。

本书的范围不允许我们详细解释范式化理论，读者可以参考一些教科书，如Date（2000）、Maciaszek（1990）、Ramakrishnan和Gehrke（2000）以及Silberschatz等人（2002）。我们主要想说明的是，好的RDB设计必然可以达到好的范式化层次。

就范式化而言，我们所说的"好的设计"是指什么呢？当既有更新操作也有检索操作时，好的设计能够使我们理解RDB是如何被使用的。如果数据库是动态的，即它允许频繁的更新操作，那么我们自然要创建较小的表以更好地定位，从而易于实现这些更新。这样的表将满足较高的范式，并且更新异常将减少或消除。

另一方面，如果数据库是相对静态的，即我们经常检索信息，而只是偶尔更新数据库的内容，则可实行降范式化设计。这是因为在一个大的表中进行检索要比在多个表中进行同样的检索有效得多，因为在检索之前要先将它们连接到一起。

复习小测验8.2

RQ1　关系数据库模型是基于什么数学概念？

RQ2　关键字的两个主要特征是什么？

RQ3　外键可以是null值吗？

RQ4　用什么术语来表示对表进行修改操作所引起的意外副作用？

8.3　对象－关系映射

对象－关系映射是指从UML类模型映射到RDB模式的设计。对象－关系映射必须要考虑RDB模型的限制。难点在于要将类图的描述性语义转换为逻辑模式设计中的过程性解决方案。换句话说，就是类的某些内部描述性语义用关系模式无法表示。这些语义只能通过数据库程序从过程上进行解决，即存储过程（8.2.5节）。

从对象模型到RDB模型的映射已经在ER建模及扩展ER建模中得到了广泛的研究，如Elmasri和Navathe（2000）以及Maciaszek（1990）。研究原理都是相同的，并且所有主要的问题在那些研究中都已经解决了。映射不只是简单地符合RDB标准（SQL92或SQL:1999），而且还与目标RDBMS的实现相关。

8.3.1　映射实体类

实体类到关系表的映射必须满足表的第1范式，列必须是原子的。由于UML具有同样的限制，因此关系模型中的这个限制并不是问题。UML的类属性是基于原子数据类型和一些固有的结构化数据类型（Date、Currency）定义的，原子数据类型取决于目标程序设计语言，类似的结构化数据类型则得到了RDBMS的支持。

尽管如此，仍然存在问题。例如，"如果一个雇员有多个电话号码怎么办？对于这个简单的问题，在分析时应该如何对它建模呢？难道真的需要一个独立的电话号码类吗？"同样的问题，"是否可以将雇员的姓名建模为一个属性，但可以通过内部结构识别出姓名是由姓、名和中名组成的呢？是否真的需要一个独立的雇员姓名类呢？"

例8.1　关系管理

参照例4.6及图4-6（4.2.1.2.3节）中关系管理的类规格说明，观察EContact和EEmployee类。

EContact具有familyName和firstName属性，但没有姓名概念。同样，EEmployee具有familyName、firstName和middleName属性，但是我们不能从数据库获得雇员的姓名，因为不存在这样的概念。

EContact具有phone、fax和e-mail属性。现在的这个模型不允许一条联系信息具有多个phone、fax或e-mail，实际上这是非常不切实际的假设。

可以证明，将EContact和EEmployee类映射到RDB设计，可以有多种可选的映射策略。

例8.1的一种解决方案如图8-11所示，目标RDBMS是DB2。这个解决方案是针对Oracle RDBMS的。我们在表Contact中将contact_name建模为原子数据类型。每个Contact记录只允许有一个fax和一个email。可是，我们允许任何数量的phone，表ContactPhone就用于这个目的。

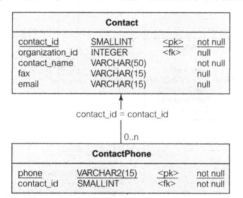

图8-11　关系管理系统中的实体类映射到RDB设计

在表Employee中，我们为family_name、first_name和middle_initial设置了3个独立的属性。可是，数据库中并不能说明employee_name是这3个属性的组合概念。

8.3.2　映射关联

关联到RDB的映射涉及表间的引用完整性约束的使用。任何一对一或一对多的关联可以通过直接在一个表中插入一个外键以匹配另一个表的主键来实现。

对于一对一关联，外键可以加给任何一个表（根据关联使用的模式来决定）。此外，在一对一关联的情况下，也可能要求将两个实体类组合为一个表（取决于所期望的范式化级别）。

对于递归一对一关联和一对多关联，外键和主键都放在同一个表中。每一个多对多关联（不管是否递归）都需要一个交叉表，如本章后面的图8-19所示。

例8.2　关系管理

参照例4.8和图4-8（4.2.2.2.1节）中关系管理的关联规格说明。

将图4-8中的图映射为RDB模型。

由于UML的关联规格说明中没有多对多的关联，所以例8.2的解决方案非常简单。RDB图（针对DB2 RDBMS）如图8-12所示。根据RDB原理，我们创建了许多新列作为主键，并保留了图8-11中的模型作为这个例子的解决方案的一部分。为了节省篇幅，我们去掉了列的NULL定义及关键字指示符。

对于PostalAddress和CourierAddress与Organization和Contact之间的引用完整性约束，采

用了PostalAddress和CourierAddress中的外键来建模。这是随意的，也可以反向建模这些约束（即用Organization和Contact中的外键）。

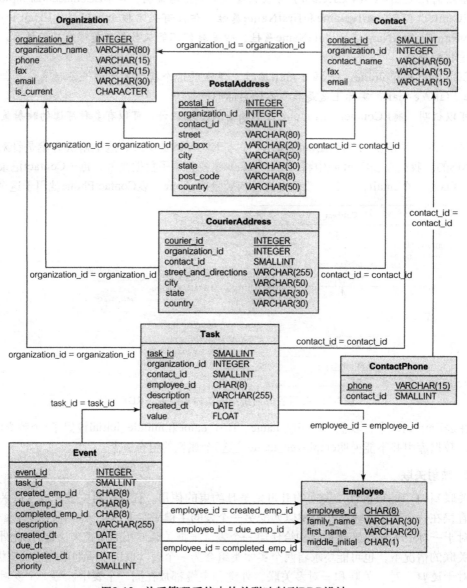

图8-12 关系管理系统中的关联映射到RDB设计

8.3.3 映射聚合

除了以过程方式来实现的触发器或存储过程外，RDB中不区分关联和聚合。映射关联的主要原理（8.3.2节）也适用于映射聚合，只有当一个关联可以转换成多个组合关系时，才需要特殊处理聚合（作为一种特殊的关联形式）的语义。

在强聚合（组合）的情况下，应当尝试将子集和超集实体类组合成一个表，在一对一聚合中这是可能的。对于一对多聚合，必须将子集类（在强聚合和弱聚合中）建模为独立的表（带有将其链接到自身表的外键）。

🖥 例8.3　大学注册

参照例4.9及图4-9（4.2.3.3节）中的大学注册系统的聚合规格说明。

将图4-9中的图映射为RDB模型。

例8.3中包括两个聚合关系，Student与AcademicRecord的组合和Course与CourseOffering的弱聚合。二者都是一对多的聚合，所以都需要独立的"子集"表。

在图4-9的UML模型中，我们采用了（当然是足够的）从AcademicRecord到Course的间接导航链接。在RDB设计中，我们可能要建立表AcademicRecord和Course之间的直接引用完整性。毕竟，AcademicRecord有属性course_code作为其部分主键，同样的属性也可以加给表Course作为外键。如图8-13所示（针对IBM Informix RDBMS）。

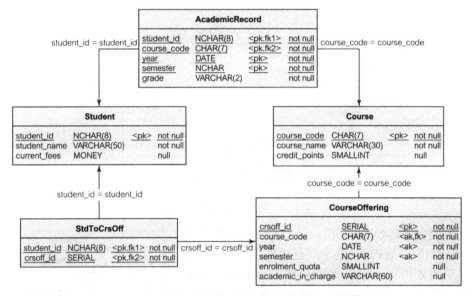

图8-13　大学注册系统中的聚合映射到RDB设计

虽然与聚合映射无关，但是从类Student和CourseOffering之间的多对多关联可以看到一个有趣的事实，这个关联产生了交叉表StdToCrsOff，交叉表的主键由两个主表的主键组成。

CourseOffering的主键可以是{course_code，year，semester}。可是，这样的关键字对于StdToCrsOff来说是很难处理的主键。因此，我们选择了CourseOffering中系统产生的主键，叫做crsoff，类型为SERIAL（Informix中能够产生唯一标识符的类型称为SERIAL，在其他RDBMS中可能叫法不同，如在Sybase中称为IDENTITY、在SQL Server中称为UNIQUEIDENTIFIER、在Oracle中称为SEQUENCE）。

8.3.4　映射泛化

可以用多种方式来实现泛化关系到RDB的映射，原理也比想象的简单。然而，需要重视的是，用RDB的数据结构来表示泛化时忽略了使泛化区别于其他关系的特性——继承、多态性、代码复用等。

为了说明泛化映射策略，考虑图8-14中的例子。将一个泛化层转换为RDB设计模型有4种策略（虽然这些策

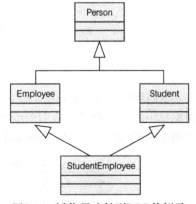

图8-14　泛化层映射到RDB的例子

略可能有一些更进一步的变化）：

- 将每个类映射到一个表。
- 将整个类层次映射到一个"超类"表。
- 将每个具体类映射到一个表。
- 将每个没有连接的具体类映射到一个表。

第一种映射策略如图8-15所示，每个表都有自己的主键。所给出的方案中并没有告诉我们"子类"表是否从"超类"表中"继承"了一些列。例如，Person中有person_name吗？Employee、Student和StudentEmployee是否"继承"了person_name？"继承"实际上指连接操作，而连接操作的性能问题使我们不得不在这个层次结构上的所有表中重复设置person_name。

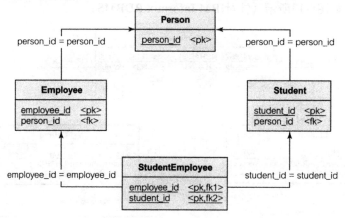

图8-15　每个类映射到一个表

第二种映射策略如图8-16所示（采用Microsoft SQL Server RDBMS）。表Person包含了泛化层中所有类的属性集合，另外还用两列（is_employee和is_student）来表示一个人员是雇员，还是学生，或者两者都是。

Person			
person_id	uniqueidentifier	<pk>	not null
is_employee	char(1)		null
is_student	char(1)		null

图8-16　类层次映射到一个表

为了说明第三种映射策略，我们假定类Person是抽象的。类Person的所有属性都可以由具体类所对应的表"继承"。结果如图8-17所示。

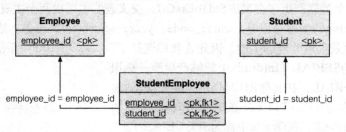

图8-17　映射每个具体类到一个表

第四种策略如图8-18所示（采用Informix RDBMS），这里仍然假设类Person是抽象的。与图8-15中的模型相反，我们假设总是知道一个雇员是否也是一个学生，并且反之亦然。因此这两个BOOLEAN型的列为not null。

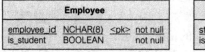

Employee			
employee_id	NCHAR(8)	<pk>	not null
is_student	BOOLEAN		not null

Student			
student_id	NCHAR(10)	<pk>	not null
is_employee	BOOLEAN		not null

图8-18　映射每个没有连接的具体类到一个表

📖 例8.4　音像商店

参照例4.10及图4-10（4.2.4.3节）中对音像商店系统的泛化规格说明。

我们的任务是将图4-10中的3个类映射为RDB模型。我们将使用第3种策略将每个具体类映射为一个表。要映射的3个类分别是EMovie、EVideotape和EDVD。

我们需要考虑如何处理导出属性/isInStock和静态属性percentExcellentCondition。

在例8.4的图8-19中，对3个具体类（Movie、Videotape和DVD）的每一个类，RDB设计（针对Sybase RDBMS）都包含一个表，且各表都有继承的列。

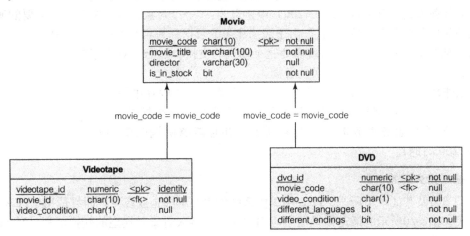

图8-19　音像商店系统中的泛化映射到RDB设计

different_languages、different_endings和is_in_stock列的类型为bit。根据定义，bit类型不允许为null值（bit不是0就是1）。

如果某部特定的电影至少有一盘录像或光碟在库中，列is_in_stock就设置为真（1）。如果客户只对这两种介质中的一种感兴趣的话，这个信息并不是十分有用。更好的解决方案是设置两个bit类型的列，或者干脆假设没有这样的信息存在，而在客户要借带子或光碟的时候再导出（计算）。

我们设计的所有表都没有静态属性percentExcellentCondition，要有也只能放在表Movie中。如果有，也必须考虑与属性/is_in_stock同样的问题。

复习小测验8.3

RQ1　哪一种映射需要交叉表？

RQ2　映射泛化关系到关系模型时如何处理多态性？

8.4　管理持久对象的模式

持久对象的管理毫无疑问是应用程序设计的主要问题。解决这个问题尤其需要好的设计模式集合。企业应用体系结构模式（PEAA）（Fowler 2003）就提供了这样的集合。Maciaszek和Liong（2005）介绍了其中的一些模式，包括：

- 标识映射。
- 数据映射。
- 延迟装载。
- 工作单元。

标识映射模式的解决方法是给内存中的所有持久对象都指定对象标识符（OID），再将这些OID映射到这些对象的内存地址上，然后将对象的其他标识属性映射到它们的OID上，这种模式中登记的对象标识符是唯一的，这样程序中的其他对象就可以通过对象的OID来访问它们了。

在**数据映射**模式中，程序随时都知道所需要的对象是在内存中还是要从数据库中获得。如果对象是在内存中，那么数据映射能够确定它是不是清洁的，即它在内存中的状态（数据内容）与数据库表中对应记录是不是同步的。如果对象是脏的（不清洁），那么数据映射将从数据库重新获取数据。判断一个对象是清洁的还是脏的相关信息可以保存在数据映射中，但将这个信息保存在标识映射中或实体对象本身中更好。

延迟装载模式在Fowler（2003:200）中定义为："一个对象，它并未包含你需要的所有数据，但是知道如何获取这些数据。"由于数据库中的数据都是相互关联的，但是应用程序可以只装载一部分对象到内存中，这就需要这个模式的支持。然而，对程序来说重要的是要能够随时装载更多的与内存中对象相关的数据。

在**工作单元**模式中，程序知道一个业务事务都包含了内存中的哪些对象，因此，应该在将这些对象的改变提交到数据库的同时处理这个程序。这个模式使应用程序了解业务事务，它负责"维护受业务事务影响的对象列表，并且能够协调改变的写入和解决并发问题"（Fowler 2003:184）。

8.4.1　检索持久对象

如8.1.3节及其他章节所述，PCBMER体系结构主要解决企业应用，而且适用于PEAA及类似的模式。图8-20所示的活动图说明了应用程序检索持久对象时典型的转换流程（Maciaszek和Liong 2005）。

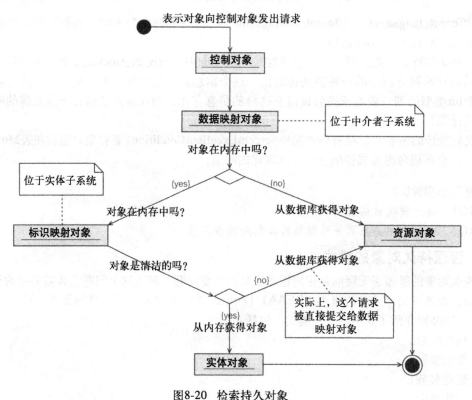

图8-20　检索持久对象

在典型情况下，用户通过表示对象（即UI窗口）向一个实体对象（如发票信息）发出请求。在PCBMER框架中，这个请求将被送到控制对象（控制子系统中的对象）。控制对象再通过数据映射对象获得实体对象。数据映射类一般位于中介者子系统中。

数据映射对象有很多重载的方法，根据控制对象提供给数据映射对象的信息不同可以实现不同的检索策略。典型的可能性是控制对象知道（Maciaszek和Liong 2005）：

- 一个对象的OID并将它提供给数据映射对象。
- 一个对象的某些属性值并将它们提供给数据映射对象。
- 另一个对象X引用了要检索的实体对象，并将X提供给数据映射对象。

注意，在第一种情况下，控制对象可能选择直接询问标识映射对象，从而避开数据映射对象。这是有可能的，因为控制子系统可以直接与实体子系统进行通信（图8-1）。

在第二种情况下，数据映射对象把控制对象提供的属性值构造成适当的信息传递给标识映射对象。然后标识映射对象基于这些属性值进行进一步检索。

在第三种情况下，数据映射对象没有什么帮助，必须将这个请求委托给标识映射对象。只要找到了包含这个引用的对象，标识映射对象就能够判断这个引用是否链接到一个内存中的实体对象。如果是内存中的对象，则将它返回给控制对象（并继续传递到表示对象）。如果不是，需要从数据库中重新获得。

如图8-20所示，只在内存中查找实体对象是不够的。对象必须是清洁的，即它所包含的当前数据值应该与数据库中的值相同。判断一个对象是否清洁的信息一般保存在对象本身中（通过某种标记，这样每一个实体对象都会被标记为清洁的或脏的）。

当找到的实体对象是脏的，或者在内存中找不到实体对象的情况下，数据映射对象开始在数据库中查找。图8-20中的注释清楚地说明了是由数据映射对象将所有的检索转交给数据库，而实体子系统不直接与资源子系统进行通信（根据图8-1中PCBMER框架）。

因为数据映射对象具有如此重要的转交作用，所以当控制对象确定内存中的某个实体对象是清洁的情况下，就应该限制控制子系统直接发送信息到实体子系统。由于大部分情况下控制对象都不能确定，所以中介者子系统中的数据映射对象应该完成通信。

8.4.2 装载持久对象

图8-20没有解释如果对象不在程序内存中或虽然在内存中但标记为脏的情况下，通过什么从数据库装载持久对象到内存。装载操作也称为检出操作，指从数据库"检出"对象到内存中。

图8-21是从Contact表（8.3.1节例8.1）装载一个EContact对象的顺序图。这里假定MData-Mapper知道这个EContact对象不在内存中，所以需要立即从数据库中得到这个对象。为了使检索成功，CAdmin将contactName作为查询条件值传递给getContact()中的参数。

在图8-21中，MDataMapper创建了一个SQL查询字符串并通过query()将它传递给RReader。然后由RReader处理所有与数据库的通信，并从Contact表中获得数据。然后再将这些数据返回给MDataMapper。通常，SQL查询可以全部由RReader创建，而不是MDataMapper。

MDataMapper现在有了创建一个EContact对象所需要的数据。创建过程由createContact()方法开始，它负责创建一个新的Econtact对象，由new()具体完成。

最后，MDataMapper请求EIdentityMap登记这个新创建的EContact对象（并标记为清洁的），装载过程结束。登记操作包括将EContact的OID增加到EidentityMap管理的不同映射中。最明显的映射就是EContact的OID与EContact对象本身的映射。可能还有另一个将EContact的OID链接到它的contactName的映射（假定contactName是一个唯一的标识符）。

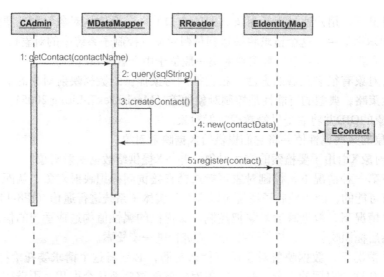

图8-21　装载关系管理系统中的一个持久对象

8.4.3　释放持久对象

释放（也称为检入）是装载的反操作。在应用程序处于以下3种情况下，必须释放一个实体对象（Maciaszek和Liong 2005）。

- 创建了一个新的实体对象，并且这个实体对象需要持久存储在数据库中。
- 更新了一个实体对象，并且这些改变需要持久存储在数据库中。
- 删除了一个实体对象，并且相应的记录也必须从数据库中删除。

图8-22说明了第三种情况，当应用程序删除了一个对象时的交互顺序。假定CAdmin知道要删除某个EContact对象，它通过deleteContact()服务调用了MDataMapper，MDataMapper创建了delete()操作的SQL字符串，然后请求RWriter使数据库删除Contact表中的相关记录。

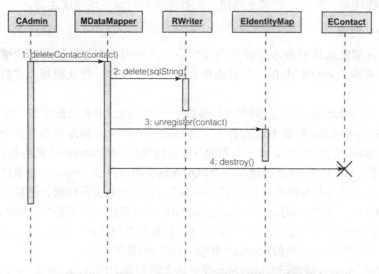

图8-22　释放关系管理系统中的一个持久对象

当RWriter返回（给MDataMapper）数据库中记录已被删除的信息后，MDataMapper向EIdentityMap发出unregister()信息，在成功从EIdentityMap维护的映射中移除EContact的所有

信息后，MDataMapper 向EContact发送消息destroy()，请求EContact将其自身删除。

复习小测验8.4

RQ1　什么是PEAA？

RQ2　哪一种模式具有当前内存中的对象的相关信息？

RQ3　哪一种模式负责处理业务事务？

8.5　设计数据库访问和事务

应用程序需要与数据库交换数据，客户端程序必须采用数据库语言（通常为SQL）来访问和修改数据库。如8.4节所述，资源子系统（以及RReader、RWriter等类）负责与数据库通信。然而，8.4节中的模型没有说明如何实现通信，此外，模型也没有解释如何保证业务事务的一致性。

8.5.1　SQL程序设计的层次

为了弄清楚客户端程序与数据库服务器是如何通信的，我们就要认识到SQL可以表现为不同的形式，并且可以用在程序设计抽象的不同层次上。图8-23区分了SQL接口的5个层次。

- 第1层SQL用做数据定义语言（DDL）。DDL是定义数据库结构（数据库模式）的规格说明语言。数据库设计者和数据库管理员（DBA）是第1层SQL的主要用户。

- 第2层SQL用做数据操纵语言（DML）或查询语言。然而，查询语言这个术语有点用词不当，因为第2层SQL不仅能够用来查询数据，而且还能够用来修改数据（通过insert、update和delete操作）。

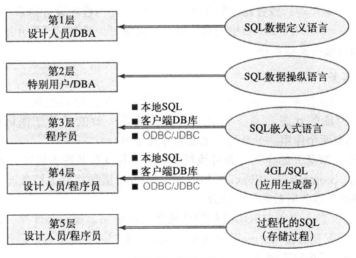

图8-23　SQL接口

使用第2层SQL的用户范围很广，从"没有经验的"特别用户到有经验的DBA。这层的SQL是交互式的，这意味着用户可以在应用程序设计环境之外构造查询，并让它立即在数据库上运行。第2层SQL是学习下面几层更精化的SQL的切入点。

应用系统程序员使用第2层以上的SQL。在这些较高的层次上，SQL除了允许像第2层一样（作为唯一选择）一次一个集合的处理机制以外，还允许一次一个记录的处理机制。一次一个集合的处理使查询可以从一个或多个表（记录的集合）中获得数据，并以表的形式返回结果。虽然这是一个很强的机制，但在复杂查询中使用却是困难和危险的。

为了保证查询能够返回正确的结果，必须让程序员能够逐行浏览查询所返回的记录，然后一次一个记录地决定如何处理这些记录。这种一次一个记录的处理能力称为临时表（cursor），而且第2层以上的SQL都有这个功能。

- 第3层SQL被嵌入在常规的程序设计语言中，如C或COBOL。由于程序设计语言编译器不理解SQL，因此需要一个预编译器（预处理器）来将SQL语句翻译成对DBMS供应商提供的DB库函数的调用。程序员可以选择直接使用DB库函数来编程，这样就可以不需要预编译器。

    客户端程序与数据库之间的接口通常采用开放数据库连接（ODBC）或Java数据库连接（JDBC）标准。在这种编程方式下，需要特定DBMS的ODBC或JDBC软件驱动程序。ODBC和JDBC在SQL之上提供了一种标准的数据库语言，可由驱动程序将它翻译成本地DBMS SQL。

    ODBC/JDBC有利于使程序与本地DBMS SQL分离。如果将来需要将程序移植到其他目标DBMS上，那么只要直接替换驱动程序就可以实现。更重要的是，使用ODBC/JDBC允许单个应用程序查询一个以上的DBMS。

    ODBC/JDBC的缺点是：它只具有SQL的"最小公共特性"。客户端应用程序不能利用任何特殊的SQL特性或由特定DBMS供应商所支持的任何扩展。

- 第4层SQL采用了与第3层同样的策略，将SQL嵌入到客户端程序中。但第4层SQL提供了更强的程序设计环境：应用生成器或第四代语言（4GL）。4GL配置了"屏幕界面"和UI构建能力，由于IS应用系统要求复杂的GUI，所以4GL/SQL常常是构建这种应用的首选。

- 第5层SQL除了具有第3层和第4层的功能外，还可以将一些SQL语句从客户端程序移动到动态的（可编程的）服务器端数据库。SQL可以作为程序设计语言（例如Oracle中的PL/SQL或Sybase与SQL Server中的事务SQL）来使用。就像8.2.5节介绍的那样，客户端程序可以调用服务器端程序。

8.5.2 设计业务事务

事务是一个逻辑工作单元，由一条或多条用户执行的SQL语句组成。事务也是数据库一致性的单元，数据库的状态在事务完成之后应该还是一致的。为了保证数据库一致性，DBMS的事务管理有两个作用——**数据库恢复和并发控制**。

根据SQL标准，事务开始于第一条可执行的SQL语句（在某些系统中，可能以begin事务语句开始），事务以commit或rollback语句结束。commit语句将修改持久写入数据库中，而rollback语句撤销这个事务所做的任何修改。

事务是原子的，事务中所有SQL语句的结果要么被提交，要么被回滚。由用户决定事务的长短（大小）。根据业务需求、应用领域和人机接口类型，一个事务可以短到只有一条SQL语句，也可以包含一系列SQL语句。

8.5.2.1 短事务

大多数传统的IS应用都要求短事务。短事务可以包含一条或多条SQL语句，必须以最快的速度完成这些SQL语句，这样其他事务才不会被挂起。

考虑飞机票预订系统，多个旅行社可以通过这个系统为全球的旅客预订航班。DBMS必须快速地执行每一个预订事务，使得航班的空位信息能及时得到更新，从而数据库可以处理在队列中等待的下一个事务，这是最基本的。

8.5.2.1.1 悲观的并发控制

传统的DBMS以及ODBMS中的主要异常都被设计为短事务，这些系统按照悲观的并发控制工作。事务要处理的每个持久对象都需要设置**锁**，有4种对象锁：

- **排他（写）锁**：必须等到持有这种锁的事务完成并释放该锁之后，才能处理其他事务。
- **更新（预写）锁**：其他事务可以读取对象，但只要有需要，就可以将持有这种锁的事务升级为排他模式。
- **读（共享）锁**：其他事务可以读取对象并且可能得到这个对象的更新锁。
- **无锁**：其他事务可以随时更新对象，因此它只适用于允许脏读的应用系统，即一个事务读取的数据在该事务完成之前可能已经（被另一个事务）修改或者甚至删除了。

8.5.2.1.2 隔离层次

与上面介绍的4种锁关联的是并发执行的事务间的4个隔离层次。由系统设计人员决定适用于数据库中各个事务间的隔离层次。这4个层次分别是（Khoshafian等人 1992）：

- **脏读**：事务t1修改了一个对象，但是还没有提交，这时事务t2读取了这个对象，如果t1回滚这个事务，则t2获得了一个数据库中根本不存在的对象。
- **非重复读**：t1读取了一个对象，而t2修改了这个对象，t1再次读取这个对象，但这次获得了同一个对象的不同值。
- **虚读**：t1读取了一组对象，而t2在这组对象中插入一个新对象，这时t1再次读取这组对象，则会看到一个"虚拟的"对象。
- **可重复读**：t1和t2可以并发执行，即使交替执行这两个事务所产生的结果都是一样的，就像它们是一次执行一个事务一样（这称为可序列化的执行）。

通常基于GUI的交互式IS应用要求短事务，但同一个应用中不同事务间的隔离层次可以不同。SQL语句set transaction就起这个作用。作用很明显——提高隔离层次就可以减少系统的整体并发性。

然而，有一个至关重要的设计决定与隔离层次无关。事务的开始总是要被延时到最后一秒钟。从客户端窗口开始了一个事务，然后让其一直等待，直到从用户那里获得一些附加信息后，才能够真正完成这个工作，这一点是不可接受的。

用户提供信息的速度可能很慢，或者用户可能甚至会在这个事务正在运行的时候关闭计算机。事务超时后会最终回滚事务，但到那时整个系统的吞吐量已经受到了影响。

8.5.2.1.3 自动恢复

墨菲法则认为任何可能出错的事终将出错。程序中可能包含了错误，正在执行的进程可能被挂起或中断，电源可能会断开，磁盘的磁头可能断裂等等。幸运的是，DBMS为大多数情况都提供了自动恢复的能力。只有在磁盘数据出现物理丢失的情况下，才需要DBA的干预使DBMS从最近的数据库备份中恢复数据。

根据事务在失效点的状态，DBMS将自动地执行事务的回滚操作，或者一旦引起问题的原因被消除，再进行事务的前滚操作。这个恢复过程是自动的，但是DBA也可以通过设置**检查点**出现的频率来控制恢复时间的长短。检查点是一种行为，DBMS可以通过它来识别当前活动的（仍在执行）事务。到现在这个时候，检查点记录已经被写入恢复过程要使用的**日志**中。日志，如其名，是对"事务历程"的记录，它包含了事务中被处理的一系列数据记录。至少，所有恢复过程在决定采取什么恢复行动之前，需要回扫最近的检查点记录。

图8-24说明了失效自动恢复的相关问题（Kirkwood 1992）。在检查点之后、系统失效之前提交了事务t1，由于DBMS并不知道在检查点之后的所有修改是否都已经物理地写入了数据库，所以在它从失效恢复后将前滚（重做）事务t1。

在检查点和失效之间对事务t2执行了回滚操作。同事务t1的情况一样，DBMS并不知道这个回滚所做的修改是否已经写入了磁盘，因此DBMS将再次执行回滚操作。

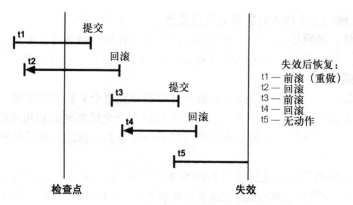

图8-24 自动恢复

有些事务是在检查点之后开始的。事务t3将被前滚以保证其对数据库的修改是有效的。同样，事务t4将被重复，即回滚。

事务t5不需要DBMS的任何补救行为，因为它在出现失效的时候正在运行。失效前由t5引起的任何改变都没有被写入数据库，所有中间的改变也只是写进了日志文件。用户意识到失效时这个事务正在进行，可以在DBMS启动并再次运行时重新执行这个事务。

8.5.2.1.4　可编程的恢复

不可预见的系统失效由DBMS自动恢复，而设计人员和程序员应该控制所有可预见的事务问题。DBMS提供了一组程序上的回滚选项，使其可以从问题平缓地恢复，从而使用户意识不到在什么地方出了问题。

首先，UI指南要求程序允许用户出错并从中恢复，如用户控制和宽容原则（7.1.2节）。如果这个事务还没有被提交的话，由程序员控制的作用在程序正确位置上的回滚可以将数据库恢复到以前的状态（即撤销这个错误）。

如果事务已经被提交，那么程序员还可以选择编写补偿事务，然后用户可以请求执行这个补偿事务来撤销对数据库的修改。补偿事务是专门为实现可编程恢复而设计的，可以在用例中对其建模。

保存点是程序中的一条语句，用来将一个较长的事务划分成几个较小的部分。将被命名的保存点插在程序的战略性位置上，程序员就可以选择将进程回滚到某个被命名的保存点位置，而不是回滚到事务的开始。例如，程序员可以在update操作之前插入一个保存点，如果update失败，那么程序可以回滚到这个保存点并尝试再次执行update操作。或者，程序也可以采取其他行为来避免放弃整个事务。

在较大的程序中，可以在每一个子程序之前都插入保存点。如果某个子程序失败，可以回滚到该子程序之前，然后利用修改过的参数再执行它。如果必要的话，专门设计和编写的恢复子程序可以完成这个扫尾工作，以使得这个事务可以重新执行。

触发器回滚是一种特殊的保存点。如8.2.4节所述，触发器可以用来编写任何复杂的业务规则。有时，当触发器拒绝修改一个表（由于这个事务试图打破业务规则）时并不想回滚整个事务，这个事务可能想采取补救行为。由于这个原因，DBMS提供了触发器程序设计功能以回滚整个事务或者只回滚这个触发器。在后一种情况下，程序（可能是存储过程）可以对问题进行分析，并决定下一步动作。即使最后不得不回滚整个事务，程序也能够更好地解释错误的原因，并向用户显示更易于理解的信息。

8.5.2.1.5　设计存储过程和触发器

7.4节介绍的窗口导航方法可以进一步扩展到与事务状态管理相关的应用程序逻辑。由所产生的程序导航模型可以确定存储过程和触发器，然后还要提供每一个存储过程和触发器的目的、定义和详细设计，尤其还应该用伪代码符号来定义算法。

例如，我们下面给出关系管理系统中存储过程DeleteEvent的一个算法（图8-25）。这个过程负责检查正在试图删除某个事件的用户（雇员）是否就是创建这个事件的雇员。如果不是，拒绝执行删除操作。这个过程还负责检查这个事件是否已经是当前任务中剩下的唯一事件，如果是，也将这个任务删除。

```
BEGIN
INPUT PARAMETERS (@event_id, @user_id)
Select Event (where event_id = @event_id)
IF @user_id = Event.created_emp_id
   THEN
      delete Event (where event_id = @event_id)
      IF no more events for
         Task.task_id = Event.task_id AND
         Event.event_id = @event_id
      THEN
         delete that Task
      ENDIF
   ELSE
      raise error ('Only the creator of the event can
                    delete that event')
ENDIF
END
```

图8-25　关系管理系统中一个存储过程的伪代码

存储过程deleteEvent包含从表Event和Task中删除记录的delete语句。如果存在触发器的话，这些delete语句将触发这些表上的删除触发器。如果这些触发器的算法超出了正常的引用完整性检查范围，那么设计人员还应该为它们提供伪代码设计规格说明（包括确定回滚策略是触发器回滚还是事务回滚）。

8.5.2.2　长事务

IS应用中的一些新类型支持用户之间的协作，这样的应用系统称为工作组计算应用或计算机支持协同工作（CSCW）应用。这方面的例子有办公应用、协同写作、计算机辅助设计（CAD）以及CASE工具等。

在很多方面，工作组计算应用的数据库需求与传统数据库模型是正交的，传统数据库具有使用用户之间相互隔离的短事务。而工作组计算应用要求长事务、版本管理和协作并发控制等。

ODB模型为工作组计算提供了一个框架，并且许多ODBMS产品是针对这个应用领域的。工作组计算应用的用户共享信息，并且能意识到他们正在进行的工作是在共享数据上进行的。他们使用个人数据库在他们自己的工作空间内工作，个人数据库的数据是从公共工作组数据库中检出（复制）的。他们工作于长事务，能够跨越计算机会话（用户可以中断一个长事务，并在返回后继续同一个长事务）。

长事务的主要方面是，在系统没有进行跟踪的情况下发生失效时不允许自动回滚。为了说明这个需求的重要性，可以想象一下由于计算机失效，这本书的文字和图片现在要被回滚时我的失望情绪！长事务回滚可以通过保存点来控制，从而将对象持久地存储到用户的私有数据库中。

短事务的概念并没有从工作组计算应用中完全去掉。短事务对保证工作组数据库和私有数据库之间的检出、检入操作的原子性和独立性是非常必要的。于是，在工作组数据库中，短锁被释放了，而长的持久锁则被加到所有检出的对象上。

长事务模型的相关目标包括（Hawryszkiewycz等人 1994；Maciaszek 1998）：

- 允许在协作用户之间进行信息交换（即使暂时不一致）。
- 检测数据的不一致性，并促使它们一致。
- 利用对象的版本功能来控制共享，使系统在发生失效的情况下不丢失工作。

复习小测验8.5

RQ1　哪一个SQL程序设计层次允许一次一个记录的处理机制？
RQ2　DBMS事务管理的两个主要作用是什么？
RQ3　哪一个隔离层次能够保证事务的可序列化执行？
RQ4　DBA是怎样控制恢复时间的长短的？
RQ5　程序员是怎样控制长事务进行回滚的？

小结

本章反映了软件开发中数据库的至关重要性，讨论了应用程序与数据库接口相关的所有主要问题。目标数据库模型为关系模型。

数据库模型有3个层次：外部模型、逻辑模型和物理模型。本章我们重点讨论了逻辑模型。对象到数据库的映射其实就是UML类模型到关系数据库中逻辑数据模型的映射。

对象模型到RDB逻辑模型的映射有时是最麻烦的，因为关系数据库的基本语义简单。RDB模型不支持对象类型、继承、结构化类型、集合或者引用。数据存储在表中，并通过引用完整性约束进行关联。可以采用触发器来编写隐含在UML类模型中的业务规则的语义。可以采用存储过程和视图来实现那些不能用表格数据结构来表示的建模约束。范式化会进一步影响映射。

应用程序需要与数据库进行通信，但通信不能打破所采用的体系结构框架。PCBMER框架与数据库设计结合得很好。有多种不同的设计模式可以用来管理应用程序代码中的持久对象。本章还介绍了检索、装载和释放持久对象的模型。

在设计应用程序与数据库间的协作时，应该考虑SQL接口的5个层次。第5层SQL特别有意思，因为它允许用户直接对数据库编程。存储过程和触发器会严重影响服务器端的程序设计。

事务是数据库的逻辑工作单元，它开始于一致的数据库状态，并能够保证在它结束时也是一致的状态。事务可以处理数据库并发和数据库恢复。传统的数据库应用系统要求短事务，而一些新的数据库应用系统则工作于长事务。

关键术语

Business transaction（业务事务） 从业务（应用）的观点来看，是由多个（系统）事务组成的一个逻辑工作单元。

Checkpoint（检查点） 一种DBMS的行为，检查点由所有活动事务的标识组成，通过将检查点记录写入日志文件可以减少失效恢复所需要的时间。

Column（列） 表中被命名的垂直划分区域，具有特定的数据类型，代表数据的一个特定域。参见行。

Data mapper（数据映射） 定义了"对象与数据库之间交换数据的映射层次，而且能够保证它们之间相互独立且与映射本身无关"的一种模式（Fowler 2003:165）。

Data model（数据模型） 数据库中数据结构的模型，也可以定义行为结构，如触发器和存储过程。

Domain（域） 一个列可以取值的合法集。

ER 实体关系。

Foreign key（外键） 引用完整性约束定义中包含的关键字（引用了被引用的表的主键的关键字）。

Identity map（标识映射） "在映射中保存每一个已装载的对象，从而保证每一个对象只能被装载一次，当引用到这些对象时通过映射可以找到对象"的一种模式（Fowler 2003:195）。

JDBC Java数据库连接。

Key（关键字） 关系数据库中用来定义表和列间的某些完整性约束的一列或几列。

Lazy load（延迟装载） 一种模式，Fowler（2003:200）中定义为"一个对象，它并未包含你需要的所有数据，但是知道如何获取这些数据"。

Lock（锁） 一种DBMS的行为，可以"锁住"数据记录（以及其他内部数据结构），只要将它们指派到事务中的某条SQL语句即可，这样就使得那条SQL语句的执行能够与其他并发执行的事务隔离开。

Log（日志） DBMS维护的一个特殊文件，保存了事务修改过的所有数据库记录（修改前和修改后的记录都保存了）。

Normalization（范式化） 设计能够避免更新异常的数据库表的过程。

Object-relational mapping（对象－关系映射） 能够将应用程序对象转换为关系数据库或将关系数据库转换为应用程序对象的工具或软件。

ODBC 开放数据库连接。

PEAA 企业应用体系结构模式。

Persistent object（持久对象） 见第6章关键术语持久对象。

Primary key（主键） 能够唯一确定表中一行的关键字，一个表只能有一个主键。

Primitive type（原始类型） 程序设计语言或数据库提供的可以支持其基本操作的固有数据类型。程序员可以使用原始类型来创建自定义的组合类型。

Referential integrity（引用完整性） 对一个表的（外）键定义的规则，要求这个外键中的值必须与所关联的表的（主）键中的值（引用的值）相匹配。这是关系数据库中实现关联的一种方式。

Relational table（关系表） 见下面的表（关系）。

Row（record）（行（记录）） 表中某一行的各列信息的集合，关系数据库中与程序设计语言中的对象相对应的部分。参见列。

Savepoint（保存点） 数据库程序中的一条语句，用来指明可以将事务回滚到程序的某个位置，而不会影响保存点之前事务已经完成的工作。

Stored procedure（存储过程） 存储在数据库中的一个程序，调用它可以操作数据库。

Table（relational）（表（关系）） 关系数据库中数据定义与数据存储的基本单位。所有用户访问的数据都存储在表中。

Transaction（system transaction）（事务（系统事务）） 由一条或多条用户执行的SQL语句组成的逻辑工作单元，而且事务中所有的SQL语句要么一起被提交，要么一起被回滚。

Trigger（触发器） 见第6章关键术语触发器。

Unit of work（工作单元） "维护受业务事务影响的对象列表，并且能够协调变更的写入和解决并发问题"的一种模式（Fowler 2003:184）。

Update anomaly（更新异常） 对表进行修改操作（insert、update、delete）所引起的意外副作用。

View（视图） 一个被存储和命名的SQL查询，从用户的角度看是一个虚拟的表。

选择题

MC1 SQL:1999是哪一种数据库的标准？
    a. 关系型   b. 对象－关系型   c. 面向对象型   d. 以上都是

MC2 下面哪一个选项是RDB模型不支持的？
    a. 结构化类型   b. 引用   c. 集合   d. 以上都是

MC3 视图可以用来：
    a. 编写业务规则   b. 支持数据库安全   c. 定义域   d. 以上都不是

MC4 哪一个是泛化映射时不允许采用的策略？
    a. 将整个类层次映射到一个"超类"表

b. 将每个没有连接的具体类映射到一个表

c. 将每个抽象类映射到一个表

d. 以上都不是，全部都允许

MC5 哪一种模式被定义为"一个对象，它并未包含你需要的所有数据，但是知道如何获取这些数据"？

a. 工作单元   b. 标识映射   c. 数据映射   d. 延迟装载

MC6 哪一种锁允许"脏读"？

a. 预写锁   b. 读锁   c. 共享锁   d. 以上都不是

问题

Q1 请解释数据模型的3个层次。

Q2 参照图8-1（8.1.3节）说明资源子系统、数据库模式和数据库程序之间的依赖关系。

Q3 什么是引用完整性？在从UML类模型映射到关系模型中，它是如何起作用的？

Q4 解释4种描述性引用完整性约束。

Q5 什么是触发器？它是怎样与引用完整性关联的？

Q6 存储过程可以调用触发器吗？请说明原因。

Q7 什么是好的数据库范式化层次？请解释。

Q8 参照图8-11（8.3.1节），假设每一个ContactPhone都必须链接到某个Contact，而且不允许重新指派（改变）到另一个Contact。在数据库中如何实现这些约束？

Q9 参照图8-22（8.4.3节），考虑这样的情况：更新操作要求释放一个实体对象到数据库中，而不是删除操作，这时顺序图会有什么不同？

Q10 简述SQL程序设计接口的5个层次。

Q11 与从客户端程序发送到数据库的SQL查询相比，存储过程调用的优点是什么？什么情况下我们要使用SQL查询而不是存储过程调用？

Q12 简述悲观的并发控制中的锁。

Q13 简述事务隔离的层次。

Q14 数据库恢复的时间长短能够由设计人员/DBA来控制吗？请说明原因。

Q15 什么是补偿事务？程序设计中怎样使用补偿事务？

Q16 什么是保存点？程序设计中怎样使用保存点？

练习：关系管理

F1 参考例7.10（7.4.3节）以及第7章练习中的F4——关系管理。在第7章练习的解决方案中，考虑图7-43，即关系管理部分的解决方案。参考图7-43中的消息8（显示要更新的记录），按8.4节所述，对顺序图进行扩展（从消息8开始），以说明持久对象的管理。对模型加以解释。

F2 参考例7.10（7.4.3节）以及第7章练习中的F4——关系管理。在第7章练习的解决方案中，考虑图7-43，即关系管理部分的解决方案。参考图7-43中的消息10（按下保存），按8.4节所述，对顺序图进行扩展（从消息10开始），以说明持久对象的管理。对模型加以解释。

F3 参考关系管理系统的问题陈述3（1.6.3节）以及第4、5、7和8章中关系管理的一系列例子，尤其是例5.3（5.1.1.3节），为Event表确定数据库触发器。

F4 参考关系管理系统的问题陈述3（1.6.3节）以及第4、5、7和8章中关系管理的一系列例子，为Task表确定数据库触发器。

F5 参考关系管理系统的问题陈述3（1.6.3节）以及第4、5、7和8章中关系管理的一系列例子，确定作用在Event表上的存储过程，并写出所确定的存储过程的伪代码算法。

练习：电话销售

G1　参考第7章练习中的G1——电话销售。考虑你在这道题中给出的类图。将这个类图映射到关系数据库模型。对映射加以解释。

G2　参考第7章练习中的G8——电话销售。考虑你在这道题中给出的序列图，按照8.4节所述，在图中标出会导致持久对象管理相关行为的所有事件（消息）。对这个图进行扩展，将持久对象的管理包含进去。对模型加以解释。

复习小测验答案

复习小测验8.1

RQ1　不相同。实体类"一定会"成为持久的，因为它在数据库中是持久表示的，但本质上它不是持久的。在把实体类的对象按对象进行存储的面向对象数据库中较难区分（关系数据库将它们存储为表中的记录）。

RQ2　面向对象数据库模型。

RQ3　实体关系（ER）图。

复习小测验8.2

RQ1　集合理论（以及谓词逻辑）。

RQ2　关键字一定是唯一的，且是最小的。

RQ3　是的，它可以。

RQ4　更新异常。

复习小测验8.3

RQ1　在映射多对多关联时。

RQ2　没有提到，被忽略了。

复习小测验8.4

RQ1　企业应用体系结构模式。

RQ2　数据映射模式。

RQ3　工作单元模式。

复习小测验8.5

RQ1　从第3层。

RQ2　数据库恢复和并发控制。

RQ3　可重复读。

RQ4　通过设置检查点出现的频率。

RQ5　通过保存点将对象持久地存储到用户的私有数据库中。

选择题答案

MC1　b	MC2　d	MC3　b	MC4　c
MC5　d	MC6　d（"无锁"允许脏读）		

奇数编号问题的答案

Q1　人们专门用来建模数据结构的数据模型有3个层次，即外部模型、逻辑模型和物理模型。

外部模型和逻辑模型都是概念模型，与特定DBMS的复杂度无关，但通常符合当今的主流模型——关系数据库模型。这在关系模型中常常表现为外部层建模和逻辑层建模中采用的实体关系（ER）图技术被简化表示（"简化"是因为关系模型的语义简单）。

外部数据模型适用于单个应用系统的范畴。一般将这类应用系统定义为一个与数据库连接的可执行程序。外部数据模型用来定义这类应用系统所需要的数据结构。

通常，一个数据库可以支持多个应用系统。这些应用系统的数据库需求可能有共同的部分，也可能有冲突的部分。因此，有必要将这些外部模型组合为一个逻辑数据模型。一个好的逻辑数据模型几乎能够独立于单个的应用系统，而且能够为所有已有的应用系统或将来的应用系统提供数据库结构。

物理数据模型通过将逻辑数据模型转换为符合特定DBMS及DBMS的特定版本的设计来获得。所得到的物理模型使设计人员能够用代码来创建数据库模式（包括触发器和索引），并将测试数据装载到数据库表中。

Q3 引用完整性是用来保证数据库中数据准确无误的主要RDB技术，引用完整性规定一个数据库中不能包含与主键值不匹配的外键值。

引用完整性是实现数据结构之间关联的一种RDB方式。因此，可以将UML类图中的关联（和聚合）映射为RDB模型中主键与外键的关系。

Q5 触发器是在数据上实现业务规则的一种过程（计划性的）方式。作用在数据库数据间关系上的某些业务规则不能只是描述性地实现，而触发器是编写这些引用完整性规则的唯一方法。

实质上，触发器中包含了描述性引用完整性。所有描述性引用完整性约束的触发器代码可以自动生成，然后再人工地进行扩充或重新编写这部分代码以满足更复杂的业务规则。

Q7 好的范式化层次能够得到理想的数据库模式——在性能和维护方面——因为数据库中就采用这样的一些方式。由于数据库使用的模式中包含大量的检索和更新操作，好的范式化层次意味着检索和更新的平衡，以使最重要的检索和更新操作按照表的范式化得到优先处理。

动态的数据库表（它们的内容频繁被更新）应该范式化为高范式。相反，相对静态的表（可能在非高峰时间由批处理程序进行更新）应该降低其范式化的层次。因此，数据库中的有些表可能满足高范式，而有些表可能满足低范式。

Q9 这个问题有点难，因为并没有说明更新的范围，而且不知道实体类（EIdentityMap和EContact）的确切设计。例如，程序中可能只有一个EIdentityMap实例，或者每个实体类都有一个单独的实例。在后一种情况下，实体对象的状态（清洁的或脏的）可以由EIdentityMap而不是实体对象本身进行维护。

删除和更新的不同点体现在释放上，因为更新（通常）不会破坏实体对象。通过对Contact表执行SQL的update操作"释放"对象到数据库中，而EContact对象继续保留在内存中。此外，EContact对象是清洁的，所以应该标记为清洁的。标记过程由MDataMapper通过setClean()或类似的消息请求EIdentityMap或者直接请求EContact完成。

Q11 存储过程比客户端提交的SQL查询更具有性能优势。体现在大大缓解了网络堵塞，且存储过程是被优化的、编译好的，随时准备"触发"。

在大型系统中，存储过程允许编写为高度模块化的代码，这样便于重用，而且既可以嵌入到较大的存储过程中，也可以被不同的应用程序调用。

在由用户（通过UI间接地）创建数据库动态查询的情况下，换句话说，当客户端程序不能提前知道用户需要处理什么（查询标准）的情况下，客户端程序仍然需要SQL查询。

Q13 SQL支持事务隔离的4个层次。本章已经对这4个层次给出了不同的名字，以帮助读者理解并跟上本书的逻辑流程。这4个层次是（本章中的描述在括号中）：

1) 未提交读（脏读）。

2) 提交读（不可重复读）。

3) 重复读（虚读）。

4) 序列化（可重复读）。

　　未提交读是指读数据时数据库不要求有读（共享）锁。因此，其他事务可以读取随后可能会回滚的未提交的事务（因此是"脏读"）。这个隔离层次只能保证不读取物理上被污染的数据。

　　提交读是指数据库中需要有读锁才能读取数据。只能读取已经提交的数据，但在事务结束之前可以修改这些数据。

　　重复读是指一个事务中用到的所有数据都有锁，其他事务不能更新这些数据。但是其他事务可以向数据集中插入新项，如果事务再次从这个数据集中读取数据，那么就会出现"虚读"。

　　序列化是指一个事务中用到的所有数据都有锁，并且其他事务不能更新这个数据集或向这个数据集中插入数据项。

　　注意，如果一个数据库只支持页级锁（不支持行级锁），那么重复读和序列化是相同的。这是因为其他事务在前一个事务完成之前不能插入单个数据行，因为整页数据都被锁住了。

Q15 补偿事务可以撤销一个已经被提交的事务所产生的影响。当用户必须撤销对数据库的改变、而且用户期望程序能够提供这样的撤销操作（如一个菜单项）时，补偿是一个重要的恢复机制。在某些情况下，可能有必要在程序中设计出可以进行多次撤销（一次接着一次地撤销，不止一次）的补偿事务。

　　在一些先进的事务模型中使用了保存点，允许子事务提交改变到数据库中。要使事务能够从随后的失效中恢复，就需要补偿事务，这样就可以撤销已提交的子事务而不会引起其他事务的连带终止（可能很多）。

练习的解决方案：关系管理

F1 除了statusCode还以不可编辑的方式显示之外，图7-43中的Update Organization Status（更新组织状态）界面与图7-34（7.4.3节）中的窗口类似。当程序导航进入这个界面时，需要得到statusDescription的当前取值。因此，就需要给CAdmin发送消息getOrgStatus()（图8-26）。CAdmin再将这个请求转发给MDataMapper。

　　如8.4.1节（图8-20）所述，MDataMapper首先尝试在内存中得到EOrgStatus对象，如果EOrgStatus对象在内存中并且是清洁的，处理结束（返回EOrgStatus对象并显示在Update Organization Status界面之后）。

　　否则，程序必须去数据库中查找EOrgStatus对象（如果内存中有脏的EOrgStatus对象存在，先删除它），其他消息与8.4.2节（图8-21）所描述的模式相同。

F2 改变一个组织状态记录时既要更新数据库，同时还要修改内存中的实体对象。如图8-27所示，CAdmin将save()请求传递给MDataMapper，这个请求中附带了EOrgStatus的OID以及修改后的orgStatusData。利用这些信息，MDataMapper可以通过RWriter去更新数据库。

　　倘若数据库更新成功，MDataMapper通过EIdentityMap用新的statusDescription修改内存中的EOrgStatus对象。图8-27中的模型假定EOrgStatus具有一个能够说明它是否是清洁的标志。消息setClean()可以修改这个标志的值。

F3 Event表需要两个触发器，它们是：

　　1) insert触发器（ti_event）。

　　2) update触发器（tu_event）。

　　插入触发器将保证：

　　• 外键Evevt.task_id与现有的Task.task_id保持一致。

　　• 外键Event.created_emp_id与现有的Employee.emp_id保持一致。

　　• 外键Event.due_emp_id与现有的Employee.emp_id保持一致。

　　• 外键Event.completed_emp_id与现有的Employee.emp_id保持一致或者为null。

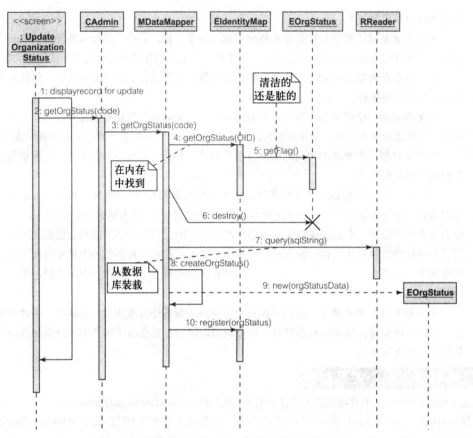

图8-26 关系管理系统中显示请求后的持久性管理

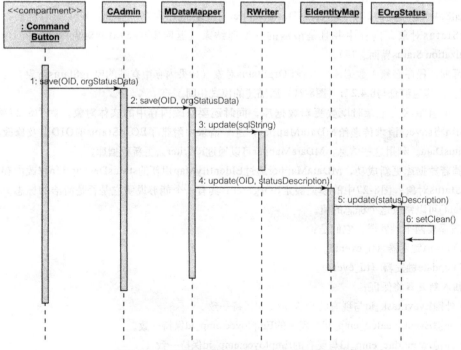

图8-27 关系管理系统中更新请求后的持久性管理

更新触发器使用与插入触发器相同的业务规则，以防止试图修改下列外键列：

- Event.task_id。
- Event.created_emp_id。
- Event.due_emp_id。
- Event.completed_emp_id。

F4 Task表需要3个触发器，它们是：

　　1) insert触发器（ti_task）。

　　2) update触发器（tu_task）。

　　3) delete触发器（td_task）。

　　插入触发器将保证：

- 外键Task.contact_id与现有的Contact.contact_id保持一致。
- 外键 Task.created_emp_id与现有的Employee.emp_id保持一致。

　　更新触发器将保证：

- 外键 Task.contact_id不能被修改为不存在的Contact.contact_id。
- 外键 Task.created_emp_id不能被修改为不存在的Employee.emp_id。
- 如果Event表还存在相关的事件，则不允许修改主键 Task.task_id。

　　删除触发器将保证在执行删除任务时：

- Event表中所有相关的事件也同时被删除（"级联"删除到Event表结束）。

F5 进一步支持Event表的事务完整性（即修改Event并配合触发器）的存储过程包括：

- 保存事件（SaveTaskEvent_SP）。
- 删除任务中的最后一个事件（DeleteEvent_SP）。

　　修改Event表而不会影响外键所涉及的相关表（注意，修改Event表而不会影响外键所涉及的相关表意味着要么没有修改外键列，要么就是应用程序保证了外键值的正确性，例如，可通过数据库驱动的值选择列表来保证）的存储过程包括：

- 存储事件已经完成的信息（CompleteEvent_SP）。

　　仅从数据库获得信息且与Event表有关的存储过程包括：

- 找出关系管理子系统中雇员的日常活动（DailyActivity_SP）。

　　过程SaveTaskEvent_SP应遵循的算法如下：

```
BEGIN
INPUT PARAMETERS (all known (not null) fields corresponding to columns in tables Task and Event)
IN/OUT PARAMETERS (@task_id, @event_id)
IF @task_id is null
  AND other Task fields are not nulls
   (except @value that can be null)
  THEN
        insert into Task
  ELSE
        IF @task_id is not null
            AND at least one other Task field is not null
            THEN
                    update Task
        ENDIF
ENDIF
IF @task_id is not null
  IF @event_id is null
        AND other required Event fields are not nulls
        THEN
```

```
                    insert into Event
            ELSE
                IF @event_id is not null
                    THEN
                        update Event
                ENDIF
        ENDIF
    ENDIF
END
```

应用不允许出现其他情况，但如果允许，触发器将回滚事务，并给出相应的错误信息提示。

```
END
```

过程DeleteEvent_SP的算法如下：

```
BEGIN
INPUT PARAMETERS (@event_id, @user_id)
Select Event (where event_id = @event_id)
IF @user_id = Event.created_emp_id
    THEN
        delete Event (where event_id = @event_id)
        IF no more events for
            Task.task_id = Event.task_id AND
            Event.event_id = @event_id
          THEN
            delete that Task
        ENDIF
    ELSE
      raise error ("Only creator of the event can delete that event")
ENDIF
END
```

过程CompleteEvent_SP的算法如下：

```
BEGIN
INPUT PARAMETERS (@event_id, @completed_dt, @completed_emp_id)
IF all parameters are not null
    THEN
        update Event (where event_id = @event_id)
    ELSE
        raise error
ENDIF
END
```

过程DailyActivity_SP的算法如下：

```
BEGIN
INPUT PARAMETERS (@date, @user_id)
OUTPUT PARAMETERS (all columns from tables Task, Event, and selected columns from tables
Contact and PostalAddress)
LOOP (until no more Events found)
    Select Event (where (due_dt <= @date OR
                completed_dt = @date) AND
                due_emp_id = @user_id)
    Select Task for that Event.task_id
    Select ActionXref for that Event.action_id
    Select Contact for that Task.contact_id
    Select PostalAddress for that Contact.contact_id
ENDLOOP
END
```

第9章 质量与变更管理

目标

在本章中我们将回顾第1章中定义的那些最基本的系统开发问题，然后，在某种意义上结束开发生命周期循环。我们这里提到的问题——质量与变更管理——能够判断一个IT组织是否达到了CMM过程成熟度的两个最高级（1.1.2.2.2节）。

质量管理分为质量保证和质量控制。质量保证采用主动的方式来建造有质量的软件系统。质量控制采用（大部分是被动的）方式来测试软件系统的质量。

变更管理是整个项目管理的基础——必须记录所有的变更请求，追踪每一个变更对所开发的人工制品的影响，在变更完成之后重新进行测试。

通过阅读本章，你可以：

- 理解质量管理与变更管理之间的相互作用。
- 了解质量保证与质量控制有什么不同。
- 学到常用的质量保证技术——检查表、评审和审核。
- 熟悉测试驱动开发质量保证方法。
- 学到测试是主要的质量控制机制。
- 了解测试系统服务与测试系统约束有什么不同。
- 了解规范的变更管理过程要从正式的变更请求开始。
- 认识到可追踪性是进行变更管理的必要条件。

9.1 质量管理

质量管理与人员管理、风险管理以及变更管理等活动都属于整个软件过程管理的一部分。质量管理的某些方面可能还会与其他管理任务交织在一起。

项目管理（进度安排、预算、跟踪项目进度）是个例外。质量管理与项目管理可以并行执行，而且也有助于项目管理。质量管理应该有自己的预算和进度安排，而且其任务之一就是保证项目管理的质量。也就是说，质量与变更管理的活动和结果可能会引起对项目进度和预算基准的更改，即对性能测量基线（Heldman 2002）的更改。

质量管理主要针对软件产品以及开发产品时所采用的软件过程。针对不同的软件项目，所要求的软件质量的重要性各不相同。这些质量有助于实现系统最主要的目标——软件产品满足功能性需求。Maciaszek和Liong（2005）给出了要达到这个目标所必需的质量，罗列如下：

- 正确性。
- 可靠性。
- 鲁棒性。
- 性能。
- 可用性。
- 易懂性。
- 可维护性（可维修性）。
- 可伸缩性（可扩展性）。

- 可复用性。
- 可携带性。
- 协同工作的能力。
- 生产力。
- 时效性。
- 可视性。

本书中主要讨论了这些质量中的3个，这3个质量对企业长期的发展力和竞争力是最重要的。它们是易懂性、可维护性和可伸缩性——合在一起称为适应性。

9.1.1 质量保证

质量保证就是制定能够保证最终产品质量的质量过程和质量标准。在这个意义上，1.1.2.2节所讨论的过程标准和框架就属于质量保证的范畴。

由于质量保证与项目管理无关，所以质量保证应该由一个单独的小组，软件质量保证（SQA）小组来实施。SQA小组应该由组织内最优秀的人员组成。除了质量保证功能之外，SQA小组不能与项目有任何关系。SQA小组（不是最初的开发人员！）要对最终的产品质量负责。SQA小组应该按照与所开发项目的重要性和范围相称的级别向功能管理人员进行汇报。因此，这个级别可以作为操作级管理、战术级管理乃至策略级管理的级别。

9.1.1.1 检查表、评审与审核

检查表、**评审**与**审核**是质量保证广泛采用的3个主要技术。检查表正如其名，是预先确定的在开发过程中必须仔细认真核对的"要完成"的细节清单。任何建立了软件开发过程的IT企业都有自己的活动检查表，开发人员必须遵守。标准化组织也制定了检查表的条目，企业可以通过检查他们的活动是否满足这些条目来验证他们是否符合标准。

任何两个项目都不可能是一样的，所以各个项目的过程是不同的。因此，检查表不可能是一成不变的，应该为每一个项目分别"建立"检查表。同样，也需要修改"基线"检查表以满足新的IT技术和IT开发模式的变化。

评审是一种手工形式的测试。它是正式的、文档驱动的开发人员会议，也可以是管理人员会议，目的是评审一个工作产品或过程。评审有两种方法：**走查**和**审查**。

走查是一种正式的头脑风暴式的评审，可以在任何开发阶段进行。它是一次友好的开发人员会议，有详细的计划和明确的目标、会议日程、指定的时间和成员人数。许多IS开发团队每周走查一次。

走查会议之前的几天，与会者会收到会议上将要被评审的材料（模型、文档、程序代码等）。这些材料由走查主持人负责收集，然后分发给与会者。同样，在会议之前，与会者要研究这些材料，并向主持人提交他们的评审意见。

会议本身相当短（最多2到3个小时）。会议上，主持人介绍这些评审意见并对每一个条目展开讨论。会议的目的是查明是否存在问题，而不是纠缠开发人员！这些问题与哪个开发人员相关并不重要，甚至可以是匿名的开发人员（尽管通常不是这样）。总的原则就是只证实是否存在问题，不要试图去解决问题。

查出的问题放入走查问题列表（Pressman 2005）中，在会后提交给开发人员。开发人员按照这个列表来修正被评审的软件产品或过程。修正之后，开发人员要通知主持人，由主持人决定是否需要继续进行走查。

有很多迹象能够说明走查很有效。在开发过程中引入了规范和专业特性，促进了生产力并满足了时间限制，有大量的信息输出，能够提高软件质量。

　　与走查类似，审查也是一次友好的会议，但是在项目经理的管理下举行的。其目的也是找出所有**故障**，验证这些故障是否是真正的故障，然后记录这些故障，并安排何时、由谁完成这些故障的修正。

　　与走查不同，审查进行的次数较少，只针对选定的关键问题，且更正式和严格一些。可以在很多阶段进行审查。审查始于规划阶段，在规划阶段要确定审查成员人数和审查的目标范围。

　　在审查会议之前，可能会安排一次小型报告会。在报告会上，被审查产品的开发人员要介绍该产品。在报告会上或报告会前，与会者将得到审查材料。

　　报告会通常在审查会议前一周召开。这样可以给审查小组时间来研究材料并为会议作准备。在审查会议上，所有故障都要进行鉴定、记录和编号。会后主持人要立即准备**故障日志**——理论上，记录在与项目相关的变更管理工具中。

　　通常会让开发人员尽快解决这些故障，并且要在变更管理工具中记录相应的解决方案。由主持人验证问题是否已经得到解决，并决定是否需要重新审查。解决方案通过后，主持人——与项目经理进行协调——要将这个开发模块提交给组织内的SQA小组（如果有这个小组的话）。

　　系统开发项目中的**审核**是一个质量保证过程，在所需要的资源方面，与传统的会计审核类似。它是一个非常正式的过程，具有监管和施压的含义。审核需要提前做好充分的准备，包括对被审核产品和/或过程的研究、讨论和审查。

　　整个软件过程管理中总是要包含审核。它引入了风险管理，与企业IT的战略重要性相关，而且专门进行IT管理。它只针对被审核项目在企业使命和业务目标范畴内对IT投入的调整。

　　Unhelkar（2003）总结了审核与其他质量保证技术的不同点在于：

- 被审核产品或过程的生产者通常是一个团队，而不是单个人。
- 审核时生产者可以不在场。
- 审核需要的检查表和会议比评审要多。
- 审核可以是外部的，即由组织外的审核者完成。
- 审核可以持续一天到一个星期或更长的时间，但是始终紧紧地围绕严格定义的范围和目标。

9.1.1.2　测试驱动开发

　　测试驱动开发，从敏捷软件开发方法开始流行，是一种非常实用的质量保证执行方式。它不仅要求在编写应用程序代码之前先编写出测试代码，而且还要求应用程序必须通过测试才能保证质量，才能够建造出有质量的软件系统。

　　敏捷软件开发方法（1.5.4节）使测试驱动开发流行起来。其思想就是要在开发（设计和编写）应用程序代码（要测试的单元）之前，必须先编写出**测试用例**和**测试脚本**以及测试程序。它颠倒了"正常的"活动顺序，使应用程序代码的编写滞后于测试代码，但只要编写好应用程序代码，就可以立即使用测试代码来对它进行测试。

　　尽管在程序员编写第一行应用程序代码之前，测试驱动开发就允许详细阐明用户的需求（以及用例规格说明），但它还是有很多优点的。测试代码中含有能够检查出应用是否满足所有用户需求的验证点。在某种程度上，测试代码就是用来质疑应用程序代码并让应用程序代码失效的。

　　由于预先得到了测试代码，为了满足测试代码要求的功能，程序员可以只针对要测试的验证点来编写应用程序代码。因此，测试驱动开发实际上是主动地驱动了软件开发，而不仅仅是对软件的验证。

　　测试驱动开发的流行出现了很多相关的模式和框架。这些模式和框架既提供了开发思想也提供了支持测试驱动开发的类库和接口。JUnit开源工具是最流行的Java开发测试框架之一（JUnit 2004）。

JUnit是基于最著名的设计模式——组合模式（Gamma等人 1995）——开发的一个框架。JUnit为Java提供了Test接口，这个接口由TestCase和TestSuite两个类实现。与TestCase相关的TestResult类负责收集测试的结果。图9-1说明了JUnit的类模型。这个模型采用了GoF组合模式。

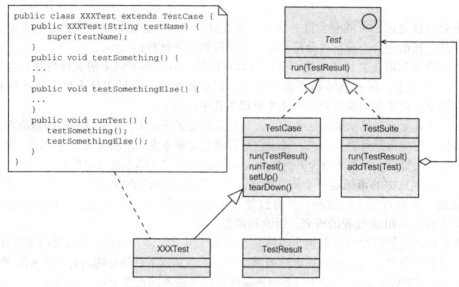

图9-1　JUnit组合模式

来源：Maciaszek和Liong (2005). Reprinted by permission of Pearson Education Ltd.

由于JUnit模型基于组合模式，所以实现Test接口的TestSuite是一个组合类，而且它也可以由一个或多个Test接口组成。由于Test是由TestCase和TestSuite两个类实现的，所以一个TestSuite对象可以由一个或多个TestCase对象和/或一个或多个其他TestSuite对象组成。

一个测试单元采用一个TestCase子类实现，如XXXTest，在Test接口上TestCase子类可以操作组合中的具体对象。实际上，XXXTest可以为模型中XXX前缀（例如，XXX可以是要测试的类名称）指明的测试单元提供测试用例。如图9-1中的代码所示，XXXTest通过它的runTest()方法调用指定的测试用例来执行一个测试单元。JUnit提供了执行测试、显示测试程序以及报告测试结果的可视化界面（Maciaszek和Liong 2005）。

9.1.2　质量控制

质量保证是为了建造有质量的软件产品或过程，而**质量控制**是为了测试软件产品或过程的质量。质量保证是主动的，而质量控制是被动的。质量保证是策略级的，而质量控制本质上是战术级的或甚至是操作级的。

质量控制作为主要的软件测试活动，跨越了整个系统开发生命周期。在可测试的软件产品出现之前，"测试"的形式就是质量保证，而且"测试"也适用于软件建模制品和项目文档。早期的"测试"活动就是遵从检查表和评审。

一旦软件产品（应用程序代码）可用，就从单元测试开始测试。就像Pfleeger（1998）的论述以及图9-2中看到的一样，测试趋向于按与其生产步骤相反的顺序来处理软件制品。因此，集成测试与设计规格说明相关，功能测试来源于分析规格说明，约束测试是指非功能性需求（约束）等。

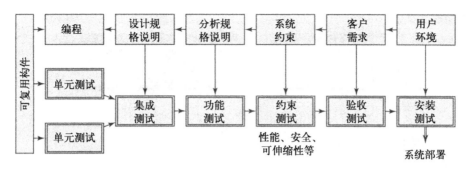

图9-2　各开发阶段对应的测试活动

来源：Maciaszek和Liong (2005). Reprinted by permission of Pearson Education Ltd.

9.1.2.1　测试概念与技术

测试是整个质量管理计划的重要组成部分。**测试计划**中应该说明测试进度安排、预算、任务（测试用例）以及资源等方面的问题。测试计划通常还会与变更管理问题相关，比如对故障的处理与**改进**。

测试和变更管理文档是其他系统文档中不可缺少的一部分，包括用例文档（图9-3）。业务用例模型中确定的系统特征（2.5.2节）可以用来编写最初的测试计划。然后再通过用例模型来编写测试用例文档，并确定**测试需求**。测试过程中发现的所有故障都要记录在故障文档中，所有未实现的用例需求都要写入改进文档中。

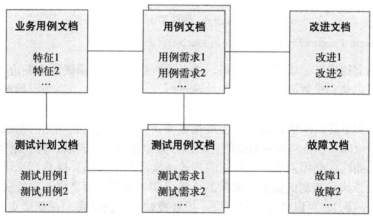

图9-3　质量控制的主要文档

在CASE工具中开发人员可以使用下面两个选项中的一个：

- 生成描述性的文档，然后在CASE信息库中再利用这些文档创建需求（测试需求、用例需求等）。
- 利用CASE工具将需求输入到信息库中，然后再生成文档。

图9-4中的测试用例文档可以用来将测试需求输入到信息库中。测试需求被依次编号并按层次进行组织，这点与用例需求非常类似。很多测试需求直接符合用例需求。因此，我们将图9-4中文档的主体部分称为"符合用例规格说明"。

在测试用例文档中还要确定GUI测试需求、数据库测试需求以及泛型可复用构件的测试需求。这些测试都属于功能单元测试，原因有两个。第一，为了测试GUI、数据库或泛型构件（如在动态链接库中结束的那些构件），我们需要相应的功能背景，这样输入和输出的数据才会有意义。第二，GUI、数据库和泛型构件可能只会在某些功能测试背景下出现故障，而不是在所有功能测试中。

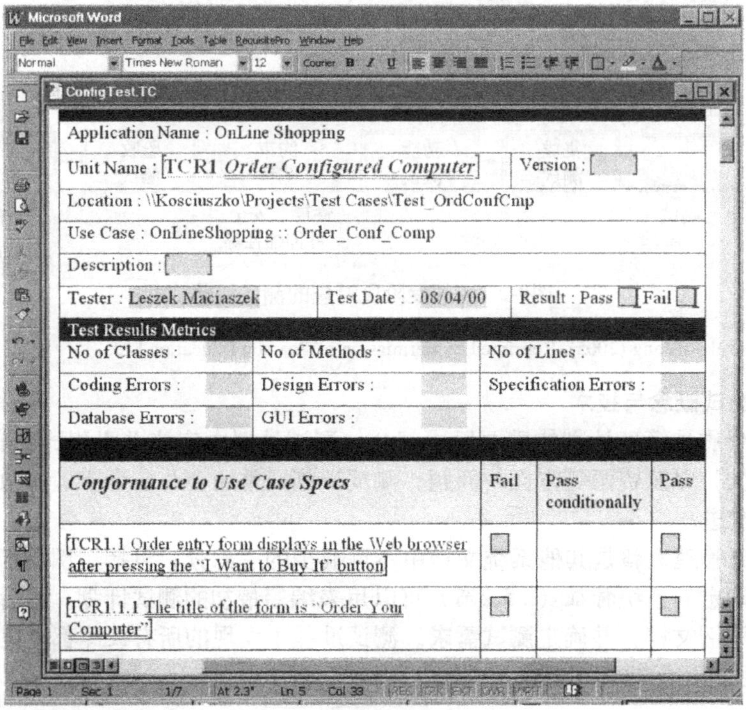

图9-4　测试用例文档

来源：Screenshot reprinted by permission from Microsoft Corporation.

　　测试用例文档用来记录测试的结果，所以图9-4中的每个测试需求旁边都有3个选项。一个测试需求可以是：失败测试，有条件地通过（在什么情况下需要作出解释）测试或无条件地通过测试。

　　通过用例和最终的测试需求可以生成早在测试计划中就已经确定的测试用例。测试用例文档中的描述可以（应该）是可追踪的，可以一直追踪到测试需求，再到用例需求。

　　为了进行测试，必须采用测试脚本的形式来实现测试用例。这些测试用例规定了判定一个软件产品是否满足其测试需求所必需的步骤（测试人员必须遵守）和验证点（测试人员必须解决的那些问题）。可以将多个测试脚本组合成较大的**测试集**。在测试集中可以创建层次，使较大的测试集包含较小的测试集。

　　以上所讨论的测试概念之间的相互作用如图9-5中的类模型所示（Maciaszek和Liong 2005）。这个类模型还说明了有些测试脚本是可以自动执行的，而有些只能人工进行测试。

　　人工测试由真实的测试人员进行，测试人员要完整地执行被测试的单元（应用程序），然后观察测试结果。自动化测试由虚拟的测试人员完成，虚拟的测试人员可以是专用的测试工作站，用来载入被测试的单元，然后自动执行测试脚本中的步骤和验证点。

　　虚拟的测试人员是一个捕获/回放工具。首先，这个工具可以根据被测试单元执行期间所捕获的GUI以及发生的事件来创建测试脚本。其次，这个工具可以回放所记录的脚本并反复检查被测试的单元是否像所预期的那样（像预先设定的那样）执行。因此，自动化测试被广泛应用于回归测试。"**回归测试**就是在不断的代码迭代后重新执行相关的验收测试。回归测试的目的是保证对代码的迭代扩充（改进）不会产生非故意的副作用，而且原有代码中的错误在迭代过程中应该不允许改变。"（Maciaszek和Liong 2005:396）。

9.1.2.2 测试系统服务

选用什么测试技术来测试产品或过程取决于多种因素。最主要的因素就是被测试产品/过程的本质。很显然，软件程序、软件模型和文档需要不同的测试技术。另一个因素是测试所要求的覆盖率和详细审查程度。同样，系统服务测试和系统约束测试（9.1.2.3节）应该采用不同的技术。

Schach（2005）区分了非正式的系统服务测试和基于方法的系统服务测试。每个开发人员在建模或实现系统服务时都进行着非正式的测试。从本质上说，非正式的测试是不完善的。开发服务的人最不可能发现该服务中的错误。

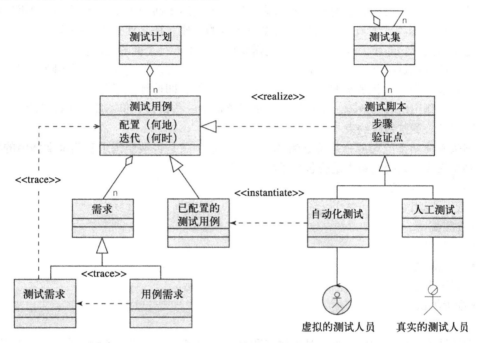

图9-5　测试环境

来源：Modified from Maciaszek和Liong (2005). Reprinted with permission of Pearson Education Ltd.

非正式的测试是远远不够的，必须采用基于方法的的测试来进行补充。目前有两种主要的基于方法的测试（Schach 2005）：

1) 静态测试（non-execution-based）——正式的评审（9.1.1.1节）：

• 走查。

• 审查。

2) 动态测试（execution-based）：

• **针对规格说明的测试。**

• **针对代码的测试。**

针对规格说明的测试是一种动态测试形式，适用于可执行的软件产品，不适用于文档或模型。有的地方也称它为黑盒测试、功能测试和输入/输出驱动测试等。

针对规格说明的测试原理是开发人员可以将被测试模块看作一个黑盒子，这个黑盒子有输入，并能够产生输出。不要试图去弄清楚程序的逻辑或它的计算算法。

针对规格说明的测试要求所有的测试需求都来源于用例需求，而且在单独的测试计划和测试用例文档中确定和记录了这些测试需求。这些文档为测试人员提供了测试场景，在捕获一回放工具中可以记录下这些测试场景，然后在回归测试中重复使用。

针对规格说明的测试有利于找出其他方法一般难以发现的故障。尤其是可以找出遗漏的功能——（但愿）已经记录为用例需求（因此也已经记录为测试需求）但还没有被编程的那些功能。它还可以找出用例中没有记录但是在系统实现中明显遗漏的功能。

针对代码的测试是动态测试的另一种形式，也称为白盒测试、玻璃盒测试、逻辑驱动测试和面向路径的测试。

针对代码的测试从对程序算法的仔细分析开始。利用推导出的测试用例来执行代码，也就是说，要验证程序中所有可能的执行路径。它需要专门设计的测试数据来执行代码。

捕获－回放工具支持针对代码的测试，然后再应用于回归测试。然而，在利用这些工具时，针对代码的测试本质上要求程序员参与大量的工作。许多回放脚本需要由程序员来编写而不是工具生成。即使工具能够生成，也需要程序员来进行全面的修改。

就像动态测试的其他形式一样，针对代码的测试不可能是全面的，因为随着程序复杂度的不断增长，测试用例的数量可能也会呈现组合爆炸。即使测试了每个执行路径，我们也不能保证能检测出所有的故障。请记住：测试只能消除一些错误，但不能证明程序的正确性！

9.1.2.3　测试系统约束

测试系统约束绝大部分是动态测试，其目的是判断是否按照需求和测试文档中的要求实现了系统约束，系统约束中是否包含了如下几个方面：

- 用户界面测试。
- 数据库测试。
- 权限测试。
- 性能测试。
- 压力测试。
- 容错测试。
- 配置测试。
- 安装测试。

前两种系统约束测试，用户界面测试和数据库测试，与系统服务测试有非常紧密的联系，一般与系统服务测试同时进行。因此，在测试系统服务所产生的测试文档中也包含它们。

9.1.2.3.1　图形用户界面测试

整个软件开发过程中都包含了GUI（图形用户界面）测试。它早在需求阶段就开始了，表现为情节设计、在用例文档中绘制窗口图形以及创建GUI原型等活动。这些早期的GUI测试主要针对功能性需求的实现和可用性方面。

系统实现后，就需要基于方法的的实现后GUI测试。首先由开发人员进行测试，然后再由测试人员进行测试，在软件发布之前再由客户进行测试（领航员测试）。下面是进行实现后GUI测试时测试文档中可能会列出的一些问题（Bourne 1997）：

- 窗口名与它的功能是对应的吗？
- 窗口是有模态的还是无模态的？应该是哪种？
- 必选域和可选域是否有明显的区别？
- 窗口是否可以调整大小、移动、关闭和恢复？它应该这样吗？
- 是否有遗漏的域？
- 标题、标签、提示名等是否有拼写错误？
- 在所有对话框中使用的命令按钮（OK、Cancel、Save、Clear等）是否一致？
- 是否在任何情况下都可以放弃当前的操作（包括删除操作）？

- 是否所有静态域都是不允许用户编辑的？如果应用程序可以改变静态文本，能正确进行吗？
- 所有静态文本域是否都是同样的字体和大小？它们的拼写正确吗？
- 编辑框的大小是否与其取值范围相对应？
- 当窗口打开时所有编辑框是否都初始化为正确的值？
- 编辑框中输入的值是否经过客户端程序的验证？
- 下拉列表中的值是否都正确地来源于数据库？
- 输入域中采用的输入掩码与规格说明的是一样的吗？
- 错误信息易懂且易于操作吗？

9.1.2.3.2 数据库测试

与GUI测试一样，很多其他测试中都包含数据库测试。大部分黑盒测试（针对规格说明的测试）都是基于数据库输入和输出的。但是，仍然有必要进行独立的基于方法的数据库测试。

实现后数据库测试包括大量的白盒（针对代码的）测试。数据库测试中最重要的是针对并发事务处理的测试以及其产生结果的测试。也可以抽取其他数据库操作进行独立的测试，如性能、安全/权限等。

与GUI测试一样，针对每一个不同的应用功能，都需要重复进行同样的数据库测试。应该将数据库测试中要解决的问题放到一个专用的文档中，然后将这个文档附加到每一个功能（系统服务）测试中。下面是数据库测试中应该解决的问题的范例（Bourne 1997）：

- 检验事务对正确输入的处理是否像预期的那样。系统对UI的反馈正确吗？事务处理之后数据库的内容正确吗？
- 检验事务对不正确输入的处理是否像预期的那样。系统对UI的反馈正确吗？事务处理之后数据库的内容正确吗？
- 在事务处理结束之前取消该事务。系统对UI的反馈正确吗？事务处理之后数据库的内容正确吗？
- 在多个进程中并发执行同一个事务。故意使其中的一个事务锁定其他事务要访问的数据源。用户能够从系统得到合理的解释吗？事务终止后数据库的内容正确吗？
- 从客户机程序中抽取出所有的客户机端SQL语句，然后在数据库上交互执行。得到的结果是否跟预期的结果以及在程序中执行这些SQL的结果一致？
- 交互进行更复杂的（从客户机程序或存储过程中抽取的）SQL查询白盒测试，包括外部连接、联合、子查询、空值、聚合功能等。

9.1.2.3.3 权限测试

权限测试可以看作是前两种系统约束测试内部的附加部分。客户机（用户界面）对象和服务器（数据库）对象都不应该允许未授权的使用。权限测试就是要检验在客户机和服务器中建立的安全机制是否真的能保护系统不会被未授权侵入。

虽然最后总是由数据库来承受安全被破坏后的结果，但安全保护总是从客户机端开始的。程序的用户界面应该能够按照当前用户的权限级别（通过用户ID和口令来鉴别权限）对自身进行动态配置。如果用户没有适当的权限，就不能访问窗口中的某些菜单项、命令按钮或者甚至整个窗口。

客户机端不可能解决所有的安全漏洞。而任何一个DBMS都支持权限管理。服务器端的权限（特权）分为两类，可以指定用户其中之一：

- 可以访问单个服务器对象——表、视图、列、存储过程等。
- 可以执行SQL语句——查询、更新、插入、删除等。

可以在用户层次或组层次上直接指定用户权限。组允许安全管理员一次给一组用户指定权限。一个用户可以不属于任何组，也可以同时属于多个组。

为了使权限管理更灵活，大部分DBMS中又提出了另一个权限层次：角色层。角色使安全管理员可以为组织中起特定作用的各个用户指定权限。角色可以嵌套，即不同角色名的权限可以相同。

在较大的IS应用中，权限设计是一项错综复杂的活动。通常在应用数据库之外要建立一个权限数据库来存储和处理客户机权限和服务器权限。用户登录后应用程序要查询这个数据库以获得用户的权限级别，然后按照该用户的权限级别对自身进行配置。

要改变数据库权限必须修改这个权限数据库，也就是说，包括安全管理员在内，任何人都不可以在没有事先修改权限数据库的情况下直接改变应用数据库的权限。

9.1.2.3.4 其他约束测试

系统约束测试还包括：

- 性能测试。
- 压力测试。
- 容错测试。
- 配置测试。
- 安装测试。

性能测试可以测量客户要求的性能约束。这些约束与事务处理的速度和吞吐量相关。要在不同的系统工作负载下进行测试，包括预计的峰值负载下。性能测试是系统调整的重要组成部分。

压力测试是设计来在系统遇到异常情况时关闭系统的，如过少的资源、不正常的资源竞争、异常的频率、数量或音量。压力测试通常与性能测试相结合，且可能需要与性能测试相同的硬件和软件工具。

容错测试处理系统对各种硬件、网络或软件故障的反映。这个测试与DBMS支持的恢复过程紧密相关。

配置测试检验系统在不同的软件和硬件配置上是如何运行的。在大部分产品环境下，我们期望系统能够成功地运行在以不同网络协议与数据库连接的各种客户机工作站上。这些客户机工作站可能安装了不同的软件（如驱动程序），这些软件可能会与正要安装的设备发生冲突。

安装测试是配置测试的补充。它检验系统是否在每个安装平台上都能够正常运行，这就意味着将再次进行系统服务测试。

复习小测验9.1

RQ1 哪一种质量保证技术也称为静态测试？

RQ2 哪一种质量保证技术可以生成故障日志以进行操作？

RQ3 流行的Java应用程序测试框架是什么？

RQ4 如何实现（详细说明）测试用例？

RQ5 哪一种测试能够发现遗漏的功能？

9.2 变更管理

变更管理的含义就像变更这个概念本身一样变化多端。变更无处不在，并且会影响到企业的各个方面。它有业务维度和系统维度。

可以（且通常）采用系统业务值来阐述变更管理（Laudon和Laudon 2006），然后再将它应用于财务分析模型和资本预算模型，最后在投资项目的进度安排、预算和计划中实施，其中包含软件项目。变更管理的业务方面强调与新信息系统相关的变更行为和组织影响。它主要处理人员管理问题——市场行为理论,雇员们很关心变更、表单以及个人与小组之间的通信路径。

从用户需求的改变以及实现时遗漏的质量目标方面来看,**变更管理狭隘上**(后面将介绍)是以系统合理性为目的的。在这个意义上,变更管理是管理软件产品和过程以及管理软件系统演化过程中的团队活动的过程。如图9-6所示(Maciaszek和Liong 2005),变更管理本质上是与质量管理相关的。

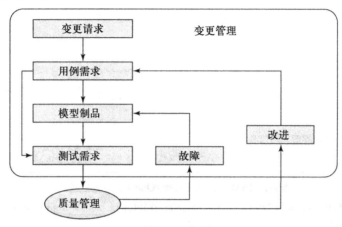

图9-6 变更管理和质量管理的关系

来源:Modified from Maciaszek和Liong (2005). Reprinted by permission of Pearson Education Ltd.

质量控制可以找出需要进行修正的故障。为了得到修正,必须将这些故障提交为变更请求,然后分配给开发人员。有些变更请求可能是改进而不是故障。故障和改进都要经历状态变化,都可能要进行排序,都有所有者,都需要追踪到它们在测试文档和用例文档中的起源。

9.2.1 工具与管理变更请求

在涉及多个开发人员的软件项目中管理变更是一个艰巨的任务。考虑一个场景,其中两个不同的故障被分配给两个不同的开发人员来修正,但后来发现修正这两个看起来无关的故障都需要修改同一个代码构件。除非开发人员能够意识到可能存在的冲突,否则两个开发人员可能同时进行修正,最终,后面的修正将会使前面所做的修正无效。

要管理变更,就需要一个变更请求管理工具(图9-7)。这个工具允许联机管理变更,并且能够保证所有的开发人员拥有最新的文档。一个项目成员修改了文档,同组的开发人员可以立即得到。潜在的冲突可以通过锁定或版本控制机制来解决。采用前者,则被锁定的文档暂时对其他开发人员无效。采用后者,则同一个文档可以有多个版本,但这些版本之间的冲突在后来可以通过协商解决。

9.2.1.1 提交变更请求

通常,变更请求要么是修正一个故障,要么是进行一次改进。应该将变更请求输入到项目资源库中。输入到项目资源库后,开发人员就可以监控该变更请求的进展情况,观察它的状态并对它进行操作。对变更请求可以实施的行动取决于它当前所处的状态。

图9-8显示了输入故障对话框中的main标签页(Rational 2000)。每个故障都有编号和详细的描述。故障的优先级、严重程度、项目和所有者等信息可从下拉列表中选择(可以定制下拉列表以及表单上其他地方的属性值以适应项目需求)。其他域中允许输入描述性信息,也可以附加相关文档,如代码片段。

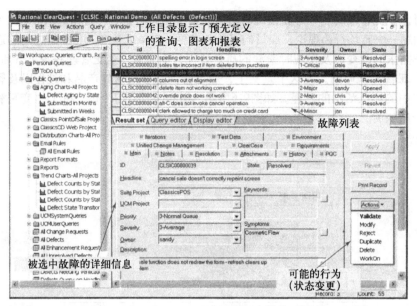

图9-7　IBM Rational ClearQuest中的变更管理

来源：Rational Suite tutorial (Rational 2002); Maciaszek和Liong (2005). Reprinted by permisson of Pearson Education Ltd.

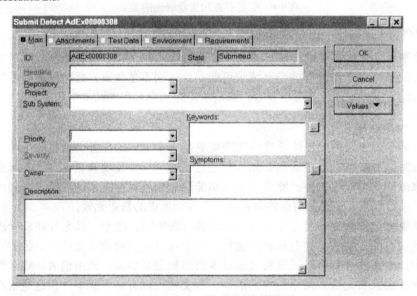

图9-8　ClearQuest提交故障的界面

　　提交变更请求的行动会自动向每一个团队成员发送email通告。然后变更请求的状态就会变为Submitted。项目管理可以定制这个工具以预先为每一个状态定义行动。例如，当处于已提交状态时，可以采取的行动有（图9-9）：

- 分配（Assign）——给某个团队成员。
- 修改（Modify）——请求的一些信息。
- 关闭（Close）——可能需要修正。
- 重复（Duplicate）——发现以前曾用不同的ID报告过。
- 推后（Postpone）——现在不用担心它。

- 删除（Delete）——不需要修正。
- 继续（WorkOn）——我们将继续处理它。

9.2.1.2　追踪变更请求

每个变更请求都会被分配给一个团队成员。这个成员可以打开（Open）这个变更请求。当请求处于打开状态时，其他团队成员不能修改这个请求的状态。

完成这个变更请求的相关工作后，开发人员可以对它执行*解决*（Resolve）行动。输入解决方案的细节，并向项目经理和测试人员发送email通告。测试人员可能需要对这个已经解决的变更请求执行验证（Verify）行动。

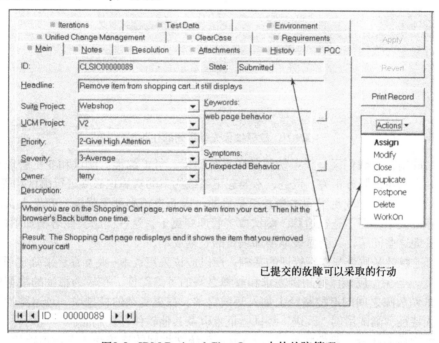

图9-9　IBM Rational ClearQuest中的故障管理

来源：Rational Suite tutorial (Rational, 2002); Maciaszek和Liong (2005). Reprinted by permission of Pearson Education Ltd.

每一个阶段，变更请求管理工具都可以追踪这个请求并生成易于理解的图表和报告（*项目度量*），从这些图表和报告中可以评估出未分配的故障数量，显示出每个团队成员的工作量，列出还有多少个故障没有解决等。

从图9-10中的图表可以看出某项目按优先级排列的现行故障，我们可以看到6个故障将立即得到解决，55个故障应该给予高度重视，67个故障处于正常队列中，68个故障有较低的优先级。

9.2.2　可追踪性

可追踪性是测试与变更管理的基础，其目的是捕获、链接和追踪每一个重要的开发制品，包括需求。最终目的是保证整个文件集中各种文档和模型的正确性和一致性，如从需求文档到技术文档，再到用户文档。

追踪的条目可以是文本描述或图形模型。可追踪性在这些条目之间建立了外部连接，这些连接可以是直接或间接的。如果修改了追踪路径上的任何条目，那就可以对连接进行影响分析。

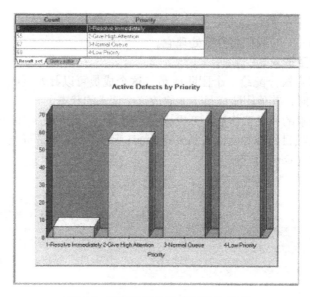

图9-10 故障按优先级排列的柱状图

在本书的前面，我们区分了系统服务和系统约束。可追踪性、测试和变更管理常常与用例需求中列出的系统服务相关。但是，不要忘记系统约束的实施也必须进行测试和管理。

可追踪性、测试和变更管理本身并不是目的，因而也不必过于强调。开发人员应该将注意力集中在开发上，而不是在追踪、测试或者管理变更上。这些问题会显著增加项目的成本。但如果不管理这些问题，又会显著地增加项目的长期成本。

由于可追踪性是质量与变更管理的基础，所以应该采用成本-效益分析来确定项目追踪的范围和深度。至少，应该保持用例需求和故障之间的可追踪性。在较为精细的模型中，可以在用例需求和故障之间的追踪路径上加入测试需求。在更复杂的模型中，可追踪性的条目可以包括系统特征、测试用例、改进、测试验证点以及其他软件开发制品。

在本章的后面部分，我们将按照图9-3中各系统文档间的连接线来考虑追踪模型。其中，业务用例文档中列出了系统特征。测试计划文档确定了测试用例。特征与测试用例和用例文档中的用例需求连接。测试用例文档中的测试需求可以追踪到测试用例和用例需求。测试需求与故障连接，改进与用例需求连接。故障与改进之间不需要追踪。

9.2.2.1 从系统特征到用例和用例需求

系统特征是系统中将要实现功能的通用项。它是能够表现出系统主要优势的业务过程。一般来说，系统特征对应于业务用例模型（2.5.2节）中的业务用例。如果没有正式开发业务用例模型，则系统特征表现为前景文档（或者有类似名称的策略性项目文档）。

可以通过一个或多个用例中的一组用例需求来实现每一个系统特征。从用例反向追踪到利益相关者的要求（表现为系统特征）有助于验证用例模型的正确性。这个策略限定了需求捕捉的"范围"，有利于完成需求阶段。它还可以辅助增量开发和产品交付。

如果每个用例的用例需求只是间接地与特征相关的话，这个策略可能会出现问题。这个问题可能导致这样一个情景，即特征和用例之间存在跟踪，而大多数用例需求与特征是无关的。要判定特征和用例之间的追踪是否仍然有效也许可以证明是一个困难而无法解决的任务。

为了避免出现与这个策略相关的可伸缩性和长期问题，追踪矩阵应该不仅要能够从特征直接追踪到用例，而且要能够从特征直接追踪到用例需求。如果将每个用例本身看作是最高级的用例需求，而且在它之下有具体的用例需求层次，要做到这一点是可能的。

如图9-11所示。列中显示了各个用例及其用例需求。可以展开或收缩用例需求的层次显示。矩阵中的箭头表示从左边的特征到上面的用例及用例需求的追踪。箭头上划线的是可疑追踪，当改变了追踪的起始或目标需求时，它就变成可疑追踪。开发者在清除这些可疑连接之前要先对它们进行检测。

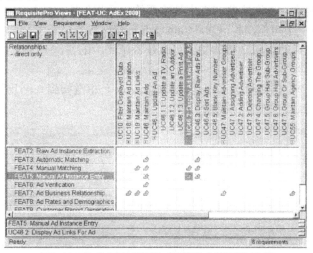

图9-11　从特征到用例和用例需求的可追踪性

来源：Courtesy of Nielsen Media Research, Sydney, Australia.

9.2.2.2 从测试计划到测试用例和测试需求

测试计划文档对应测试用例，而业务用例文档则对应用例。测试计划确定了高层项目信息以及应该进行测试的软件构件（测试用例）。测试计划还描述了项目采用的测试策略、所需要的测试资源、工作量和成本。

要为测试计划中确定的每一个测试用例编写测试用例文档。将测试需求映射为测试用例和测试计划可以限定测试捕捉的范围、可伸缩性等，这一点与特征、用例和用例需求之间的追踪类似。

图9-12显示了从测试计划到测试用例及其测试需求的追踪矩阵。可以收缩或展开测试需求的层次显示。

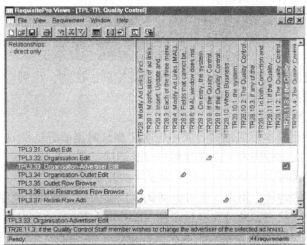

图9-12　从测试计划到测试用例和测试需求的可追踪性

来源：Courtesy of Nielsen Media Research, Sydney, Australia.

9.2.2.3 从UML图到文档和需求

可追踪性和变更管理不仅仅只适用于CASE资源库中的叙述性文档和需求文本。资源库中还存储了UML模型。而UML图中的图形对象可以超链接到这些文档和需求。

UML可视化制品与其他任何资源库记录（尤其是文档和需求）之间建立的可追踪性可以与不同的UML图标对应。也许这些图标中最重要的就是用例图中的用例。

图9-13显示了将一个用例图标（Maintain Ads）超链接到一个文档的对话框。这个超链接是在UML用例图中完成的。所链接的文档可以是资源库中的任何一个文档，包括图9-3中的那些文档。

图9-14显示了将一个用例图标（还是Maintain Ads）超链接到一个用例需求的对话框。通常，可以将图标链接到任何类型的需求。

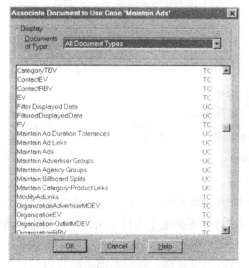

图9-13　将文档超链接到用例图标

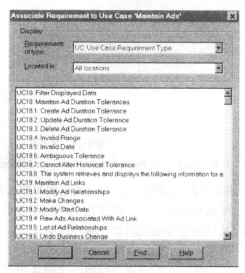

图9-14　将需求超链接到用例图标

9.2.2.4 从用例需求到测试需求

用例需求和测试需求之间的可追踪性对评估应用是否满足所建立的业务需求是非常关键的。通过这两个需求间的连接，用户可以从测试需求返回到用例需求和系统特征以追踪故障（图9-3）。

图9-15显示了用例需求和测试需求之间的追踪矩阵。注意，用例需求和测试需求都是层次结构，所以可以预先设定追踪所处的层次。

9.2.2.5 从测试需求到故障

测试用例文档采用脚本形式编写，其中包含了测试时要验证的测试需求。这些脚本可用于人工测试，但是，大部分脚本可以在捕捉和回放测试工具中自动（进行编码）测试。因此，测试文档中的测试需求可以用来建立自动化测试中的验证点。

验证点是脚本中的需求，用来（在回归测试中）确认一个测试对象在被测试应用（AUT）不同版本（建造）中的状态。验证点有很多种（Rational 2000）。可以设置一个验证点来检查一段正文是否被修改、数值是否精确、两个文件是否一样、某个文件是否存在、菜单项是否未改变、计算结果是否符合期望值等类似的条目。

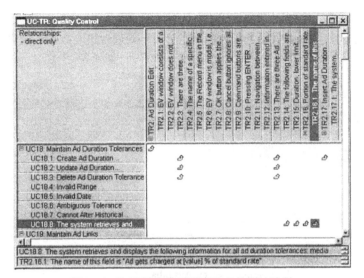

图9-15　从用例需求到测试需求的可追踪性

来源：Courtesy of Nielsen Media Research, Sydney, Australia.

　　自动化测试需要两个数据文件：一个基线数据文件和一个实际数据文件。在捕捉阶段，验证点记录基线数据文件中的对象信息。这些信息又作为随后的测试（回放）中进行比较的基线。比较的结果存储在实际数据文件中。对每个失败的验证点需要进一步进行研究，如果必要的话，可以将它们输入到变更管理工具中作为故障。

　　所有故障——不管是在自动化测试还是在人工测试中发现的——最后都必须与测试需求建立连接。图9-16的工具中在窗口上半部分逐行显示了所有的故障，当前选定的故障可能与一个或多个测试需求相关。在这个例子中，有两个测试需求与选中的故障相关。

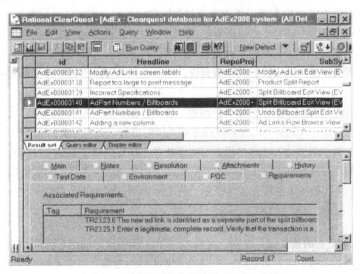

图9-16　从测试需求到故障的可追踪性

来源：Courtesy of Nielsen Media Research, Sydney, Australia.

9.2.2.6　从用例需求到改进

　　故障必须能够直接追踪到测试需求。在用例需求中必须说明改进（在下一次交付产品时将实现）。很少出现这样的情况，在故障已经成为改进后，用例需求和测试需求之间的可追踪连接会允许用户从故障追踪到改进。

图9-17说明了同一个工具（参见图9-16）能够用于管理改进和故障，或者实际上用于任何变更请求。

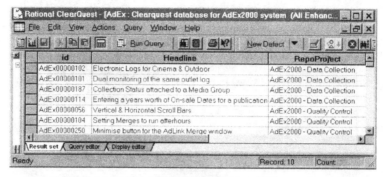

图9-17 改进

来源：Courtesy of Nielsen Media Research. Sydney, Australia.

复习小测验9.2

RQ1 提出一次变更需要做什么工作？

RQ2 可以采用什么技术来确定项目追踪的范围和深度？

RQ3 什么工具可以自动执行测试脚本？

小结

在本章中，我们讨论了质量与变更管理问题。质量与变更管理活动跨越了整个开发生命周期。它们需要专门的文档，例如测试计划、测试用例文档和故障与改进文档。测试用例文档确定了测试需求，然后再将测试需求连接到用例文档中的用例需求。

质量管理有两个非常正交的方面。用作质量控制机制时是被动的（事后行为），但是用于测试驱动开发框架时，它可以是非常主动的质量保证活动。

质量控制与系统服务测试和系统约束测试有关。系统服务测试可以是静态或动态测试。静态测试包括走查和审查——质量保证实践中的正式评审会议。而动态测试可以是针对规格说明的测试或针对代码的测试。

系统约束测试包括大量相关的不同测试，如用户界面、数据库、权限、性能、压力、容错、配置以及安装等测试。有些系统约束测试可以与系统服务测试同时进行，有些需要独立进行。

通常提出的变更请求要么是处理故障要么是处理改进。在变更管理工具中可以提交变更请求并追踪开发人员对它所做的处理。变更管理工具的主要功能就是建立变更请求与其他系统制品——特别是测试需求与用例需求——之间的可追踪路径。

关键术语

Audit（审核）　一种正式的质量保证过程，可能由具有法定资格的外部审核人员完成。

Change（变更）　任何预料到的或没预料到的事件引起的对系统需求的改变和/或在实现代码和设计模型方面需要注意的问题。

Checklist（检查表）　一种质量保证技术，是预先确定的在开发过程中必须仔细认真核对的

"要完成"的细节清单。

Defect（故障）　需要修正的变更。

Enhancement（改进）　被正视的变更，下一步将采取行动。

Inspection（审查）　项目经理主持的比较正式的评审会议。

Quality assurance（质量保证）　一个主动建造

有质量的软件产品和过程的过程。

Quality control（质量控制） 验证所开发的软件制品、产品以及所采用过程的质量的过程。

Regression testing（回归测试） 在不断的代码迭代后重新执行先前的验收测试以检查先前修正的故障或是否出现了新的故障。

Review（评审） 一种质量保证技术，类似开发人员之间，也可以是经理之间正式的文档驱动会议，目的是为了评审一个工作产品或过程。

Test case（测试用例） 定义测试需求的文档。

Test-driven development（测试驱动开发） 一种敏捷软件开发技术，要求在编写应用程序代码之前先编写测试用例和测试程序。

Test plan（测试计划） 确定测试用例、制定测试过程中需要的进度安排、预算和资源的质量控制文档。

Test requirement（测试需求） 测试文档中的功能性需求或非功能性约束。

Test script（测试脚本） 定义测试步骤和验证点顺序的人工或（部分）自动化脚本。

Test suite（测试集） 一组测试脚本。

Testing to code（针对代码的测试） 一种动态测试形式，需要仔细分析被测试程序的控制逻辑。

Testing to specs（针对规格说明的测试） 一种动态测试形式，它将被测试程序看作一个只有输入和输出的黑盒子。

Traceability（可追踪性） 在系统中捕获、连接和追踪所有重要开发制品及其需求的生命周期过程。

Walkthrough（走查） 不太正式的评审会议，项目经理很可能不参加。

选择题

MC1 下面哪一种不是质量保证技术？
    a. 走查　　　　　　b. 检查表　　　　　　c. 追溯　　　　　　d. 审查

MC2 测试人员必须解决的问题称为：
    a. 验证点　　　　　b. 脚本查询　　　　　c. 测试调查　　　　d. 以上都不是

MC3 针对不断的代码迭代而重新执行的验收测试称为：
    a. 白盒测试　　　b. 回归测试　　　　c. 黑盒测试　　　　d. 覆盖测试

MC4 黑盒测试也称为：
    a. 针对规格说明的测试　　　　　　　b. 功能测试
    c. 输入/输出驱动测试　　　　　　　d. 以上都是

MC5 白盒测试也称为：
    a. 功能测试　　　　　　　　　　　　b. 针对规格说明的测试
    c. 面向路径的测试　　　　　　　　　d. 覆盖测试

问题

Q1 质量与变更管理跨越了整个开发生命周期。还有哪些活动跨越了整个生命周期？说明这些活动的目的。

Q2 参照图9-3（9.1.2.1节），说明改进和故障之间的相互作用。为什么要将改进文档连接到用例文档，而将故障文档连接到测试用例文档？改进文档和故障文档之间不需要连接吗？

Q3 参照图9-5（9.1.2.1节），为什么虚拟的测试人员必须是一个专门的测试工作站？

Q4 走查与审查有什么不同？

Q5 组织中的SQA小组起什么作用？

Q6 什么是权限数据库？它在系统开发和测试中起什么作用？

Q7 与压力测试密切相关的系统约束测试有哪些？请加以说明。

Q8 与安装测试密切相关的系统约束测试有哪些？请加以说明。

Q9 当改进处于打开状态时可以允许哪些行动？请说明这些行动。

Q10 访问JUnit网站（www.junit.org）。简述JUnit框架的最新进展。

Q11 什么是验证点？

Q12 什么是可疑追踪？请举例说明。

Q13 简述基线数据文件和实际数据文件有什么不同。

Q14 可追踪性在项目管理中的作用和地位如何？它可以解决哪些问题？

复习小测验答案

复习小测验9.1

RQ1 评审（走查和审查）。

RQ2 审查。

RQ3 JUnit。

RQ4 依靠测试脚本。

RQ5 针对规格说明的测试。

复习小测验9.2

RQ1 以正式的变更请求提出。

RQ2 成本－效益分析。

RQ3 捕捉－回放工具。

选择题答案

MC1 c   MC2 a   MC3 b   MC4 d   MC5 c

奇数编号问题的答案

Q1 除了测试和变更管理之外，跨越生命周期的主要活动有（Maciaszek和Liong 2005）：

- 项目规划（1.4.3.1节）。
- 度量（1.4.3.2节）。
- 配置管理。
- 人员管理。
- 风险管理。

项目规划（和追踪）是一个生命周期活动，目的是估算（和验证）项目需要多少时间、经费、工作量和资源。在更广泛的意义上来说，项目规划也包括质量保证、人员管理、风险分析和配置管理。

为了计划将来，我们必须测量过去。度量收集是对软件产品和过程进行测量的活动。度量是复杂而且需慎重对待的领域，就像软件开发中不是每一个值都可以赋值为常数一样。不过，近似的数总比没数好得多，有很多证据能够说明度量收集是系统开发能够成功的必要条件。

配置管理与变更管理相结合。配置管理在变更管理基础上增加了"协同工作"的能力。配置管理的目的是保存开发团队开发出的软件产品的各个版本，不同的团队成员可以按需使用这些版本，然后将这些版本组合起来配置成为各种软件模型和产品。

信息系统是社会的系统。不注重人员的组成，就不可能生产出成功的软件产品。人员管理包含雇佣职员、创建和激发团队、建立人员间的有效的通信，解决冲突以及其他团队开发问题（如团队组织、培训、鉴定、性能报告和外部反馈）等活动。

风险是"能使开发过程和产品质量降低的潜在逆境"（Ghezzi等人 2003:416）。"风险管理是一个决策活动，它可以评估风险（不确定的状态）对决策所产生的影响。它可以按达到某些项目成果的可能性来估算可能得到的项目成果分布"（Maciaszek和Liong 2005:72-3）。很明显，风险管理跨越了生命周期，且从项目开始到结束都在进行监控。实际上，当风险过高而无法防卫的时候，可能就要终止项目。

Q3 虚拟的测试人员是回归测试中的捕获/回放计算环境。它可以回放先前记录下来的测试脚本，并监控应用代码的执行跟以前是否有什么不同，也就是说，所产生的事件和输出是否与测试脚本中描述的一样。因此，本质上，整个测试环境必须是固定和稳定的。

　　一个工作站专门单独用来测试，不作为他用，能够保证固定和稳定的测试环境。本质上，针对该机器上的所有测试，工作站都使用同样的操作系统，只安装极少量（或一样）的其他系统软件。

　　特别是，工作站不能与Internet、电子邮件等连接。这是因为任何一个Internet事件都可能被正在执行的测试程序截取，然后解释为被测试应用产生的（意外）事件。

Q5 SQA（软件质量保证）小组负责有计划、系统化地评估软件产品和过程的质量。这个小组负责检查是否具有各种软件标准和程序,而且在整个软件开发生命周期中是否都遵守了这些软件标准和程序。为了保证SQA的作用，这个小组，而不是开发人员，要对已交付产品的质量负责。

　　通过过程监控、产品评价、正式评审、审核和测试可以评估软件质量。评估从质量保证认可点开始，在软件开发和控制过程中结束。SQA的产品是提交给管理人员的审核报告，包括评审、测试等的结果以及使开发符合各种标准和过程的建议等。

Q7 压力测试是在非正常环境下——过少的资源、峰值负载、各种频率、数量或音量——运行一个系统。压力测试与性能测试密切相关，这是因为当系统在压力环境下运行时，经常会出现性能降低的情况。

　　实际上，压力测试和性能测试可以同时进行，使用同样的测试脚本、同样的硬件和软件工具。

Q9 当改进处于打开状态时所允许的行动取决于所采用的开发环境。在CASE工具中一般可以根据软件过程的要求来定制所允许的行动。可能的行动有：
- 关闭——它的决定或管理上的决定。
- 修改——改进的一些信息。
- 删除——不管它；也可以记录为错误。
- 继续——我们继续处理它。
- 推后——我们以后再解决它。

Q11 验证点位于回归测试脚本中，它可以说明是否满足了某个测试需求。通过它可以验证一个测试对象在不同程序版本中的状态。验证点可以用来：
- 对数值或其他值、指定范围的数、空白域等进行测试。
- 比较两个文件或数据集的内容。
- 检查某个文件、数据库表等是否存在。
- 捕获和对比GUI菜单项、常用控件、数据窗口等的状态。
- 检查内存中是否存在某个GUI窗口或特定的软件模型。
- 捕获和比较Web站点。

　　在程序捕获（记录）过程中，验证点要截取测试对象的信息，然后将它作为预期行为的基线。在回放过程中，验证点要获得测试对象的信息，然后与基线进行比较。如果回放脚本验证了程序是按预想的情况运行并且验证点返回了正确的数据，则通过了回归测试。

Q13 绝大部分验证点都要创建基线数据文件。在回放过程中，如果捕获的数据与基线数据文件的数据不同，此验证点失效，同时会创建实际（失效的）数据文件。

　　如果运行了很多次脚本都失效了，那么每失效一次就产生一个独立的实际数据文件（通常情况下它们的文件名相同但有连续的编号）。实际文件的文件名通常与验证点的名称相同。

第10章 复习巩固指南

目标

本章是复习和强化章节，以实例讲解了软件开发周期中涉及的所有重要模型和过程。讲解的重点集中于在线购物这一应用领域，并且采用了易于理解和完备的指南风格。讨论的知识点以及对答案和解决方案的介绍将按照本书前几章的顺序。当你复习前面几章时，建议参考本章加强对已有知识的理解。

除了复习和加强外，本章还增加了其他方面的内容。它将软件开发中所有重要的工作产品（模型、图、文档等）作为一个整体进行说明，并展示了它们是如何相互配合的。除此之外，本指南还涉及一个基于Web的应用，并使开发者面临前沿技术的挑战。

通过阅读本章，你可以：

- 了解到建模会产生一系列相关的、部分重叠的模型集合。
- 更好地理解从分析到设计和实现这一过程中抽象层次的变化。
- 通过对在线购物这一流行的Web应用领域进行建模，学习典型的分析和设计任务。
- 复习和巩固对各种UML图的理解及它们之间是如何交互的。

10.1 用例建模

指南说明：在线购物（客户订单处理）

计算机厂商允许客户通过Internet购买计算机。客户可以在厂商的网页上挑选计算机。计算机分为服务器、台式机和笔记本电脑。客户可以在线挑选标准配置或者按自己期望的配置组装。可配置的组件（如内存）以下拉列表（选择列表）的方式供客户选择。对于每一种新配置，系统都能计算价格。

为了使订单生效，客户必须填写送货地址和支付信息。可用的支付方式包括信用卡支付和支票支付。一旦订单被提交，系统会给客户发送电子邮件，确认订单的详细信息。在等待计算机到货的过程中，客户可以随时在网上查看订单的状态。

后台的订单处理包括：验证客户的信用及支付方法，要求仓库配货，打印发货单，并要求仓库给客户发货。

10.1.1 参与者

步骤1：在线购物

参考前面的说明和下面的扩展需求，找出在线购物应用系统中的角色。

- 每位客户都可以通过商家的在线购物网页查看服务器、台式机或笔记本电脑的标准配置及价格。
- 客户选择查看详细的配置信息，可能决定购买标准机，或者购买配置更合适的组装机。系统可以根据客户的要求计算每种配置的价格。
- 客户可以选择网上订购，或者在最终下订单前要求销售员主动与自己联系，解释订单的详细信息、协商价格等。

- 为使订单生效，客户必须在表单中填写送货地址、账单地址以及支付细节（信用卡或支票）。
- 客户的订单被输入到系统中之后，销售人员给仓库发送一份电子请求，说明所订配置的详细信息。
- 交易的详细信息，包括订单号和客户账号，通过电子邮件发送给客户，使其能在线查看订单的状态。
- 仓库收到销售人员的发货单后，将计算机发送给客户。

图10-1展示了规格说明中显而易见的3个参与者，即Customer（客户）、Salesperson（销售人员）和Warehouse（仓库）。

客户　　　　　　销售人员　　　　　仓库

图10-1　在线购物系统中的参与者

10.1.2　用例

步骤2：在线购物

参考指南中的步骤1（10.1.1节），找出在线购物应用系统中的用例。

为了说明这个问题，我们可以构造一张表将功能性需求分配给参与者和用例。应注意一些潜在的商业功能可能不在此应用系统的范围内，因此没有为这些功能创建用例。

表10-1用于将步骤1中所列的功能性需求分配给参与者和用例。仓库负责装配计算机并将其发送给客户这两个任务被认为是系统范围之外的功能。

表10-1　为在线购物应用系统中的参与者和用例分配需求

需求编号	需　　求	参与者	用　　例
1	客户通过商家的在线购物网页查看服务器、台式机或笔记本电脑的标准配置及价格	Customer	Display standard computer configuration（显示标准的计算机配置）
2	客户选择查看详细的配置信息，可能决定购买标准机，或者购买配置更合适的组装机。系统可以根据客户的要求计算每种配置的价格	Customer	Build computer configuration（构造计算机配置）
3	客户可以选择网上订购，或者在最终下订单前要求销售员与自己联系，解释订单的详细信息、协商价格等	Customer Salesperson	Order configured computer（订购组装的计算机） Request salesperson contact（请求销售员联系）
4	为使订单生效，客户必须在表单中填写送货地址、账单地址以及支付细节（信用卡或支票）	Customer	Order configured computer（订购组装的计算机） Verify and accept customer payment（验证并接受客户支付）
5	客户的订单被输入到系统中之后，销售人员给仓库发送一份电子请求，说明所订配置的详细信息	Salesperson Warehouse	Inform warehouse about order（将订单情况通知仓库）
6	交易的详细信息，包括订单号和客户账号，通过电子邮件发送给客户，使其能在线查看订单的状态	Salesperson Customer	Order configured computer（订购组装的计算机） Display order status（显示订单状态）
7	仓库收到销售人员的发货单后，将计算机发送给客户	Salesperson Warehouse	Print invoice（打印发货单）

图10-2用UML图形符号展示了在线购物的用例。

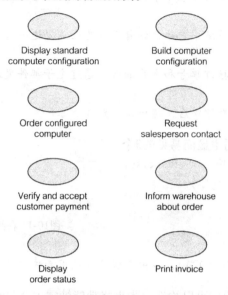

图10-2　在线购物系统的用例

10.1.3　用例图

步骤3：在线购物

参照指南的前两步，画出在线购物应用系统的用例图。

可以直接使用前面两步包含的信息完成这一步。唯一需要额外考虑的是用例间的关系。用例图如图10-3所示。<<extend>>关系表明用例Order configured computer可以由Customer角色从用例Request salesperson contact扩展得到。

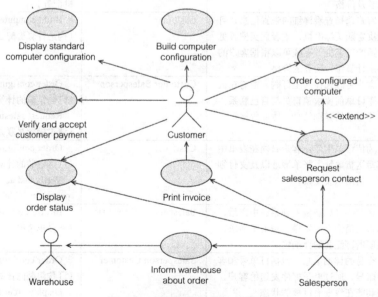

图10-3　在线购物系统的用例图

10.1.4 编写用例文档

步骤4：在线购物

参考前面几步，为用例"Order configured computer"编写用例文档。按照你对典型的订单处理过程的了解，推导出需求中并未提及的细节。

这一步的解决方案如表10-2所示。

表10-2 用例"Order configured computer"的描述性规格说明

用 例	Order configured computer
简单描述	这个用例允许Customer输入订单信息，包括送货地址、账单地址及支付的详细信息
角色（参与者）	Customer
前置条件	Customer通过浏览器定位到计算机厂商的订单输入页面，页面展示了组装计算机的详细信息及价格
主事件流	当订单的详细信息显示在屏幕上时，Customer通过选择Continue（或类似名称的）功能决定订购组装计算机，此用例开始执行 系统要求Customer输入订购的详细信息，包括销售员姓名（如果知道的话）、送货信息（客户的姓名和地址）、账单信息（如果与送货信息不同）、支付方式（信用卡或支票）及留言 Customer选择Purchase（或类似名称的）功能将订单提交给厂商 系统给订单分配一个唯一的订单号和客户账号，然后将订单信息存入数据库 系统通过email将订单号、客户账号及订单的详细信息发送给Customer，作为系统已经接受此订单的确认
可选事件流	Customer未提供所要求的信息而直接选择Purchase功能，这时系统显示出错页面要求客户输入所缺信息 Customer选择Reset（或类似名称的）功能回到空白的购买表单页面，系统允许客户重新输入信息
后置条件	如果用例成功，订单信息被记录到数据库。否则，系统状态不变

10.2 活动建模

10.2.1 动作

步骤5：在线购物

参考步骤4，分析用例文档中的主事件流及可选事件流，找到在线购物应用系统中用例"Order configured computer"的动作。

表10-3列出了用例文档中主事件流和可选事件流的说明，并从中识别出了动作。注意从系统角度而不是从参与者角度命名动作。

表10-3 找出主事件流及可选事件流中的动作

编号	用例说明	动 作
1	当订单的详细信息显示在屏幕上时，Customer通过选择Continue（或类似名称的）功能决定订购组装计算机，此用例开始执行	Display current configuration（显示当前配置） Get order request（获取订购请求）
2	系统要求Customer输入订购的详细信息，包括销售员姓名（如果知道的话）、送货信息（客户的姓名和地址）、账单信息（如果与送货信息不同）、支付方式（信用卡或支票）及留言	Display purchase form（显示购买表单）

（续）

编号	用例说明	动　　作
3	Customer选择Purchase（或类似名称的）功能将订单提交给厂商	Get purchase details（获得购买详细信息）
4	系统给订单分配一个唯一的订单号和客户账号，然后将订单信息存入数据库	Store order（存储订单）
5	系统通过email将订单号、客户账号及订单的详细信息发送给Customer，作为系统已经接受此订单的确认	E-mail order details（E-mail订单详细信息）
6	Customer未提供所要求的信息而直接选择Purchase功能，这时系统显示出错页面，要求客户输入所缺信息	Get purchase details（获取购买详细信息） Display purchase form（显示购物表单）
7	Customer选择Reset（或类似名称的）功能回到空白的购买表单页面，系统允许客户重新输入信息	Display purchase form（显示购物表单）

表10-3所标识的动作如图10-4所示。

10.2.2　活动图

步骤6：在线购物

参考指南的步骤4（10.1.4节）和步骤5（10.2.1节），为在线购物系统中的用例"Order configured computer"画活动图。

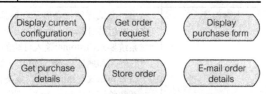

图10-4　在线购物系统中用例"Order configured computer"的动作

图10-5显示出了指南中步骤6的活动图。Display current configuration是第一个活动。当执行活动Display purchase form时，如果超时，则活动终止，否则Get purchase details活动被激活。如果购物详细信息没有填写完整，系统重新返回到活动Display purchase form，否则，执行Store order，然后执行E-mail order details（这是最后一个活动）。

注意只有作为活动出口的分支条件才在图上画出，活动内部的分支在图上不显示。可以通过是否存在多个分支来判断，在活动转换时可以加上用方括号括起来的守卫条件（如活动Display purchase form出口处的[timeout]）。

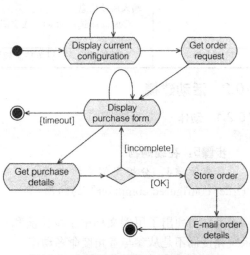

图10-5　在线购物系统中用例"Order configured computer"的活动图

10.3　类建模

10.3.1　类

步骤7：在线购物

参考本章开头指南说明中所定义的需求及指南的步骤1（10.1.1节）。找出在线购物系统中的候选实体类。

表10-4将指南中的功能性需求分配给实体类。类的列表中存在很多问题，如：

- ConfiguredComputer类和Order类有什么区别？毕竟，在没有下订单前，我们不会存储ConfiguredComputer。
- 需求4和需求7中Shipment的意思是否相同？也许不同。如果送货是仓库的责任而不属于应用系统的范围，我们是否还需要Shipment类？
- ConfigurationItem不能只作为ConfiguredComputer类中一个属性集合吧？
- OrderStatus是一个类，还是Order类的属性？
- Salesperson是一个类，还是Order和Invoice类的一个属性？

表10-4 将在线购物例子的需求分配给实体类

需求编号	需　　　求	实　体　类
1	客户通过商家的在线购物网页查看服务器、台式机或笔记本电脑的标准配置及价格	Customer, Computer, (StandardConfiguration, Porduct)
2	客户选择查看详细的配置信息，可能决定购买标准机，或者购买配置更合适的组装机。系统可以根据客户的要求计算每种配置的价格	Customer, ConfigurationComputer, (ConfiguredProduct), ConfigurationItem
3	客户可以选择网上订购，或者在最终下订单前要求销售员与自己联系，解释订单的详细信息、协商价格等	Customer, ConfigureComputer, Order, Salesperson
4	为使订单生效，客户必须在表单中填写送货地址、账单地址以及支付细节（信用卡或支票）	Customer, Order, Shipment, Invoice, Payment
5	客户的订单被输入到系统中之后，销售人员给仓库发送一份电子请求，说明所订配置的详细信息	Customer, Order, Salesperson, ConfiguredComputer, ConfigurationItem
6	交易的详细信息，包括订单号和客户账号，通过电子邮件发送给客户，使其能在线查看订单的状态	Order, Customer, (OrderStatus)
7	仓库收到销售人员的发货单后，将计算机发送给客户	Invoice, (Shipment), (Salesperson), Computer, Customer

以上这些问题或者类似的问题很难回答，需要对应用需求有深入的了解。为了说明此指南，我们选择了如图10-6所示的几个类。

10.3.2　属性

步骤8：在线购物

参考指南中的步骤5～步骤7，考虑图10-6中的类属性，只考虑具有原始类型的属性（附录，A.3.1节）。

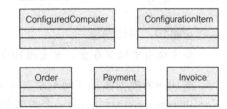

图10-6　在线购物系统的类

具有基本属性的类如图10-7所示，图10-7中只显示了最感兴趣的属性。ConfigurationItem的属性给出了恰当的简单解释。属性itemType将具有诸如处理器、内存、显示器、硬盘驱动器等值。属性itemDescr将进一步描述配置项的类型。例如，配置中的处理器可能是Intel 4000 MHz的，带有2 048k的缓存。

10.3.3　关联

步骤9：在线购物

参照指南中前面各步，考虑图10-7所示的类，思考用例所需要的类之间的访问路径，在类模型上添加关联。

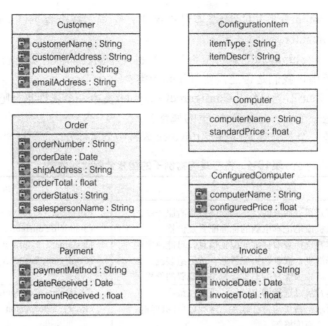

图10-7　在线购物系统中类的基本属性

图10-8显示了类之间最明显的关联关系。在确定关联多重性（附录，A.5.2节）时，我们做了一些假设。一个Order只能来自一个Customer，但一个Customer可对应多个Order。只有指定了Payment，Order才被接受（因此是一对一关系）。Order不一定和Invoice关联，但Invoice只能和一个Order有关。一个Order可对应一个或多个ConfiguredComputer。一个ConfiguredComputer可被多次订购或不被订购。

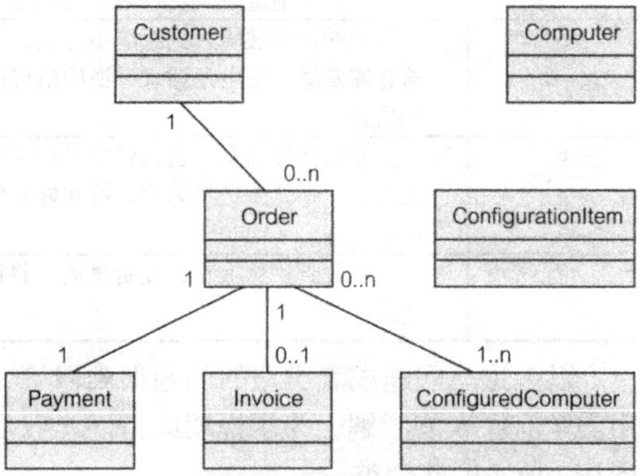

图10-8　在线购物系统中的关联

10.3.4　聚合

步骤10：在线购物

参考指南中以前各步，考虑图10-7和图10-8中的模型，为类模型增加聚合关系。

图10-9为模型添加了两个聚合关系。Computer有一个或多个configurationItem。同样，ConfiguredComputer也包含一个或多个ConfigurationItem。

10.3.5　泛化

步骤11：在线购物

参照指南中以前各步，考虑图10-7和图10-9中的模型，从既存类中提取出共同属性形成一个更高层次的类，即为类模型增加泛化关系。

图10-10显示了修改后的模型，将类Computer改成了抽象类，它具有两个具体子类：StandardComputer和ConfiguredComputer。Order和ConfigurationItem直接与Computer关联，Computer可以是StandardComputer，也可以是ConfiguredComputer。

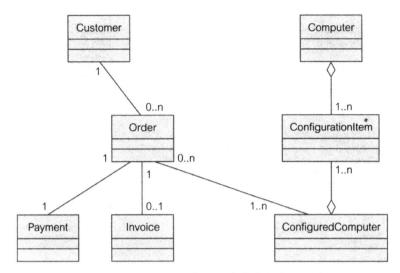

图10-9　在线购物系统中的聚合关系

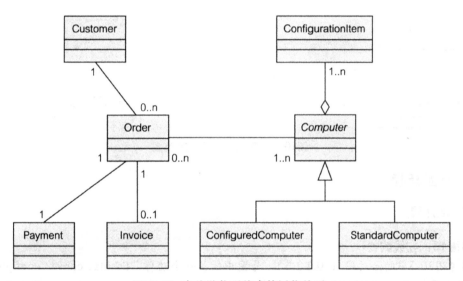

图10-10　在线购物系统中的泛化关系

10.3.6　类图

步骤12：在线购物

参考指南中以前各步，将图10-7和图10-10合并，形成一个完整的类图。根据泛化的层次结构修改类的属性。

图10-11是在线购物系统的类图。这并不是一个完整的解决方案，例如，在实际的解决方案中需要更多的属性。

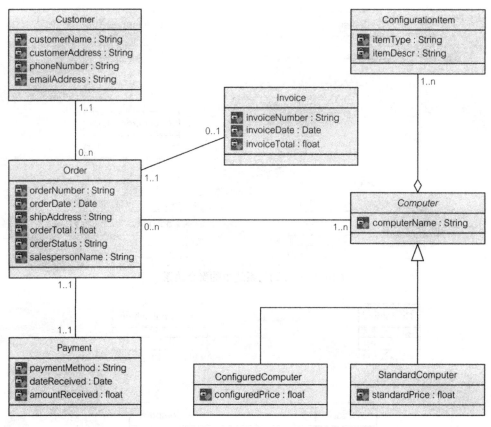

图10-11　在线购物系统的类图

10.4　交互建模

10.4.1　顺序图

步骤13：在线购物

参考图10-5中的活动图（10.2.2节），为图中的第一个动作"Display current configuration"创建顺序图。按照PCBMER框架，为每个类名加上一个字符前缀，以标识该类属于哪个PCMR子系统。只需要画出表示类和实体类，并假定表示层能够与实体层直接通信。

为了更好地理解上述任务，参考图10-12和图10-13。图10-12（Sony 2004）显示了一种可能的"客户配置"页面，通过此页面客户可根据需要的（当前的）配置组装电脑。在图10-12所示的页面上，客户点击提交按钮，系统显示当前配置的汇总信息页面，如图10-13（Sony 2004）所示。

动作"Display current configuration"的顺序图如图10-14所示。当外部参与者（Customer）选择查看计算机的配置时，点击PCustomConfiguration页面的Submit按钮。此事件由自定义方法submit()响应。

submit()方法发送getCurrentConf()给EComputer。EComputer是一个抽象类，实际上消息被发送给EStandardComputer对象或者EConfiguredComputer对象（如图10-11所示）。模型假定PCustomConfiguration知道外部角色是否修改了标准配置，因此能够确定应将getCurrentConf()消息发送给哪个具体类。

图10-12 在线购物系统中的客户配置页面的例子

图10-13 在线购物系统中的配置汇总信息页面的例子

因为PCustomConfiguration有一个EComputer对象，它可以直接请求所有详细信息。然而图10-14模型中的EComputer对象合并了所有信息（computerName、itemDescr和price），然后将这些信息（以Java集合的形式）返回给PCustomConfiguration。实际上，EConfigurationItem本身就是一个对象集合，getItemDescr()方法就作用在这个集合上。模型并没有解释getPrice()方法究竟是如何执行的。

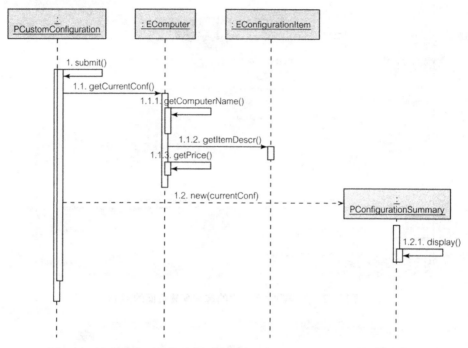

图10-14   在线购物系统中动作"Display current configuration"的顺序图

当获取了全部的请求信息，PCustomConfiguration构造一个新的PConfigurationSummary页面，构造器通过new()方法的参数获取所有信息。PConfigurationSummary的构造器包含自定义方法display()，所以当前的配置信息可以显示在屏幕上。

10.4.2 通信图

步骤14：在线购物
将图10-14中的顺序图转换为通信图。

图10-15所示的通信图是图10-14中顺序图的另一种展现方式。通过将EConfigurationItem显示为对象的集合，通信图得到了增强。

步骤15：在线购物
参考图10-11的类图和图10-15的通信图，针对顺序图中的每一条消息，为类图中的相关类添加一个操作。无需重画整个类图，只需为类添加操作。对于还没有其他关系相连的类，画出类之间的依赖关系。

图10-16给出了这一简单步骤的解决方法。如期望的那样为类图添加了操作。注意消息new()激活了PConfigurationSummary的构造器，PCustomConfiguration依赖于EComputer和PConfig-urationSummary。

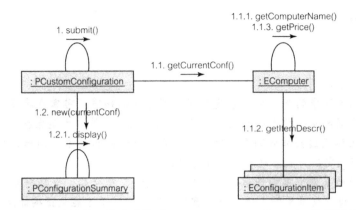

图10-15 在线购物系统中动作"Display current configuration"的通信图

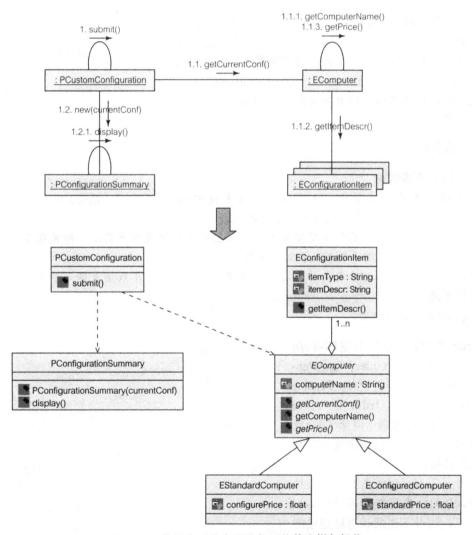

图10-16 使用交互为在线购物系统的类增加操作

EComputer是抽象类。操作getCurrentConf()和getPrice()是抽象的,子类EConfigured-Computer和EStandardComputer继承并实现了这两个方法。

10.5 状态机建模

10.5.1 状态和转换

步骤16：在线购物

考虑在线购物系统中的类Invoice。通过用例模型我们知道：当客户填写购物表单，并提交给商家时，需要确定商品的支付方式（信用卡或是支票），然后才能生成订单和发货单。然而，用例图并未明确指出实际收到支付的时间和发货单的先后关系。例如，我们可以假定客户可以在发货之前或之后付款，也允许部分支付。

从类模型我们知道发货单由销售人员准备，并最终交给仓库。仓库将发货单及计算机寄给客户。在系统中维护发货单的支付状态很重要，这样发货单才能被正确标注。

就支付情况而言，画一个状态图，捕捉发货单所有可能的状态。

图10-17是类Invoice的状态机模型。Invoice的初始状态是Unpaid，从Unpaid状态出来有两个可能的转换。在部分支付事件发生的情况下，Invoice对象进入Partly Paid状态，部分支付只允许一次。当处于Unpaid或Partly Paid状态时，最终支付事件会触发到Fully Paid状态的转换，这是最终状态。

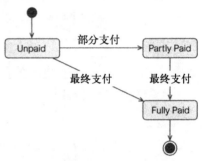

10.5.2 状态机图

步骤17：在线购物

参考指南中的以前各步，考虑在线购物系统中的Order类，确定Order从提交到完成所有可能的状态。

图10-17 在线购物系统中类Invoice的状态和事件

应考虑到所订购的计算机有现货还是需要单独装配来满足客户需要。即使现在仓库有存货，客户也可能希望在将来的某天收到计算机。

客户可以在计算机运输之前的任何时间取消订单。由于订单取消太迟而导致的罚款不用在建模时考虑。

为Order类画状态机图。

Order类的状态机图如图10-18所示。初始状态是New Order，这是Pending状态中的一种，除此之外，Pending状态还包括Back Order和Future Order。在Pending状态中嵌套了3个状态，从其中任意一个状态出发都有两种可能的转换。

转换到Canceled状态的守卫条件是[canceled]，也可能由事件cancel取代守卫，这并不违反状态机建模的规则。到状态Ready to Ship的转换标上了完整的描述，包括事件、守卫和动作。

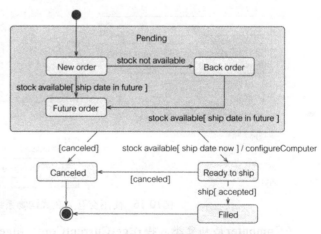

图10-18 在线购物系统中Order类的状态图

10.6 实现模型

10.6.1 子系统

步骤18：在线购物

PCBMER体系结构框架的层被建模为子系统。这与子系统的服务被封装为接口这一期望（和需求）是相符的（3.6.1节）。

对图4-3（4.1.3.1节）中PCBMER的体系结构图进行扩展，明确标出各子系统所提供的及需要的接口。使用棒棒糖符号（例如，见3.6.2节中的图3-19）表示接口。

图10-19就是步骤18的明白易懂的答案。例如，Bean子系统提供Presentation子系统和Control子系统所需的接口。

10.6.2 包

步骤19：在线购物

参考在线购物指南以前的各步，很明显，我们以前定义的大部分类都只是持久的业务实体类，而一个完整的系统模型需要定义其他应用类。这将随着设计的深入而逐步完成。即使我们还没有应用类，仍然可以根据PCBMER方法通过包将类分成联系紧密的单元。

这一步的任务是设计在线购物实例中的包以及包之间的主要依赖关系。对图10-19的模型进行扩展，将包加入到模型中。

完成在线购物例子最好的方法是"模仿系统"，设想要接收客户的配置计算机的订单，应该做些什么。很明显系统需要处理两个独立的功能——计算机组装和订单录入。这两个功能需要独立的GUI窗口，因

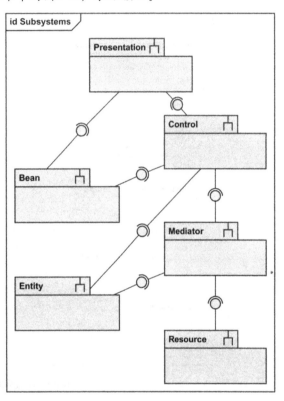

图10-19　在线购物系统中带有接口的PCBMER子系统

此我们可以创建两个表示层的包：configuration view和order view（如图10-20所示）。视图中所需要的数据由configuration bean和order view两个Bean包提供（由Control子系统创建）。

考虑到业务应用，我们在类图中标识了类的范围（图10-11）。这些实体类被自然地组织到3个实体包——customers、computers和orders（后者也应包括Invoice类和Payment类）。除此之外，我们需要一个包来分配OID到实体对象并维护OID映射（8.4节），我们将这个包命名为identity map包。

接下来，我们定义将表示类和实体类连接在一起的包——控制包。我们需要一个包用于组装计算机和计算价格，可将此包命名为configuration provider。我们还需要一个包负责输入和记录订单——order monitor包。

我们对中介者子系统一无所知，但从前面关于持久对象管理模式的讨论（8.4节）可知，至少需要添加3个中介者包。这些包可以用模式命名，即data mapper、lazy load和unit of work。

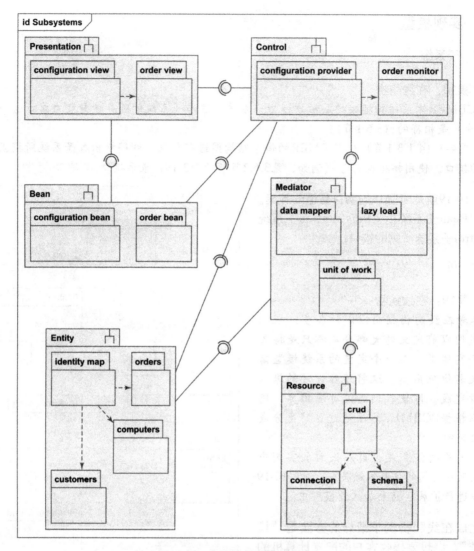

图10-20　在线购物系统中的包

　　最后，需要一个或多个资源包。主资源包可命名为crud——创建、读取、更新和删除
（4.3.4.1节）。当应用程序需要存取或修改数据库内容时，crud包和数据库表通信。

　　crud包依赖另外两个资源包——connection包和schema包。connection包中的类负责处理
数据库连接。schema包包含数据库模式对象的当前信息，这些数据库对象包括表、列及存储
过程等。应用程序启动时应实例化模式对象，这样在实际访问数据库前可以验证数据库对象
是否在数据库中存在（例如，在调用存储过程之前，应用程序通过一个驻留内存的schema对
象来检验存储过程是否仍然存在）。

10.6.3　构件

步骤20：在线购物

　　为在线购物例子的业务对象设计构件图。构件是一个一致的功能单元，具有清晰的接口，
因此是系统中可以替换的部分。由于在线购物例子的实现平台还没有确定，因此在此阶段更
小的构件（如库和存储过程）还不能确定。

完成这一步的一种方法是考虑当客户访问网页并希望在线购买计算机时所涉及的典型过程。通过对10.1节的用例图进行分析可以获得指导。

在线客户应该访问的第一个网页是商家页面。在这个页面上列出了产品目录（如服务器、台式机、笔记本电脑），突出显示最新产品及折扣信息，并提供到产品列表及产品简短描述网页的链接。产品的简短描述应包括标准机的价格。系统这一部分应关注用广告方式向在线购物者展示产品。需要一个一致的功能单元来构建这一构件，我们将此构件称为ProductList。

下一步客户会关注所选产品的技术说明，从不同角度查看商品。这需要一个独立的页面，可以作为下一个构件，将其命名为ProductDisplay。

假设前面的网页已将客户的注意力吸引到产品上，那么客户就会要求不同的配置来满足特定的需要和预算。这需要页面动态地、交互地展示各种配置及价格。这是另一个好的候选构件——Configuration。

如果客户决定购买产品，系统将显示购物表单，需要输入的详细内容包括：姓名、送货地址和发货单的邮寄地址。同时需要选择支付方式，并通过某种安全传输协议提交相关的详细信息。这是第4个构件——Purchase。

在此指南中需要标识的最后一个构件与订单的完成及订单状态跟踪有关。从客户角度看，在网页查看订单状态（当输入客户账号和订单号后）是可能的。此构件被命名为OrderTracking。

以上讨论所确定的5个构件如图10-21所示。构件间的主要依赖关系通过指定依赖接口和提供接口来展示。构件是物理的、实际的自治部署单元，即使是小型系统也要精心设计和实现。

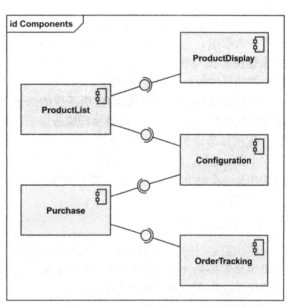

图10-21　在线购物系统的构件图

10.6.4　注释

步骤21：在线购物

参考步骤18～步骤20的实现模型，设计在线购物例子的部署图。尤其要考虑在此实例中是否需要应用服务器。

Internet的无连接特性使得Web应用系统的部署比客户/服务器的数据库应用的部署要复杂得多。首先，必须安装Web服务器作为路由中间件连接客户浏览器和数据库。

如果cookie技术不能很好地管理会话，就需要引入分布式对象。部署分布式对象需要一个独立的体系结构元素——应用服务器，它位于Web服务器和数据库服务器之间。

部署的设计必须考虑安全问题。安全传输和加密协议提出了额外的部署需求。同时还应考虑网络负载、Internet连接和备份等问题。

支持复杂Web应用的部署体系结构包括4个层次的计算机节点：

1) 带有浏览器的客户机。

2) Web服务器。

3) 应用服务器。

4) 数据库服务器。

客户节点的浏览器用来显示静态或动态的页面。脚本页和applets能够下载到本地,并在浏览器中运行。带有ActiveX插件或JavaBeans对象的客户端浏览器可以提供额外的功能。在浏览器之外的客户机上运行应用代码可以满足其他UI需要。

Web服务器处理来自浏览器的页面请求,并动态生成页面和执行代码显示在客户端。它也处理用户会话的自定义和参数化。

如果实现中用到了分布式对象,**应用服务器**是必不可少的,用它来处理业务逻辑。通过CORBA、DCOM或EJB等构件接口,业务构件将其接口发布给其他节点。

业务构件封装存储在数据库(如关系数据库)中的持久数据。它们通过JDBC、SQLJ或ODBC等数据库连接协议与数据库服务器通信。数据库节点提供数据的可伸缩存储和多用户访问。

如图10-22所示,在线购物应用系统的部署无需独立的应用服务器。Web服务器执行服务器页面的代码。应用服务器潜在的优势是其应用构件可被其他的Web应用复用,以调用相同的业务逻辑。然而,在线购物是一个独立的系统,没有其他的Web应用利用其业务逻辑。

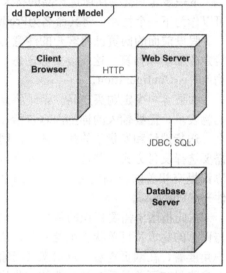

图10-22　在线购物系统的部署图

10.7　对象协作设计

协作定义用例的实现以及一些更复杂的操作(简单操作无需协作建模)。协作的设计使既存类图需要精化(修改和扩展),并产生新的交互图(顺序图和/或通信图)。也可能需要开发和精化其他种类的图,特别是状态机图。

协作设计的一个重要副产品(或者说是前提)是需要精化用例。需求分析阶段的用例文档没有包含足够的细节信息来设计协作,因此用例规格说明必须精化成设计文档。新的设计层用例规格说明必须包括系统层的需求,同时维护参与者的客观判断力。

如果需求管理(2.4节)在分析阶段已经滞后,现在是使其正规化的最后时机。

应该给需求编号(2.4.1节),并使其结构化(2.4.2节)。这两项活动可以在CASE工具的辅助下很好地完成。如果将需求存储在CASE工具知识库中,可以确保合适的变更管理和可追踪管理。试图通过手工方式来追踪需求变更是注定要失败的。运用CASE工具对需求重新编号和更改结构是非常容易的。

图10-23显示了用例规格说明文档的一个片断。从图中可以看到被编号的需求及其层次结构。采用带有UC(use case)前缀的杜威十进制系统对需求进行编号。当用例文档包含的需求类型不止一种时,前缀是非常有用的。注意需求被括在方括号中,加了下划线,并用绿颜色来显示。

一旦将需求输入到CASE知识库中,就可以使用CASE工具集支持的工具进行浏览和修改。图10-24展示了需求的层次结构。设计者可以使用这种展示来修改任何需求或为其添加不同属性。

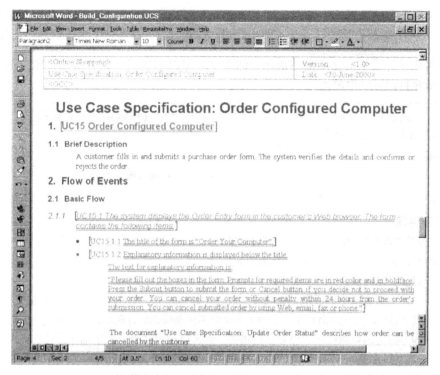

图10-23 取自CASE工具管理的用例文档

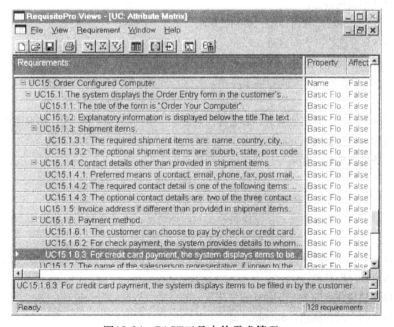

图10-24 CASE工具中的需求管理

10.7.1 用例设计规格说明

步骤22：在线购物

参考10.2.2节（表10-2）中在线购物的用例分析文档，此文档是用例"Order configured computer"的分析文档，但仅靠此用例来设计协作模型是不够的。

这一步骤的目的是展示如何精化用例文档,以形成设计层的用例规格说明。精化后的文档被组织成如图10-23所示的结构。实际上,图10-23和图10-24提供了这一步的部分解决方案。

适合用例设计文档的文本如下所示。注意文档可以不按照下面的格式打印。比如,用例编号的显示和打印可以取消。

用例规格说明:Order configured computer(订购组装的计算机)

1 [UC15订购组装的计算机]

1.1 简要描述

客户填写并提交订购表单,系统验证表单的细节信息,并确认或拒绝此订单。

2 事件流

2.1 基本事件流

[UC15.11 系统在客户的Web浏览器上显示订单的输入表单,此表单包括下面的项。]

　　[UC15.11.1 表单的标题是"订购你的计算机"。]

　　[UC15.11.2 订单的摘要信息和解释信息显示在标题的下面。解释信息如下:

　　　　"请填写表单中的方框,必填项以红色和粗体提示,按Submit(提交)按钮提交表单,
　　　　或者按Cancel(取消)按钮,如果你决定不再继续你的订购的话。订单提交之后,可以在
　　　　24小时之内取消订单,没有任何损失。你可以使用网页、电子邮件、传真或电话取消订
　　　　单。"]

　　　　文档"用例规格说明:修改订单状态"描述了客户如何取消订单。

　　[UC15.11.3 出货内容。]

　　[UC15.11.3.1 必需的出货内容是:名称,国家,城市,街道,快递路线。]

　　[UC15.11.3.2 可选的出货内容是:郊区,州,邮政编码。]

　　[UC15.11.4 除了出货内容中所提供的,还有联系信息。]

　　[UC15.11.4.1 首选的联系方式:电子邮件,电话,传真,邮递邮件,快递邮件。]

　　[UC15.11.4.2 必需的联系信息是下面选项之一:电子邮件,电话,传真。]

　　[UC15.11.4.3 可选的联系信息是:必需的联系信息中所列的3项中的2项,邮寄地址(如果与出货
　　　　内容中所提供的不同的话)。]

　　[UC15.11.5 发票地址,如果与出货内容中所提供的不同的话。]

　　[UC15.11.6 付款方法。]

　　[UC15.11.6.1 客户可以选择支票支付或信用卡支付。]

　　[UC15.11.6.2 对于支票支付,系统提供相关的详细信息:支票支付给谁以及支票的邮寄地址。系
　　　　统还会通知客户,支票收到后,需要3天时间兑现。]

　　[UC15.11.6.3 对于信用卡支付,系统显示需要客户填写的内容:可接受的信用卡选择列表,信用
　　　　卡号,过期日期。]

　　[UC15.11.7 销售代表的名字,如果客户从以前的交易中知道的话。]

　　[UC15.11.8 两个动作按钮:Submit(提交)和Cancel(取消)。]

[UC15.12 系统通过将光标停放在第一个可编辑域(名字)上,提示客户输入订单内容。]

[UC15.13 系统允许以任意的顺序输入信息。]

**[UC15.14 如果客户在15分钟之内没有提交表单,也没有取消表单,则执行备选事件流"Customer
　　　Inactive"("客户休眠")。]**

[UC15.15 如果客户按了Submit按钮,并且提供了所有必填信息,则此订购表单被提交给Web服务器。]

Web服务器与数据库服务器通信，在数据库中存储此订单。]

[UC15.16 数据库服务器给订单分配唯一的顺序号和客户账号。系统通过显示分配的顺序号和账号，确认收到订单。]

[UC15.17 如果数据库服务器不能创建和存储订单，则执行备选事件流"Database exception"（"数据库异常"）。]

[UC15.18 如果客户提交了信息不完整的订单，则执行备选事件流"Incomplete Information"（"不完整信息"）。]

[UC15.19 如果客户提供电子邮件地址作为首选的通信方式，系统将订单、客户号，以及所有的订单细节通过电子邮件发给客户，以确认收到了客户订单。此用例终止。]

[UC15.20 否则，将订单细节邮寄给客户。此用例终止。]

[UC15.21 如果客户按了Cancel按钮，则执行备选事件流"Cancel"（"取消"）。]

2.2 备选事件流

Customer inactive（客户休眠）

[UC15.14.1 如果客户休眠超过15分钟，系统终止与浏览器的连接。订单输入表单关闭。用例终止。]

Database exception（数据库异常）

[UC15.17.1 如果数据库出现异常，系统解释异常，并将错误性质通知客户。如果客户已断开连接，系统将错误信息通过电子邮件发给客户和销售人员。用例终止。]

如果通过网上或电子邮件都联系不到客户，销售人员需要通过其他方式联系客户。

Incomplete information（不完整信息）

[UC15.18.1 如果客户没有填写所有的必填内容，系统请客户提供缺少的信息。显示缺少内容的列表。用例继续。]

Cancel（取消）

[UC15.11.1 如果客户按了取消按钮，则表单域清空。用例继续。]

3 前置条件

3.1 客户将浏览器定位在系统的Web页。该页显示组装计算机及其价格的详细信息。客户按下Purchase（购买）按钮。

3.2 从请求要组装的最后的计算机配置到构建并显示在浏览器的页面上，在15分钟之内，客户按下Purchase（购买）按钮。

4 后置条件

4.1 客户将浏览器定位在系统的Web页。该页显示组装计算机及其价格的详细信息。客户按下Purchase（购买）按钮。否则，系统的状态保持不变。

10.7.2 用户界面原型

步骤23：在线购物

实际上，10.7.1节所示的用例设计规格说明的详细程度还不足以作为对象协作设计的基础，对象协作设计对于完成编程任务已经足够了。有两种主要技术用于向编程人员提供更多的信息，两者都是故事情节（storyboarding）技术。其中一种让人联想到电影行业使用的技术——UX故事情节（7.4.1节和10.8节）。

指南的这一步是要设计页面原型，向客户显示订单的当前状态。

图10-25显示了订单状态页面的简单设计。完整的设计应该包括客户登录页面。登录页面要求客户输入账号和订单号（首次生成订单时发送给客户的订单号）。系统在显示订单状态之前将对客户进行确认。

通过图10-25设计中的URL地址，可以看出订单状态页面是用动态服务器网页（ASP）实现的。布局由5个信息域组成。域的灰色背景表明用户不能修改域值（域是只读的）。屏幕底部的超链接使用户可退出订单状态页。

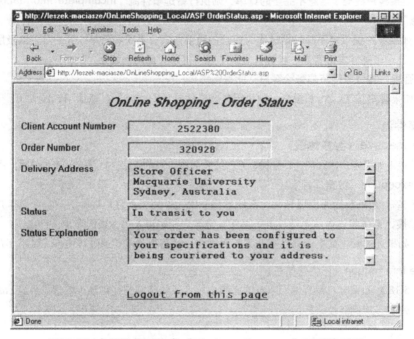

图10-25　在线购物系统中"Display order status"网页的原型

10.7.3　顺序图

步骤24：在线购物

参考指南中的步骤23，为"Display order status"设计顺序图。

在设计中考虑管理持久对象的模式（8.4节和第8章末尾关系管理练习的解决方案）。使设计与图10-11所示的类图及图10-20所示的包图保持一致。为了简化，可以不考虑bean对象。

假设数据映射工具知道缓存中的订单状态信息已过时，必须重新访问数据库。一旦从数据库中获得状态信息，缓存需要刷新。刷新意味着更新EOrder，并创建新的EOrderStatus对象。

图10-26提供了步骤24的解决方案。注意，MDataMapper对象直接访问数据库，并返回订单状态数据，然后通过CStatusMonitor对象将数据发送到窗口Order Status（"窗口"被建模为表示层对象，即POrderStatus，但我们选择了UX故事情节串联板形状的符号）。Order status窗口使用display()方法将数据显示到屏幕上。同时，MDataMapper对象刷新缓存中的实体对象。首先，更新EOrder对象，然后创建新的EOrderStatus对象。模型中并未解释如何将EOrderStatus对象和它的EOrder对象相连接。

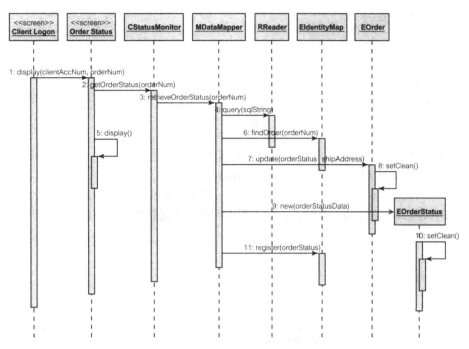

图10-26　在线购物系统中"Display order status"的顺序图

10.7.4　设计层类图

步骤25：在线购物

参考指南中的步骤24，为"Display order status"设计类图，除了实体类外，其他类不需包含数据成员，只需包含方法。显示方法的返回值，同时定义类之间的关系，包括依赖关系。

设计层类图如图10-27所示，该图是从图10-26中的模型直接衍生出来的。主要添加了方法的返回值类型和属性的数据类型。使用了Java的数据类型。去掉了Order类的orderStatus属性（图10-11），取而代之的是EOrderStatus类和EOrder类之间的关联关系。

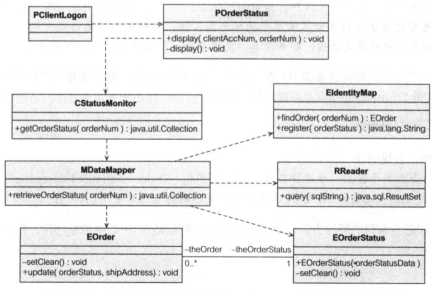

图10-27　在线购物系统中"Display order status"的设计层类图

10.8 窗口导航设计

10.8.1 用户体验元素

步骤26：在线购物

参考指南中的步骤22。对用例设计规格说明进行研究，识别出UX元素。为用例"Order configured computer"正确画出构造型UX类图。

图10-28中的类图反映了用户体验（UX）元素及其元素之间的关系。"Computer Order"窗口包含一个Order Entry表单、两个Command Button部件（为了Submit和Cancel），还可能包含一个Order Confirmation窗口。Incomplete Order Entry表单是一种特殊的Order Entry表单。Database Exception被建模为一个类，其构造型为部件，使其能够被多个窗口复用。

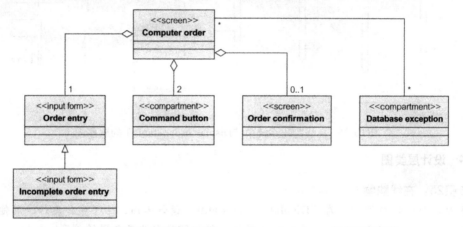

图10-28　在线购物系统中"Order configured computer"的UX元素

10.8.2 行为性UX协作

步骤27：在线购物

参考指南中的步骤22和步骤26，为用例"Order configured computer"的行为UX协作绘制顺序图。无需过多关注订单输入表单中的单个输入域，按照用例规格说明中的分类将它们看作成组的输入，也就是运输项、联系信息、发货单地址、支付方式和销售员姓名。

图10-29所示的顺序图是步骤27的解决方案。需要说明几点：除了常用的环境动作\$navigate to外，还有两个\$display动作也是环境动作。动作分支被广泛用于表示用例中的备选流。

10.8.3 结构性UX协作

步骤28：在线购物

参考指南中的步骤22、步骤26及步骤27，为用例"Order configured computer"的结构性UX协作开发类图。无需为UX元素（UX类中的域）的动态内容使用UX标签。

图10-30是步骤28的解决方案，由以前的模型，特别是图10-29中的顺序图，衍生而来。

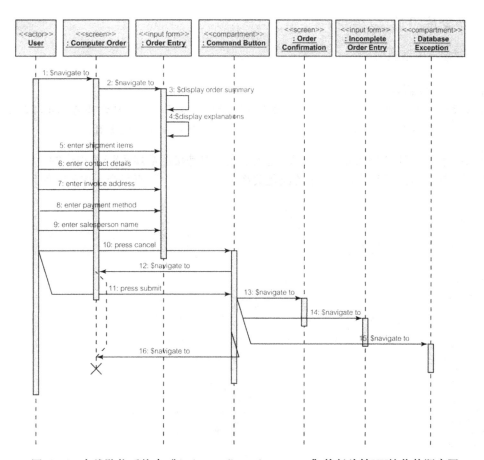

图10-29 在线购物系统中"Order configured computer"的行为性UX协作的顺序图

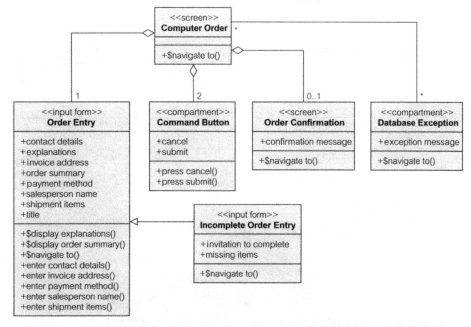

图10-30 在线购物系统中"Order configured computer"的结构性UX协作的类图

10.9　数据库设计

10.9.1　对象－关系映射

步骤29：在线购物

参考指南中的步骤12，将图10-11中的类图映射到数据库模型，也需要考虑步骤25确定的订单状态表。显示表、表之间的关系、列类型、是否为空以及关系的重数。

映射结果是如图10-31所示的12张表。绝大多数映射是按照常规及8.3节提出的建议确定的。使用8.3.4节的第3种方案对图10-11中的泛化关系进行了映射，即将每个具体类映射到一张表。

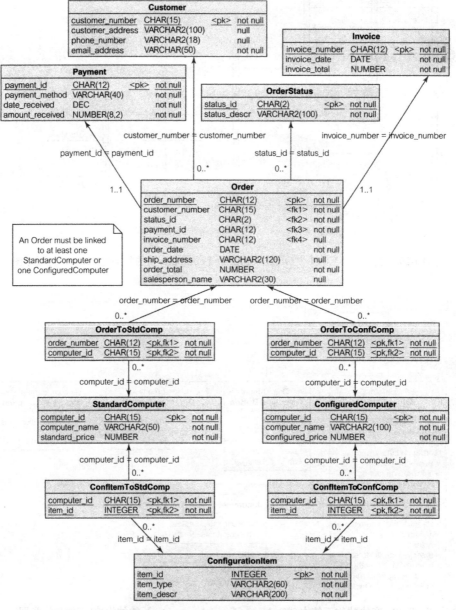

图10-31　在线购物系统的数据库模型

在图10-11中，Order和Computer之间是多对多的关联关系，一个Order至少关联一个Computer。图10-31采用两张关系表将多对多的关系转换成两个一对多关系（分别关联到StandardComputer和ConfiguredComputer）。在这个映射中，一个Order必须关联至少一个Computer的数量限制没有体现在数据库模型中。图中注释表明此限制由程序实现（通过触发器）。

让人惊讶的是，Computer类和ConfigurationItem类之间（如图10-11所示）的聚合关系模型也用类似的方法得到。类模型并没有指明一个ConfigurationItem对象可以是多个Computer对象的组成部分（因为一个ConfigurationItem定义了一个配置项的类型，而不是一个配置项的具体实例）。因此，这个聚合实际上是多对多的关系，必须使用图10-31所示的"关系表"来映射。

Order和Invoice之间的关系映射不是显而易见的。可以将外键加到两个表的任一个。我们将其加到Order表。然而，注意外键（invoice_number）可以为空。这是因为在类图中Order类和Invoice类是0..1的关系（如图10-11所示）。

10.9.2 引用完整性设计

步骤30：在线购物

参考指南中的步骤29以及图10-31所示的数据库模型，考虑删除操作的各种描述性引用完整性约束（8.2.3节）。标出图10-31中的哪些关系应该具有Del(C)或Del(N)约束，而非Del(R)约束。同时标出哪个关系允许"更改父表"（也就是允许cpa（change parent allowed）约束）。

图10-32是修改后的数据库模型，显示了允许的删除操作以及是否允许cpa约束。Order表和OrderStatus表之间的关系允许cpa约束（订单可以修改status_id）。在图下部的关系表中大部分关系也是允许cpa约束的，有两个例外：组装计算机不能修改订单，标准计算机不能修改配置项。

删除发货单会使Order表中的外键为空。如果父记录已经被删除，关系表中的相关记录也可自由删除。涉及这些表的关系被标识为Del(C)约束。所有的其他删除约束为Del(R)。

小结

本书最后一章源于重要的（如果不是最重要的）教学原则——复习和加强（RR，review and reinforce）所学的内容。这种RR原则是大多数大学课程所采用的——最后一周通常被用来复习和加强。对于这样的课程，这一章正好派上用场。

本章以指南的方式应用RR原则，通过一个单独的应用领域——在线购物——来展现需求分析和系统设计的所有重要步骤。总之，在30个相关的软件开发步骤中对内容进行介绍，这些步骤又被分为9个连续的主题：

1) 用例建模。

2) 活动建模。

3) 类建模。

4) 交互建模。

5) 状态机建模。

6) 实现模型。

7) 协作设计。

8) 窗口导航设计。

9) 数据库设计。

然而，这一章不能替代本书的其他部分，它没有解释（个别的地方例外）建模决策和解决方案背后

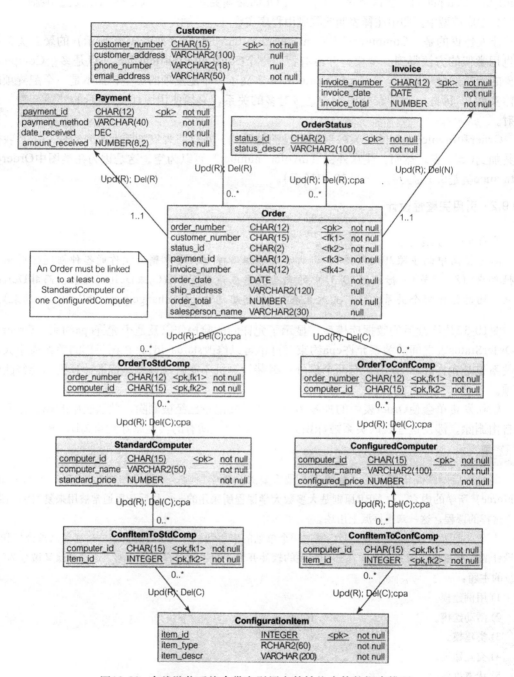

图10-32 在线购物系统中带有引用完整性约束的数据库模型

的理论依据。而且，局限在单独一章中的指南不能阐述所有建模和设计的复杂性。下面的练习涉及几个其他重要的分析和设计问题。

练习：在线购物

G1 参考步骤2（10.1.2节）。

　　表10.1中的第6点谈到给客户发电子邮件，使其能够在线检查订单的状态，可并没有用例显示这一行为，应该有吗？说出理由。

G2 步骤3（10.1.3节）将Display order status标识为一个用例，此用例允许客户查看计算机订单的状态。为此用例编写用例文档，采用步骤4（10.1.4节）中的文档格式。

G3 参考步骤9（10.3.3节）。

　　在图10-8中，Customer类与Payment、Invoice及ConfiguredComputer类没有直接关联。是否应该关联，如果应该关联，则修改类图，并解释原因。

G4 参考步骤11（10.3.5节）。

　　图10-10是一个相对简单的泛化例子。如果要求StandardComputer（标准机）和Configured-Computer（组装机）销售的发货单内容不同，会出现怎样的复杂情况呢？例如，对Configured-Computer系统的配置进行修改收取额外的费用，大批购买StandardComputer系统则给予一定的折扣等。

　　修改类图以反映这些复杂情况，并给以简单解释。

G5 参考步骤6（10.2.2节）。

　　为动作Display purchase form（图10-5）绘制分析层顺序图。作为参考，可将图10-14（10.4.1节步骤13）看作是分析层顺序图。

G6 参考G5的解决方案。

　　为顺序图中对象所在的类添加操作，显示其关系，包括类与类之间的依赖关系。

G7 参考步骤16（10.5.1节）。

　　图10-17的状态机图限制只允许一次分期付款。假设允许多次分期付款，修改相应的图。

　　提供两种解决方案：第一种优先考虑采用分期付款；第二种系统需要计算是分期支付还是一次性支付。

G8 参考步骤12（10.3.6节）。

　　考虑模型中的Customer、Order和Invoice类，能否引入衍生关联？如果能，添加到图中。

G9 参考步骤12（10.3.6节）。

　　考虑模型中的Order和Computer类，将两个类之间的关系改为限定关联，以明确捕获"在订单上每台计算机只有一个订单项"这一限制。

G10 参考步骤5（10.2.1节）。

　　采用步骤24（10.7.3节）中类似的方法为动作"E-mail Order Details"设计顺序图。

G11 参考步骤5（10.2.1节）。

　　采用步骤25（10.7.4节）中类似的方法为动作"E-mail order details"绘制设计层类图。

G12 参考步骤3（10.1.3节）。

　　采用步骤22（10.7.1节）中类似的方法为用例"Verify and accept customer payment"编写设计层用例规格说明。

G13 参考练习G12的解决方案。

　　研究用例设计规格说明，以确定UX元素。采用步骤26（10.8.1节）中类似的方法为用例"Verify and accept customer payment"正确画出构造型UX类。

G14　参考练习G12和G13的解决方案。

采用步骤27（10.8.2节）中类似的方法为用例"Verify and accept customer payment"的行为性UX协作绘制顺序图。

G15　参考练习G12、G13和G14的解决方案。

采用步骤28（10.8.3节）中类似的方法为用例"Verify and accept customer payment"的结构性UX协作绘制类图。

G16　参考步骤29（10.9.1节）。

开发数据库模型来替代图10-31中的模型，在保证相同（或非常相近）语义和效率的同时，尽量使模型与图10-31不同。

G17　参考步骤30（10.9.2节）。

考虑Invoice和Order之间的关系，为这两个表编写数据库触发器（可以用伪代码），强制执行图10-32确定的引用完整性。

附录A 对象技术基础

实际上，所有现代软件系统都是面向对象的，并且是使用面向对象建模开发的。信息系统中的对象无处不在，这就要求软件项目的所有利益相关者了解对象方面的知识。利益相关者不仅仅指开发者，还包括客户（用户和系统的拥有者）。为了能更有效地交流，所有利益相关者都必须对对象技术及对象建模语言具有共同的理解。对客户而言，能够理解对象的主要概念和建模构想就可以了；而对于开发者来说，必须掌握深层次的对象知识，应能达到应用其构建模型并实现软件的程度。

学习对象技术的主要困难在于缺少明确的起点和清晰的研究思路，而且也没有一种我们所熟知的"自顶向下"或"自底向上"的学习方法。不可避免，面向对象的学习方法属于"中走出"[⊖]之类的方法。无论我们如何加快学习进度，似乎总是处在学习之中（因为新的问题会不断出现）。在面向对象的系统中，"所有事物都是对象"。当读者理解这一事实的深刻含义时，成功学习过程中的第一个主要测试就通过了。

对象技术概念的最好解释方法是使用统一建模语言（UML）进行可视化表示。因此，本附录采用UML表示对象技术的所有基本概念。

A.1 现实生活的模拟

解释信息系统中对象的一种好的方法是使用类比，将信息系统中的对象比作现实生活中的具体对象。我们周围的世界是由对象构成的，这些对象通常会处于某些可观察到的状态（由对象属性的当前值决定），并展现出某些行为（由这些对象所执行的操作（功能）决定）。每个对象都被唯一标识，以区别其他对象。

例如，我书桌上的一个咖啡杯，当里面装有咖啡时，杯子就处于有咖啡的满状态；而当里面没有咖啡时，我们认为杯子是空的状态。如果杯子掉在地上摔坏了，它就处于破碎的状态。

杯子是被动的，因为它没有自己的行为。然而，我们不能说我的狗和窗外的桉树也没有自己的行为，因为狗会叫，而树会生长等。因此，现实生活中的一些对象的确是具有行为的。

现实生活中的所有对象还具有标识——一个对象区别于另一个对象的固有特性。假如我的书桌上有两个同样的咖啡杯，我可以说这两个杯子相同（equal），但并不同一（identical）。说两个杯子相同，是因为它们具有相同的状态——它们的所有属性值都一样（比如，它们的大小、形状一样，都是黑色的，而且是空的）。然而，按面向对象的说法，它们并不是同一的，因为存在两个杯子，我可以选择其中一个来使用。

现实生活中的对象具有以下3种特性——状态、行为和标识，这些对象共同构成了自然行为体系。迄今为止，自然体系是我们所知道的最复杂的系统。还没有哪个计算机系统能接近一个动物或植物的内在复杂性。

尽管自然体系相当复杂，却能良好地运行——它们会展现出有趣的行为，可以适应内在和外在的变化，可以随着时间的推移进化等，这是很明显的。也许我们应该通过模拟自然体系的结构和行为来构造人工系统（Maciaszek等人 1996b）。

人工系统是现实世界的模型。如同屏幕上的一条狗和一棵桉树一样，电脑屏幕上的一只

⊖ 指在"自顶向下"及"自底向上"两者之间的一种折中方法。——译者注

咖啡杯也是真实事物的一个模型。因此，可以对咖啡杯进行建模，使其具有某些行为特性。例如，假设它被打翻，就会跌在地上。这种跌落的动作可以被建模为杯子的一种行为操作。接下来杯子的另一个动作可能是碰到地上会摔碎。计算机系统中大多数（如果不是所有的话）对象都是"活生生的"——它们具有行为。

A.2 实例对象

对象是事物的实例，它可以是同一事物众多实例中的一个。比如我的杯子是一套杯子中的一个实例。

我们用类来描述一种事物。因而，一个对象就是类的一个实例。然而，就像本章后面一样，类本身也需要被实例化——它可以是一个对象。正因为如此，我们需要区分实例对象和类对象。

简单地说，一个实例对象通常被称为一个对象或一个实例。把它称为"对象实例"会让人迷惑不解。同样，使用术语"对象类"也会让人困惑。所以，类是一组具有相同属性和操作的对象模板，而类本身可以实例化为一个对象（但将其称为"对象类对象"就会让人感到奇怪了）。

面向对象系统由相互协作的对象组成，系统中的所有事物都是对象，可以是一个实例的对象（实例对象），或是一个类的对象（类对象）。

A.2.1 对象表示法

在UML表示法中，用被分成两个区域的矩形框表示对象。上面的区域包含对象名和对象所属的类名。其语法格式为：

对象名：类名

下面那部分是属性名和属性值的列表，也可以写上属性的类型。其语法格式如下：

属性名：[类型] = 值

图A-1展示了用图形方式表示对象的4种不同方法。该例子描述的是一个名为c1的Course类的对象，它有两个属性。属性的类型没有给出——它们已经在类定义中描述过了。如果属性值不需要在特定的建模环境中显示，则可以

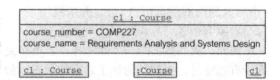

图A-1 一个实例对象

省略不写。同样，当用来表示一个所给类的匿名对象时，对象也可以省略。最后，对象所属的类也可以不写。有没有冒号表明所给的标签是代表一个类还是代表一个对象。

在这里有必要指出为何在对象的表示中没有提供一个区域用来列出实例对象能够执行的操作。这是因为所有实例对象能够执行的操作都是相同的，因而在每一个实例对象中对它们重复存储是多余的。这些操作可能存储在类对象中，也可能通过其他方式与实例对象相关联（在底层的面向对象系统软件中实现）。

顺便提一下，有一些不太为人所知的编程语言，例如Self，允许操作在运行时依附于对象（不仅仅只是类）。这些语言被看作是原型语言或基于委托的语言。在这种情况下，UML允许在对象的表示中使用包含操作的第3个区域，作为对特定语言的扩展（UML 2005）。

A.2.2 对象如何协作

某种特定类的对象数目可能非常庞大。对于表示业务概念的业务对象（通常称为实体类，如Invoice或Employee）尤其如此。因而，在一张图上将这些对象表示出来并不实际，也不可行。

通常，将对象画出来只是为了在某个时间点上反映一个系统或描述这些对象是如何协作以

完成某些特定任务的。例如，为了订购产品就需要在Stock（库存）对象与Purchase（购买）对象之间建立一种协作关系。准确地说，协作图上的对象其实是对象所扮演的角色，而非对象本身——它们描述许多可能的对象。通过使用匿名对象的符号，生动地将这些角色表示出来。

系统任务是由一系列对象来执行的，这些对象彼此之间调用操作（行为），或者可以说是交换消息。消息调用对象上的操作，这些操作可以导致对象的状态发生变化，并且还会调用其他操作。

图A-2显示了4个对象间的消息流。消息名后面的圆括号表明消息可以带有参数（就像传统的程序设计中函数调用一样）。首先，对象Order向对象Shipment发出"运输"请求（为此，Order将它本身作为shipOrder()的实参传给Shipment）。然后，Shipment通过发送消息getProducts()请求Stock提供产品的确切数量。Stock再据此通过执行analyzeLevels()来分析需要运输产品的库存情况。如果该产品的库存需要填充，Stock便通过发送一条reorder()消息请求Purchase重新订购更多的产品。

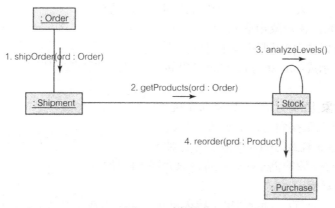

图A-2　对象协作

尽管在图A-2中对象的协作模型展示成一系列带有数字编码的消息，但通常对象的行为并非遵循严格的时间顺序来进行消息传递。比如，analyzeLevels()可以独立于shipOrder()和getProducts()被激活，而不是以一种与运输相关的方式。由此，在对象协作模型中并不经常使用带有数字编号的消息。

A.2.3　标识与对象通信

一个对象要向另一个对象发送消息，它如何才能知道这个对象的标识呢？在上一节的协作图中，Order如何知道Shipment对象并使消息shipOrder()到达了目的地？

答案是每个对象在创建时都会被分配一个对象标识符（OID）。OID是对象上的句柄——存在于对象整个生命周期的一个唯一数字。如果对象X想给对象Y发送消息，那么X就会以某种方式获知Y的OID。在对象间建立OID链接的实用方案有两种，它们是：

- 持久OID链接。
- 临时OID链接。

这两种链接的区别与对象的寿命有关。一些对象只存在于程序的执行期间——它们由程序创建，程序执行期间或执行完后被销毁。这些对象是临时对象。另一些对象在程序执行完后仍然存在——程序执行完后将它们存储在永久性磁盘中，供下一次程序执行时使用。这些对象是持久对象。

A.2.3.1　持久链接

持久链接是永久性存储器中一个对象的对象引用（或一系列对象引用），该引用可以将永

久性存储器中的一个对象链接到另一个对象（或一系列其他对象）。因而，为了将Course对象
持久地链接到Teacher对象，Course对象必须包
含一个链接属性，该属性的值是Teacher对象的
OID。这个链接是持久的，因为OID被物理地存
储在了Course对象中，如图A-3所示。

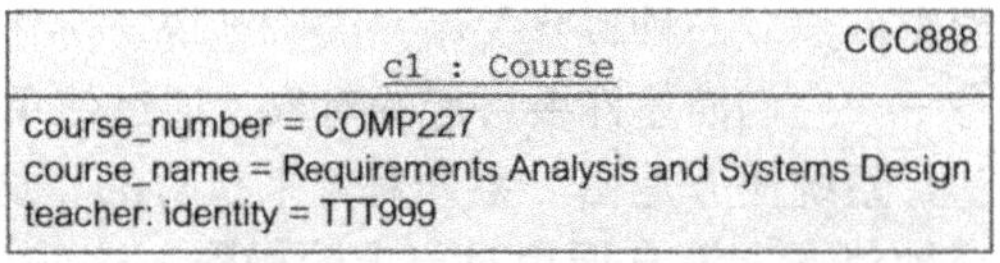

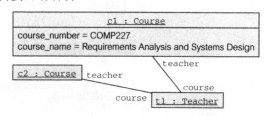

图A-3　持久链接的表示

　　在图A-3中，对象c1的OID为"CCC888"。
该对象包含一个名为teacher的链接属性，其类型为identity，值为Teacher对象的OID，这里显
示的是"TTT999"。该OID是Teacher对象的逻辑地址。当Teacher对象被实例化时，将计算机
的标识数字加上时间（毫秒）作为该对象的OID。编程语言环境可以将该逻辑地址转换为物
理的磁盘地址，Teacher对象被持久地存储在此磁盘地址中。

　　一旦Course和Teacher对象被装入程序内存，teacher属性的值就被映射（swizzled）到一个
内存指针，这样就可以在对象间进行内存级的协作。（映射不是UML术语——它常用于对象数
据库中对象频繁地在永久存储器与临时内存之间转换的场合。）

　　图A-3展示了如何在对象中表示持久链接。
在UML建模中，可以像图A-4那样画出对象间的
链接。该链接被表示成Course与Teacher对象间
关联的实例。

　　通常，业务对象上的协作链允许双向导航。
每个Course对象可以链接到它的Teacher对象，
同时，Teacher也能导航到Course对象。在这种
通信不太频繁的业务对象的例子中，也可以只允许单向导航。

图A-4　UML对象模型中的持久链接

A.2.3.2　临时链接

　　如果没有在Course与Teacher间定义持久链接，而又仍然需要从对象t1到c1发送消息，以
触发getCourseName()操作，该怎么办呢？此时应用程序必须具有另一种手段发现对象c1的标
识，并创建从对象t1到c1的一条临时链接（Riel 1996）。

　　所幸的是，程序员有许多方法初始化引用变量——比如crsRef——带有常驻内存的对象c1
的OID。刚开始，可能在程序中早就在c1和t1之间建立了链接，并且crsRef仍持有正确的OID。
例如，程序已经对教师t1是否可以教学和课表执行了一次查询操作，而且已经确定教师t1应该
教c1这门课程。

　　另一种可能是程序可以访问一个持久存储的表，此表将课程号映射到教师名。然后搜索
Course对象以找出教师t1教授的所有课程，再请求用户决定将消息getCourseName()发送给哪门
课程。

　　还有一种可能是程序先创建课程和教师，之后再将它们存储在数据库中。在教师和课程
间没有持久链接，但用户可以输入信息，以确保每门课程明确对应一位负责教授的教师，之
后由程序将临时链接存储在程序变量中（比如像crsRef），这些变量在以后（同一个程序执行
期间）还可以被用来在Teacher与Course之间发送消息。

　　简单地说，有几种方法可以在对象间建立临时链接，这些对象并不是通过相关类间的关
联持久地链接起来的。临时链接其实就是程序变量，它包含当前处在程序内存中对象的OID
值。临时OID和持久OID间的映射应该是底层程序开发环境（如对象数据库系统）提供的。

A.2.3.3　消息传递

　　一旦一个对象被链接到另一个对象，就可以通过这条链接发送消息，以请求来自另一个
对象的服务。也就是说，一个对象可以通过发送消息来激活另一个对象上的操作。在典型的

场景中，为了指向一个对象，发送者将会使用一个包含那个对象的链接值（OID值）的程序变量。例如，一条由Teacher对象发送的、寻找Course对象的名字的消息可以如下：

```
crsRef.getCourseName(out crs_name)
```

在这个例子中，链接变量crsRef的当前值指向执行getCourseName()的Course类的具体对象。输出（out）参数crs_name是一个变量，该变量由Course类中实现的操作getCourseName()返回的值初始化。

此例假定程序开发语言区分输入（in）、输出（out）和输入/输出（in/out）参数。像Java这样当今流行的面向对象语言并没有做这方面的区分。在Java语言中，基本数据类型的消息参数（如这个例子中的crs_name）是通过值来传递的。值传递意味着这些参数是有效的输入参数——操作不能改变被传入的值，原因是这样的操作只是作用于参数的副本上。

至于非基本数据类型的消息参数（即引用于用户自定义对象的参数），值传递是指该操作接收参数的引用，而不是参数本身的值。由于只是一次引用（不是两个副本），所以该操作可以通过它来进行访问，甚至可以修改传入对象的属性值。实际上，这时就不再需要显式的输入/输出参数了。

最后，在Java语言中，通过用消息调用触发的操作的返回类型来替代显示的输出参数。这种返回类型可以是基本的或非基本的数据类型。一次操作可以返回最大值，也可以没有返回值（返回的类型为void）。当需要返回多个值时，程序员可以通过定义一个包含所有返回值的非基本的聚合对象类型来完成。

A.3　类

类是用来描述具有相同属性和操作的对象的集合。它是创建对象的模板，每个从该模板创建的对象都会包含与类中定义的属性类型相一致的属性值，而且每个对象都可以触发类中定义的操作。

图A-5　类的组成部分

从图形的角度，类可以用一个由水平线分隔成3个部分的矩形来表示，如图A-5所示。最上面那部分为类名，中间部分显示类的所有属性，最下面的部分包含操作的定义。

A.3.1　属性

属性是类型-值对。类定义属性类型，对象包含属性值。图A-6展示了两个具有属性名和属性类型的类，这两个类对属性的命名规范有所不同。其中Course类中的属性名采用数据库社区常用的表示法，而程序开发语言社区更倾向于Order类中所使用的命名规范。

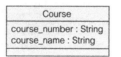

图A-6　属性

属性类型可以是内嵌的原始类型或用户定义的非原始类型。原始类型可以被基本的面向对象软件开发环境所直接理解和支持。在图A-6中，除了customer，所有的属性类型都是原始类型。Customer类型是一个类（非原始类型）。然而，需要说明的是，在UML分析模型中，非原始的属性类型在类属性这部分是不可见的（接下来会讨论）。

A.3.1.1　指定一个类的属性类型

属性类型也可以指定一个类。在一个类的特定对象中，这样的属性通常包含一个指向另一个类对象的对象标识符（OID）。在UML分析模型中，基于类的类型（不是原始类型）的属性不会列在类的属性部分，而是用类之间的关联来表示。图A-7显示了两个类之间这种关联关系。

关联线上的两个名称（theShipment和theOrder）表示角色名。角色名标识关联端的含义，且可用来导航到关联中另一个类的对象。

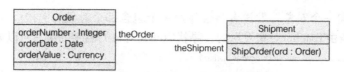

图A-7　带有角色名的类之间的关联（分析模型）

在已实现的系统中，角色名（位于关联的另一端）就变成了类的一个属性，其属性类型即为角色名所指的类。这就意味着一个属性表示与另一个类的关联。图A-8显示的两个类是来自图A-7的最终实现的类。

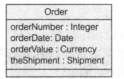
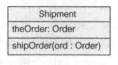

图A-8　指定类的属性（实现模型）

A.3.1.2　属性的可见性

就像A.2.2节所讲的那样，对象是通过彼此之间发送消息来进行协作的。一条消息触发一个类的操作。该操作通过访问自身对象中的属性值来服务于所调用对象的请求，而且如果有必要的话，还可以给其他对象发送消息。在这种可能的情况下，这些操作必须对外部的对象是可见的（消息必须要见到操作）。我们称这种操作具有公共可见性。

在设计良好且已实现的面向对象系统中，大多数操作是公共的（public），而大多数属性是私有的（private）。属性值对其他对象是隐藏的。一个类的对象仅能请求另一个类在其公共接口发布的服务（操作）。不允许这些对象直接操作其他对象的属性。

我们常说操作封装属性。然而，需要指出的是，封装只用于类。一个对象不能向同一个类的另一个对象隐藏（封装）任何东西。通常，可见性用一个加号或减号来表示：

　　+ 表示公共可见性

　　− 表示私有可见性

在有些CASE（计算机辅助软件工程）工具中，用图标来代替这些符号。图A-9展示了两种描述属性可见性的图形表示方法。其中，锁形图标表示私有可见性。

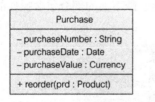
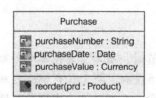

图A-9　私有属性和公共操作

A.3.2　操作

一个对象包含数据（属性）以及作用在这些数据上的算法（操作）。操作是在类中声明的。实现操作的程序称为方法。操作（或者准确地说是方法）是通过发送给它的消息来触发的。操作名和消息名是相同的。操作可以包含一个形参（参数）列表，该形参可以通过消息调用中的实参赋予具体的值。操作还可以返回值给调用对象。

操作名与形参类型列表一起被称为操作的签名。签名在类中必须是唯一的。这意味着一个类可以有很多具有同样名字的操作，但它们的参数类型列表有所不同。

A.3.2.1　对象协作中的操作

面向对象程序是通过回应用户的随机事件来执行的。这些事件可以来自键盘、鼠标点击、菜单项、动作按钮和其他输入设备。由用户产生的事件会转换成消息发送给对象。为了完成这项任务，可能需要许多对象进行协作。对象协作是通过触发其他对象中的操作来进行的

（A.2.2节）。

图A-10显示了类中的操作，这些操作对于支持图A-2中描述的对象协作是很必要的。图A-2中的每条消息都要求类的一个操作，这个类是由消息的目的地所指定的。

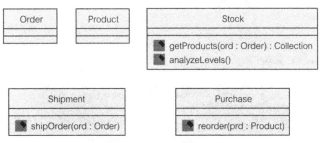

图A-10　对象协作中的操作

在这个简单的例子中，类Order和Product（后者在图A-2中没有显示）没有任何操作。当Order请求Shipment对象运输时，由Order对象进行初始化。其结果是，可能需要用新产品重新填充库存。

getProducts()操作显示其返回类型为Collection，它是指由Stock返回给Shipment的是一个产品集合（集合、列表或类似的东西）。Collection类型是由程序设计语言提供的。Java中的Collection来自类库java.util.Collection。

A.3.2.2　操作的可见性与作用域

操作的可见性是指该操作对其他类（不是定义该操作的类）的对象是否可见。如果操作是可见的，它的可见性就是公共的，否则就是私有的。图A-10中操作名前的图标显示它们的可见性是公共的。

面向对象系统中大多数操作的可见性都是公共的。对于向外界提供服务的对象来说，服务的操作必须是可见的。然而，大多数对象也会有一些内部的操作。这些操作的可见性为私有的，它们只能被同一个类中定义的对象访问。

我们需要将操作可见性与操作作用域区分开来。操作可以在实例对象（A.2节）或类对象上被触发（A.3.3节）。在前一种情况下，我们说该操作具有实例作用域，而在后一种情况下为类作用域。例如，查找一位职员的年龄的操作作用域为此实例对象，而要想统计所有员工的平均年龄，则该操作的作用域就为整个类。

A.3.3　类对象

在A.2节中，我们曾对实例对象与类对象做了区分。类对象是指具有类作用域属性和（或）类作用域操作的对象。在这里，类作用域是指全局属性或操作，可以在类上，而不必要在实例对象上访问或调用这些属性或操作。然而，需要指出的是，在实际情况下，大多数编程语言并不支持类对象的概念，也不允许实例化这种对象。取而代之的是，为了访问一个具有类作用域的属性或调用一个具有类作用域的操作，这些语言提供了一种语法来引用该类名。

最普遍的类作用域属性是指那些包含默认值或聚合值（如求和、计数和求均值）的属性。最普遍的类作用域操作是指那些可以创建、撤销实例对象和计算聚合值的操作。

图A-11显示的是具有两个类作用域属性（加下划线）和一个类作用域操作（通过构造型<<static>>来识别）的Student类。需要指出的是，属性numberOfStudents是私有的，而属性maxCoursesPersemester是公共的。每学期允许每位学生所修课程的最大门数都是一样的。计算学生平均年龄的操作的作用域为类作用域，因为该操作需要访问每位学生的年龄（在Student的实例对象中），然后对它们求和，再除以在numberOfStudents中存储的学生总人数。

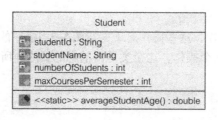

```
public class Student
{
    private String studentId;    //accessible via Student's operations
    private String studentName; //accessible via Student's operations
    private static int numberOfStudents;
    //accessible only to Student's static methods, such as averageStudentAge()
    public static int maxCoursesPerSemester;
    // accessible via Student:: maxCoursesPerSemester

    public static double averageStudentAge()
    { implementation code here }
    //callable by referring to the class name - Student::averageStudentAge()
    //callable also with an object of the class - std.averageStudentAge()
}
```

图A-11 具有类作用域属性和操作的Java类

图A-11也显示了与图相对应的Java代码。Java通过使用关键字static来区分实例属性和类属性。事实上，Java在一个类定义中定义了两种对象（实例对象和类对象）（Lee和Tepfenhart 2002）。

这两个实例属性（studentId和studentName）会在每个类实例中产生它们自己的副本（存储空间）。因为这两个属性的可见性都是私有的，只有在Student类中定义的操作才能访问它们。

类作用域（static）属性被存储为单独的副本（占用单独的存储空间）。对于私有的静态属性（numberOfStudents），这种单独的存储空间由Student类的所有实例共享，并且可以由Student的静态操作所访问。而对于公共的静态属性（maxCoursesPerSemester），此单独存储空间可以被所有类的所有实例所共享，并且可以用类名访问，即Student::numberOfStudents。

具有类作用域的操作如果是公共的，就可以由任何类的实例所调用。调用时它们可以引用这个类名（Student::averageStudentAge()）或带有一个类对象（如std.averageStudentAge()）。

A.4 变量、方法和构造器

到此为止，我们的讨论尽可能使用UML分析模型中出现的通用术语。然而，要想解释对象的实现原理，还需要知道在UML设计模型和像Java语言这样的编程语言中使用的术语。通常，这些分析术语和设计术语是相同的，但有时也会存在一些差别，而且在相应的分析与设计/实现术语之间的映射也不是确切的一对一的关系。

这一节介绍的是变量和方法的概念。变量是从属性的概念中映射出来的（变量实现属性），而方法是从操作的概念中映射出来的（方法实现操作）。

一个变量是一个存储空间的名称，该存储空间可以包含具体数据类型的值。可以在一个类中或者类的操作（方法体）中声明变量。在第一种情况下，变量是类的数据成员；在第二种情况下，变量不是数据成员——而是局部变量。局部变量只在该方法的作用域中有效（就是在方法的执行期间有效）。

数据成员可以具有实例作用域（实例变量）或类作用域（类变量）（A.3.3节）。有二种类型的实例变量——实现属性的实例变量和实现关联的实例变量。前者是具有原始数据类型的变量（它们存储的是属性值），后者是具有非原始数据类型的变量（它们存储的是对象的引用，因而实现的是关联）。

存储对象引用的变量不是对象，理解这一点很重要，尽管这样的变量使得在对象上的作用成为可能（Lethbridge和Laganière 2001）。在单个程序执行期间，同一个变量可以引用不同的对象，同一个对象也可以由不用的变量引用。变量也可以是空值，这意味着该变量不引用任何对象。

数据成员（实例变量和类变量）可以被初始化为任何非常量或常量值/对象。常量变量的值在赋值后就不能再改变。不能将局部变量定义为常量。在Java语言中，用关键字final来定义常量。

实现属性的实例变量可以在类定义时初始化，而实现关联的实例变量通常是通过编程初始化的，经常是在构造器中，用来初始化相关类的对象。

方法是对属于类的操作（服务）的实现（Lee和Tepfenhart 2002）。方法具有方法名和型构——形参（参数）列表。具有相同方法名而型构不同的两个方法被认为是两个不同的方法。我们将这样的方法称为重载方法。

一个方法可以（向调用对象）返回一个原始类型或非原始类型的值。正式来讲，所有的方法必须有返回类型，当然类型可以是空值（void）。方法名、方法型构以及返回类型一起被称为方法的原型。

构造器是一种特殊的方法（纯粹主义者则认为它根本不是方法），它是用来初始化类对象的。每个类必须至少有一个构造器，也可以有多个（构造器可以被重载）。构造器的方法名与其所在的类名是相同的。构造器没有返回类型。在Java中，使用关键字new来调用构造器，如：

```
Student std22=new Student();
```

此例中的构造器Student()就是所谓的默认构造方法，如果编程人员在类定义中将它忽略了，则可由Java自动产生。默认构造器使用为所有的类变量分配的默认值来创建对象。在Java语言中，对于数值型其默认值为0，字符型为'0'，布尔型为false，对象则为null。

A.5 关联

关联是类之间的一种关系。类之间的其他关系还包括泛化、聚合和依赖。

关联关系在所给的类之间提供了一个链接。需要彼此通信的对象可以使用这个链接。可能的话，对象间的消息总是应该沿着关联关系来发送的。这样就有一种重要的文档化结构优势——这种静态编译时的结构（关联）可以文档化所有可能的、在运行时传递的动态消息。

图A-12显示了在类Order和Shipment之间的名为OrdShip的关联。该关联允许一个Order对象被装载（被链接）到多个Shipment对象（由关联重数n来指定）。同样，一个Shipment对象也可以装载（被链接到）多个Order对象。

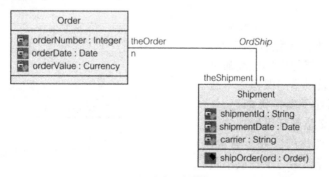

图A-12 关联

在Order对象与Shipment对象间一对一的这种最简单的关联例子中，其处理过程如下：首先需要装载Order对象，装载完后，该对象通过触发Shipment的一个构造器来实例化一个新的Shipment对象。实例化的结果是，Order获得了新Shipment对象的引用。

我们知道，Order可以给Shipment发送消息shipOrder()，在shipOrder()的实参中将其自身传给Shipment。这样，Shipment就获得了Order的引用。为了建立这个关联，剩下的就是将Shipment引用赋给变量theShipment，反之，则将Order引用赋给变量theOrder。

一般情况下，实体类（业务对象）上的关联是双向的，如图A-12所示。然而，在有些类之间，如GUI（图形用户界面）窗口、编程逻辑或用户事件之间，单向关联已经足够了。

A.5.1 关联度

关联度是指由关联所连接的类的个数。最常使用的关联度为2，称为二元关联。图A-12显示的关联即为二元的。关联也可在单个的类上定义，称为一元（或单个）关联（Maciaszek 1990）。一元关联在单个类的对象之间建立链接。

图A-13显示的是一元关联的一个典型例子。它描述了雇佣关系的层次结构。一个Employee对象受另一个Employee对象领导（managedBy）或不受人领导（比如说，公司的CEO）。一个Employee对象也可以管理（managerOf）许多雇员，除非该雇员处于雇佣关系的最下层，因而不会管理任何人。度为3的关联（三重关联）也是可能的，但不推荐使用（Maciaszek 1990）。

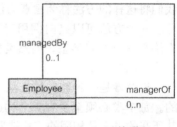

图A-13　一元关联

A.5.2 关联重数

关联重数是指一个角色名可以表示多少个对象。重数表明一个目标类（角色名所指向的类）的多少个对象可以与源类的单个对象相关联。

重数可表示为一个整数的范围——$i_1..i_2$。整数i_1表示被连接对象的最小数目，i_2表示最大数目（如果此数目不太清楚或无法固定，可表示为n）。如果在所应用的抽象层次上，这种信息在模型中不重要，可以不指定最小数i_1（如图A-12）。

最常用的重数如下：

```
0..1
0..n
1..1
1..n
n
```

图A-14展示了类Teacher和Course-Offering上的两个关联。一个关联获取的是分配给教师的当前课程教学任务，另一个关联决定某一课程由哪位教师负责。一位教师可以教授多门课程或不教授课程（比如教师处于离开状态）。一门课程可由一位或多位教师讲授，其中有一位教师负责管理这门课程。通常，一位教师可以负责管理多门课程或不负责哪门课程，而且，一门课程只能由一位教师来管理。

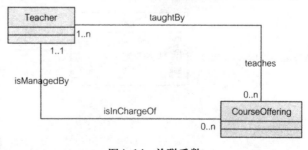

图A-14　关联重数

在UML中，关联重数是个不确切的术语。"0"和"1"这种最小重数可被看作是两个完全不同的语义概念：成员（membership）或参与（participation）（Maciaszek 1990）。最小重数"0"表示该关联中一个对象的可选成员关系。重数"1"表示强制成员关系。例如，一个CourseOffering对象必须由一个Teacher对象来管理。

成员特性本身有一些有趣的语义。比如，一个特定的强制成员可能还隐含着该成员是固定的，也就是说，一旦一个对象已经被链接到该关联的一个目标对象上，它就不能再重新连接到同一个关联的另一个目标对象上。

A.5.3 关联链接和关联范围

一个关联链接是该关联的一个实例。它是对象引用的一个元组。例如，该元组可以是引用的一个集合或是引用的一个列表（有序集合）。通常，该元组只包含一个引用。此关联链接也可以表示角色名，就像前面讨论过的那样。关联范围是关联链接的集合。

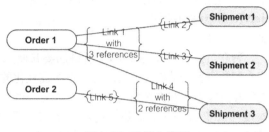

图A-15 链接与范围

图A-15是图A-12中的关联OrdShip的一个特定实例。图A-15有5个链接，因而关联的范围为5。关联链接和范围的理解对于在总体上掌握关联的概念是很重要的，但是这种链接和范围并不是用来建模的，或者说它们是不明显的。

A.5.4 关联类

有时关联也会有它自己的属性（和/或操作）。这时我们就需要将这种关联建模成一个类（因为属性只能在类中定义）。关联类的每个对象都具有属性值和到被关联类的对象的链接。由于关联类也是类，所以在建模中它可以以同样的方式与其他类相关联。

图A-16显示了一个关联类Assessment。Assessment类的对象存储Student在CourseOffering课程中所取得的成绩列表、总成绩和等级。

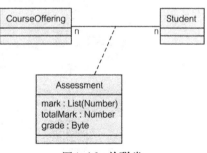

图A-16 关联类

属性mark的类型为List(Number)。这就是所谓的参数化类型。Number是类List的参数，List定义了一个值的有序集合。属性mark包含了一名学生所选课程的所有成绩的列表。也就是说，如果一名学生"Fred"选了"COMP227"这门课程，那么他最终就会有一个这门课的成绩列表（有序集合），该成绩存储在Assessment的一个对象中，该对象表示"Fred"和"COMP227"之间的关联。

A.6 聚合和复合

聚合是代表组件集合的一个类（超集类）与代表这些组件的类（子集类）之间的整体与部分的关系。一个超集类包含一个子集类（或多个类）。这种包含属性可以是强包含关系（值聚合），也可以是弱包含关系（引用聚集）。在UML中，将值聚合称为复合，将引用聚合简单地称为聚合。

从系统建模的角度来看，聚合是一种带有附加语义的特殊关联。特别地，聚合具有传递性和不对称性。传递性是指如果类A包含类B，且类B包含类C，那么A也包含C。不对称性是指如果A包含B，那么B就不能包含A。

复合具有一种附加属性：存在依赖。子集类的对象只有链接到超集类的对象才能存在。

也就是说，如果超集类的对象被删除（销毁），那么它的子集类的对象也必须被删除。

复合关系是通过在链接到超集类的关联线末尾用一个实心菱形来表示的。而聚合（并非复合）是用空心菱形来表示的。然而，需要指出的是，如果建模者不想决定是聚合还是复合，这时也可以使用空心菱形来表示。

图A-17的左侧显示的是复合关系，右侧显示的是标准的聚合关系。它表明，任何Book对象都是由Chapter对象组成的，并且任何Chapter对象又是由Section对象组成的。一个Chapter对象并不能独立存在，只能存在于Book对象中。但是对于图右侧的BeerBottle对象有所不同。BeerBottle对象可以在其容器（Crate对象）外存在。

聚合与复合（还有A.6.3节所讲的委托概念）在对象技术中是很有用的概念。然而，遗憾的是，很多商业化的编程语言对它们的支持相对较少。在许多语言中，聚合与复合的实现与关联的实现基本没什么差别——也就是通过埋引用来实现（Lee和Tepfenhart 2002；A.6.1节）。Java提供了另一种实现方式：内部类（A.6.2节）。

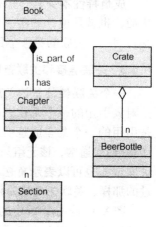

图A-17　复合与聚合

A.6.1　埋引用

埋引用（buried reference）是通过一个具有私有可见性、引用子集对象的变量来实现聚合的。这与通过私有引用实现关联没有什么差别。这种实现并不支持任何其他的聚合语义。因而，比如说，为了确保在删除超集类对象的同时，将其子集对象也一并删除，程序员必须在应用程序代码中实现这种删除操作。

图A-18是埋引用的一个例子。Book被建模为由许多Chapter对象和一个TableOfContents对

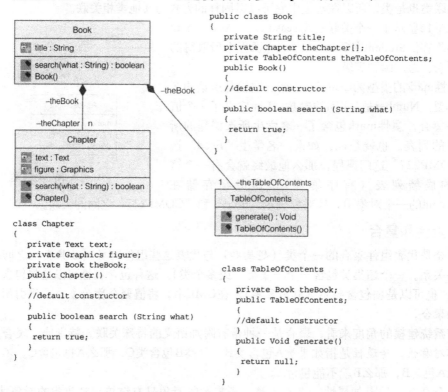

图A-18　埋引用

象的复合。因此，Book类有两个埋引用——私有变量theChapter和theTableOfContents。将这些引用设置为Private的，就对其他类隐藏了该书的章节和目录表的标识。然而，这样做的好处并不大，因为类的可见性对其他类不能是私有的。在此例中，Chapter和TableOfContents具有包可见性（类名前没有关键字public）。包可见性使得该类对同一包中的所有类都是可见的（在Java中，每个类必须被分配到一个包且只能被分配到一个包）。

从Chapter和TableOfContents到Book的这种向后引用也是聚合/复合实现得不完美造成的。子集对象必须以某种方式知道它们的拥有者。

图A-18说明了超集对象是如何向外部世界展示它是子集对象的拥有者的。在search()操作的实现中说明了这一点。Book类提供了查询书中某些字符串的服务。请求者可以向Book对象发送search()消息，Book对象再将此消息转发给它的Chapter对象，来触发这些对象上的search()方法。实际上，请求者完全依赖Book对象来获得查询的返回结果。

A.6.2 内部类

在Java语言中，可以将一个类定义为另一个类的内部成员。成员类可以具有类作用域，也就是说，它可以被声明为static。我们称这样的类为嵌套类。另一方面，成员类也可以具有实例作用域，此时我们称它为内部类（Eckel 2003）。在支持Java的聚合/复合的实现中，内部类被证明是最好的。

内部类反映了超集实例与它内部子集实例之间的关系。由于子集对象归属于超集实例，因而，很自然地，超集实例就对其子集对象具有控制权。反过来，子集实例也可以直接访问超集对象的所有成员，包括私有成员。

图A-19展示了如何用内部类实现图A-18所示的模型。在典型的情况下，通过在构造器中

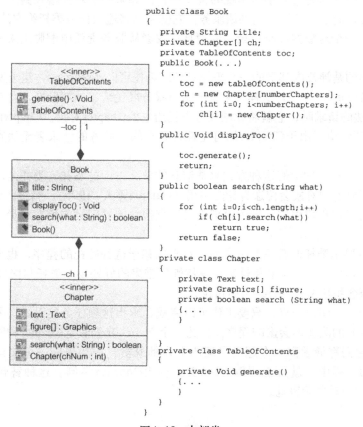

图A-19 内部类

实例化内部对象，或者通过实例化内部对象的方法，外部类可获得对内部类的引用。本例使用的是前一种方法，即利用构造器实例化内部对象。Book()构造器实例化TableOfContents和Chapter对象（也可以从其他私有方法构造它们，以达到同样的封装级别）。Book将对其内容的所有查询重定向到相应的TableOfContents或Chapter对象。

在实现聚合/复合时，内部类具有一种额外的优势——它们可以被声明为私有的（而标准类只能具有公共可见性或包可见性）。对于私有的内部类，只有从包含它的外部类才能对其访问。这样，除了它的外部类，内部类的实现对于所有其他类是完全隐藏的，并且减少了由于实现中的变更带来的依赖。在图A-19中，只有Book知道TableOfContents和Chapter的存在，系统中的其他类并不知道。

使用内部类的其他重要优势与接口和继承的概念有关。这两个概念将在此附录的后面讨论（A.7和A.9节）。对于那些已经熟悉这些概念的人，有足够的理由说一个内部类可以实现一个接口，也可以扩展（继承）一个类（Eckel 2003）。第一种技术可以进一步减少程序中的类对内部类的依赖，即使内部类是公共的。程序中的类可以得到的一切都是对一个或多个接口的引用，而这些接口是由内部类隐形实现的。实际上，第二种技术允许多实现继承，虽然Java是单继承语言。多继承是指外部类和其内部类可以独立地继承其他类。

A.6.3　委托

同聚合/复合相联系的一种功能强大的技术就是委托。委托作为一种代码复用技术，是继承的良好替代（Gamma等人 1995）。尽管委托可以用在任何类中，但最好是用在与聚合/复合相关的类中。

委托的思想就如同它的名字所体现的含义一样。如果一个对象接收到一个请求，要求使用它的某种服务，而它本身不能提供该服务，它就可以将这项任务委托给它的一个组件对象。将工作委托给另一个对象并没有使最初的消息接收者从服务责任中解脱出来——委托的是工作，而不是责任。

图A-19给出的是涉及内部类的一个委托实例。委托可以在search()方法上发生。Book类在其公共接口上有search()方法，这样一来就把这项服务展现给了外部世界。当Book接收到需要执行search()方法的请求时，它就将此项任务委托给它的Chapter对象。Chapter执行这项任务，而Book获得此项殊荣。由于Chapter的可见性是私有的，服务的请求者无法直接将消息发给Chapter。

从技术上讲，图A-19中的这种方式只是信息的转交，而非委托。委托是转交的一种更复杂的形式，委托服务的对象会传递自身的引用（Gamma等人 1995）。然而，至于内部类，就没有必要为委托对象创建引用，因为内部类可以直接访问外部类的所有成员（通过语言实现的隐藏引用）。

图A-19没有展示委托的代码复用方面，对于依赖于这种委托的程序，也没有展示其可支持性提高方面的相关优势。可复用性和可支持性所带来的好处要求委托与接口和/或抽象类相结合（这两个概念将在A.8节和A.9节中讨论）。

在这里，我们要明白一点，只要工作可以完成，承担这项任务的对象（即被委托做这项任务的那些对象）的改变不会影响程序。作为一个例子，我们假定Chapter和Section对象具有同一类型——它们都继承同一个超类（理想上为抽象类）或实现同一个接口。那么在执行search()操作的过程中，就可能用Section实例替代Chapter实例。这种替代并不会被请求search()服务的客户对象所察觉。

A.7 泛化与继承

泛化是通用类（超类或父类）与专用类（子类或孩子）之间的一种关系。子类是超类的一种。子类对象可以用在允许使用超类的场合。通过使用泛化，可以不必再陈述已经定义的属性。在超类中已经定义的属性和方法可以在子类中复用。我们称子类继承了父类的属性和方法。泛化有助于增加规格说明、类之间公共属性的利用及更好地确定变更的位置。

泛化关系用指向其父类的空心三角来表示。在图A-20中，Person类是超类，Employee类是其子类。Employee类继承了Person类的所有属性和方法（但Employee对象无法访问Person的私有成员）。被继承的属性在子类中不明确显示出来——泛化关系使继承在后台完成。

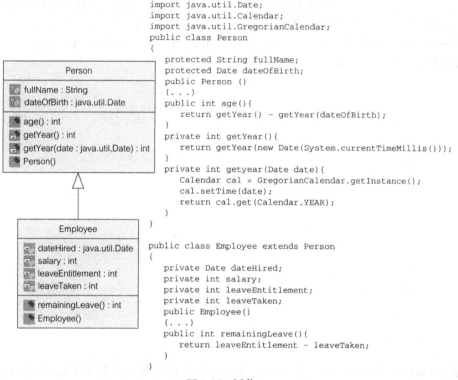

```
import java.util.Date;
import java.util.Calendar;
import java.util.GregorianCalendar;
public class Person
{
    protected String fullName;
    protected Date dateOfBirth;
    public Person ()
    {...}
    public int age(){
        return getYear() - getYear(dateOfBirth);
    }
    private int getYear(){
        return getYear(new Date(System.currentTimeMillis()));
    }
    private int getyear(Date date){
        Calendar cal = GregorianCalendar.getInstance();
        cal.setTime(date);
        return cal.get(Calendar.YEAR);
    }
}

public class Employee extends Person
{
    private Date dateHired;
    private int salary;
    private int leaveEntitlement;
    private int leaveTaken;
    public Employee()
    {...}
    public int remainingLeave(){
        return leaveEntitlement - leaveTaken;
    }
}
```

图A-20 泛化

需要指出的是，继承只用于类而非对象；只用于类型而非值。Employee类继承属性fullName和dateOfBirth的定义。正是由于Employee的实例同时也是Person类的实例，因而，构造器Employee()可以为fullName、dateOfBirth及余下的4个数据成员设置值。

然而，有一点我们可能想象不到。Person中的这两个属性具有私有可见性。这就意味着Employee类不能访问Person对象中fullName和dateOfBirth属性的值。这是符合逻辑的。例如，名为"Joe Guy"的某人或者是一位职员和一个人，或者只是一个人。如果Joe是一位职员（且是一个人），那么他就有自己的fullName和dateOfBirth值（还有dateHired等）。如果Joe只是一个人（而不是一位职员），那么他也会有fullName和dateOfBirth值（但没有dateHired等属性的值）。

尽管Employee实例无权访问Person实例的属性值，但它却可以不用引用Person的类名来调用Person的age()方法。继承来的age()方法将访问被调用对象（Employee对象）的dateOfBirth值。程序中的其他类也可以调用age()方法（由于它的公共可见性），但是任何这种调用都必须或者引用Person的类名（Person：：age()），或者利用Person的实例来调用（person.age()）。

age()方法内部地调用Person中的两个私有操作（两个getYear()方法），以计算Person对象的当前年龄。Java在操纵日期值时不太方便。为了完成这种功能，Java提供了几个类库（如图A-20中的import描述的那样）。第一个方法getYear()用来返回当前的年份。第二个带有参数的方法getYear（Date date）用来返回过去某日期的年份。

A.7.1 多态性

子类继承来的方法会频繁地在此子类中使用（即没有任何修改）。操作age()为Person类的对象及Employee类的对象工作是完全一样的。然而，有时需要在子类中对操作进行重写（修改），以适应子类的语义变化。例如，图A-20中的Employee.remainingLeave()方法是通过leaveEntitlement与leaveTaken进行相减计算得到的。然而，作为一名经理的职员每年可获得leaveSupplement。如果我们现在将Manager类添加到上述的泛化层次上（如图A-21所示），那么操作Manager.remainingLeave()将会重写操作Employee.remainingLeave()。通过在Manager子类中复制其操作名说明了这一点，如图A-21所示。

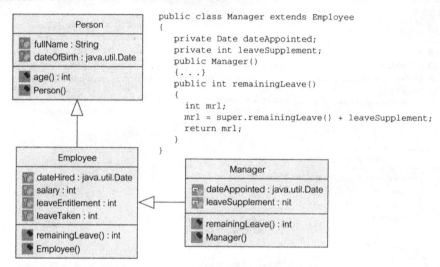

图A-21　多态性

操作remainingLeave()已经被重写，该操作有两种实现（两个方法）。现在我们可以给Employee对象或Manager对象发送消息remainingLeave()，对于每一个我们会得到不同的执行方法。我们甚至不必知道或不关心哪个对象（是Employee对象还是Manager对象）的特有方法会执行。

操作remainingLeave()是多态的。对该操作有两种实现（方法）。两个方法具有相同的名字和型构——参数的数量和类型（在本例中，参数列表为空）。

多态和继承联系密切，因为没有继承的多态使用很有限。继承允许通过复用和扩展对超类的描述，来给其子类添加描述。操作Manager.remainingLeave()是通过触发Employee.remainingLeave()功能，然后将其返回值与leaveSupplement相加来实现的。

A.7.2 重写与重载

不要将重写与重载搞混淆了。重写是用来完成多态操作的机制。被重写的方法具有相同的方法名，型构也相同，而且是放在同一个继承层次上的不同类中。至于触发的是哪个方法需要在运行时动态决定。该决定是基于变量所指的对象（此对象中的方法被调用）做出的，而不是基于变量的类型（Lee和Tepfenhart 2002）。

如果变量指向继承树中的一个子类对象，并且该子类的重写方法确实存在，那么将会触发此重写方法。然而，若此方法在该子类中没有声明，则编程环境会向上查询继承树，以在其父类中查找该方法。如果该方法没有在任何子类中重写，那么将会继续向上沿着基类查找。若找到，则基类中的该方法会被触发。

重载是指在同一个类中声明了多个同名的方法。这些方法的方法名相同，但型构不同，而且返回类型可能也不同。与重写不同，重写是运行时现象，而重载是在编译时确定的。

图A-20展示了在私有方法getYear()与getYear（Date date）中的重载。前者返回的是当前的年份；而后者返回的是作为参数传给它的某个具体日期的年份。程序会静态决定该调用哪个方法。事实上，两个方法都被在同一个类（Person类）中声明的age()方法调用了。

A.7.3 多继承

在某些语言中，如C++，一个子类可以继承多个超类，称为多继承。多继承会导致继承冲突，这些冲突必须由程序员明确地给予解决。

在图A-22中，Tutor类继承Teacher和PostgraduateStudent类。而Teacher类又继承Person类，且PostgraduateStudent类也通过Student类继承Person类。结果是，Tutor会两次继承Person的属性和操作，除非编程人员告知编程环境通过左边或右边的继承路径只继承一次（编程环境接受编程人员的设置，执行某种默认的行为以消除这种重复继承）。

需要说明的是，Java不允许多继承。它提供另一种机制——特定接口（包括多接口继承）和内部类，来实现与图A-22中模型相一致的类结构和行为。

A.7.4 多分类

在目前大多数面向对象的开发环境中，一个对象只能属于一个类。这种限制有些麻烦，因为事实上，一个对象是可以属于多个类的。

多分类与多继承是有区别的。在多分类中，一个对象

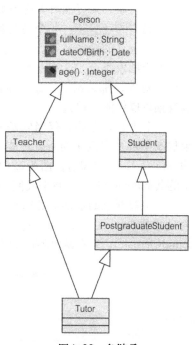

图A-22 多继承

可以同时是两个或更多类的实例。而在多继承中，一个类可以有多个超类，但一个对象只能被创建为其中一个类的实例。该对象要想获得其他类的信息，只能通过继承。

在图A-22所示的多继承例子中，每个Person对象（如Mary或Peter）只属于某一单个类（应用于此对象上最特殊的类）。如果Mary是一名PostgraduateStudent，但不是一名Tutor，那么Mary就属于PostgraduateStudent类。

如果Person在几个正交层次中被特殊化，问题就产生了。比如，Person可能是Employee或Student，Male或Female，Child或Adult。要是不采用多分类，我们就需要给正交层次所具有的每一种合法组合定义类。例如，一个Person对象既是孩子，又是女性，而且还是一名学生，那么我们就需要把这个类定义为ChildFemaleStudent（Fowler 2004）。

A.7.5 动态分类

当前，大多数面向对象的开发环境中，一个对象一旦被实例化（创建）后就无法改变它所属的类了。这是另外一种麻烦的限制，因为在现实中，对象的确会动态地改变它所属的类。

动态分类是多分类的直接结果。一个对象不仅会属于多个类，而且在它整个生命周期中

还可以获得或失去某些类。在动态分类模式下，一个Person对象某一天可能只是一名职员，而有一天可能会成为一名经理（同时也是一名职员）。没有动态分类，事情的变化，比如职员的升职，很难（甚至不可能）实现。由于对象标识符（OID）的定义包括对象所属类的标识，这会产生实现方面的问题。动态分类应该对OID做出必要的改变，这将彻底改变OID的思想（A.2.3节）。

在程序设计语言中缺少对多分类和动态分类的支持，表现在UML建模中，也同样缺少这种支持。因此，在此没有图形来增强对它的解释。

A.8 抽象类

抽象类是一个重要的建模概念，它是对继承概念的改进。抽象类是一个父类，但没有直接的实例对象，只有抽象类的子类才可以实例化。

在典型的场景下，一个类是抽象类是因为它至少有一个操作是抽象的。抽象操作有在抽象父类中定义的操作名和型构，但是该操作（方法）的实现被推迟到具体子类。

由于抽象类至少含有一个抽象操作，它不能实例化对象。这是因为，如果一个抽象类允许创建对象，那么给该对象的抽象操作发送消息会产生运行时错误（因为在该对象的类中，没有抽象操作的实现）。

一个类是抽象的，仅当它是一个可以完全划分为多个子类的超类。如果子类包含了在继承层次中可被实例化的所有可能对象——不存在被遗漏的对象，那么我们说这种划分是完全的（Page-Jones 2000）。图A-22中的Person类不是抽象类，因为我们可以实例化并非教师或学生的其他Person对象。将来我们还有可能添加更多的Person子类（如AdminEmployee）。

图A-23展示的是抽象类VideoMedium（在UML中，抽象类的名字以斜体字显示）。该类包含抽象操作rentalCharge()。可以理解，磁带和光碟的租金计算是不同的。因而，对于rentalCharge()，存在两种不同的实现——在类Videotape和VideoDisk中。

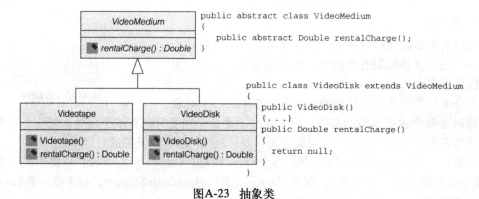

图A-23　抽象类

抽象类没有实例，但在建模中很有用。它们可以创建高级别的建模"词汇"，没有抽象类，建模语言是有缺陷的。

A.9 接口

抽象类的思想在Java接口中得到了完整的实现。接口是对带有属性（只对常量）和操作的语义类型的定义，但是对操作没有实际的声明（也就是没有实现）。实际的声明是由实现接口的一个或多个类提供的。

程序可以使用接口变量替代类变量，这样，就将客户类从实现方法的实际提供者中分离出来了。客户对象可以决定接口变量的值，并在运行时决定触发提供者对象上的适当方法。

A.9.1 接口与抽象类

抽象类构成了一种强大的机制，但对解决多继承问题没有帮助，而且在实现继承时会产生其他我们意想不到的副作用（5.2.4节）。其中一个副作用就是脆弱的基类问题——基类实现中的任何变化可能会给继承基类的子类造成无法预料的巨大影响。由于抽象类会有一些完全实现或部分实现的方法，这样抽象类会成为脆弱的基类。

图A-24显示的是抽象类在解决多继承的建模问题上是多么的无助。假定该音像商店（1.6.2节）不仅出租影片，还出租播放影带和影碟的设备，建模者可能试图继承VideoMedium类。然而，由于Java的单继承机制，这种多实现继承是不允许的。这是因为VideoPlayer已经继承了VideoEquipment类，而且VideoMedium也是一个类（尽管是抽象类）。

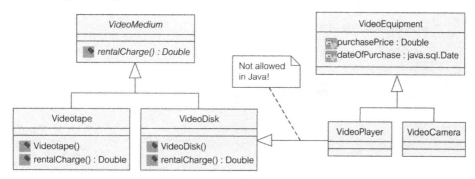

图A-24　Java不允许音像商店系统的多实现继承

接口的概念可以用来解决这个问题，并在此过程中还提供了其他优势（Lee 和Tepfenhart 2002；Maciaszek和Liong 2005）。与抽象类一样，接口也定义了一系列的属性和操作，但不能实例化它的对象。与抽象类不同的是，接口不实现（甚至部分实现）它的任何方法。

在接口中完全没有实现，这一点似乎有点像C#语言中提供的纯抽象类的概念，但在这里还是有些差别。对于纯抽象类，能够实现纯方法的类必须是纯抽象类的子类；对于接口而言，系统中的任何类都可以实现接口。而且，一个类可以实现任意多个接口。

A.9.2 实现接口

图A-25显示的是一个音像商店模型，在该模型中用VideoMedium接口替代了图A-24中的抽象类。可以在接口名所在的矩形框中画个圆圈来生动地表示接口（这是几种可能的UML图形元素中的一种）。接口中的所有方法都隐含是公共的和抽象的，因此在方法的原型定义中，不必使用这些关键字。

尽管在图A-25中没有显示，Java接口还可以包括常量声明（声明为public、static和final的属性）。这是一种约束。一种更强大的机制应该允许在接口中定义任何属性，属性类型可以是另一个接口或类。实际上，还会允许声明接口间以及接口与类间的关系。Java目前还不支持这种机制，但已经计划将其引入到即将发布的UML标准中。

图A-25也没有展示一个接口可以继承另一个接口的情况（它可以扩展另一个接口）。图A-26显示的是一个类（VideoPlayer）如何扩展另一个类（VideoEquiment），以及如何同时实现一个或多个接口（VideoMedium）。

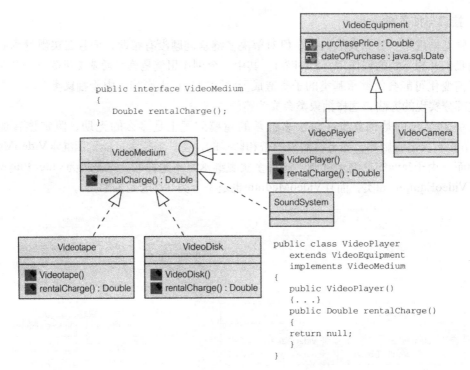

图A-25 音像商店系统中Java接口的实现

A.9.3 使用接口

接口的作用不仅仅在于给多实现继承提供了解决方案，更重要的是，接口可以定义一种引用类型，该引用类型能够将客户对象从提供者对象的实现变化中分离出来。

在客户需要引用实现此接口的类的任何地方，都可以引用接口名。其结果是，接口的实现可以改变，而客户类可以和以前一样工作，甚至可能没注意到这种改变。接口的这种特点极大地增强了系统的适应性。

在这里，顺便提一下，图A-26也解释了单向关联的使用。从ChargeCalculator到Video-Medium的这种<<uses>>关联是单向的（通过箭头形象地描述）。ChargeCalculator对象"知道"VideoMedium对象（通过theVideo变量），但该模型并没有从VideoMedium到ChargeCalculator的反向链接。

小结

此附录涵盖了相当多的基础知识，讲解了对象技术的基本术语和概念。

一个对象系统由许多相互协作的实例对象构成。每个对象都有状态、行为和标识。标识的概念可能是正确理解对象系统的关键所在，同时对于那些在传统的计算机应用有些经验的人来说，也是最难理解的。沿着链接进行导航是对象技术的工作方式——这一点对于那些受过关系数据库技术训练的人来说，理解起来还是有难度的。

类是对象创建的模板。它定义了对象能够包含的属性和能够触发的操作。属性的类型可以是原始类型或指定为其他类。指定为其他类的属性就声明了关联。关联是类与类之间的一种关系。其他关系还有聚合和泛化。

类可以具有应用于类本身而不是它的任何一个实例对象的属性或操作。这种属性和操作需要类对象的概念。系统分析期间在类中定义的属性和操作会在系统设计和实现中分别以变量和方法的形式涉及。

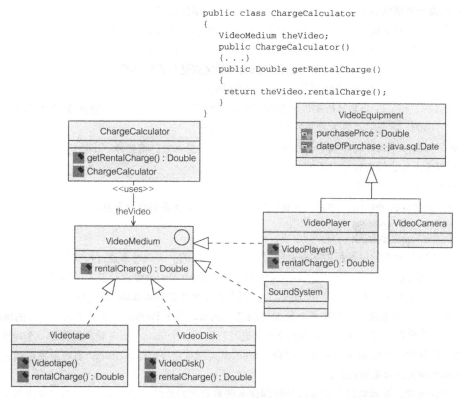

图A-26　在音像商店系统中使用接口来消除对供应者的依赖

一个完整的方法原型包括方法名、型构（形参列表）及返回类型。构造器是一种特殊方法，其目的是实例化类的对象。

关联关系为给定类的对象之间提供了连接。关联度定义了该关系所连接的类的数目。关联重数定义了一个角色名代表多少个对象。关联连接是关联的一个实例。本身具有属性（和/或操作）的关联需要建模成关联类。

聚合是在代表一组构件的类（超集类）与代表这些构件的类（子集类）之间的一种整体－部分关系。在UML中，我们将按值聚合称为复合，而将按引用聚合简单地称为聚合。聚合/复合通常是通过埋引用来实现的。Java提供了另一种通过内部类来实现的方式。聚合与复合相结合就形成了委托这种功能强大的技术。

泛化是较通用类（超类或父类）与较特殊类（子类）之间的一种关系。泛化为多态性与继承提供了基础。重写是为了实现多态操作的一种机制。商用开发环境能够支持多继承，但通常并不支持多分类或动态分类。

与继承相关联的就是抽象类与接口的概念。抽象类是一种可以部分实现（可以声明一些操作）但不能实例化的类。接口是对带有属性（只对常量）和没有实现的操作的语义类型的定义。实现接口的类必须提供操作的实现。

问题

Q1　为什么要区分实例对象与类对象？

Q2　什么是对象标识符？它是如何实现的？

Q3　临时对象与持久对象间的区别是什么？

Q4　什么是临时连接和持久连接？它们在程序执行过程中是如何使用的？

Q5 当我们说一个属性类型指定一个类时，意思是什么？举例说明。

Q6 在一个良好的对象模型中，为何大多数属性是私有的，而大多数操作却是公共的？

Q7 操作的可见性和作用域有什么区别？

Q8 就可访问性而言，公共静态成员与私有静态成员的区别是什么？举例说明。

Q9 在什么样的建模情况下必须使用关联类？举例说明。

Q10 "埋引用"和"内部类"是实现聚合/复合的两种机制。这些机制给在聚合/复合中采用的语义提供了足够的、完全的实现方式吗？解释一下你的答案。

Q11 在典型的面向对象开发环境中，继承只用于类，而不是对象。请解释一下这句话。

Q12 重写与多态性之间有什么联系？

Q13 多分类与多继承有什么区别？

Q14 与接口的建模优势相比，抽象类的建模优势是什么？举例说明你的观点。

奇数编号问题的答案

Q1 对象系统中的大多数过程是由实例对象间的协作来完成的。实例对象通过给其他实例对象发送消息激活相应的方法。因而，一个Student实例对象可以给Instructor实例对象发送消息来请求咨询。可能会有多个Instructor对象，但Student实例只对与某个具体的Instructor实例交谈感兴趣。

然而，有时需要给一组实例对象发送消息。例如，一个Student可能需要获得所有的Instructor实例对象的列表，之后再决定请求哪个实例进行咨询。一个Instructor类对象仅仅是一个对象，此对象知道所有的Instructor实例对象。因此，Student实例对象应该给Instructor类对象发送消息，以获得Instructor实例对象的列表。

总的来说，类对象包含实现有效访问该类所有实例对象的服务（方法）。为了获得当前实例对象的列表，并基于实例对象完成统计计算功能（如求和、计数、求均值），这些服务很重要。另外，类对象负责创建新的实例对象，这一点同样很重要。

Q3 临时对象是在程序的单次执行中创建和销毁的，而持久对象在程序执行完后仍然存在。持久对象存储在持久存储器中———一般存储在磁盘上的数据库中。

持久对象被读入到程序的内存中进行处理，并在程序终止前返回到持久存储器中。当然，程序也可以选择销毁持久对象，即将它从数据库中移除。

Q5 类的属性可以具有内嵌类型或用户自定义类型的值。对象编程环境所支持的一组内嵌类型为既定类型。内嵌类型可以是原子类型（如int或boolean）或结构化类型（如Date或Time）。

用户自定义类型指定应用程序所需要的新的对象类型。该类型可以是一个类，使得该类的对象可以被实例化。

可以将属性指定为用户自定义的对象类型。该属性的值就是此用户自定义类型对象的OID。属性可以链接到另一个（或同一个）类的对象上。此时我们说该属性类型指定了一个（用户自定义）类。例如，在一个称为Invoice的类中，有一个theCust属性，该属性的类型可以是Customer类。

Q7 操作可见性声明外部对象引用该操作的能力。可见性可以是public、private、package（Java中的默认可见性）或protected（与继承概念相关）。

操作作用域声明该操作的拥有者是否是一个实例对象（对象作用域）或是一个类对象（类作用域）。用来实例化新对象的构造器操作必须具有类作用域。类作用域隐含着有关实例对象集中的、全局的信息，所以应该小心地控制，尤其是在分布式对象系统中。

Q9 当关联本身具有某些特性（属性和/或操作）时，就要用到关联类。关联类常用于多对多的关联，有时也用在一对一的关联中。在一对多的关联中使用关联类并不常见。

如果我们想在Employee类与Skill类之间的多对多关联中存储像dateSkillAcquired这样的信息，

就需要用到关联类。在Husband和Wife这样的一对一的关联中也可以使用关联类来存储marriageDate和marriagePlace这样的信息。

Q11 在典型的对象编程环境中，继承是对类的增量定义。它是一种机制，通过这种机制，更具体的类包括更一般类定义的元素（属性和操作）。因而，继承只应用于类型（类），而非对象。

被继承的元素添加到该类的定义后，其对象就可以实例化了。所继承元素的实例化与非继承元素的实例化是一样的。

一般情况下，对继承进行扩展以允许值继承（对象继承）是可能的。值继承在设置属性的默认值时是很有用的。

例如，从Car对象继承的Sedan对象可以继承其默认的车轮数（4个）、默认的传动装置（自动）等。必要时，可以修改（重写）这些值。某些知识库工具支持这种值继承。

Q13 多分类是一种程序执行规范，在这种规范中，一个对象是多个类的实例（直接属于多个类）。多继承是泛化的语义变体，它允许一个类具有多个父类（因而，继承所有的父类）。

当前流行的对象编程语言并不支持多分类。当一个对象扮演多个角色时，比如一个Person既是Woman又是Student，可能会产生一些问题。没有多分类，我们不得不使用多继承来创建特殊类FemaleStudent。

为父类的每个组合定义类并不是让我们满意的选择，特别是随着时间的推移，对象的角色会改变的情况。将多分类与动态分类相结合，可以允许程序在运行时改变对象所属的类。

参考文献

Agile (2006) www.agilealliance.org (last accessed February 2007).

Alhir, S.S. (2003) *Learning UML*, O'Reilly & Associates.

Allen, P. and Frost, S. (1998) *Component-Based Development for Enterprise Systems: Applying the SELECT Perspective™*, Cambridge University Press.

Alur, D., Crupi, J. and Malks, D. (2003) *Core J2EE Patterns: Best practices and design strategies*, 2nd edition, Prentice Hall.

Arthur, L.J. (1992) *Rapid Evolutionary Development: Requirements, prototyping and software creation*, John Wiley.

Bahrami, A. (1999) *Object Oriented Systems Development*, McGraw-Hill.

Beck, K. (1999) *Extreme Programming Explained: Embrace challenge*, Addison-Wesley.

Bennett, S., McRobb, S. and Farmer, R. (2002) *Object-Oriented Systems Analysis and Design Using UML*, 2nd edition, McGraw-Hill.

Benson, S. and Standing, C. (2002) *Information Systems: A business approach*, John Wiley.

Bloch, J. (2001) *Effective Java: Programming language guide*, Addison-Wesley.

Bochenski, B. (1994) *Implementing Production-quality Client/Server Systems*, John Wiley.

Boehm, B.W. (1988) "A spiral model of software development and enhancement", *Computer*, May, pp. 61–72.

Booch, G., Rumbaugh, J. and Jacobson, I. (1999) *The Unified Modeling Language: User guide*, Addison-Wesley.

Bourne, K.C. (1997) *Testing Client/Server Systems*, McGraw-Hill.

BPMN (2006) http://en.wikipedia.org/wiki/BPMN (last accessed February 2007).

Brainstorming (2003) www.brainstorming.co.uk/contents.html (last accessed February 2007).

Brooks, F.P. (1987) "No silver bullet: essence and accidents of software engineering", *IEEE Software*, 4, pp. 10–19; reprinted in C.F. Kemerer (ed.) *Software Project Management: Readings and cases* (1997), Irwin, pp. 2–14.

Buschmann, F., Meunier, R., Rohnert, H., Sommerland, P. and Stal, M. (1996) *Pattern-oriented Software Architecture: A system of patterns*, John Wiley.

CMM (1995) *The Capability Maturity Model: Guidelines for improving the software process*, Addison-Wesley.

COBIT (2000) *COBIT Framework*, 3rd edition, IT Governance Institute.

COBIT (2005) *Aligning COBIT®, ITIL® and ISO 17799 for Business Benefit*, IT Governance Institute, www.itsmf.com/images/news/ITIL-COBiT.pdf (last accessed February 2007).

Coad, P. with North, D. and Mayfield, M. (1995) *Object Models: Strategies, patterns, and applications*, Yourdon Press.

Conallen, J. (2000) *Building Web Applications with UML*, Addison-Wesley.

Connolly, T.M. and Begg, C.E. (2005) *Database Systems: A practical approach to design, implementation and management*, 4th edition, Addison Wesley.

Constantine, L.L. and Lockwood, L.A.D. (1999) *Software for Use: A practical guide to the models and methods of usage-centered design*, Addison-Wesley.

Date, C.J. (2000) *An Introduction to Database Systems*, 7th edition, Addison-Wesley.

Davenport, T.H. (1993) *Process Innovation: Reengineering work through information technology*, Harvard Business School Press.

Davenport, T.H. and Short, J. (1990) "The new industrial engineering: Information technology and business process redesign", *Sloan Management Review*, Cambridge, summer, pp. 11, 17.

Douce, C.R., Layzell, P.J. and Buckley, J. (1999) "Spatial measures of software complexity", *Proceedings of the 11th Annual Workshop of Psychology of Programming Interest Group*, Leeds, UK, www.ppig.org/papers/11th-douce.pdf (last accessed February 2007).

Eckel, B. (2003) *Thinking in Java*, 3rd edition, Prentice Hall.

Elmasri, R. and Navathe, S.B. (2000) *Fundamentals of Database Systems*, 3rd edition, Addison-Wesley.

Extreme (2006) www.xprogramming.com (last accessed February 2007).

Feature (2006) www.featuredrivendevelopment.com (last accessed February 2007).

Fenton, N.E. and Pfleeger, S.L. (1997) *Software Metrics: A rigorous and practical approach*, 2nd edition, PWS Publishing Company.

Ferm, F. (2003) "The what, how, and why of a subsystem", *The Rational Edge*, June, http://download.boulder.ibm.com/ibmal/pub/software/dw/rationaledge/jun03/TheRationalEdge_June2003.pdf (last accessed February 2007).

Fowler, M. (1997) *Analysis Patterns: Reusable object models*, Addison-Wesley.

Fowler, M. (2003) *Patterns of Enterprise Application Architecture*, Addison-Wesley.

Fowler, M. (2004) *UML Distilled: A brief guide to the standard object modeling language*, 3rd edition, Addison-Wesley.

Fowler, S. (1998) *GUI Design Handbook*, McGraw-Hill.

Fowler, S and Stanwick, V. (2004) *Web Application Design Handbook: Best Practices for Web-based software*, Morgan Kaufmann.

Galitz, W.O. (1996) *The Essential Guide to User Interface Design: An introduction to GUI design principles and techniques*, John Wiley.

Gamma, E., Helm, R., Johnson, R. and Vlissides, J. (1995) *Design Patterns: Elements of reusable object-oriented software*, Addison-Wesley.

Ghezzi, C., Jazayeri, M. and Mandrioli, D. (2003) *Fundamentals of Software Engineering*, Prentice Hall.

Glass, R.L. (2005) "IT failure rates – 70 percent or 10–15 percent?", *IEEE Soft*, May/June, pp. 110–111, 112.

Gold, N.E., Mohan, A.M and Layzell, P.J. (2005) "Spatial complexity metrics: an investigation of utility", *IEEE Transactions on Software Engineering*, 31 (3) pp. 203–12.

Grady, R. (1992) *Practical Software Metrics for Project Management and Process Improvement*, Prentice Hall.

Gray, N.A.B. (1994) *Programming with Class*, John Wiley.

Hammer, M. (1990) "Reengineering work: don't automate, obliterate", *Harvard Business Review*, July/August, p. 104.

Hammer, M. and Champy, J. (1993a) *Reengineering the Corporation: A manifesto for business revolution*, Allen & Unwin.

Hammer, M. and Champy, J. (1993b) "The promise of reengineering", *Fortune*, 9, p. 94.

Hammer, M. and Stanton, S. (1999) "How process enterprises really work", *Harvard Business Review*, November/December, pp.108–18.

Harmon, P. and Watson, M. (1998) *Understanding UML: The Developer's Guide: With a Web-based application in Java*, Morgan Kaufmann.

Hawryszkiewycz, I., Karagiannis, D., Maciaszek, L. and Teufel, B. (1994) "RESPONSE: requirements specific object model for workgroup computing", *International Journal of Intelligent & Cooperative Information Systems*, 3, pp. 293–318.

Heldman, K. (2002) *PMP: Project management professional: study guide*, Sybex Inc.

Henderson-Sellers, B. (1996) *Object-oriented Metrics: Measures of complexity*,

Prentice Hall.

Heumann, J. (2003) "User experience storyboards: building better UIs with RUP, UML, and use cases", *The Rational Edge*, November, www.-128.ibm.com/developerworks/rational/library/content/RationalEdge/nov03/f_usuability_jh-pdf (last accessed February 2007).

Hirschfeld, R. and Hanenberg, S. (2005) "Open aspects", *Computer Languages, Systems & Structures*, 32, pp. 87–108.

Hoffer, J.A., George, J.F., and Valacich, J.S. (2002) *Modern Systems Analysis and Design*, 3rd edition, Prentice Hall.

Hohpe, G. and Woolf, B. (2003) *Enterprise Integration Patterns*, Addison-Wesley.

Horton, I. (1997) *Beginning Visual C++ 5*, Wrox Press.

ITIL (2004) *The IT Infrastructure Library: An introductory overview of ITIL*, Version 1.0a, itSMF, www.itsmf.no/bestpractice/itil_overview.pdf (last accessed February 2007).

Jacobson, I. (1992) *Object-Oriented Software Engineering: A use case-driven approach*, Addison-Wesley.

Jordan, E.W. and Machesky, J.J. (1990) *Systems Development: Requirements, evaluation, design, and implementation*, PWS-Kent.

JUnit (2004) www.junit.org (last accessed February 2007).

Khoshafian, S., Chan, A., Wong, A. and Wong, H.K.T. (1992) *A Guide to Developing Client/Server SQL Applications*, Morgan Kaufmann.

Kiczales, G., Lamping, J., Mendhekar, A., Maeda, C., Lopes, C.V., Loigntier, J.-M. and Irwin, J. (1997) "Aspect-oriented Programming", *Proceeding of the European Conference on Object-Oriented Programming (ECOOP 97)*, LNCS 1242, Springer, pp. 220–42.

Kifer, M., Bernstein, A. and Lewis, P. (2006) *Database Systems: An application-oriented approach: Complete version*, 2nd edition, Addison-Wesley.

Kimball, R. (1996) *The Data Warehouse Toolkit: Practical techniques for building dimensional data warehouses*, John Wiley.

Kirkwood, J. (1992) *High Performance Relational Database Design*, Ellis Horwood.

Kleppe, A., Warmer, J. and Bast, W. (2003) *MDA Explained: The model-driven architecture: practice and promise*, Addison-Wesley.

Koestler, A. (1967) *The Ghost in the Machine*, Hutchinson.

Koestler, A. (1978) *Janus: A summing up*, Hutchinson.

Kotonya, G. and Sommerville, I. (1998) *Requirements Engineering: Processes and techniques*, John Wiley.

Kozaczynski, W. and Thario, J. (2003) "Transforming User Experience Models to Presentation Layer Implementations', http://se2c.uni.lu/tiki/se2c-bib.php and download paper from [262] of the LASSY Bibliography listing (last accessed February 2007).

Krasner, G.E. and Pope, S.T. (1988) "A cookbook for using the model view controller user interface paradigm in Smalltalk-80", *Journal of Object-oriented Programming*, August–September, pp. 26–49.

Kruchten, P. (2003) *The Rational Unified Process: An introduction*, 3rd edition, Addison-Wesley.

Kruchten, P., Obbink, H. and Stafford, J. (2006) "The past, present, and future of software architecture", *IEEE Software*, March/April, pp. 22–30.

Lakos, J. (1996) *Large-scale C++ Software Design*, Addison-Wesley.

Larman, C. (2005) "Applying UML and patterns", *An Introduction to Object-oriented Analysis and Design and Iterative Development*, 3rd edition, Prentice Hall.

Laudon, K.C. and Laudon, J.P. (2006) *Management Information Systems: Managing the digital firm*, 9th edition, Prentice Hall.

Lee, R.C. and Tepfenhart, W.M. (1997) *UML and C++: A practical guide to object-oriented development*, Prentice Hall.

Lee, R.C. and Tepfenhart, W.M. (2002) *Practical Object-oriented Development with UML and Java*, Pearson Education.

Lethbridge, T.C. and Laganière, R. (2001) *Object-Oriented Software Engineering: Practical software engineering using UML and Java*, McGraw-Hill.

Lieberherr, K.J. and Holland, I.M. (1989) "Assuring good style for object-oriented programs", *IEEE Software*, 9, pp. 38–48.

Linthicum, D.S. (2004) *Next Generation Application Integration: From simple information to Web services"*, Addison-Wesley.

Maciaszek, L.A. (1990) *Database Design and Implementation*, Prentice Hall.

Maciaszek, L.A. (1998) "Object-oriented development of business information systems – approaches and misconceptions", *Proceedings of the 2nd International Conference on Business Information Systems BIS '98*, Poznan, Poland, pp. 95–111.

Maciaszek, L.A. (2006) "From hubs via holons to an adaptive meta-architecture – the 'AD-HOC' approach", in *Software Engineering Techniques: Design for Quality*, ed. K. Sacha, Springer, pp. 1–13.

Maciaszek, L.A. and Liong, B.L. (2005) *Practical Software Engineering: A case study approach*, Addison-Wesley.

Maciaszek, L.A., De Troyer, O.M.F., Getta J.R. and Bosdriesz, J. (1996a) "Generalization versus aggregation in object application development – the 'ad-hoc' approach", *Proceedings of the 7th Australasian Conference on Information Systems ACIS '96*, 2, Hobart, Australia, pp. 431–42.

Maciaszek, L.A., Getta, J.R. and Bosdriesz, J. (1996b) "Restraining complexity in object system development – the 'ad-hoc' approach", *Proceedings of the 5th International Conference on Information Systems Development ISD '96*, Gdansk, Poland, pp. 425–35.

MDA (2006) www.omg.org/mda (last accessed February 2007).

Melton, J. (2002) *Advanced SQL:1999: Understanding object-relational and other advanced features'*, Morgan Kaufmann.

Melton, J. and Simon, A. (2001) *SQL:1999: Understanding relational language components*, Morgan Kaufmann.

Meyers, S. (1998) *Effective C++: 50 specific ways to improve your programs and design*, 2nd edition, Addison-Wesley.

Michelson, B.M. (2005) *Business Process Execution Language (BPEL) Primer: Understanding an important component of SOA and integration strategies*, Patricia Seybold Group, http://elementallinks.typepad.com/bmichelson/2005/09/view_bpel_proce.html (last accessed February 2007).

Murphy, G. and Schwanninger, C. (2006) "Aspect-oriented programming", *IEEE Software*, January–February, pp. 20–3.

Olsen, D.R. (1998) *Developing User Interfaces*, Morgan Kaufmann.

OMG (2004) www.omg.org/uml (last accessed February 2007).

Oz, E. (2004) *Management Information Systems*, 4th edition, Thomson.

Page-Jones, M. (2000) *Fundamentals of Object-Oriented Design in UML*, Addison-Wesley.

Pfleeger, S.L. (1998) *Software Engineering: Theory and practice*, Prentice Hall.

Polikoff, I., Coyne, R. and Hodgson, R. (2006) *Capability Cases: A solution envisioning approach*, Addison-Wesley.

Poppendieck, M. and Poppendieck, T. (2003) *Lean Software Development: An agile toolkit for software development managers*, Addison-Wesley.

Porter, M. (1985) *Competitive Advantage: Creating and sustaining superior performance*, Free Press.

Porter, M.E. and Millar, V.E. (1985) "How information gives you competitive advantage", *Harvard Business Review*, July/August, pp. 149–61.

Pressman, R.S. (2005) *Software Engineering: A practitioner's approach*, 6th edition,

McGraw-Hill.

Quatrani, T. (2000) *Visual Modeling with Rational Rose 2000 and UML*, Addison-Wesley.

Ramakrishnan, R. and Gehrke, J. (2000) *Database Management Systems*, McGraw-Hill.

Rational (2000) *Rational Solutions for Windows*, online documentation, April 2000 edition, Rational Software.

Rational (2002) *Rational Suite Tutorial*, Version 2002.05.00, Rational Software.

Responsive (2003) www.responsivesoftware.com/timelog.htm (last accessed February 2007).

Riel, A.J. (1996) *Object-oriented Design Heuristics*, Addison-Wesley.

Robertson, J. and Robertson, S. (2003) *Volere Requirements Specifications Template*, 9th edition, Atlantic Systems Guild, www.atlsysguild.com (accessed February 2007).

Robson, W. (1994) *Strategic Management and Information Systems: An integrated approach*, Pitman.

Roy-Faderman, A., Koletzke, P. and Dorsey, P. (2004) *Oracle JDeveloper 10g Handbook*, McGraw-Hill/Osborne.

Rozanski, N. and Woods, E. (2005) *Software Systems Architecture: Working with stakeholders using viewpoints and perspectives*, Addison-Wesley.

Ruble, D.A. (1997) *Practical Analysis and Design for Client/Server and GUI Systems*, Yourdon Press.

Rumbaugh, J. (1994) "Getting started: using use cases to capture requirements", *Journal of Object-oriented Programming*, September, pp. 8–10, 12, 23.

Rumbaugh, J., Blaha, M., Premerlani, W., Eddy, F., and Lorensen, W. (1991) *Object-oriented Modeling and Design*, Prentice Hall.

Rumbaugh, J., Jacobson, I. and Booch, G. (2005) *The Unified Modeling Language Reference Manual*, 2nd edition, Addison-Wesley.

RUP (2003) www-306.ibm.com/software/awdtools/rup/ (last accessed February 2007).

Rus, I. and Lindvall, M. (2002) "Knowledge management in software engineering", *IEEE Software*, May/June, pp. 26–38.

Sam-Bodden, B. and Judd, C.M. (2004) *Enterprise Java Development on a Budget: Leveraging Java open source technologies*, Apress (Springer).

Schach, S. (2005) *Classical and Object-Oriented Software Engineering*, 6th edition, McGraw-Hill.

Schmauch, C.H. (1994) *ISO 9000 for Software Developers*, ASQC Quality Press.

Selic, B. (2003) "The subsystem: a curious creature", *The Rational Edge*, July, www-128.ibm.com/developerworks/rational/library/content/RationaleEdge/jul03/k_subsystem_bs.pdf (last accessed February 2007).

Silberschatz, A., Korth, H.F. and Sudershan, S. (2002) *Database System Concepts*, 4th edition, McGraw-Hill.

Singh, I., Stearns, B., Johnson, M. and Enterprise Team (2002) *Designing Enterprise Applications with the J2EE Platform*, 2nd edition, Addison-Wesley.

Sklar, J. (2006) *Principles of Web Design*, Thomson Course Technology.

Smith, J. (2003) "A Comparison of the IBM Rational Unified Process and eXtreme Programming". www3.software.ibm.com/ibmdl/pub/software/rational/web/ whitepapers/2003/TP167.pdf (last accessed February 2007).

Smith, J.M. and Smith, D.C.P. (1977) "Database abstractions: aggregation and generalization", *ACM Transactions on Database Systems*, 2, pp. 105–33.

Sommerville, I. and Sawyer, P. (1997) *Requirements Engineering: A good practice guide*, John Wiley.

Sony (2004) www.sonystyle.com (last accessed February 2007).

Sowa, J.F. and Zachman, J.A. (1992) "Extending and formalizing the framework for information systems architecture", *IBM Systems Journal*, 3, pp. 590–616.

Stein, L.A., Lieberman, H. and Ungar, D. (1989) "A shared view of sharing: the Treaty of Orlando", in W. Kim and F.H. Lochovsky (eds), *Object-oriented Concepts, Databases and Applications,* Addison-Wesley, pp. 31–48.

Stelting, S. and Maassen, O. (2001) *Applied Java Patterns,* Prentice Hall.

Stevens, P. and Pooley, R. (2000) *Using UML Software Engineering with Objects and Components,* Addison-Wesley.

Szyperski, C. (1998) *Component Software: Beyond object-oriented programming,* Addison-Wesley.

Treisman, H. (1994) "How to design a good interface design", *Software Magazine,* Australia, August, pp. 32–6.

UML (2003) *OMG Unified Modeling Language Specification,* Version 1.5, OMG.

UML (2005) "Unified Modeling Language: Superstructure", Version 2.0, formal/05-07-04, www.uml.org/#UML2.0 (last accessed February 2007).

Unhelkar, B. (2003) *Process Quality Assurance for UML-based Projects,* Addison-Wesley.

Wegner, P. (1997) "Why interaction is more powerful than algorithms", *Communications of the ACM,* 40(5) pp. 80–91.

White, S.A. (2004) "Introduction to BPMN", www.bpmn.org/Documents/Introduction%20to%20BPMN.pdf (last accessed February 2007).

White, S.A. (2005) "Using BPMN to model a BPEL process", www.bpmn.org/Documents/Mapping%20BPMN%20to%20BPEL%20Example.pdf (last accessed February 2007).

Whitten, J.L. and Bentley, L.D. (1998) *Systems Analysis and Design Methods,* 4th edition, McGraw-Hill.

Windows (2000) *The Windows Interface Guidelines for Software Design,* MSDN Library, CD-ROM collection, Microsoft.

Wirfs-Brock, R. and Wilkerson, B. (1989) "Object-oriented design: a responsibility-driven approach", in *OOPSLA '89 Proceedings, SIGPLAN Notices,* 10, ACM, pp. 71–5.

Wirfs-Brock, R., Wilkerson, B., and Wiener, L. (1990) *Designing Object-Oriented Software,* Prentice Hall.

Wood, J. and Silver, D. (1995) *Joint Application Development,* 2nd edition, John Wiley.

Yourdon, E. (1994) *Object-Oriented Systems Design: An integrated approach,* Yourdon Press.

Zachman, J.A. (1987) "A framework for information systems architecture", *IBM Systems Journal,* 3, pp. 276–92.

Zachman, J.A. (1999) "A framework for information systems architecture", *IBM Systems Journal,* 2/3, pp. 454–70.

推荐阅读

软件工程：实践者的研究方法（原书第8版）
作者：Roger S. Pressman 等
ISBN：978-7-111-54897-3 定价：99.00元

软件工程：架构驱动的软件开发
作者：Richard F. Schmidt
ISBN：978-7-111-53314-6 定价：69.00元

人件（原书第3版）
作者：Tom DeMarco 等
ISBN：978-7-111-47436-4 定价：69.00元

设计原本——计算机科学巨匠Frederick P. Brooks的反思（经典珍藏）
作者：Frederick P. Brooks
ISBN：978-7-111-41626-5 定价：79.00元

推荐阅读

作者：Abraham Silberschatz 著
中文翻译版：978-7-111-37529-6，99.00元
英文精编版：978-7-111-40086-8，69.00元
本科教学版：978-7-111-40085-1，59.00元

作者：Jiawei Han 等著
英文版：978-7-111-37431-2，118.00元
中文版：978-7-111-39140-1，79.00元

作者：Ian H.Witten 等著
英文版：978-7-111-37417-6，108.00元
中文版：978-7-111-45381-9，79.00元

作者：Andrew S. Tanenbaum 著
书号：978-7-111-35925-8，99.00元

作者：Behrouz A. Forouzan 著
英文版：978-7-111-37430-5，79.00元
中文版：978-7-111-40068-2，99.00元

作者：James F. Kurose 著
书号：978-7-111-45378-9，79.00元

作者：Thomas H. Cormen 等著
书号：978-7-111-40701-0，128.00元

作者：John L. Hennessy 著
书号：978-7-111-36458-0，138.00元

作者：Edward Ashford Lee 著
书号：978-7-111-36021-6，55.00元

深入理解计算机系统（原书第3版）
作者：兰德尔 E. 布莱恩特 大卫 R. 奥哈拉伦
译者：龚奕利 贺莲
中文版：978-7-111-54439-7，139.00元

计算机系统概论（第2版）
作者：Yale N. Patt Sanjay J. Patel
译者：梁阿磊 蒋兴昌 林凌
中文版：7-111-21556-1，49.00元
英文版：7-111-19766-6，66.00元

数字设计和计算机体系结构（第2版）
作者：David Harris Sarah Harris
译者：陈俊颖
英文版：978-7-111-44810-5，129.00元
中文版：2016年4月出版

计算机系统：核心概念及软硬件实现（原书第4版）
作者：J. Stanley Warford
译者：龚奕利
书号：978-7-111-50783-3
定价：79.00元